Peter P. Eckstein

Klausurtraining Statistik

Deskriptive Statistik – Stochastik –
Induktive Statistik

Mit kompletten Lösungen

3., überarbeitete und erweiterte Auflage

Unter Mitarbeit von:
Monika Kummer, Peter Schwarzer und Rudolf Swat

Die Deutsche Bibliothek – CIP-Einheitsaufnahme
Ein Titeldatensatz für diese Publikation ist bei
Der Deutschen Bibliothek erhältlich

Professor Dr. Peter P. Eckstein lehrt Statistik und Ökonometrie an der Fachhochschule für Technik und Wirtschaft Berlin.

1. Auflage 1998
2., vollständig überarbeitete und erweiterte Auflage November 2000
3., überarbeitete und erweiterte Auflage März 2002

Alle Rechte vorbehalten
© Betriebswirtschaftlicher Verlag Dr. Th. Gabler GmbH, Wiesbaden 2002

Lektorat: Jutta Hauser-Fahr / Karin Janssen

Der Gabler Verlag ist ein Unternehmen der Fachverlagsgruppe BertelsmannSpringer.
www.gabler.de

Das Werk einschließlich aller seiner Teile ist urheberrechtlich geschützt. Jede Verwertung außerhalb der engen Grenzen des Urheberrechtsgesetzes ist ohne Zustimmung des Verlages unzulässig und strafbar. Das gilt insbesondere für Vervielfältigungen, Übersetzungen, Mikroverfilmungen und die Einspeicherung und Verarbeitung in elektronischen Systemen.

Die Wiedergabe von Gebrauchsnamen, Handelsnamen, Warenbezeichnungen usw. in diesem Werk berechtigt auch ohne besondere Kennzeichnung nicht zu der Annahme, dass solche Namen im Sinne der Warenzeichen- und Markenschutz-Gesetzgebung als frei zu betrachten wären und daher von jedermann benutzt werden dürften.

Umschlaggestaltung: Ulrike Weigel, www.CorporateDesignGroup.de
Druck und buchbinderische Verarbeitung: Lengericher Handelsdruckerei, Lengerich/Westf.
Gedruckt auf säurefreiem und chlorfrei gebleichtem Papier
Printed in Germany

ISBN 3-409-32096-2

Vorwort zur 3. Auflage

Erstaunlich und erfreulich zugleich ist die äußerst positive Resonanz, die sowohl die erste als auch die zweite Auflage erfuhr. Dies ist auch der Grund dafür, warum ich mich bemühte, umgehend eine dritte, vollständig überarbeitete und erweiterte Auflage bereitzustellen.

Die augenscheinlichsten Neuerungen sind neben dem erweiterten und unterdessen nahezu 300 Problemstellungen umfassenden Aufgabenkranz vor allem die ausführlichen Lösungen, die nunmehr für alle Aufgaben- und Problemstellungen angeboten werden. Zudem ist zum Zwecke eines besseren Verständnisses von Lösungen, die mit Symbolen unterlegt wurden, im Anhang ein alphabetisch geordnetes Symbolverzeichnis zusammengestellt.

Die vorliegende dritte Auflage wäre ohne kollegiale Unterstützung nicht möglich gewesen. Mein Dank gilt: Frau Jutta HAUSER-FAHR für die vorzügliche Betreuung seitens des Verlags, Frau Dr. Monika KUMMER, Herrn Dr. Peter SCHWARZER und Herrn Professor Dr. Rudolf SWAT für ihre stets selbstlose und unschätzbare Unterstützung bei der inhaltlichen Gestaltung des vorliegenden Buches sowie meiner Familie für die aufgebrachte Geduld. Meiner verehrten Kollegin Frau Dr. Monika KUMMER bin ich zu besonderem Dank für ihre Sorgfalt bei der Korrektur des Manuskripts verpflichtet.

Berlin, im Januar 2002

Peter P. ECKSTEIN

Vorwort

Die vorliegende Aufgabensammlung ist eine Zusammenstellung elementarer und anspruchsvoller Übungs- und Klausuraufgaben zur Statistik. Sie ist das Ergebnis der fruchtbaren Zusammenarbeit mit meinen geschätzten Kolleginnen und Kollegen, die in den vergangenen Semestern mit mir gemeinsam an der Fachhochschule für Technik und Wirtschaft Berlin in den betriebswirtschaftlichen Studiengängen die Statistik-Ausbildung im Grund- und im Hauptstudium bewerkstelligten.

Das Buch ist in zwei Teile gegliedert. Der erste Teil umfasst die Aufgabenstellungen. Der zweite Teil hat die Lösungen zu den Aufgabenstellungen zum Gegenstand. Jeder der beiden Teile ist wiederum in drei Abschnitte aufgeteilt. Diese Dreiteilung in *Deskriptive Statistik*, *Stochastik* und *Induktive Statistik* entspricht der allgemein üblichen inhaltlichen Gliederung der Statistik-Ausbildung an Universitäten und Hochschulen.

Die Anordnung der Aufgabenstellungen im jeweiligen Abschnitt erfolgte (soweit dies möglich war und sinnvoll erschien) nach inhaltlichen Schwerpunkten.

Die inhaltlichen Schwerpunkte sind auf dem jeweiligen Deckblatt zum Abschnittsbeginn vermerkt. Sie erleichtern nicht nur die Nutzung der Aufgabensammlung, sondern reflektieren auch den derzeitigen Stand der inhaltlichen Gestaltung der Statistik-Lehrveranstaltungen in den wirtschaftswirtschaftlichen Studiengängen an der FHTW Berlin. Innerhalb eines jeden inhaltlichen Schwerpunktes sind die Aufgabenstellungen so angeordnet, dass elementare Übungsaufgaben anspruchsvolleren Übungs- und Klausuraufgaben vorgelagert sind.

Bei der Auswahl der Aufgabenstellungen wurde ein besonderes Augenmerk auf praktische Problemstellungen gelegt. Viele Aufgaben basieren auf praktischen Fragestellungen, die von Kolleginnen, Kollegen und Studierenden im Rahmen von Projekt-, Beleg- oder Diplomarbeiten einer Lösung zugeführt wurden. Zudem wurde beim Formulieren der Aufgabenstellungen (soweit dies möglich war) bewusst auf die Verwendung von Symbolen verzichtet, um eine möglichst breite und von Symbolen unabhängige Anwendung zu garantieren.

Für jede in dieser Aufgabensammlung dargestellte Aufgabe wird unter der gleichen Nummerierung eine Lösung angeboten. Dabei steht vor allem eine exakte sachbezogene und statistische Interpretation der Lösungen und Ergebnisse im Vordergrund.

Zur Erleichterung der Arbeit mit der vorliegenden Aufgabensammlung wurden im Anhang sowohl das griechische Alphabet als auch Tafeln für ausgewählte diskrete und stetige Wahrscheinlichkeitsverteilungen zusammengestellt.

Das vorliegende Buch, das ohne die engagierte Mitarbeit meiner geschätzten Kolleginnen Frau Dr. Monika KUMMER, Frau Dr. Gudrun STECHERT und meiner geschätzten Kollegen Professor Dr. Friedrich HARTL, Dr. Peter SCHWARZER und Dr. Rudolf SWAT so nicht zustande gekommen wäre, reiht sich nahtlos in die von mir verfassten und gleichsam im GABLER-Verlag erschienenen Lehrbücher *Repetitorium Statistik* und *Angewandte Statistik mit SPSS* ein.

Zu besonderem Dank bin ich Frau Dr. Monika KUMMER und den Herren Dr. Peter SCHWARZER und Dr. Rudolf SWAT verpflichtet, die sich weit über die Obligationen eines Autors hinaus in oft langen, stets konstruktiven und interessanten Besprechungen um die inhaltliche Gestaltung der Aufgabenstellungen besonders verdient gemacht haben.

Meiner Assistentin Frau Stud. oec. Tatjana GRÜNEBERG möchte ich für ihre unschätzbare Sorgfalt bei der Korrektur der Manuskripte danken.

Ein besonderer Dank gilt Frau Jutta HAUSER-FAHR, die mich als Lektorin bestärkt hat, diese Aufgabensammlung zu verfassen und zu publizieren.

Berlin, im November 1997

Peter P. ECKSTEIN

Inhaltsverzeichnis

Aufgaben

1 Aufgaben
  Deskriptive Statistik 1

2 Aufgaben
  Stochastik 57

3 Aufgaben
  Induktive Statistik 93

Lösungen

1 Lösungen
  Deskriptive Statistik 137

2 Lösungen
  Stochastik 181

3 Lösungen
  Induktive Statistik 207

Anhang 239

Anhang

Tafel 1:	Binomialverteilung	240
Tafel 2:	POISSON-Verteilung	241
Tafel 3:	Standardnormalverteilung	242
Tafel 4:	Ausgewählte Quantile der Standardnormalverteilung	244
Tafel 5:	χ^2- Verteilung	245
Tafel 6:	t- Verteilung	246
Tafel 7:	F- Verteilung	247
Tafel 8:	Ausgewählte Quantile für den KOLMOGOROV-SMIRNOV-Anpassungstest	248
Tafel 9:	Griechisches Alphabet	248
Tafel 10:	Gleichverteilte Zufallszahlen	249
	Symbolverzeichnis	250

1

Aufgaben Deskriptive Statistik

Gegenstand. Der erste Teil der Aufgabensammlung hat praktische Problemstellungen der Deskriptiven Statistik (lat.: *descriptio* → Beschreibung) zum Gegenstand. Darin eingeschlossen sind Konzepte der Explorativen Datenanalyse (lat.: *exploratio* → Erforschung), die heute bereits zum Standardprogramm der statistischen Methodenlehre gehören.

Grundanliegen. Das Grundanliegen der Deskriptiven Statistik besteht darin, für eine wohldefinierte Gesamtheit von Merkmalsträgern die Ausprägungen eines oder mehrerer Merkmale statistisch zu erheben, aufzubereiten und zu analysieren. Dabei steht für die (möglichst massenhaft) erhobenen Daten vor allem die statistische Beschreibung von Verteilungen, Zusammenhängen, Abhängigkeiten oder Entwicklungen im Vordergrund. Die aus den analysierten Daten gewonnenen Aussagen gelten dabei stets nur für die zugrundeliegende statistische Gesamtheit.

Schwerpunkte. Die nachfolgend aufgeführten praktischen Aufgaben- und Problemstellungen sind bezüglich ihrer inhaltlichen Schwerpunkte wie folgt angeordnet:

Inhaltliche Schwerpunkte	Aufgaben	Seiten
Grundbegriffe	1-1 bis 1-3	2 bis 3
Verteilungs- und Mittelwertanalyse	1-4 bis 1-39	3 bis 24
Konzentrationsanalyse	1-40 bis 1-43	24 bis 26
Verhältniszahlen, Indexanalyse	1-44 bis 1-63	26 bis 33
Korrelations- und Regressionsanalyse	1-64 bis 1-80	33 bis 44
Kontingenzanalyse	1-81 bis 1-87	45 bis 48
Zeitreihenanalyse	1-88 bis 1-97	49 bis 54
Bestandsanalyse	1-98 bis 1-102	55 bis 56

Die mit einem * gekennzeichneten Aufgaben sind Klausuraufgaben. ♦

Aufgabe 1-1
Gegeben seien folgende Problemstellungen für eine statistische Analyse: i) Analyse der Anzahl der Buchungen und der Umsätze auf den Giro-Konten der Berliner Sparkasse im Oktober 2001, ii) Analyse des Bevölkerungsstandes und der Bevölkerungsstruktur in den neuen Bundesländern in den Jahren 1990 und 2000 gegliedert nach Alter, Familienstand, Geschlecht, Beruf, Nationalität und Religionszugehörigkeit und iii) Analyse des Bruttoeinkommens von Beamtenhaushalten in Deutschland 2001.
a) Erklären Sie am konkreten Sachverhalt die Begriffe Merkmalsträger und statistische Gesamtheit.
b) Diskutieren Sie die gegebenen Problemstellungen hinsichtlich der in der jeweiligen Untersuchung zu erhebenden Merkmale. Geben Sie für die Erhebungsmerkmale die jeweils höchstwertige Skalierung an.
c) Nennen Sie konkrete Beispiele für häufbare, nicht häufbare, mittelbar erfassbare, unmittelbar erfassbare, diskrete, stetige, dichotome, qualitative, quantitative Merkmale.
d) Erläutern Sie am konkreten Beispiel die Begriffe: statistische Masse, Bestandsmasse, Bewegungsmasse, korrespondierende Massen. ♦

Aufgabe 1-2
Betrachtet werden folgende Erhebungsmerkmale:
1. Körpergröße
2. Körpergewicht
3. Güteklasse
4. Geschlecht
5. Beruf
6. Erwerbstätigkeit (ja, nein)
7. Jahresumsatz
8. Familienstand
9. erreichte Klausurpunkte
10. Diplomprädikat
11. Geschwindigkeit
12. Fahrpreis
13. Tarifklasse
14. Gütermenge
15. Nationalität
16. Windstärke
17. Postleitzahl
18. Intelligenz
19. Klausurnote
20. Bücherbestand
21. Erdbebenstärke (RICHTER-Skala)
22. Temperatur
23. Bußgeld
24. Zinsen
25. Umweltbewußtsein
26. Ausschussanteil
27. Dienststellung
28. Telefonnummer
29. Augenfarbe
30. Geburtsjahrgang
31. sozialer Status
32. Aggressivität
33. Lebensalter
34. Akademischer Grad
35. Schwierigkeitsgrad
36. Konfektionsgröße
37. Betriebsgrößenklasse
38. Wählerstimmen

39. Fahrleistung
40. Gewinn
41. Kraftstoffverbrauch
42. Todesursache
43. Wohnfläche
44. Rechtsform (Kapitalgesellschaft)
45. Wartezeit
46. Freizeitbeschäftigung
47. Normabweichung
48. Tageszeit
49. Geburten
50. Sterbefälle

a) Geben Sie die Skalierung der Merkmale an und begründen Sie Ihre Aussage.
b) Welche der genannten Merkmale sind häufbar?
c) Nennen Sie die diskreten und die stetigen Merkmale.
d) Welche Merkmale sind ihrem Wesen nach dichotom?
e) Gliedern Sie die Merkmale in qualitative und quantitative Merkmale.
f) Nennen Sie für jedes Merkmal eine zulässige Merkmalsausprägung. ♦

Aufgabe 1-3

Entscheiden Sie, welche Skalenart jeweils in den folgenden Aussagen charakterisiert wird:
a) Eine Merkmalsausprägung ist doppelt so groß, dreimal so groß usw. wie eine andere.
b) Die Merkmalsausprägungen lassen sich in sachlich begründeter Weise anordnen.
c) Die Abstände zwischen je zwei Merkmalsausprägungen lassen sich vergleichen.
d) Die Merkmalsausprägungen sind positive reelle Zahlen.
e) Nennen Sie ein Beispiel für ein qualitatives Merkmal mit Rangordnung. ♦

Aufgabe 1-4

In Vorbereitung von Sanierungsmaßnahmen wurde im März 1997 in einer Berliner Wohnungsbaugesellschaft bei der Begehung von 90 Mietwohnungen unter anderem auch die Anzahl der Wohnräume statistisch erfasst. Die erfassten Wohnraumanzahlen sind nachfolgend in aufsteigender Ordnung aufgelistet.

1 1 1 1 1 1 1 1 1 1 1 1 1 1 1 2 2 2 2 2 2 2 2 2 2 2 2 2 2 2
2 2 2 2 2 2 2 2 2 2 2 2 3 3 3 3 3 3 3 3 3 3 3 3 3 3 3 3 3 3
3 3 3 3 3 3 3 4 4 4 4 4 4 4 4 4 4 4 4 4 4 5 5 5 5 5 5 5 5 5

a) Erläutern Sie anhand des konkreten Sachverhalts die Begriffe: statistische Einheit, statistische Gesamtheit, Identifikationsmerkmal, Erhebungsmerkmal, Merkmalswert, Skala, Urliste. Klassifizieren Sie das Erhebungsmerkmal.
b) Fassen Sie die erhobenen Daten in einer Häufigkeitstabelle zusammen. Ergänzen Sie die Häufigkeitstabelle durch die relativen Häufigkeiten, die kumulierten absoluten und die kumulierten relativen Häufigkeiten.

c) Stellen Sie die relative Häufigkeitsverteilung graphisch dar. Begründen Sie die Wahl des verwendeten Diagramms.
d) Geben Sie unter Verwendung der Häufigkeitstabelle die empirische Verteilungsfunktion des erhobenen statistischen Merkmals analytisch an und stellen Sie die empirische Verteilungsfunktion graphisch dar.
e) Wieviel Prozent (der begangenen) Mietwohnungen besitzen weniger als drei Wohnräume?
f) Geben Sie den Anteil der Wohnungen an, die mehr als zwei, aber weniger als fünf Wohnräume besitzen. ♦

Aufgabe 1-5

Die folgende Urliste beinhaltet die Anzahl der Wiederholungsprüfungen im Fach *Theorie* von 117 Fahrschülerinnen einer Berliner Fahrschule, die im Verlauf des Jahres 1996 ihre Fahrprüfung absolvierten.

1 0 0 0 0 1 0 0 0 0 0 0 0 0 0 0 1 0 0 0 0 0 0 1 0 0 2
0 0 0 0 0 0 1 0 0 0 1 0 0 0 0 0 1 0 0 1 0 0 3 0 0 1 0 1 0
1 2 0 1 0 1 0 1 0 0 0 1 0 0 1 1 0 1 0 0 1 0 0 0 0 0 1 0 0 0
1 0 2 1 1 0 0 0 0 0 1 0 1 1 1 1 0 2 0 1 1 2 1 1 0 1 0

a) Erläutern Sie am konkreten Sachverhalt die Begriffe: Merkmalsträger, statistische Gesamtheit, Identifikationsmerkmale, Erhebungsmerkmal, Skala, Urliste.
b) Klassifizieren Sie das Erhebungsmerkmal.
c) Fassen Sie die Urlistendaten in einer Häufigkeitstabelle zusammen. Ergänzen Sie die Häufigkeitstabelle durch die absoluten und relativen Summenhäufigkeiten.
d) Stellen Sie die relative Häufigkeitsverteilung des Erhebungsmerkmals graphisch dar. Begründen Sie die Wahl des von Ihnen verwendeten Diagramms.
e) Charakterisieren Sie die Verteilung des Erhebungsmerkmals mit Hilfe geeigneter Verteilungsmaßzahlen. Begründen Sie Ihre Wahl der Verteilungsmaßzahlen und interpretieren Sie diese sachlogisch.
f) Geben Sie die empirische Verteilungsfunktion des Erhebungsmerkmals analytisch an und stellen Sie diese graphisch dar.
g) Wieviel Prozent der Fahrschülerinnen bestanden nicht im ersten Anlauf die Theorieprüfung? ♦

Aufgabe 1-6

Der Inhaber eines Weinfachgeschäftes hat eine neue Weinsorte in sein Sortiment aufgenommen und interessiert sich für die Anzahl der pro Tag verkauften Flaschen dieser Weinsorte. Vier Wochen lang hat er täglich die Anzahl der verkauften Flaschen notiert und in der folgenden Tabelle zusammengefasst:

a) Benennen Sie den Merkmalsträger und das Erhebungsmerkmal.
b) Komplettieren Sie Häufigkeitstabelle durch die relativen und kumulierten relativen Häufigkeiten.
c) Stellen Sie die empirische Verteilungsfunktion sowohl analytisch als auch graphisch dar. Bestimmen und interpretieren Sie den Wert der empirischen Verteilungsfunktion an der Stelle 5.
d) Geben Sie die Quartile der Vereilung an und zeichnen Sie ein Boxplot.

Flaschenanzahl	Tage
0	4
2	6
3	8
4	4
6	2

e) Berechnen und interpretieren Sie das arithmetische Mittel, den Median, den Modus, die Spannweite, die empirische Standardabweichung und den Variationskoeffizienten.
f) Wie viele Flaschen dieser neuen Weinsorte konnten im Laufe dieser vier Wochen insgesamt abgesetzt werden? ♦

Aufgabe 1-7

Die Statistik des Wohnungsbestands (Angaben in 1000 Wohnungen) ergab bezüglich der Anzahl der Wohnräume für das Jahr 1991 in den neuen Bundesländern und Berlin-Ost das folgende Bild:

(Quelle: Zahlenkompass 1993, S. 37, Statistisches Bundesamt, Wiesbaden)

Raumanzahl	Wohnungsanzahl
1	122
2	624
3	1928
4	2657
5	1164
6	397
7 oder mehr	143

a) Benennen Sie konkret: die kleinste statistische Einheit, die statistische Gesamtheit, die Identifikationsmerkmale und das Erhebungsmerkmal. Wie ist das Erhebungsmerkmal skaliert?
b) Präsentieren Sie die Verteilungsstruktur der Wohnräume in den neuen Bundesländern mit Hilfe einer geeigneten Graphik.
c) Stellen Sie die empirische Verteilungsfunktion analytisch und graphisch dar.
d) Geben Sie den Wert der empirischen Verteilungsfunktion an der Stelle 3 an und interpretieren Sie ihn.
e) Charakterisieren Sie die Wohnraumverteilung mit Hilfe geeigneter Maßzahlen und interpretieren Sie diese sachlogisch. Gehen Sie dabei von einer Wohnraumspannweite von 6 Räumen aus. ♦

Aufgabe 1-8

An 160 Tagen wurden die drei Aufzüge in einem Berliner Hochhaus auf ihre Funktionstüchtigkeit untersucht. An 134 Tagen funktionierten mindestens zwei Aufzüge, an 98 Tagen waren alle funktionsfähig. An einem Tag waren alle drei Aufzüge defekt.

a) Wie heißt das untersuchte Merkmal?
b) Geben Sie die beobachteten Merkmalsausprägungen und ihre absolute Häufigkeit an.
c) Skizzieren Sie die empirische Verteilungsfunktion. ♦

Aufgabe 1-9*

Bei der Vorbereitung auf eine Statistik-Klausur findet ein Student Teile der Lösung einer Übungsaufgabe. Daraus kann er folgendes entnehmen: Das untersuchte Merkmal X ist die Anzahl der gemeldeten Wohnsitze je Person in einer Gruppe von 1000 Personen. Es traten die Merkmalsausprägungen 1, 2 und 3 auf. Der Mittelwert des Merkmals ist 1,25. Zudem findet er die folgende unvollständige Skizze der empirischen Verteilungsfunktion $y = F(x)$ vor.

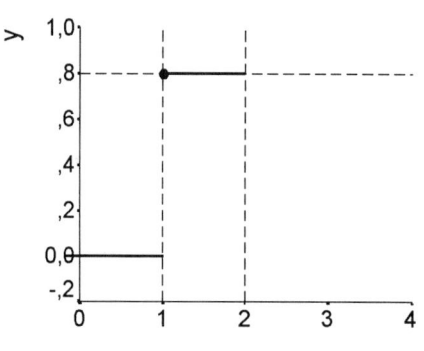

Man erstelle die zugrundeliegende Häufigkeitstabelle und vervollständige die Skizze der empirischen Verteilungsfunktion. ♦

Aufgabe 1-10

Eine Handelskette führte in Zusammenhang mit der Markteinführung eines neuen Waschmittels einen Testverkauf durch. Bestandteil dieser Aktion war auch eine Kundenbefragung. Die Kunden wurden unter anderem gebeten, über das neue Waschmittel ihr Gesamturteil abzugeben. Den befragten Kunden stand hierfür folgende Punkteskala von null bis fünf zur Verfügung, wobei null Punkte die schlechteste und fünf Punkte die beste Bewertung darstellen.

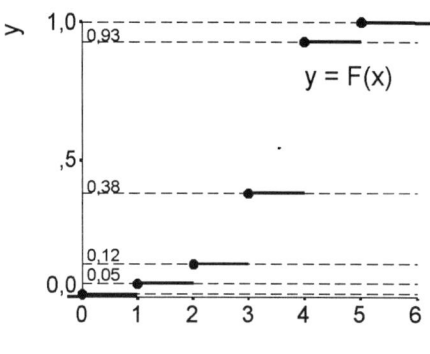

Aus den Ergebnissen der Kundenbefragung steht Ihnen der Graph $y = F(x)$ der empirischen Verteilungsfunktion $F(x)$ des Merkmals X: *Gesamturteil über das Waschmittel* zur Verfügung.

a) Beschreiben Sie die Verteilung des Erhebungsmerkmals durch die entsprechende Häufigkeitstabelle.
b) Welche Lagemaße sind zur Beschreibung der Verteilung des Erhebungsmerkmals geeignet? Begründen Sie Ihre Entscheidung und berechnen Sie die jeweiligen Lagemaße.
c) Berechnen Sie zur Messung der Streuung ein geeignetes Streuungsmaß.
d) Welche Schlussfolgerungen ziehen Sie aus dem Vergleich der Lagemaße bezüglich der Form der Verteilung des Erhebungsmerkmals? ♦

Aufgabe 1-11

In einer Firma wurde im vergangenen Jahr die Anzahl der Arbeitsunfälle, durch die jeweils ein Firmenbeschäftigter in Mitleidenschaft gezogen wurde, statistisch erfasst und aufbereitet. Es ergab sich, dass 92 % der Beschäftigten keinen Arbeitsunfall hatten, 6 % hatten einen Unfall und 2 % hatten genau zwei Unfälle.
a) Bestimmen und interpretieren Sie für diese Daten das arithmetische Mittel, den Median und den Modus.
b) Berechnen Sie die empirische Standardabweichung.
c) Geben Sie die empirische Verteilungsfunktion analytisch an. ♦

Aufgabe 1-12*

30 PKW eines bestimmten Typs wurden in den ersten vier Nutzungsjahren hinsichtlich der anfallenden Werkstattkosten analysiert. Für jeden PKW wurden die im Quartalsdurchschnitt anfallenden Werkstattkosten (Angaben in €) ermittelt und in der folgenden, aufsteigend geordneten Urliste zusammengefasst:

81	83	89	89	89	90	90	92	93	95
95	95	95	96	99	99	100	100	100	100
101	101	101	105	113	119	122	124	138	169

a) Benennen Sie konkret: den Merkmalsträger, die statistische Gesamtheit, das Erhebungsmerkmal sowie die Skala, auf der die empirisch erhobenen Merkmalsausprägungen definiert sind.
b) Für die Analyse der Verteilung des Erhebungsmerkmals wurde das nachfolgend abgebildete Box-Plot erstellt.

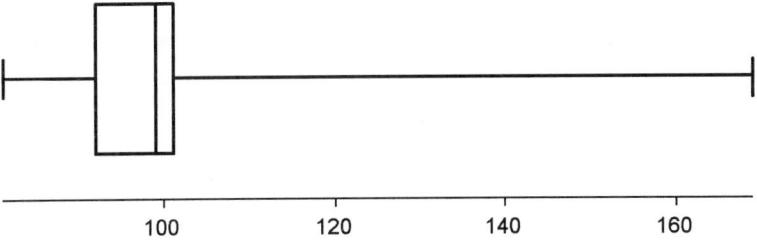

Ergänzen Sie in der beigefügten Abbildung die Werte für die fünf Maßzahlen, die durch das Boxplot dargestellt werden.

c) Aus den umseitig gegebenen Einzelwerten berechnet man ein Schiefemaß nach CHARLIER von 2,4. Welche Schlussfolgerung ziehen Sie allein aus dem ermittelten Wert bezüglich der Form der Verteilung des Erhebungsmerkmals? Koinzidiert dieses Ergebnis mit dem skizzierten Boxplot? Begründen Sie kurz Ihre Antwort. ♦

Aufgabe 1-13

Für eine Untersuchung zur Verschuldung der Regionen der Bundesrepublik Deutschland wurden für das Jahr 1997 von n = 350 Kreisen und kreisfreien Städten die Pro-Kopf-Verschuldung (Angaben in 100 DM pro Einwohner) erhoben und aufbereitet. Zur Darstellung der Verteilung des Merkmals X: *Pro-Kopf-Verschuldung* stehen Ihnen aus der Aufbereitung der Daten die folgenden Informationen zur Verfügung:

- $x_{min} = 4{,}23$, $x_{max} = 71{,}63$, $x_{0,25} = 10{,}72$, $x_{0,5} = 16{,}57$, $x_{0,75} = 22{,}84$
- $\sum_{i=1}^{n} x_i = 6189{,}13$,
- $\sum_{i=1}^{n} x_i^2 = 137583{,}19$,
- $\sum_{i=1}^{n} (x_i - \bar{x})^3 = 334325{,}95$ sowie
- $\sum_{i=1}^{n} (x_i - \bar{x})^4 = 15164199{,}41$.

a) Zeichnen Sie ein maßstabgerechtes Boxplot. Welche Schlussfolgerungen ziehen Sie aus dem Boxplot bezüglich der Form der Verteilung des Merkmals *Pro-Kopf-Verschuldung*?

b) Berechnen Sie zur parametrischen Charakterisierung der Verteilung dieses Merkmals X den empirischen Quartilskoeffizienten der Schiefe und das empirische Schiefemaß nach CHARLIER.

c) Werten Sie die von Ihnen unter b) berechneten Maßzahlen aus. ♦

Aufgabe 1-14

Bestimmen Sie für die folgenden Probleme jeweils einen statistisch sinnvollen Mittelwert und begründen Sie kurz Ihre Entscheidung:

a) Bei einem Semesterabschluss-Kegelabend von Professoren und Studierenden der Betriebswirtschaftslehre belegten die Professoren die folgenden Plätze: 2, 3, 6, 8 und 12. Welchen Platz haben die Professoren im Mittel belegt?

b) Die durchschnittliche Anzahl erreichter Punkte in der Statistik-Klausur belief sich im Sommersemester 2001 im Studiengang B(etriebs)W(irtschafts)L(ehre) auf 60 Punkte und im Studiengang W(irtschafts)I(nformatik) auf 50 Punkte. An der Klausur nahmen 140 BWL-Studenten und 60 WI-Studenten teil. Wie viele Punkte erreichte im Durchschnitt ein Klausurteilnehmer?

c) Auf die Frage „Wollten Sie ursprünglich in einem anderen Studiengang studieren?" antworteten die im Wintersemester 1993/94 an der FHTW Berlin befragten 455 Studierenden wie folgt: ja: 19%, nein: 79%, keine Angabe: 2%. ♦

Aufgabe 1-15

In einer Einrichtung, die eine Verhaltenstherapie zur Gewichtsreduktion anbietet, haben sich innerhalb einer Woche 30 Personen angemeldet. Von jeder Person wurde bei der Aufnahme der **K**örper-**M**asse-**I**ndex (Angaben in kg/m²), berechnet als Quotient aus dem Körpergewicht (Angaben in kg) und dem Quadrat der Körpergröße (Angaben in m), ermittelt. Man erhielt folgende geordnete Urliste:

21,3	23,4	24,9	25,0	25,2	25,7	26,1	26,4	26,9	27,2
27,4	27,6	27,9	28,1	28,5	28,8	29,1	29,3	29,7	29,8
29,9	30,1	32,4	34,7	35,9	36,8	38,5	40,9	43,0	44,8

Gemäß der medizinischen Klassifizierung der Adipositas (Fettsucht) ist folgende Klasseneinteilung vorzunehmen:

Klasse	Körper-Masse-Index	Bemerkungen
1	20 kg/m² bis unter 25 kg/m²	Normalgewicht
2	25 kg/m² bis unter 30 kg/m²	Adipositas 1. Grades
3	30 kg/m² bis unter 40 kg/m²	Adipositas 2. Grades
4	40 kg/m² bis unter 45 kg/m²	Adipositas 3. Grades

a) Erstellen Sie eine Häufigkeitstabelle für die klassierten Daten und stellen Sie die Klassenhäufigkeiten graphisch dar.

b) Zeichnen Sie den Graphen der empirischen Verteilungsfunktion für die klassierten Daten.

c) Geben Sie die analytische Darstellung der empirischen Verteilungsfunktion für die zweite und dritte Klasse an. Berechnen Sie die Funktionswerte an den Stellen 26,2; 28,0; 29,1; 33,0 bzw. 37,5 und interpretieren Sie die Ergebnisse.

d) Berechnen Sie das arithmetische Mittel, die empirische Varianz und die empirische Standardabweichung sowohl auf der Grundlage der Urliste als auch der Häufigkeitstabelle der klassierten Daten. Woraus erklären sich die Unterschiede in den Ergebnissen?

e) Bestimmen Sie das untere Quartil, den Median und das obere Quartil aus der geordneten Urliste und mit Hilfe der empirischen Verteilungsfunktion für die klassierten Daten.

f) Beantworten Sie folgende Fragen unter Zuhilfenahme der empirischen Verteilungsfunktion:

- Wie groß ist der Anteil der gemeldeten Personen mit einem Körper-Masse-Index von mehr als 35 kg/m²?
- Oberhalb welcher Grenze liegt der Körper-Masse-Index derjenigen 15% der gemeldeten Personen, die den größten Körper-Masse-Index haben? ♦

Aufgabe 1-16

Auf einem ehemaligen Friedhof in Berlin Mitte wurden im Jahre 1999 bei Ausgrabungen Skelette von männlichen und weiblichen Personen freigelegt, deren Vermessung unter anderem die in der beigefügten Graphik skizzierten Ergebnisse lieferte.

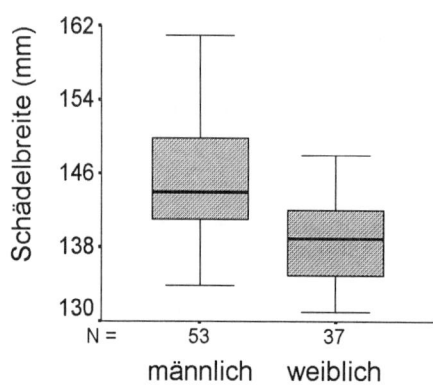

a) Man benenne den Merkmalsträger und gebe zudem den Umfang der jeweiligen statistischen Gesamtheit an.
b) Wie heißt das Gruppierungsmerkmal, das die Menge aller Merkmalsträger in zwei disjunkte Teilgesamtheiten gliedert? Auf welcher Skala sind seine Ausprägungen definiert? Warum?
c) Wie lautet das Erhebungsmerkmal? Auf welcher Skala sind seine Ausprägungen definiert? Warum?
d) Wie heißen die dargestellten Diagramme. Welche Aussage ermöglichen Sie?
e) Man beschreibe die jeweilige geschlechtsspezifische Verteilung mit Hilfe elementarer Lagemaße. Zudem ergänze man diese Lagemaße noch durch zwei elementare Streuungsmaßzahlen. ♦

Aufgabe 1-17

Die beigefügte Tabelle zeigt die Altersverteilung des Hausbestandes einer privaten Berliner Hausverwaltung (Altersangaben in Jahren, klassiert nach dem Prinzip „von ... bis unter ...", Stand Jahresende 1996).

a) Benennen Sie konkret den Merkmalsträger, die statistische Gesamtheit einschließlich ihres Umfanges, die Identifikationsmerkmale und das Erhebungsmerkmal. Welche Skala liegt den erfassten Ausprägungen des Erhebungsmerkmals zugrunde?
b) Stellen Sie die Altersverteilung des Hausbestandes mittels eines normierten Histogramms graphisch dar und ergänzen Sie dieses durch ein Häufigkeitspolygon.

Alter	Häuseranzahl
0 – 8	6
8 – 16	10
16 – 24	14
24 – 32	18
32 – 40	15
40 – 48	4

c) Bestimmen Sie zur Beschreibung der Altersverteilung geeignete Lage- und Streuungsmaße, benennen Sie diese und interpretieren Sie die berechneten Maße sowohl statistisch als auch sachlogisch. ♦

Aufgabe 1-18
Eine Familie möchte im Berliner Stadtbezirk Köpenick ein Grundstück erwerben. Aus diesem Grunde erfasst der Familienvater von 100 in der Berliner Zeitung im vierten Quartal 2001 erschienenen und einschlägigen Grundstückangeboten die Grundstückpreise (Angaben in 100.000 €) und bereitet sie wie folgt auf:

Grundstückspreis	Grundstücke
0,5 bis unter 1,0	48
1,0 bis unter 1,5	24
1,5 bis unter 2,0	12
2,0 bis unter 3,0	12
3,0 bis unter 5,0	4

a) Benennen Sie das Erhebungsmerkmal und den Merkmalsträger.
b) Stellen Sie die empirische Dichtefunktion graphisch dar.
c) Bestimmen und interpretieren Sie den Wert der empirischen Verteilungsfunktion an der Stelle 4,5.
d) Berechnen und interpretieren Sie das arithmetische Mittel, die Quartile, den Modus, die Spannweite, die empirische Standardabweichung und den Variationskoeffizienten.
e) Charakterisieren Sie die empirische Verteilung mit Hilfe eines Boxplot. ♦

Aufgabe 1-19
Für 100 Landkreise der Bundesrepublik Deutschland wurde 1995 die Unfalldichte (Angaben in Anzahl der Straßenverkehrsunfälle pro 1000 Personen der Bevölkerung) erhoben. Die Verteilung des Erhebungsmerkmales wird durch folgende empirische Verteilungsfunktion beschrieben:

$$F(x) = \begin{cases} 0 & \text{für } x \leq 3,5 \\ 0,05 \cdot (x - 3,5) & \text{für } 3,5 < x \leq 5,5 \\ 0,10 + 0,28 \cdot (x - 5,5) & \text{für } 5,5 < x \leq 6,5 \\ 0,38 + 0,39 \cdot (x - 6,5) & \text{für } 6,5 < x \leq 7,5 \\ 0,77 + 0,15 \cdot (x - 7,5) & \text{für } 7,5 < x \leq 8,5 \\ 0,92 + 0,04 \cdot (x - 8,5) & \text{für } 8,5 < x \leq 10,5 \\ 1 & \text{für } x > 10,5 \end{cases}$$

a) Bestimmen Sie das arithmetische Mittel der Unfalldichten.
b) Kann man aus den Angaben die empirische Varianz ermitteln? Wenn ja, dann geben Sie den entsprechenden Wert an. Wenn nein, dann nennen Sie die Informationen, die Sie dafür zusätzlich benötigen.
c) Wie viel Prozent der untersuchten Landkreise haben eine Unfalldichte von mehr als 5,9 Unfällen pro 1000 Personen, aber nicht mehr als 7,2 Unfällen pro 1000 Personen?

d) Ermitteln Sie (auf zwei Dezimalstellen genau) den Wert der Unfalldichte, der von 85 % der untersuchten Landkreise nicht überschritten wird. ♦

Aufgabe 1-20

An der FHTW Berlin wurde im Wintersemester 2001 die Dauer X von Telefongesprächen (Angaben in Minuten) untersucht. Als ein Ergebnis der Untersuchung erhielt man unter anderem die folgende empirische Verteilungsfunktion F(x).

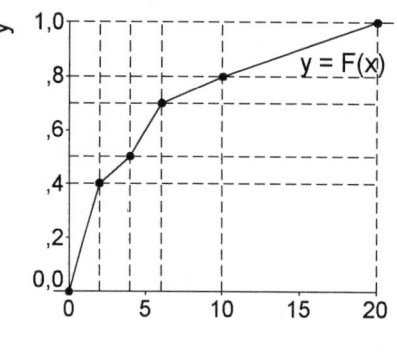

a) Wie heißt das untersuchte Merkmal?
b) Gehört dieses Bild der Verteilungsfunktion zu klassierten oder zu nicht klassierten Daten? Was wurde dabei unterstellt?
c) Geben Sie eine Häufigkeitstabelle für das Erhebungsmerkmal an.
d) Wie viele Telefongespräche dauerten zwischen 5 min und 15 min, wenn die Gesamtzahl der beobachteten Telefongespräche 350 war?
e) Wie viel Prozent der Gespräche dauerten länger als 15 Minuten ? ♦

Aufgabe 1-21

Für das monatliche Bruttoeinkommen X (Angaben in 1000 €, Stand: Jahresende 2000) der Angestellten eines Unternehmens erhielt man den folgenden Graph $y = F(x)$ der empirischen Verteilungsfunktion F(x):

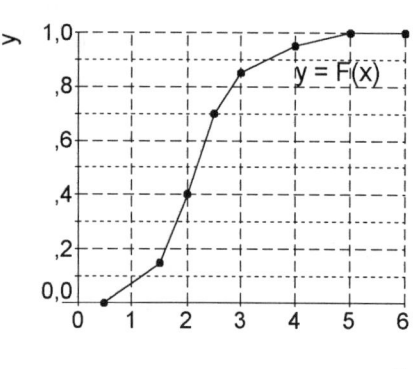

a) Welche Klasseneinteilung wurde der Erhebung der monatlichen Bruttoeinkommen zugrundegelegt? Geben Sie die jeweiligen relativen Klassenhäufigkeiten an.
b) Berechnen und interpretieren Sie das arithmetische Mittel, den Modus, das untere Quartil, den Median und das obere Quartil der Verteilung.
c) Wieviel Prozent der Mitarbeiter verdienen über 3500 € ? ♦

Aufgabe 1-22

Zur Überprüfung der Füllmenge von Waschpulver-Paketen mit dem Sollgewicht 3 kg wurden 500 Pakete nachgewogen. Die Beobachtungsergebnisse liegen in Form des umseitigen Histogramms vor, das ausgehend von einer Einteilung in vier Klassen erzeugt wurde. In der Graphik ist auf der Ordinate die relative Häufigkeitsdichte der jeweiligen Klasse angegeben. Die entsprechenden Werte betragen: 2,5; 5,5; 13,25 und 1,25. Außerdem ist bekannt, dass 22 % aller nachgewogenen Pakete zwischen 2,94 kg und 2,98 kg wogen.

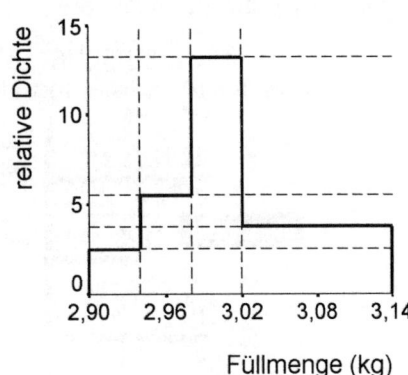

a) Charakterisieren Sie die statistische Gesamtheit.
b) Wie heißt das untersuchte Merkmal, wie ist skaliert?
c) Stellen Sie eine Häufigkeitstabelle auf.
d) Bestimmen Sie das Durchschnittsgewicht der nachgewogenen Pakete.
e) Wie viele Pakete wogen mehr als 2,96 kg?
f) Berechnen und interpretieren Sie den Median der Paketgewichte. ♦

Aufgabe 1-23

Für eine Obst- und Gemüseabteilung eines Berliner Supermarktes wurden die Tagesumsätze (Angaben in 100 €) von 242 Verkaufstagen eines Jahres ausgewertet. Die Verteilung des Erhebungsmerkmals ist durch das nebenstehende normierte Histogramm (mit der Gesamtfläche eins) gegeben.

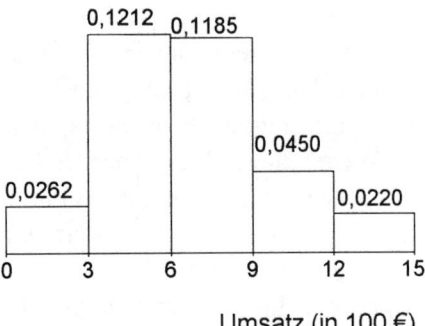

a) Erläutern Sie unter Bezugnahme auf die gegebene Problemstellung den Begriff *statistische Masse*.
b) Was stellen die (obenauf) angegebenen Rechteckhöhen und die -flächen im (normierten) Histogramm dar?
c) Stellen Sie die Verteilung des Erhebungsmerkmals durch eine Häufigkeitstabelle dar.
d) Wie viel Prozent der analysierten Verkaufstage haben einen Tagesumsatz von mehr als 1000 €? Stellen Sie den von Ihnen ermittelten Wert im Graphen der empirischen Dichtefunktion des Erhebungsmerkmals dar.
e) Berechnen Sie das empirische 15 %-Quantil und interpretieren Sie den von Ihnen berechneten Wert.
f) Zeichnen Sie den Graphen der empirischen Verteilungsfunktion und stellen Sie in dieser Graphik den unter e) ermittelten Wert dar. ♦

Aufgabe 1-24*

Ergänzen Sie unter Verwendung der folgenden Graphik den innerdeutschen Einkommensvergleich, indem Sie

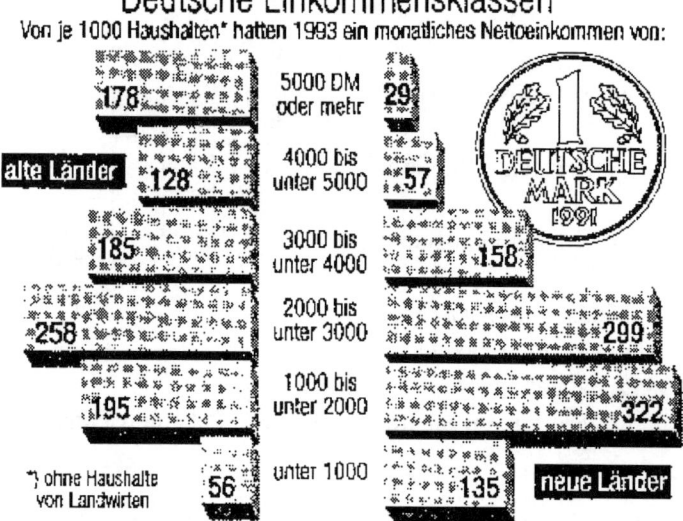

a) die Begriffe: Merkmalsträger, Gesamtheit, Erhebungsmerkmal, Identifikationsmerkmal, Merkmalswert und Skala erläutern.
b) zwei maßstabsgerechte Boxplots zeichnen, jeweils die Einkommensverteilung charakterisieren sowie die für Boxplots erforderlichen Maßzahlen benennen, berechnen und sachlogisch interpretieren. Dabei ist von den folgenden Festlegungen auszugehen: die unterste Einkommensklasse ist durch die Hälfte des Wertes ihrer Obergrenze und die oberste Einkommensklasse durch das 1,4-fache ihrer Untergrenze zu limitieren.
c) die beiden empirischen Verteilungsfunktionen gemeinsam in einem Diagramm graphisch darstellen.
d) jeweils die prozentualen Anteile der Haushalte ermitteln, die monatlich weniger als 1500 DM verfügbar haben.
e) die Graphik hinsichtlich ihrer Exaktheit kritisch beleuchten.
   Hinweis: Runden Sie für sämtliche Aufgabenstellungen Ihre Ergebnisse auf ganze Markbeträge. ♦

Aufgabe 1-25

In einem exklusiven Weinfachgeschäft wurden Kunden befragt, wie viel Geld sie im vergangenen Monat für Wein ausgegeben haben. 18 % der befragten Kunden gaben an, dass sie weniger als 10 € ausgaben. 42 % der befragten Kunden gaben

20 € oder mehr aus, der höchste genannte Betrag war 60 €. Als Wert für die durchschnittliche Ausgabe erhielt man aus den klassierten Daten 21,9 €.
a) Stellen Sie eine Häufigkeitstabelle auf. Gehen Sie dabei von einer Einteilung der Ausgaben in geringe Ausgaben (unter 10 €), mittlere Ausgaben (10 € bis unter 20 €), höhere Ausgaben (20 € bis unter 40 €) und hohe Ausgaben (40 € oder mehr) aus.
b) Berechnen und interpretieren Sie unter Verwendung der Häufigkeitstabelle die Quartile und zeichnen Sie ein Boxplot. ♦

Aufgabe 1-26*
In ihrer Ausgabe vom 23.12.1994 berichtet *Die Zeit* über die monatlichen Nettoeinkommen von Akademikern. Demnach bezog 1991 in den alten Bundesländern die einkommensschwache Hälfte der Betriebswirte ein Einkommen von 3895 DM oder weniger bzw. 28 % des gesamten Einkommens aller Betriebswirte. Während das einkommensschwache Viertel der Betriebswirte, das nur 9 % des Gesamteinkommens auf sich vereinigte, ein Einkommen von 2500 DM oder weniger hatte, vereinigten die einkommensschwachen drei Viertel 51% des gesamten Einkommens aller Betriebswirte auf sich. Für die Berechnungen wurde sowohl ein Maximaleinkommen als auch eine Einkommensspannweite von 9000 DM angenommen. Für die mittleren 50 % der Betriebswirte errechnet man eine Einkommensspannweite von 2375 DM.
a) Benennen Sie konkret: die statistische Einheit, die statistische Gesamtheit, die Identifikationsmerkmale, das Erhebungsmerkmal sowie die für das Erhebungsmerkmal benutzte Skala.
b) Charakterisieren Sie die Einkommensverteilung der Betriebswirte, skizzieren Sie diese graphisch und ergänzen Sie diese Graphik durch ein (möglichst maßstabgerechtes) Boxplot.
   (**Hinweis**: Gehen Sie bei der Skizze der Einkommensverteilung davon aus, dass sich der Wert der Klassenmitte der modalen Einkommensklasse auf 3500 DM beläuft.)
c) Treffen Sie mit Hilfe einer geeigneten Graphik eine einfache und anschauliche Aussage über die Einkommenskonzentration bei den Betriebswirten. Ergänzen Sie die graphische Konzentrationsaussage durch eine geeignete Maßzahl.
d) Wie viel Prozent des Gesamteinkommens aller Betriebswirte entfielen 1991 in den alten Bundesländern auf das einkommensstärkste Viertel der Betriebswirte?
e) Welches Einkommen erzielte ein Betriebswirt im Jahresdurchschnitt, wenn man von einer prozentualen bzw. absoluten Einkommensstreuung von 52 % bzw. 2195 DM ausgeht? ♦

Aufgabe 1-27*
Unter der Überschrift „Zusatzrente auf dem Prüfstand" veröffentlichte das Institut der deutschen Wirtschaft Köln im März 1998 eine Studie über die Zusatzversorgung der weiblichen Arbeiter und Angestellten im Öffentlichen Dienst, Stand Dezember 1995. Demnach beläuft sich die Hälfte aller monatlichen Zusatzrenten auf 600 DM oder mehr. Die mittlere Hälfte der monatlichen Zusatzrenten variiert zwischen 300 DM und 900 DM. Die Berechnungen basieren auf der Festlegung einer Spannweite und einer monatlichen Höchstrente von jeweils 3000 DM.

a) Erläutern Sie am konkreten Sachverhalt die Begriffe: kleinste statistische Einheit, statistische Gesamtheit, Identifikations- und Erhebungsmerkmal, Skala.

b) Unter Verwendung der Urlistendaten berechnet man ein Schiefe- bzw. ein Wölbungsmaß nach CHARLIER von 2 bzw. 6. Charakterisieren Sie die Zusatzrentenverteilung, skizzieren Sie die Verteilung graphisch und ergänzen Sie diese Graphik durch ein Boxplot.

c) Ein Drittel der vom Staat zu erbringenden finanziellen Aufwendungen entfällt auf die untere Hälfte der monatlichen Zusatzrenten. Treffen Sie mit Hilfe einer geeigneten Graphik eine einfache und anschauliche Aussage über die Zusatzrentenkonzentration. Ergänzen Sie die graphische Konzentrationsaussage durch eine geeignete Maßzahl.

d) Der Variationskoeffizient der monatlichen Zusatzrenten beträgt 0,75. In welchem zentralen Schwankungsintervall liegt die Mehrheit die monatlichen Zusatzrenten, wenn sich die durchschnittliche Zusatzrente auf 650 DM beläuft?

e) Stellen Sie alle im Kontext der Zusatzrentenanalyse verwendeten statistischen Kennzahlen zusammen, benennen Sie diese und geben Sie ihren Wert an. ♦

Aufgabe 1-28
Die Explorative Datenanalyse der Quadratmeterpreise (Angaben in DM/m²) von 500 im November 1995 in der Berliner Morgenpost annoncierten 2-Zimmer-Eigentumswohnungen lieferte u.a. das umseitige Stem-and-Leaf-Plot.

```
Frequency     Stem &  Leaf
     2          1  .  &
    26          2  *  012334
    65          2  .  556777788889999
   121          3  *  000000111111222233333444444444
   145          3  .  555555555566666666777777888889999999
    75          4  *  000001111122223344
    50          4  .  555666778899
    15          5  *  134&
     1          5  .  &
Stem width: 1000
Each leaf: 4 case(s); & denotes fractional leaves.
```

a) Erläutern Sie am konkreten Sachverhalt die Begriffe: Merkmalsträger, Gesamtheit, Identifikations- und Erhebungsmerkmal, Skala.
b) Erstellen Sie anhand des Stem-and-Leaf-Plot eine Häufigkeitstabelle für geeignete Quadratmeterpreisklassen. Ergänzen Sie diese durch die relativen Häufigkeiten, die kumulierten absoluten und die kumulierten relativen Häufigkeiten sowie durch die relativen Häufigkeitsdichten.
c) Stellen Sie unter Verwendung der Häufigkeitstabelle aus b) die Verteilung der Quadratmeterpreise sowohl mit Hilfe eines Histogramms als auch mit Hilfe der zugehörigen empirischen Verteilungsfunktion graphisch dar. Wie groß ist die Summe der Flächen aller Histogrammsäulen, wenn Sie zur Konstruktion des Histogramms die relativen Häufigkeitsdichten aus b) verwenden?
d) Wie viel Prozent der erfassten 2-Zimmer-Eigentumswohnungen sind durch einen Quadratmeterpreis von 4200 DM/m² oder weniger gekennzeichnet?
e) Ergänzen Sie das Histogramm aus c) durch ein Boxplot. Bestimmen bzw. berechnen Sie die dafür erforderlichen Maßzahlen und interpretieren Sie diese sowohl statistisch als auch sachlogisch.
f) Geben Sie den Quadratmeterpreis-Modus und den durchschnittlichen Quadratmeterpreis für eine 2-Zimmer-Eigentumswohnung an. Skizzieren und begründen Sie die Art und Weise ihrer Berechnung.
g) Die Werte der empirischen zentralen Momente 2., 3. und 4. Ordnung sind in der folgenden Tabelle zusammengefasst.
Ermitteln und interpretieren Sie die empirische Varianz, die empirische Standardabweichung und den Variationskoeffizienten der Quadratmeterpreise.

Zentrales Moment	Wert
2. Ordnung	$52{,}373 \cdot 10^4$
3. Ordnung	$47{,}238 \cdot 10^6$
4. Ordnung	$74{,}688 \cdot 10^{10}$

h) Charakterisieren Sie Schiefe und Wölbung der Quadratmeterpreisverteilung jeweils mit Hilfe einer Maßzahl. Vergleichen Sie Ihre Ergebnisse mit den erstellten graphischen Darstellungen. Zu welchen Aussagen gelangen Sie? ♦

Aufgabe 1-29*
Unter der Überschrift „Wohnen wie ein Fürst" veröffentlichte das Institut der deutschen Wirtschaft Köln im Mai 2000 eine Studie über die Wohnflächen von Miet- und von Eigentumswohnungen in den neuen Bundesländern, Stand 1999.
Aus der statistischen Analyse der verfügbaren Daten ergab sich für die Miet- bzw. die Eigentumswohnungen das folgende Bild: Die Hälfte aller Wohnungen der jeweiligen Wohnungsart hatte eine Wohnfläche von 62 m² oder mehr bzw. 100 m² oder mehr. Die Wohnflächen der mittleren Hälfte der jeweiligen Wohnungen variierten zwischen 44 m² und 79 m² bzw. 74 m² und 120 m². Die Berechnungen basieren für beide Wohnungsarten auf der Festlegung einer Minimal-

fläche von 20 m² und einer Wohnflächenspannweite von 100 m² für Mietwohnungen bzw. 180 m² für Eigentumswohnungen.
a) Erläutern Sie am konkreten Sachverhalt die Begriffe: statistische Einheit, statistische Gesamtheit, Identifikations- und Erhebungsmerkmal, Skala.
b) Für beide Wohnungsarten berechnet man jeweils das folgende Schiefe- bzw. Wölbungsmaß: 0,2 bzw. 3,2 für Mietwohnungen und –0,6 bzw. –1,3 für Eigentumswohnungen. Charakterisieren Sie die jeweilige Wohnflächenverteilung und ergänzen Sie den Verteilungsvergleich durch zwei maßstabgerechte Boxplots.
c) Auf die „untere" Hälfte aller Eigentumswohnungen entfällt ein Drittel der gesamten Wohnfläche aller Eigentumswohnungen. Welchen statistischen Sachverhalt impliziert diese Aussage? Skizzieren Sie den Sachverhalt graphisch und messen Sie dessen Intensität mit Hilfe einer geeigneten Maßzahl.
d) Welche Wohnfläche besitzt im Durchschnitt eine Miet- bzw. eine Eigentumswohnung?
e) Die relative Wohnflächenstreuung belief sich bei den Mietwohnungen auf 30 % und bei den Eigentumswohnungen auf 25 %. Geben Sie unter Verwendung der Ergebnisse aus d) das absolute Ausmaß der Wohnflächenstreuung bei den Miet- bzw. bei den Eigentumswohnungen an. Benennen Sie die jeweils zugrundeliegende statistische Maßzahl.
f) Stellen Sie alle im Kontext der Wohnflächenanalyse für Mietwohnungen verwendeten statistischen Maßzahlen zusammen, benennen Sie diese und geben Sie ihren Wert an. ♦

Aufgabe 1-30

Im Rahmen einer Untersuchung zum Verbraucherverhalten hinsichtlich ökologisch erzeugter Lebensmittel wurde im März 1995 im Land Sachsen eine Umfrage durchgeführt. An 335 Personen wurden durch entsprechende Fragen u.a. Informationen zu folgenden zwei Merkmalen erhoben: 1) akzeptierter maximaler prozentualer Preisaufschlag auf ökologisch erzeugte Lebensmittel (Wieviel Prozent teurer dürften ökologisch erzeugte Lebensmittel höchstens sein?) und 2) höchster Schulabschluss (Merkmalsausprägungen: ohne Abschluss; Realschulabschluss; Abitur; Hochschulabschluss).
a) Geben Sie die statistische Einheit und ihre Abgrenzung an.
b) Charakterisieren Sie das Merkmal *akzeptierter Preisaufschlag* hinsichtlich der Meßskala und entscheiden Sie, ob dieses Merkmal als diskretes oder stetiges Merkmal aufzufassen ist.
c) Ist die Ermittlung von Quantilen für das Merkmal *Schulabschluss* aus statistisch-methodischer Sicht sinnvoll? Begründen Sie Ihre Anwort.

Aufgaben, Deskriptive Statistik

In Auswertung der Urliste zum Merkmal *akzeptierter prozentualer Preisaufschlag* wurden die Einzeldaten nach dem Prinzip „über ... bis höchstens" klassiert und in nachfolgender Tabelle zusammengefasst:

Klasse	Klassengrenzen	relative Klassenhäufigkeit
1	0 ... 10	0,209
2	10 ... 20	0,452
3	20 ... 30	0,254
4	30 ... 40	0,056
5	40 ... 50	0,029

d) Stellen Sie die sich aus dem klassierten Datensatz ergebende empirische Dichtefunktion graphisch dar. Berücksichtigen Sie hierbei folgende Anforderung an die graphische Darstellung: die Fläche unter dem Graphen der empirischen Dichtefunktion soll gleich der Summe der relativen Klassenhäufigkeiten sein.
e) Berechnen Sie zur Darstellung der Lage der empirischen Verteilung das arithmetische Mittel und den Median. Interpretieren Sie die ermittelten Werte.
f) Auf Grundlage der Einzeldaten wurde der empirische Momentenkoeffizient der Schiefe mit 1,6 und die Wölbung mit 3,6 berechnet. Welche Schlussfolgerungen ziehen Sie aus diesen Angaben bezüglich der Form der Verteilung des Merkmals?
g) Wie groß ist der Anteil der Personen, die bereit sind, einen um mehr als 38 Prozent höheren Preis für ökologisch erzeugte Lebensmittel zu bezahlen? Stellen Sie den berechneten Wert im Graphen der empirischen Dichtefunktion bildhaft dar. ♦

Aufgabe 1-31*

Die folgenden Aufgabenstellungen basieren auf den Ergebnissen einer Marktforschungsstudie, die im II. Quartal 2000 auf dem Flughafen Berlin-Tegel durchgeführt wurde. Dabei wurden insgesamt 340 Fluggäste (zufällig und unabhängig voneinander ausgewählt und) auf der Grundlage eines standardisierten Fragebogens interviewt. Die Fragen bezogen sich unter anderem auf das Geschlecht (mögliche Antworten: männlich oder weiblich), den Reisegrund (mögliche Antworten: privat oder geschäftlich) und das benutzte Verkehrsmittel zum Flughafen (mögliche Antworten: Bus oder eigener PKW oder Taxi).

Für Fluggäste, die mit einem Taxi zum Flughafen fuhren, wurden zudem der Fahrtweg laut Taxameter (Angaben in km), die Fahrtkosten laut Taxameter (Angaben in DM) und der für die Taxifahrt tatsächlich gezahlte Betrag (Angaben in DM) erfragt.

a) Benennen Sie konkret: den Merkmalsträger, die statistische Gesamtheit, ihren Umfang und ihre Identifikationsmerkmale, die Erhebungsmerkmale sowie die Skalierung der Erhebungsmerkmale.
b) Welche der Erhebungsmerkmale sind bzw. erscheinen als eine Dichotomie?
c) Für die Fluggäste, die privat unterwegs waren, errechnet man bezüglich des Erhebungsmerkmals „benutztes Verkehrsmittel zum Flughafen" ein nominales Disparitätsmaß von 0,3. Für Fluggäste, die dienstlich unterwegs waren, beläuft sich das in Rede stehende Disparitätsmaß auf 0,8. Zu welcher Aussage gelangen Sie aus dem Vergleich der beiden Maßzahlen? ♦

Aufgabe 1-32*

Die folgenden Aufgabenstellungen basieren auf den Ergebnissen einer Marktforschungsstudie, die im II. Quartal 2000 auf dem Flughafen Berlin-Tegel durchgeführt wurde (vgl. Aufgabe 1-31). Für einen Taxifahrer, der einen Fluggast zum Flughafen fährt, ist die Differenz aus dem tatsächlich gezahlten Betrag und den Fahrtkosten laut Taxameter stets „Trinkgeld".

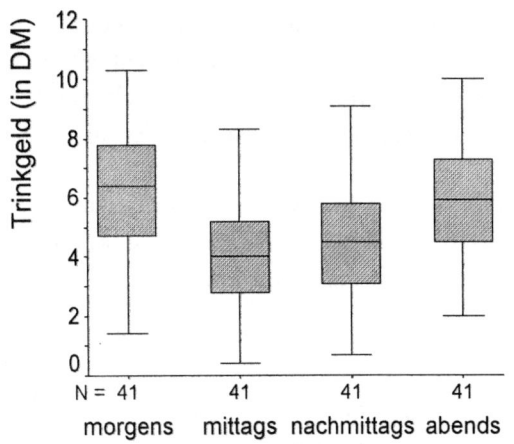

Die Ergebnisse der statistischen Analyse der tageszeitspezifisch von Fluggästen gewährten Trinkgelder sind in der nebenstehenden Graphik zusammengefasst:

a) Benennen Sie das applizierte statistische Analyseinstrument. Worüber gibt es Auskunft? Wozu ist es geeignet?
b) Charakterisieren Sie anhand der nebenstehenden Graphik die „morgens" empirisch beobachtete Trinkgeldverteilung. Benennen Sie die unmittelbar aus der Graphik zu entlehnenden statistischen Maßzahlen, geben Sie mit hinreichender Genauigkeit ihre Werte an und interpretieren Sie diese sachlogisch. Ergänzen Sie die Aufstellung noch durch die Spannweite und den Interquartilsabstand der gewährten Trinkgelder.
c) Für die Fluggäste, die mittags mit einem Taxi zum Flughafen fuhren, ergab die statistische Analyse der gewährten Trinkgelder das folgende Bild: Während sich die empirische Varianz auf 3,41 $(DM)^2$ beläuft, errechnet man ein Schiefe- bzw. ein Wölbungsmaß nach CHARLIER von 0,1 bzw. –0,3 sowie einen Variationskoeffizienten von 45,2 %.

- Charakterisieren Sie anhand der verfügbaren Maßzahlen die „mittags" empirisch beobachtete Trinkgeldverteilung und vergleichen Sie Ihre Charakteristik mit der Graphik im Kontext der Frage a).
- Wie viel Trinkgeld hat ein Fluggast, der mittags mit einem Taxi zum Flughafen fuhr, im Durchschnitt gewährt? ♦

Aufgabe 1-33

Für den Aufbau einer Datenbank *Gewerberaummieten* wurden in den Monaten Mai und Juni 1995 alle Annoncen der Berliner Zeitung, in denen Gewerberäume angeboten wurden, ausgewertet. Es wurden unter anderem Informationen zu folgenden Merkmalen erhoben:
- Region (Ausprägungen: Berliner Umland; Berlin-Ost; Berlin-West)
- Verwendungszweck (Ausprägungen: Büro; Lager; Praxis; Laden)
- Quadratmeterpreis (Angaben in DM pro m^2).

a) Geben Sie die statistische Einheit (Merkmalsträger) und ihre Abgrenzung an.

b) Entscheiden Sie, ob die Erhebungsmerkmale *Verwendungszweck* und *Quadratmeterpreis* ein diskretes oder ein stetiges Merkmal darstellen und auf welcher Skala die Merkmale gemessen wurden.

c) Nennen Sie die Lagemaße, die für die Beschreibung der empirischen Verteilung des Merkmals *Verwendungszweck* sinnvoll sind.

In Auswertung der Urliste zum Erhebungsmerkmal *Quadratmeterpreis* wurden die Einzeldaten nach dem Prinzip „über ... bis höchstens" klassiert und in nachfolgender Tabelle zusammengefasst:

Klasse	Klassengrenzen	relative Klassenhäufigkeit
1	0 ... 10	0,163
2	10 ... 20	0,325
3	20 ... 30	0,400
4	30 ... 40	0,100
5	40 ... 50	0,012

d) Stellen Sie die sich aus den klassierten Daten ergebende empirische Dichtefunktion graphisch dar. Berücksichtigen Sie dabei die Anforderung, wonach die Fläche unter dem Graphen der empirischen Dichtefunktion gleich der Summe relativen Klassenhäufigkeiten sein soll.

e) Berechnen Sie zur Darstellung der Lage der empirischen Verteilung das arithmetische Mittel und den Median. Welche Schlussfolgerungen ziehen Sie aus dem Vergleich der Lagemaße bezüglich der Form der Verteilung?

f) Sind die mittleren 50 Prozent der Beobachtungswerte symmetrisch verteilt? Berechnen Sie zur Beantwortung dieser Frage eine geeignete Maßzahl.

g) Wie groß ist der Anteil der angebotenen Gewerberäume, für die eine Miete von mehr als 32 DM/m² verlangt wird? Stellen Sie den von Ihnen ermittelten Wert im Graph der empirischen Dichtefunktion dar.

h) Die Differenz zwischen dem Wert der empirischen Verteilungsfunktion an der Stelle 35 DM/m² und dem Wert der empirischen Verteilungsfunktion an der Stelle 15 DM/m² beträgt 0,6125. Interpretieren Sie diesen Wert. ♦

Aufgabe 1-34*

Die Grundmiete für die Wohnungen aus dem Bestand einer Berliner Wohnungsgenossenschaft betrug bisher durchschnittlich 526 DM bei einer durchschnittlichen quadratischen Abweichung von 5625 (DM)² der Grundmieten von diesem Durchschnittswert. Zum 1.10.1995 erhöhte die Genossenschaft die Wohnungsmieten. Die Grundmiete wurde dabei um 15% erhöht. Hinzu kam aufgrund erfolgter Modernisierung für jede Wohnung eine Mieterhöhung, die unabhängig von der Wohnungsgröße 8,76 DM betrug.

a) Wie groß ist die durchschnittliche Grundmiete nach der Mieterhöhung?
b) Geben Sie den Mietenbereich an, in dem mindestens 50% der Mieten liegen und dessen Zentrum die durchschnittliche Miete ist.
c) Die Bruttomiete setzt sich zusammen aus der Grundmiete und den Vorauszahlungen für Betriebskosten und Heizung. Wie hoch ist die durchschnittliche Bruttomiete nach der Erhöhung, wenn die Vorauszahlungen für Betriebskosten und Heizung nicht verändert wurden und bisher im Durchschnitt 350 DM betrugen? ♦

Aufgabe 1-35

Ein Reisebüro verkaufte in der Wintersaison 2000/2001 zweiwöchige Reisen in die Ostsee-Badeorte Ahlbeck und Bansin. Der Durchschnittspreis aller in der Saison verkauften Reisen betrug 507 €. Für die Reisen nach Ahlbeck betrug der Durchschnittspreis 566 € und für die Reisen nach Bansin betrug er 486 €.

a) Wie viel Prozent der Kunden reisten nach Bansin?
b) Wie viele Kunden reisten nach Ahlbeck, wenn insgesamt 240 Personenreisen gebucht wurden? ♦

Aufgabe 1-36

Im Rahmen des Länderfinanzausgleichs wird in der Bundesrepublik Deutschland zwischen Empfängerländern und Geberländern unterschieden. Für 360 Kreise der Bundesrepublik Deutschland wurden für das Jahr 1995 folgende Angaben erhoben: Merkmal X: *Verschuldung des Kreises* (gemessen in DM pro Einwohner), Merkmal Y: *durchschnittliche Gesamteinkünfte pro Steuerpflichtiger* für die Gesamtzahl der Steuerpflichtigen im Kreis (Angaben in 1000 DM pro Person).

Die empirische Standardabweichung beträgt in der Gesamtheit der 360 Kreise für die Pro-Kopf-Verschuldung der Kreise 1.077,05 DM und für die durchschnittlichen Gesamteinkünfte pro Steuerpflichtiger 7,51428 (1.000 DM).

Es ist zu untersuchen, zu wie viel Prozent die Streuung in diesen Merkmalen durch die Gruppierung der Kreise nach Empfänger- und Geberländern erklärt wird. Zur Beantwortung dieser Frage steht die folgende Tabelle zur Verfügung:

	Gruppe der Kreise aus den Empfängerländern	Gruppe der Kreise aus den Geberländern
Anzahl Kreise in der Gruppe	140	220
durchschnittliche Innergruppenstreuung für Merkmal X	0,8416	1,0879
durchschnittliche Innergruppenstreuung für Merkmal Y	0,9829	0,7653

(**Hinweis**: Die z-Transformation der Merkmalswerte erfolgte über die Gesamtheit aller 360 Kreise. Die durchschnittliche Innergruppenstreuung für die Merkmale X und Y wurde jeweils auf der Grundlage der empirischen Standardabweichung der z-transformierten Merkmalswerte gemessen.) ♦

Aufgabe 1-37

Eine Firma hat zwei Niederlassungen, eine in Deutschland und eine in Italien. Bei Untersuchungen zu krankheitsbedingten Arbeitsausfällen (Angaben in Prozent der Sollarbeitszeit) zeigte sich, dass die durchschnittliche Ausfallzeit durch Krankheit in beiden Niederlassungen dem jeweiligen Landesdurchschnitt entsprechen (Stand 1994). Insgesamt ergab sich folgendes Bild:

Niederlassung	Beschäftigte	Mittelwert	Standardabweichung
Deutschland	400	5,5	4,2
Italien	600	3,9	3,5

a) Berechnen Sie geeignete Maßzahlen zum Streuungsvergleich.
b) Berechnen Sie den Mittelwert, die empirische Varianz und den Variationskoeffizienten für alle 1000 Beschäftigten. ♦

Aufgabe 1-38

In einem Industriebetrieb betrug 1991 der Zentralwert aller dort gezahlten Gehälter 2400 DM, das arithmetische Mittel betrug 2600 DM. Aufgrund einer Vereinbarung wurde das Gehalt aller leitenden Angestellten um 12 % erhöht. Auf diese Gruppe entfielen vor der Gehaltserhöhung die 20 % höchsten Gehälter bzw. 40 % der gesamten Gehaltssumme. Geben Sie den Zentralwert und das arithmetische Mittel nach der Gehaltserhöhung an, wenn unterstellt wird, dass sich Struktur der Gehaltsempfänger nicht verändert hat. ♦

Aufgabe 1-39
In einem Unternehmen der pharmazeutischen Industrie wird von einem Mitarbeiter der Qualitätskontrolle die Füllmenge von Ampullen mit einem bestimmten Serum nachgemessen. Nach einer gewissen Zeit stellte man bei der Qualitätskontrolle fest, dass das Messgerät nicht exakt justiert war und 0,3 ml zu wenig anzeigte. Korrigieren Sie für die Messreihe, deren Statistiken in obiger Tabelle angegeben sind, die Werte folgender statistischer Maßzahlen: a) Spannweite; b) arithmetisches Mittel; c) durchschnittliche quadratische Abweichung; d) Variationskoeffizient. ♦

Anzahl gefüllter Ampullen	100
kleinste Füllmenge	4,2 ml
größte Füllmenge	4,6 ml
durchschnittliche Füllmenge	4,4 ml
Variationskoeffizient	8 %

Aufgabe 1-40*
Der Inhaber eines Bootsverleihs interessiert sich für die Anzahl der Personen, die jeweils ein entliehenes Boot benutzen. An einem Sonntagnachmittag hat er 20 Ruderboote verliehen. Dabei zeigte sich die folgende Verteilung:

Anzahl k der Personen	1	2	3
Anzahl der Boote mit k Personen	1	18	1

a) Nennen Sie das untersuchte Merkmal und die Merkmalsträger. Wie ist das Merkmal skaliert?
b) Zeichnen Sie die LORENZ-Kurve der relativen statistischen Konzentration für die obige Häufigkeitsverteilung. Geben Sie dazu die Koordinaten der Punkte an, die Sie zur Konstruktion benutzt haben.
c) Berechnen Sie den GINI-Koeffizienten für die Häufigkeitsverteilung und interpretieren Sie das Ergebnis. ♦

Aufgabe 1-41
Für eine vergleichende Disparitätsanalyse im Baugewerbe der alten und neuen Bundesländer stehen Ihnen die folgenden Angaben (Stand: 30. September 1995) zur Verfügung (Quelle: Statistisches Jahrbuch für Deutschland 1996, S. 228):

Unternehmen mit ... bis unter ... Beschäftigten	Anzahl Unternehmen alte Bundesländer	Anzahl Unternehmen neue Bundesländer
20 ... 50	6881	2852
50 ... 100	2235	1111
100 ... 200	878	480
200 ... 500	373	158
500 ... 1000	66	41
1000 ... 5000	40	10

a) Erläutern Sie am konkreten Sachverhalt die Begriffe: Merkmalsträger, Gesamtheit, Identifikations- und Erhebungsmerkmal, Skala.
b) Analysieren und interpretieren Sie die Beschäftigtenkonzentration im Baugewerbe der alten und der neuen Bundesländer, indem Sie
• die beiden LORENZ-Kurven der relativen statistischen Beschäftigtenkonzentration gemeinsam in einem Diagramm darstellen
und
• die graphische Analyse der relativen statistischen Beschäftigtenkonzentration jeweils durch eine geeignete (und konkret zu benennende) Maßzahl der statistischen Konzentrationsmessung ergänzen. ♦

Aufgabe 1-42

350 Landkreise und kreisfreie Städte der Bundesrepublik Deutschland wurden 1997 hinsichtlich ihrer Verschuldung (Merkmal X: *fundierte Schulden in Mio. DM*) untersucht. Die Schuldensumme für alle betrachteten Kommunen betrug insgesamt 231.152 Mio. DM.

Auf der Grundlage der in der nebenstehenden Abbildung skizzierten LORENZ-Kurve ist die relative statistische Konzentration in der Verteilung der Schuldensumme auf die einzelnen Kommunen zu analysieren.

In der nebenstehenden Skizze bezeichnet F_j den Wert der empirischen Verteilungsfunktion der kommunalen Verschuldung an der Obergrenze der Klasse der Ordnung j und A_j den kumulierten Anteil der Schuldensumme

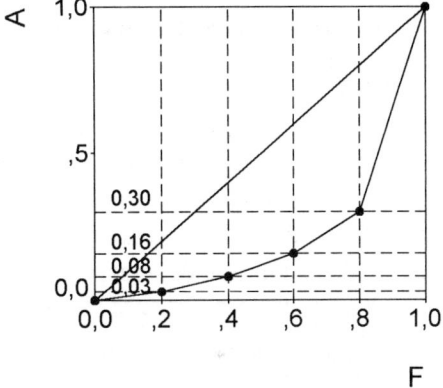

der Kommunen in der Klasse der Ordnung j an der Schuldensumme aller Kommunen symbolisiert.

a) Messen Sie den Konzentrationsgrad der Verteilung der Schuldensumme auf die einzelnen Kommunen unter Verwendung des GINI-Koeffizienten und interpretieren Sie Ihr Ergebnis.
b) Wie groß wäre die Schuldensumme für die in der untersten Verschuldungsklasse (Klasse der Ordnung j = 1) zusammengefassten Kommunen, wenn der GINI-Koeffizient den Wert Null besäße? ♦

Aufgabe 1-43*

Die folgenden Aufgabenstellungen basieren auf den Ergebnissen einer Marktforschungsstudie, die im II. Quartal 2000 auf dem Flughafen Berlin-Tegel durchgeführt wurde (vgl. Aufgabe 1-31). Die statistische Analyse der Anzahl A der von privat reisenden Fluggästen als Reisegepäck aufgegebenen Gepäckstücke ergab unter anderem das folgende Bild: Vier Fünftel aller privat reisenden Fluggäste gaben lediglich die Hälfte aller Gepäckstücke auf.

a) Geben Sie für das Erhebungsmerkmal A die ersten drei möglichen Ausprägungen an. Auf welcher Skala sind die Ausprägungen von A definiert?
b) Charakterisieren Sie im Kontext der Unterscheidung von extensiven und intensiven statistischen Merkmalen das zugrundeliegende Erhebungsmerkmal A.
c) Welche Form einer statistischen Konzentrationsanalyse ist im konkreten Fall möglich und sinnvoll? Warum?
d) Beschreiben Sie die Gepäckstückekonzentration auf die privat reisenden Fluggäste sowohl mit Hilfe einer geeigneten Graphik und als auch mittels einer geeigneten statistischen Maßzahl und interpretieren Sie Ihre Ergebnisse aus statistisch-methodischer und sachlogischer Sicht. ♦

Aufgabe 1-44

Eine Pizzeria in Berlin hat zwei verschiedene Pizzasorten (A und B) für Kinder im Angebot. Der Geschäftsführer ist an einer Analyse der Preis- und Mengenentwicklung des *Kinderangebotes* im Jahr 1996 gegenüber 1995 interessiert. Die jeweiligen Preise und verkauften Mengen im *Kinderangebot* sind in der folgenden Tabelle zusammengefasst.

Jahr	1995	1996	1996
Sorte	Preis (DM/ Stück)	Preis (DM/Stück)	Menge (1000 Stück)
A	5	6	7
B	5	4,50	20

a) Benennen, berechnen und interpretieren Sie aus den angegebenen Daten einen Preisindex.
b) Es ist bekannt, dass die umgesetzten Mengen im *Kinderangebot*, bewertet zu den Preisen von 1995, durchschnittlich um 6% zurückgegangen sind. Wie muss sich der Umsatz, der in dieser Pizzeria mit dem *Kinderangebot* erzielt wurde, von 1995 zu 1996 entwickelt haben? Geben Sie eine Zahl an, die diese Entwicklung deutlich macht und begründen Sie Ihre Lösung. ♦

Aufgabe 1-45

Der Jahresumsatz eines Unternehmens entwickelte sich mengen- und wertmäßig 1996 gegenüber 1995 auf 124 %. Unter Zugrundelegung der wertmäßigen Umsatzstruktur von 1995 wurde für den Zeitraum 1995 bis 1996 eine durchschnittliche Erhöhung der Erzeugerpreise um 6 % ausgewiesen.

Ermitteln Sie, um wie viel Prozent sich der Jahresumsatz mengenmäßig verändert hat. Geben Sie die Berechnungsvorschrift des entsprechenden Index an. Wie wird dieser Index bezeichnet? ♦

Aufgabe 1-46
In einem Unternehmen des verarbeitenden Gewerbes betrugen im ersten Quartal 1996 der Anteil der Miete am Gesamtwert der Vorleistungen 10 % und der Anteil der Energiekosten 20 %. Vom vierten Quartal 1995 zum ersten Quartal 1996 erhöhte sich die Miete pro Quadratmeter Gewerberaumfläche um 9 % und der Preis für eine Kilo-Watt-Stunde sank um 2 %. Die Preise für alle anderen Vorleistungspositionen blieben unverändert.

Um wie viel Prozent haben sich die Preise für die Vorleistungen vom vierten Quartal 1995 zum ersten Quartal 1996 durchschnittlich verändert?. ♦

Aufgabe 1-47*
Ein Berliner Autohändler verkauft Neu- und Gebrauchtwagen. Im zweiten Halbjahr 2001 stammten drei Fünftel des Umsatzes aus dem Verkauf von Neuwagen. Im Vergleich zum ersten Halbjahr 2001 wurden im zweiten Halbjahr zwar 10% mehr Gebrauchtwagen, dafür aber 10% weniger Neuwagen verkauft, obgleich der Autohändler im zweiten Halbjahr im Vergleich zum ersten die Preise für die Neu- und Gebrauchtwagen durchschnittlich auf 95% senkte. Diese durchschnittliche Preissenkung basierte auf der Umsatzstruktur des ersten Halbjahres.
a) Welche Umsatzentwicklung hatte der Autohändler von ersten zum zweiten Halbjahr 2001 zu verzeichnen? Welche Maßzahlen verwenden Sie zur Lösung des Problems?
b) Charakterisieren Sie alle in der Aufgabenstellung angegebenen Maßzahlen aus statistisch-methodischer Sicht. ♦

Aufgabe 1-48*
Eine erste Auswertung des Winterschlussverkaufes 2001 erbrachte im Vergleich zum gewöhnlichen Tagesgeschäft für die Abteilung Herrenkonfektion eines Berliner Warenhauses die folgenden Ergebnisse: i) Umsatzsteigerung um 8 %, ii) während die umgesetzten Mengen der preisgesenkten Waren durchschnittlich um 40 % gestiegen sind, sind die umgesetzten Mengen der übrigen Waren im Durchschnitt auf 90 % gesunken, iii) 70 % des im Winterschlussverkauf erzielten Umsatzes entfielen auf die preisgesenkten Waren.
a) Wie haben sich insgesamt die umgesetzten Mengen entwickelt?
b) Wie müssen sich unter den gegebenen Bedingungen in der Abteilung Herrenkonfektion die Preise im Durchschnitt entwickelt haben? ♦

Aufgabe 1-49*

Ein Berliner Reiseunternehmen bietet ausschließlich Busreisen nach Rom und Paris an. Das Unternehmen wirbt damit, dass der Preis für eine Paris-Reise im II. Quartal 2001 nur noch 90 % des Preises vom I. Quartal 2001 ausmacht und trotz einer allgemeinen Teuerung für die besagten Reisen im Durchschnitt keine Preisveränderung zu verzeichnen ist. Diese Berechnung basiert auf der Berichtsumsatzstruktur, wobei 55 % des erzielten Umsatzes auf die Rom-Reisen entfielen.

a) Beschreiben Sie den betrachteten Warenkorb und charakterisieren Sie alle in der Aufgabenstellung genannten Maßzahlen aus statistisch-methodischer Sicht.
b) Wie muss sich der unter den gegebenen Bedingungen der Preis für eine Rom-Reise etwa entwickelt haben? Warum?
c) Wie hat sich unter den gegebenen Bedingungen die Anzahl der verkauften Busreisen durchschnittlich entwickelt, wenn man berücksichtigt, dass der Umsatz vom I. zum II. Quartal 2001 um 30 % gestiegen ist? ♦

Aufgabe 1-50*

Im Zuge der Kraftstoff-Preiserhöhung im Mai 2001 erhöhten sich auch die kilometerbezogenen Kraftstoffkosten (Angaben in € je km) bei den Taxi der Berliner Taxi-Innung. Während die Kilometerkosten für ein Taxi mit einem Benzin-Motor um 7 % stiegen, war bei einem Taxi mit einem Diesel-Motor eine Steigerung der Kilometerkosten auf das 1,04-Fache zu verzeichnen. Als Vergleichszeitraum fungierte der Monat Mai 2000. Im Vergleichszeitraum stammten 70 % der gesamten Kraftstoffkosten der Berliner Taxi-Innung aus dem Betrieb von Taxi mit einem Diesel-Motor.

a) Wie haben sich die Kilometerkosten für Taxi mit einem Benzin- bzw. einem Diesel-Motor im Mai 2001 im Vergleich zum Mai 2000 durchschnittlich entwickelt? Benennen Sie die von Ihnen applizierte Berechungsvorschrift.
b) Im Mai 2001 lagen die gesamten Kraftstoffkosten der Berliner Taxi-Innung um 11 % unter dem Wert des vorjährigen Vergleichsmonats. Wie müssen sich im konkreten Fall die von den Taxi mit einem Benzin- bzw. mit einem Diesel-Motor zurückgelegten Fahrtstrecken im Durchschnitt entwickelt haben?
c) Benennen Sie aus statistisch-methodischer Sicht alle gegebenen und berechneten statistischen Maßzahlen. ♦

Aufgabe 1-51*

Ein Jungunternehmer hat sich auf den Verkauf von Personalcomputern und Standardsoftware für betriebliche Anwendungen spezialisiert. Der Unternehmer wirbt damit, dass seine Preise für Personalcomputer 2001 gegenüber dem Vorjahr durchschnittlich um 20 % gefallen sind. Zugleich ist aber auch bekannt, dass von 2000 zu 2001 die Preise des Unternehmens insgesamt um durchschnittlich 10 %

gestiegen sind. Der Berechnung dieser durchschnittlichen Preisentwicklung lag die Information zugrunde, dass im Wirtschaftsjahr 2000 40 % des Gesamtumsatzes des Unternehmens durch den Verkauf von Standardsoftware erbracht wurden.

a) Geben Sie die Messzahl an, die der Berechnung der durchschnittlichen Preisentwicklung zugrunde gelegt wurde.
b) Quantifizieren Sie die durchschnittliche Entwicklung der Verkaufspreise bei Standardsoftware vom Jahr 2000 zum Jahr 2001.
c) Ermitteln Sie den preisbereinigten Index der Umsatzentwicklung unter Verwendung der Information, dass sich der Gesamtumsatz des Unternehmens 2001 gegenüber dem Vorjahr im Ergebnis von Preisveränderungen und Mengenveränderungen um 20 % erhöhte. ♦

Aufgabe 1-52*

Durch die Benzinpreiserhöhung in Deutschland sind die Preise innerhalb der Bedarfsgruppe *Verkehr und Nachrichten* im Januar 1994 gegenüber Dezember 1993 durchschnittlich um 10 % gestiegen. Auf diese Bedarfsgruppe entfielen im Dezember 1993 15 % der monatlichen Verbrauchsausgaben der privaten Haushalte. Im Januar 1994 bewegten sich die Verbrauchsausgaben der privaten Haushalte auf dem gleichen Niveau wie im Dezember 1993.

a) Geben Sie den Index der Verbrauchsausgaben der privaten Haushalte für die genannten Vergleichszeiträume an.
b) In welchem Maße hat die Benzinpreiserhöhung auf den Preisindex der Lebenshaltung der privaten Haushalte „durchgeschlagen", wenn der Einfachheit halber unterstellt wird, dass für die restlichen Bedarfsgruppen des verwendeten Warenkorbes keine nennenswerten Preisveränderungen beobachtet wurden? Welcher Ansatz liegt der Berechnung zugrunde?
c) Welche durchschnittliche Veränderung in den verbrauchten Mengen der Warenkorbgüter ist im Januar 1994 gegenüber Dezember 1993 zu verzeichnen? Welcher Ansatz liegt der Berechnung zugrunde? Warum? ♦

Aufgabe 1-53

Ein Praktikant soll die Preisentwicklung in einer Firma untersuchen, in der die beiden Produkte A und B hergestellt werden. Er weiß, dass im Jahr 2001 Umsätze in Höhe von 640.000 € für das Produkt A und in Höhe von 410.000 € für das Produkt B erzielt wurden. Außerdem ist ihm bekannt, dass sich der Preis von A im Jahr 2002 gegenüber dem Vorjahr um 15 % erhöht hat, während der Preis von B im gleichen Zeitraum nur um 3 % gestiegen ist. Kann er aus diesen Angaben den Preisindex für 2002 zur Basis 2001 nach LASPEYRES und nach PAASCHE berechnen? Begründen Sie in jedem Fall Ihre Antwort und geben Sie, falls die Berechnung möglich ist, den Wert des jeweiligen Preisindexes an. ♦

Aufgabe 1-54*

Ein Kundenbetreuer eines Berliner Kreditinstituts ist unter anderem auch zuständig für den Verkauf von DAIMLER-CHRYSLER-, TELEKOM- und BEATE-UHSE-Aktien. In seinem Zuständigkeitsbereich stammen zwei Fünftel des in der ersten Juliwoche getätigten wertmäßigen Umsatzes zu gleichen Teilen aus dem Verkauf von DAIMLER-CHRYSLER- und TELEKOM-Aktien. Während im Vergleich zur letzten Juniwoche in der ersten Juliwoche der Kurs einer BEATE-UHSE-Aktie durchschnittlich um 10% stieg, fiel der Kurs einer TELEKOM-Aktie durchschnittlich um 5%. Der Kurs einer DAIMLER-CHRYSLER-Aktie unterlag im angegebenen Zeitraum keinen nennenswerten Veränderungen.

a) Wie haben sich für das besagte Aktienpaket im Vergleich zur letzten Juniwoche die Aktienkurse in der ersten Juliwoche durchschnittlich entwickelt?

b) Gegenüber der letzten Juniwoche sind in der ersten Juliwoche die verkauften Stückzahlen für das besagte Aktienpaket durchschnittlich auf das Doppelte gestiegen. Dieser Berechnung liegen die jeweiligen Aktienkurse der letzten Juniwoche zugrunde. Auf welche Umsatzentwicklung kann im besagten Zeitraum der Kundenberater allein aus dem Verkauf des Aktienpaketes verweisen?

c) Im Vergleich zur ersten ist in der zweiten Juliwoche der Durchschnittspreis des besagten Aktienpaketes um die Hälfte gestiegen, obgleich alle drei Aktien insgesamt einem durchschnittlichen Kursverfall von 5% unterlagen. Berechnen und benennen Sie Maßzahlen, mit deren Hilfe Sie dieses statistische Paradoxon plausibel erklären können.

d) Charakterisieren Sie aus statistisch-methodischer Sicht alle in der Aufgabenstellung angegebenen und berechneten Maßzahlen. ♦

Aufgabe 1-55*

Unbefriedigende Besucherzahlen bei der EXPO 2000 veranlassten den Aufsichtsrat, unter anderem das folgende Szenario in Betracht zu ziehen: Der Preis für ein Familien-Ticket wird von 75 DM auf 60 DM reduziert. Die Preise für alle anderen Ticket-Arten bleiben unverändert. Hinzu kommt noch, dass die Gesamteinnahmen durch die Preissenkung nicht affiziert werden sollen.

a) Welche durchschnittliche prozentuale Veränderung in den Eintrittspreisen hätte man jeweils zu verzeichnen, wenn man sowohl **vor** als auch **nach** der Preissenkung von einer unveränderten Struktur der Gesamteinnahmen ausgeht und unterstellt, dass 40 % der Gesamteinnahmen aus dem Verkauf von Familien-Tickets stammen? Welche Maßzahlen legen Sie der jeweiligen Berechnung zugrunde? Begründen Sie kurz Ihren Lösungsansatz.

b) Wie müssten sich die Besucherzahlen verändern, wenn man das eingangs skizzierte Szenario und die unter a) formulierten Bedingungen berücksichtigt? Benennen und begründen Sie die jeweils applizierten statistischen Maßzahlen. ♦

Aufgabe 1-56*

Die Kaufkraft der Deutschen Mark (berechnet als reziproker Preisindex der Lebenshaltung aller privaten Haushalte) hat sich in Deutschland im Zeitraum von 1991 bis 1995 bei einem Ausgangswert von 100 für 1991 wie folgt entwickelt (Quelle: Statistisches Jahrbuch 1996, S. 619):

1991	1992	1993	1994	1995
100	95	91	89	87

Ermitteln Sie für den in Rede stehenden Zeitraum den jahresdurchschnittlichen prozentualen Kaufkraftschwund der Deutschen Mark. Benennen Sie die applizierte Berechnungsvorschrift. ♦

Aufgabe 1-57

Die Entwicklung der jahresdurchschnittlichen Mitarbeiteranzahl und des jahresdurchschnittlichen Verwaltungsvermögens der gesetzlichen Krankenkassen im früheren Bundesgebiet gibt folgende Tabelle wieder (Angaben jeweils bezogen auf 100.000 Versicherte):

Jahr	1985	1988	1991	1994
Anzahl der Mitarbeiter	164	171	187	198
Verwaltungsvermögen (in Mio. DM)	7,1	7,8	8,6	10,7

a) Berechnen Sie die durchschnittliche jährliche Wachstumsrate für die Anzahl der Mitarbeiter und für das Verwaltungsvermögen.

b) Bestimmen Sie die durchschnittliche Triaden-Wachstumsrate für die Anzahl der Mitarbeiter und für das Verwaltungsvermögen.

c) Prognostizieren Sie die Anzahl der Mitarbeiter und das Verwaltungsvermögen für das Jahr 1995. Legen Sie dabei jeweils die durchschnittliche jährliche Wachstumsrate von 1988 bis 1994 zugrunde.

d) Welchen Wert würden die beiden Größen im Jahr 1997 erreichen, wenn man annimmt, dass sich die jeweiligen durchschnittlichen Triaden-Wachstumsraten nicht ändern? ♦

Aufgabe 1-58*

In einem Sekretariat arbeiten zwei Sekretärinnen A und B. Zum Schreiben eines Geschäftsbriefes benötigt die Sekretärin A durchschnittlich vier Minuten und die Sekretärin B durchschnittlich acht Minuten.

a) Die Sekretärinnen arbeiten gleich lang. Wieviel Zeit wird im Durchschnitt im Sekretariat zum Schreiben eines Geschäftsbriefes benötigt?

b) Wie viele Geschäftsbriefe werden im Sekretariat pro Stunde im Durchschnitt geschrieben?

c) Im Verlaufe eines Arbeitstages schreibt die Sekretärin A zehn Briefe und die Sekretärin B dreißig Briefe. Welche Zeit wird im Sekretariat im Durchschnitt zum Schreiben eines Geschäftsbriefes benötigt? ♦

Aufgabe 1-59*
Der wertmäßige Pro-Kopf-Export (Angaben in DM je Einwohner) belief sich 1998 für die drei mitteldeutschen Bundesländer Sachsen-Anhalt, Sachsen und Thüringen auf 1975, 3332 und 2552. Man benenne jeweils die Berechungsvorschrift und berechne den Pro-Kopf-Export für die drei mitteldeutschen Bundesländer insgesamt unter Berücksichtigung
a) der Exportstruktur, wonach im Wirtschaftsjahr 1998 vom gesamten wertmäßigen Export der drei mitteldeutschen Bundesländer allein 56 % auf Sachsen und 24 % auf Thüringen entfielen.
b) der Bevölkerungsstruktur, wonach im Jahresdurchschnitt 1998 in Sachsen-Anhalt 28% und in Thüringen 25% der Gesamtbevölkerung der drei mitteldeutschen Bundesländer lebten. ♦

Aufgabe 1-60
In einem Betrieb, der Waschmittel herstellt, werden die Sorte I und II eines bestimmten Waschmittels produziert. Von 1990 bis 2000 stieg der Anteil der Sorte I von 20 % auf 30 % der Gesamtproduktion, während die Gesamtproduktion auf die Hälfte des ursprünglichen Niveaus zurückging.

Um wieviel Prozent verringerte sich im Beobachtungszeitraum durchschnittlich der Anteil der Sorte II von Jahr zu Jahr? ♦

Aufgabe 1-61
Ein landwirtschaftliches Unternehmen baut an drei unterschiedlichen Standorten Kartoffeln an. Nach der Ernte liegen über die Erträge an den drei Standorten folgende Informationen vor:

Standort	Hektarertrag (in dt je ha)	Anteil am Ernteertrag aller drei Standorte
1	187	0,25
2	121	0,55
3	58	0,20

Ermitteln Sie den Hektarertrag bei Kartoffeln für das Unternehmen insgesamt und begründen Sie Ihre Herangehensweise aus statistisch-methodischer Sicht. ♦

Aufgabe 1-62
Die Einwohnerzahl im Berliner Stadtteil „Müggelheim" erhöhte sich von 4000 Einwohnern im Jahr 1992 auf 9500 Einwohner im Jahre 2000.

a) Welches durchschnittliche prozentuale Wachstum ergab sich von Jahr zu Jahr für den gegebenen Beobachtungszeitraum?

b) Welche Einwohnerzahl hätte Müggelheim bei Annahme des unter a) errechneten durchschnittlichen Wachstums im Jahre 2005 zu verzeichnen? ♦

Aufgabe 1-63

Auf einem ehemaligen Friedhof in Berlin Mitte wurden im Jahre 1999 bei Ausgrabungen Skelette von männlichen und weiblichen Personen freigelegt (vgl. Aufgabe 1-16). Die Vermessung der Femurlängen (lat.: *femora* → Oberschenkelknochen) lieferte die folgenden Ergebnisse (Angaben in mm):

		Femurlänge, links	Femurlänge, rechts
männlich	Durchschnitt	446	445
	Anzahl	27	30
weiblich	Durchschnitt	419	418
	Anzahl	32	23
insgesamt	Durchschnitt	431,4	433,3

a) Berechnen Sie sowohl die seitenspezifischen als auch die geschlechtsspezifischen durchschnittlichen Femurlängen. Benennen und begründen Sie die jeweils applizierte Berechnungsvorschrift.

b) Erläutern Sie anhand der seitenspezifischen durchschnittlichen Femurlängen das statistische (bzw. SIMPSON'sche) Paradoxon. Woraus ist es zu erklären? ♦

Aufgabe 1-64

In der nachfolgenden Tabelle sind für acht Filialen einer Handelskette die Daten über den Umsatz (Angaben in Mio. €) eines bestimmten Erzeugnisses sowie über die Ausgaben bezüglich der Anzeigenwerbung (Angaben in 1000 €) für dieses Erzeugnis zusammengestellt.

Filiale	1	2	3	4	5	6	7	8
Werbung	11	5	3	9	12	6	5	9
Umsatz	2,5	1,3	0,8	2,0	2,5	1,2	1,0	1,5

a) Stellen Sie die Daten in einem Streudiagramm dar, ergänzen Sie dieses durch die jeweiligen Mittelwertlinien und ziehen Sie daraus Schlussfolgerungen über den statistischen Zusammenhang zwischen Umsatz und Werbung.

b) Berechnen Sie den einfachen linearen Maßkorrelationskoeffizienten und interpretieren Sie Ihr Ergebnis. ♦

Aufgabe 1-65

In der SPIEGEL-Rangliste der deutschen Hochschulen aus dem Jahr 1992 wurden auch zwölf Universitäten in den neuen Bundesländern unter anderem hinsichtlich

Universität	Rang für X	Rang für Y
Rostock	9	10
Greifswald	12	12
HU Berlin	1	5
Potsdam	2	4
Magdeburg	8	8
Halle	6	11
Leipzig	10	9
Dresden	5	2
BA Freiberg	4	3
Chemnitz	11	7
Jena	7	6
Ilmenau	3	1

des Merkmals X: *Breite des Lehrangebots* und des Merkmals Y: *Möglichkeiten der Spezialisierung* von 1191 Studierenden bewertet. Die Ranglisten bezüglich beider Merkmale sind in der nebenstehenden Tabelle zusammengefasst. (Quelle: SPIEGEL 3/1993):

Messen Sie mit Hilfe einer geeigneten Maßzahl die Stärke und die Richtung des statistischen Zusammenhangs zwischen den in Rede stehenden Merkmalen. Bewerten Sie Ihr Ergebnis und begründen Sie die Wahl des von Ihnen verwendeten statistischen Verfahrens. ♦

Aufgabe 1-66

Die von der Organisation für wirtschaftliche Zusammenarbeit und Entwicklung (OECD) in Auftrag gegebene PISA-Studie (**P**rogramme for **I**nternational **S**tudent **A**ssessment) hatte unter anderem auch die Bewertung der Lesekompetenz (**Rea**ding **L**iteracy) und der naturwissenschaftlichen Grundbildung (**S**cientific **L**iteracy) von 15-jährigen Schülern am Ende ihrer Schulpflichtzeit in ausgewählten europäischen und außereuropäischen Ländern zum Gegenstand.

Land	RL-Platz	SL-Platz	Land	RL-Platz	SL-Platz
Australien	4	7	Lettland	28	27
Belgien	11	17	Liechtenstein	22	24
Brasilien	31	31	Luxemburg	29	29
Dänemark	16	22	Mexiko	30	30
Deutschland	21	20	Neuseeland	3	6
Finnland	3	1	Norwegen	13	13
Frankreich	14	12	Österreich	10	8
Griechenland	25	25	Polen	24	21
Großbritannien	7	4	Portugal	26	28
Irland	5	9	Russland	27	26
Island	12	16	Schweden	9	10
Italien	20	23	Schweiz	17	18
Japan	8	2	Spanien	18	19
Kanada	2	5	Tschechien	19	11
Korea	6	1	Ungarn	23	15
Quelle: Die Zeit, Nr. 50, 6. Dez. 2001, S. 47			USA	15	14

In der umseitigen Tabelle sind die länderspezifischen Rangplätze hinsichtlich der getesteten Kompetenzen zusammengefasst. Benennen Sie den Merkmalsträger, die Erhebungsmerkmale sowie ihre Skalierung und analysieren Sie mit Hilfe eines geeigneten statistischen Verfahrens die Stärke und die Richtung des statistischen Zusammenhangs zwischen beiden getesteten Kompetenzen. ♦

Aufgabe 1-67

Die folgende Tabelle enthält für 10 PKW-Fabrikate, deren Triebwerk einen Hubraum von höchstens 1300 cm³ besitzt und mit Normal- bzw. Super-Benzin betrieben wird, jeweils die Daten über den durchschnittlichen Kraftstoffverbrauch V (Angaben in Liter je 100 km Fahrtstrecke) und den durchschnittlichen Kohlendioxydausstoß A (Angaben in Gramm je 100 km Fahrtstrecke).
(Quelle: ADAC-Motorwelt Nr. 5/98)

Nr.	PKW-Fabrikat	Verbrauch V	Ausstoß A
1	Daihatsu Cuore	6,0	127
2	Fiat Cinquecento	6,7	145
3	Lancia Y	7,0	150
4	Nissan Micra	6,9	148
5	Opel Corsa	6,0	138
6	Peugot 106	6,5	149
7	Renault Twingo	6,3	143
8	Seat Arosa	6,4	139
9	Suzuki Alto	6,3	134
10	VW Polo	6,6	142

a) Erstellen Sie ein Streudiagramm und ergänzen Sie das Streudiagramm durch die jeweiligen Mittelwertlinien. Zu welcher Aussage gelangen Sie hinsichtlich des interessierenden statistischen Zusammenhangs zwischen dem Kohlendioxydausstoß und dem Kraftstoffverbrauch?
b) Messen Sie mit Hilfe einer geeigneten statistischen Maßzahl die Stärke und die Richtung des statistischen Zusammenhanges zwischen den beiden Erhebungsmerkmalen und interpretieren Sie Ihr Ergebnis sachlogisch und statistisch.
c) Bestimmen Sie mit Hilfe der Methode der kleinsten Quadratesumme die einfache lineare Regression des Kohlendioxydausstoßes A über dem Kraftstoffverbrauch V. Interpretieren Sie die berechneten Regressionsparameter sachlogisch und komplettieren Sie das Streudiagramm durch den Graph der einfachen linearen Regressionsfunktion. Zu welcher Aussage gelangen Sie?
d) Bestimmen Sie ohne großen Rechenaufwand den Grad der statistischen Bestimmtheit der ermittelten einfachen linearen Regressionsfunktion und interpretieren Sie Ihr Ergebnis. Welche elementare Beziehung ist Ihnen dabei von Nutzen? ♦

Aufgabe 1-68*

Es wird vermutet, dass die Preise für Bauland abhängig sind von der Bevölkerungsdichte in den betreffenden Regionen. Zur empirischen Überprüfung dieser Vermutung wurden für zehn Kreise des Bundeslandes Thüringen die Ausprägungen folgender Merkmale erhoben: 1) Merkmal X: Bevölkerungsdichte des Kreises, gemessen in Anzahl Einwohner pro Quadratkilometer Gebietsfläche im Jahre 1995 und 2) Merkmal Y: durchschnittlicher Kaufwert für Bauland im Kreis, gemessen in DM pro Quadratmeter verkauften Baulandes im Jahre 1995. Mit der folgenden Tabelle ist Ihnen die Urliste der statistischen Erhebung gegeben.

Landkreis	i	Merkmalswerte	
		x_i	y_i
Nordhausen	1	143,69	39,20
Wartburg-Kreis	2	114,33	23,28
Unstrut-Hainich-Kreis	3	125,67	28,61
Kyffhäuser-Kreis	4	95,12	19,09
Schmalkalden-Meiningen	5	121,73	25,93
Sömmerda	6	102,73	24,06
Hildburghausen	7	80,35	19,05
Ilm-Kreis	8	146,55	33,21
Saalfeld-Rudolstadt	9	133,95	33,77
Greiz	10	151,25	35,62

Aus der Aufbereitung der Urlistendaten stehen Ihnen weiterhin folgende Informationen zur Verfügung:

$\sum_{i=1}^{10} x_i = 1.215,37$, $\sum_{i=1}^{10} x_i^2 = 152.682,76$, $\sum_{i=1}^{10} y_i = 281,82$, $\sum_{i=1}^{10} y_i^2 = 8387,81$

$\sum_{i=1}^{10} x_i \cdot y_i = 35.642,26$, $\sum_{i=1}^{10} \ln x_i = 47,819615$, $\sum_{i=1}^{10} (\ln x_i)^2 = 229,053015$,

$\sum_{i=1}^{10} \ln y_i = 33,097542$, $\sum_{i=1}^{10} (\ln y_i)^2 = 110,133560$, $\sum_{i=1}^{10} \ln x_i \cdot \ln y_i = 158,716848$.

a) Messen Sie die Stärke des statistischen Zusammenhangs zwischen der Bevölkerungsdichte und dem Quadratmeterpreis für Bauland mit Hilfe des einfachen linearen Korrelationskoeffizienten. Welche Schlussfolgerungen ziehen Sie aus dem von Ihnen berechneten Korrelationskoeffizienten hinsichtlich des Zusammenhanges zwischen den Quadratmeter-Preisen für Bauland und der Bevölkerungsdichte?

b) Welcher Wert ergibt sich für den Korrelationskoeffizienten, wenn die Baulandpreise in € umgerechnet werden (1 € = 1,95583 DM).

c) Die Abhängigkeit des Quadratmeterpreises für Bauland von der Bevölkerungsdichte soll durch ein einfaches lineares Regressionsmodell beschrieben werden. Ermitteln Sie nach der Methode der kleinsten Quadrate die Parameterwerte des einfachen linearen Regressionsmodells und stellen Sie das lineare Regressionsmodell explizit dar. Geben Sie die Parameterwerte mit drei Dezimalstellen an.

d) Geben Sie die zu dem unter b) ermittelten Modell gehörige Grenzfunktion (absolute Elastizität) an und interpretieren Sie diese.

e) Für eine Residualanalyse sind die Regionen zu ermitteln, deren Baulandpreise eine überdurchschnittliche Abweichung von der modellierten durchschnittlichen linearen Abhängigkeit der Baulandpreise von der Bevölkerungsdichte aufweisen.

f) Die Abhängigkeit des Quadratmeterpreises für Bauland von der Bevölkerungsdichte soll durch ein Regressionsmodell beschrieben werden, bei dem die zughörige (relative) Elastizitätsfunktion konstant ist (Regressionsmodell mit konstanter relativer Elastizität).
  - Notieren Sie das Modell.
  - Ermitteln Sie die Modellparameterwerte mittels der Methode der kleinsten Quadrate. Geben Sie die Parameterwerte mit drei Dezimalstellen an.
  - Geben Sie die zu dem Modell gehörige (relative) Elastizitätsfunktion (relative Elastizität) an und interpretieren Sie diese.

g) Für die Gesamtheit der drei Landkreise Nordhausen, Wartburg-Kreis und Unstrut-Hainich-Kreis ist die Bevölkerungsdichte insgesamt zu ermitteln. Hierfür stehen Ihnen zusätzlich folgende Angaben zur Verfügung:

Landkreis	Nordhausen	Wartburgkreis	Unstrut-Hainich-Kreis
Einwohneranzahl	102.166	149.204	122.529

Benennen und begründen Sie die applizierte Berechnungsvorschrift. ♦

Aufgabe 1-69*

Ein Segler will sein altes Boot zu einem marktüblichen Preis anbieten. Dazu untersucht er den Zusammenhang zwischen dem Alter (Angaben in Jahren) der angebotenen Boote dieses Typs und dem jeweils verlangten Preis (Angaben in 1000 € je Boot). Er erhält folgende Ergebnisse:

	arithmetisches Mittel	empirische Standardabweichung
Alter	6,50	4,50
Preis	9,85	6,10

Der einfache lineare Maßkorrelationskoeffizient hat den Wert -0,96.

a) Ist es sinnvoll, einen linearen Zusammenhang zwischen dem Alter und dem Preis von Booten zu vermuten? Begründen Sie Ihre Aussage.

b) Bestimmen Sie die lineare Regressionsfunktion nach der Methode der kleinsten Quadratesumme.
c) Das Boot, das der Segler verkaufen will, ist 7 Jahre alt. Welchen Preis wird er dafür verlangen, wenn er die obige Regressionsfunktion zugrunde legt? ♦

Aufgabe 1-70*
Die statistische Analyse von 310 zufällig ausgewählten und höchstens sechs Jahre alten Gebrauchtwagen vom Typ VW Golf, Benziner, die im I. Quartal 1999 im Raum Berlin zum Kauf angeboten wurden, ergab unter anderem das nachfolgende Bild:

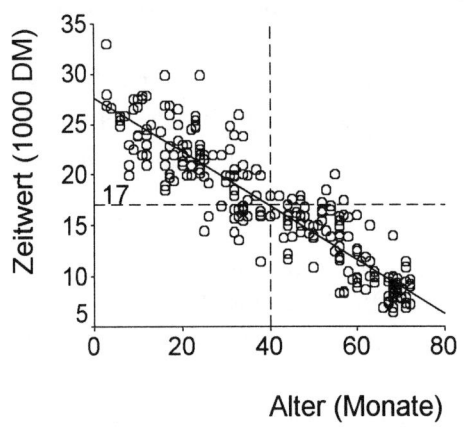

a) Erläutern Sie am konkreten Sachverhalt die Begriffe: Merkmalsträger, Gesamtheit, Identifikations- und Erhebungsmerkmale, Skalierung.
b) Wie bezeichnet man das dargestellte Diagramm?
c) Die im abgebildeten Diagramm dargestellte Zeitwertfunktion wurde mit Hilfe der Methode der kleinsten Quadratesumme geschätzt. Benennen und charakterisieren Sie aus statistisch-methodischer Sicht die geschätzte Zeitwertfunktion, bestimmen Sie anhand der Graphik näherungsweise ihre Parameter und interpretieren Sie die Parameterwerte sachlogisch.
d) Für die geschätzte Wertfunktion ermittelt man ein Bestimmtheitsmaß von 0,836. Interpretieren Sie diese Maßzahl statistisch und sachlogisch.
e) Geben Sie unter Verwendung der verfügbaren Informationen eine Maßzahl an, die Stärke und Richtung des statistischen Zusammenhangs zwischen den in Rede stehenden Erhebungsmerkmalen misst. Benennen Sie diese Maßzahl, interpretieren Sie diese sachlogisch und begründen Sie kurz Ihre Herangehensweise aus statistisch-methodischer Sicht.
f) Was würde unter Verwendung der geschätzten Zeitwertfunktion ein drei Jahre alter VW Golf kosten? Woran ist diese Zeitwertabschätzung gebunden?
g) Welchen durchschnittlichen Zeitwertverlust hätte man ceteris paribus für einen drei Jahre alten VW Golf zu verzeichnen? Welche Funktion legen Sie dieser Betrachtung zugrunde?
h) Geben Sie für die in Rede stehende Zeitwertfunktion die zugehörige Elastizitätsfunktion an und interpretieren Sie sachlogisch den Wert der Elastizitätsfunktion an der Stelle 20. ♦

Aufgabe 1-71
In der folgenden Tabelle sind die monatliche Kaltmiete M (Angaben in €) und die Wohnfläche F (Angaben in m²) für zehn Berliner 2-Zimmer-Mietwohnungen, die im Oktober 2001 im Immobilienteil der Berliner Zeitung annonciert wurden, zusammengefasst.

Nr.	1	2	3	4	5	6	7	8	9	10
F	66	72	80	55	47	70	78	73	60	65
M	474	520	598	400	344	523	592	568	497	508

a) Erläutern Sie am gegebenen Sachverhalt die Begriffe: Merkmalsträger, Gesamtheit, Identifikations- und Erhebungsmerkmale, Skala.
b) Analysieren Sie den statistischen Zusammenhang zwischen der monatlichen Kaltmiete und der Wohnfläche für die betrachteten Mietwohnungen, indem Sie ein Streudiagramm mit den jeweiligen Mittelwertlinien zeichnen, mit Hilfe einer geeigneten Maßzahl die Stärke des statistischen Zusammenhangs messen und Ihr Ergebnis sachlogisch und statistisch interpretieren.
c) Ermitteln Sie mit Hilfe der Methode der kleinsten Quadratesumme die Parameter einer geeigneten Funktion, welche die Abhängigkeit der monatlichen Kaltmiete von der Wohnfläche modelliert. Begründen Sie Ihre Funktionswahl und interpretieren Sie die geschätzten Funktionsparameter sachlogisch.
d) Schätzen Sie anhand der von Ihnen bestimmten Mietenfunktion die monatliche Kaltmiete für eine Berliner 2-Zimmer-Mietwohnung mit einer Wohnfläche von 62 m². An welche Bedingung ist Ihre Vorhersage gebunden?
e) Bestimmen und interpretieren Sie unter den gegebenen Bedingungen die Punkt-Elastizität der Kaltmiete auf einem Wohnflächenniveau von 62 m².
f) Geben Sie für Ihre Mietenfunktion eine geeignete Maßzahl an, die Aussagen über die statistische Erklärungsfähigkeit der geschätzten Mietenfunktion liefert. Benennen und interpretieren Sie diese Maßzahl. ♦

Aufgabe 1-72
Für eine regressionsanalytische Untersuchung der Abhängigkeit des Kaufpreises Y (Angaben in 1000 DM pro PKW) für Gebrauchtwagen des Typs Audi vom Alter X (Angaben in Jahren) wurden für 48 Gebrauchtwagen die notwendigen Basisdaten erhoben. Aus der Aufbereitung des Datensatzes stehen Ihnen folgende Informationen zur Verfügung.

Merkmal	arithmetisches Mittel	empirische Standardabweichung	empirische Kovarianz
Kaufpreis	10,460	7,088	-21,7905
Alter	8,270	3,360	

Der Abhängigkeitsanalyse soll eine einfache lineare Regressionsfunktion zugrunde gelegt werden.

a) Ermitteln Sie die Werte für die Parameter der Regressionsfunktion nach der Methode der kleinsten Quadrate.
b) Einmal angenommen, Sie wollen einen 5 Jahre alten PKW des betreffenden Typs kaufen. Mit welchem Kaufpreis müssen Sie bei Verwendung der linearen Regression des Preises über dem Alter rechnen? Geben Sie Ihr Ergebnis in ganzen Markbeträgen an.
c) Interpretieren Sie den für den Regressionskoeffizienten ermittelten Wert.
d) Zur Modellierung der Abhängigkeit des Preises vom Alter eines Gebrauchtwagens wurde unter Verwendung des der Aufgabe zugrundeliegenden Datensatzes zusätzlich noch folgende hyperbolische Regressionsfunktion erstellt:

$$y^* = 0{,}2010 + 67{,}4721 \cdot \frac{1}{x} \quad \text{mit} \quad \sum_{i=1}^{48}(y_i - y_i^*)^2 = 480{,}1416$$

Mit welcher der zwei Regressionsfunktionen kann die Streuung der Variable *Gebrauchtwagenpreis* besser erklärt werden? Geben Sie zur Begründung Ihrer Antwort die entsprechende Maßzahl an und beziehen Sie in Ihre Begründung die Interpretation der entsprechenden Werte ein. ♦

Aufgabe 1-73*

Die folgenden Aufgabenstellungen basieren auf den Ergebnissen einer Marktforschungsstudie, die im II. Quartal 2000 auf dem Flughafen Berlin-Tegel durchgeführt wurde (vgl. Aufgabe 1-31).

Die Aussagen beziehen sich auf die befragten Fluggäste, die mit einem Taxi zum Flughafen fuhren. Die Analyse der statistischen Abhängigkeit des für eine Taxifahrt tatsächlich gezahlten Betrages B (Angaben in DM) von der Fahrtstrecke F (Angaben in km) ergab unter Anwendung der Methode der kleinsten Quadratesumme das folgende Bild: $B^*(F) = 9{,}05 + 2{,}10 \cdot F$.

a) Benennen Sie die angegebene Funktion und interpretieren Sie die Funktionsparameter aus statistischer und sachlogischer Sicht.
b) Für die empirisch erhobenen Betrags- und Fahrtstreckendaten errechnet man einen PEARSON'schen Maßkorrelationskoeffizienten von 0,99. Interpretieren Sie sachlogisch die angegebene Maßzahl.
c) Treffen Sie mit Hilfe einer geeigneten Maßzahl eine Aussage über die Güte der Anpassung der angegebenen Funktion an die empirisch beobachteten Betrag-Fahrtstrecken-Wertepaare. Begründen Sie kurz Ihre Herangehensweise und interpretieren Sie die berechnete Maßzahl statistisch und sachlogisch.
d) Geben Sie die zur angegebenen Funktion gehörende Grenz- und Elastizitätsfunktion an und interpretieren Sie jeweils deren Wert an der Stelle 33. ♦

Aufgaben, Deskriptive Statistik 41

Aufgabe 1-74

Für eine Untersuchung der Abhängigkeit der Hektarerträge bei Weizen vom Stickstoffdüngereinsatz wurden 1990 für 20 landwirtschaftliche Betriebe aus unterschiedlichen europäischen Regionen folgende Basisdaten erhoben:
- Merkmal X: Stickstoffdünger pro Hektar Anbaufläche, Angaben in kg pro ha
- Merkmal Y: Hektarertrag Weizen, Angaben in dt pro ha.

Auf Grund von empirischen Erfahrungen und sachlogischen Überlegungen werden für die Abhängigkeitsanalyse zwei Regressionsfunktionen vorgeschlagen:
- lineare Regressionsfunktion: $Y^* = b_0 + b_1 \cdot X$
- hyperbolische Regressionsfunktion: $Y^* = b_0 + b_1 \cdot Z$ mit $Z = X^{-1}$.

Die Aufbereitung der Daten lieferte die folgenden Verteilungsparameter

Variable	arithmetisches Mittel	empirische Standardabweichung
X	76,775	44,1531
Y	41,235	9,8734
Z	0,019	0,0149

sowie die folgende empirische Varianz-Kovarianz-Matrix.

	X	Y	Z
X	1949,4989	395,1634	-0,45784
Y		97,4833	-0,12270
Z			0,00022

a) Berechnen Sie unter Verwendung der angegebenen Tabellenwerte die Korrelationsmatrix für die Variablen Y, X und Z.
b) Durch welche Regressionsfunktion kann die Streuung der abhängigen Variablen am besten erklärt werden? Nennen Sie die Maßzahl, die Sie Ihrer Entscheidung zugrunde legen und berechnen Sie diese für die zwei zur Auswahl stehenden Regressionsfunktionen.
c) Ermitteln Sie mit Hilfe der Methode der kleinsten Quadrate die Parameter der beiden Regressionsfunktionen.
d) Um wieviel Prozent verändert sich im Durchschnitt der untersuchten 20 Betriebe der Hektarertrag bei Weizen, wenn man bei einer Anbaufläche mit einem bisherigen Stickstoffdüngereinsatz von 60 kg/ha den Stickstoffdüngereinsatz um 1 % erhöht? Unterstellen Sie bei Ihren Berechnungen die von Ihnen ausgewählte Regressionsfunktion. ♦

Aufgabe 1-75*

Für 20 vergleichbare Kleinbetriebe der holzverarbeitenden Industrie wurden im zweiten Halbjahr 2001 regressionsanalytische Untersuchungen hinsichtlich der Stückkosten S (Angaben in €/Stück) zur Herstellung von Gartenstühlen und dem Produktionsausstoß P (Angaben in 100 Stück) durchgeführt und unter anderem mit Hilfe der Methode der kleinsten Quadratesumme die folgende einfache Regressionsfunktion geschätzt: $S^* = 10 + 200 \cdot P^{-1}$.

a) Skizzieren Sie für einen ökonomisch plausiblen Produktionsausstoß den Graph der Regressionsfunktion. Welche Funktion liegt der Regression zugrunde?

b) Geben Sie die auf der angegebenen Regressionsfunktion basierende Grenzfunktion an. Bestimmen und interpretieren Sie den Wert der Grenzfunktion auf einem Produktionsausstoßniveau von 200 Stück bzw. 400 Stück Gartenstühlen.

c) Treffen Sie unter Verwendung der angegebenen Regressionsfunktion eine Aussage über die (näherungsweise) prozentuale Veränderung der Stückkosten bei einer einprozentigen Veränderung des Produktionsausstoßes auf einem Produktionsausstoßniveau von 500 Stück Gartenstühlen. ♦

Aufgabe 1-76*

Die Analyse der Abhängigkeit des Preises P (Angaben in 1000 DM/PKW) vom Alter A (Angaben in Jahren) von 33 gebrauchten PKW des Typs BMW, die in der *Zweite(n) Hand*, Berliner Ausgabe, Januar 1997, annonciert wurden, lieferte das folgende Ergebnis: $P^*(A) = 61 \cdot e^{-0{,}23 \cdot A}$.

a) Erläutern Sie am konkreten Sachverhalt die Begriffe: Merkmalsträger, Gesamtheit, Identifikations- und Erhebungsmerkmale, Skalierung.

b) Charakterisieren Sie den Typ der geschätzten Preisfunktion und skizzieren Sie den Verlauf ihres Graphen.

c) Wie alt müsste unter Verwendung der Preisfunktion ein gebrauchter BMW sein, wenn sich sein Preis auf 9700 DM beläuft?

d) Geben Sie die zur angegebenen Preisfunktion gehörende Grenzfunktion an. Berechnen und interpretieren Sie die marginale Preisneigung für einen ein bzw. fünf Jahre alten BMW.

e) Für die statistisch geschätzte Preisfunktion ermittelt man ein Bestimmtheitsmaß von 0,92. Interpretieren Sie diese Maßzahl statistisch und sachlogisch.

f) Was würde unter Verwendung der Preisfunktion ein fünf Jahre alter BMW kosten. An welche Bedingungen ist diese Preisprognose gebunden? ♦

Aufgabe 1-77*

Die Analyse der Abhängigkeit des Preises P (Angaben in DM/PKW) vom Alter A (Angaben in Monaten) von 626 gebrauchten PKW des Typs VW Golf Benziner, die in der Berliner Ausgabe der *Zweite(n) Hand* im Januar 1997 annonciert wurden, lieferte das folgende Ergebnis: $P^*(A) = e^{10{,}3511 - 0{,}0170 \cdot A} = 31291{,}8 \cdot 0{,}983^A$.

a) Erläutern Sie am konkreten Sachverhalt die Begriffe: Merkmalsträger, Gesamtheit, Identifikations- und Erhebungsmerkmale, Skalierung.

b) Charakterisieren Sie den Typ der mit Hilfe der Methode der kleinsten Quadratesumme geschätzten Preisfunktion. Skizzieren Sie ihren Verlauf.

c) Wie alt müsste unter Verwendung der geschätzten Preisfunktion ein gebrauchter PKW VW Golf sein, wenn sein Preis 1000 DM betragen soll?
d) Bestimmen Sie die zur angegebenen Preisfunktion gehörende Grenzfunktion. Berechnen Sie unter Verwendung der Grenzfunktion die marginale Preisneigung für einen zehn Monate und für einen zehn Jahre alten VW Golf. Interpretieren Sie Ihre Ergebnisse sachlogisch.
e) Für die statistisch geschätzte Preisfunktion ermittelt man ein Bestimmtheitsmaß von 0,92. Interpretieren Sie diese Maßzahl statistisch und sachlogisch.
f) Was würde unter Verwendung der Preisfunktion ein fünf Jahre alter VW Golf kosten. An welche Bedingung ist diese Preisprognose gebunden? ♦

Aufgabe 1-78

Die folgende Tabelle beinhaltet den Preis P (Angaben in 1000 DM/PKW), das Alter A (Angaben in Jahren) und die Fahrleistung F (Angaben in 1000 km) von 10 gebrauchten und im Januar 1997 in Berlin angebotenen PKW vom Typ BMW.

Nr.	1	2	3	4	5	6	7	8	9	10
P	6,0	3,3	6,5	10,5	14,0	14,8	7,9	4,8	4,5	3,5
A	10	16	8	7	6	6	8	12	11	14
F	123	128	94	60	70	65	106	107	127	117

a) Erstellen Sie jeweils ein Streudiagramm zur Beschreibung der folgenden Abhängigkeiten: Preis P vom Alter A, Fahrleistung F vom Alter A und Preis P von der Fahrleistung F.
b) Betrachten Sie die folgenden Modelle der funktionalen Abhängigkeit zwischen Preis, Alter und Fahrleistung von gebrauchten PKW vom Typ BMW:

$$P = b_0 \cdot A^{b_1}, \quad F = b_0 + b_1 \cdot A^{-1} \quad \text{und} \quad P = b_0 + b_1 \cdot F.$$

Bestimmen Sie unter Verwendung der Modelle und geeigneter linearer Transformationen mit Hilfe der Methode der Kleinsten Quadratsumme die Parameterwerte der jeweiligen Regressionsfunktionen.
c) Deuten Sie jeweils den geschätzten Regressionskoeffizienten b_1 sachlogisch.
d) Skizzieren Sie den Verlauf der Regression im jeweiligen Streudiagramm.
e) Geben Sie unter Verwendung der von Ihnen numerisch bestimmten Regressionsfunktionen den Preis eines 5 Jahre alten BMW, die Fahrleistung eines 7 Jahre alten BMW sowie den Preis eines BMW mit einer Fahrleistung von 100.000 km an. An welche Bedingungen sind die Angaben gebunden? ♦

Aufgabe 1-79

Die neun größten Bierbrauereien Deutschlands konnten im Wirtschaftsjahr 1992 jeweils auf den in der Tabelle angegeben Produktionsausstoß P (Angaben in 1000 hl) und auf den Werbeaufwand W (Angaben in Mio. DM) verweisen.

(Quelle: Welt-Report, Heft 128 vom 14.9.1994, S. 36).

i	Brauerei	P_i	W_i	i	Brauerei	P_i	W_i
1	Warsteiner	5534	24,6	6	König	2107	17,4
2	Bitburger	3375	20,4	7	Paulaner	1900	9,1
3	Krombacher	3060	25,1	8	Henninger	1751	10,0
4	Holsten	2700	23,3	9	Licher	1605	11,5
5	Veltins	2120	16,8				

a) Erläutern Sie am konkreten Sachverhalt die Begriffe: statistische Einheit, Gesamtheit, Identifikations- und Erhebungsmerkmal, Skala.

b) Führen Sie für die Erhebungsmerkmale eine statistische Zusammenhangsanalyse durch. Begründen Sie Ihre Herangehensweise und interpretieren Sie Ihr Ergebnis.

c) Beschreiben Sie mit Hilfe der Methode der kleinsten Quadratesumme die Abhängigkeit des Produktionsausstoßes vom Werbeaufwand. Verwenden Sie dabei eine lineare und (als Spezialfall einer COBB-DOUGLAS-Funktion) eine Potenzfunktion.

d) Vergleichen Sie die beiden Regressionsansätze hinsichtlich ihrer statistischen Erklärungsfähigkeit mit Hilfe einer geeigneten Maßzahl. ♦

Aufgabe 1-80

Die Abhängigkeit des Luftwiderstandes W (Angaben in Kilopond) eines Ballonmodells von der Strömungsgeschwindigkeit v der Luft (Angaben in Meter pro Sekunde) soll durch eine Funktion der Form $W = a \cdot V^b$ mit gewissen Konstanten a und b dargestellt werden. Dazu liegen folgende Versuchsergebnisse vor:
(Quelle: G. FUHRMANN, Z. Flugtechnik 2, 1911):

i	1	2	3	4	5	6	7	8	9	10
v_i	1	2	3	4	5	6	7	8	9	10
w_i	0,2	0,8	1,5	2,7	3,7	5,2	6,7	8,3	9,9	11,5

a) Durch eine geeignete Transformation überführe man die Gleichung $W = a \cdot V^b$ in ein lineares Regressionsproblem.

b) Mittels der Methode der kleinsten Quadrate berechne man aus den vorliegenden Versuchsergebnissen Schätzwerte für die Parameter der linearen Regressionsfunktion und bestimme daraus Werte für a und b.

c) Man zeichne den Graphen der ermittelten Funktion und trage die Versuchsergebnisse in das Koordinatensystem ein.

d) Mit Hilfe der ermittelten Funktion berechne man den absoluten und den relativen Zuwachs des Luftwiderstandes bei der Erhöhung der Strömungsgeschwindigkeit von $v_1 = 4,5$ m/s auf $v_2 = 4,6$ m/s.

e) Man gebe (näherungsweise) den prozentualen Zuwachs des Luftwiderstandes bei 1%-iger Erhöhung der Strömungsgeschwindigkeit an. ♦

Aufgabe 1-81*
Zwei Studentinnen der Betriebswirtschaftslehre befragten im Sommersemester 1995 an der FHTW Berlin 323 zufällig ausgewählte Kommilitonen bezüglich ihrer Einstellung zur Frei-Körper-Kultur (FKK). Von den 144 Kommilitonen, die angaben, keine FKK-Anhänger zu sein, stammten 23 aus dem Ausland. 196 der befragten Kommilitonen, von denen 127 angaben, FKK-Anhänger zu sein, stammten aus den neuen Bundesländern. 91 Kommilitonen stammten aus den alten Bundesländern.
a) Benennen Sie den Merkmalsträger, die Gesamtheit und deren Umfang, die Identifikations- und die Erhebungsmerkmale sowie die verwendeten Skalen.
b) Erstellen Sie eine Kontingenztabelle und erklären Sie anhand der Kontingenztabelle den Begriff einer Konditional- und einer Marginalverteilung.
c) Für die Kontingenztabelle errechnet man ein PEARSON's Chi-Quadrat von 18,2. Messen Sie mit Hilfe einer geeigneten Maßzahl die Stärke der Kontingenz zwischen FKK-Anhängerschaft und Landesherkunft der befragten Kommilitonen und interpretieren Sie Ihr Ergebnis statistisch und sachlogisch. ♦

Aufgabe 1-82*
Im Rahmen seiner Diplomarbeit befragte im Sommersemester 1997 ein Student der Betriebswirtschaftslehre zufällig ausgewählte Kommilitonen an Berliner Hochschulen unter anderem auch danach, ob sie einem Nebenjob nachgehen und warum. Ein Teilergebnis seiner Befragung ist in der folgenden Tabelle zusammengefasst.

Nebenjob	Finanzielle Situation		insgesamt
	unbefriedigend	befriedigend	
ja	15	285	300
nein	97	26	123
insgesamt	112	311	423

a) Benennen Sie den Merkmalsträger, die Gesamtheit und deren Umfang, die Identifikations- und Erhebungsmerkmale sowie die verwendeten Skalen.
b) Wie bezeichnet man in der statistischen Methodenlehre die angegebene Tabelle? Wie ist sie zu charakterisieren?
c) Wie viele Studenten müssten unter der Annahme empirisch unabhängiger Merkmale bei einer unbefriedigenden finanziellen Situation einem Nebenjob nachgehen?
d) Berechnen Sie ein Maß zur Einschätzung der Intensität der Kontingenz zwischen Nebenjob und finanzieller Situation der befragten Studenten. ♦

Aufgabe 1-83*

Bei 360 Ehen, die 1994 durch ein Berliner Gericht gelöst wurden, war in 65,8 % der Scheidungsfälle die Ehefrau der Antragsteller. In 73,1 % aller Scheidungsfälle war der Ehemann jeweils der ältere Ehepartner. In 27 % aller Fälle mit weiblichem Antragsteller war die Ehefrau jeweils der ältere Ehepartner.

a) Benennen Sie konkret: den Merkmalsträger, die Gesamtheit, die Identifikations- und die Erhebungsmerkmale sowie deren Ausprägungen.

b) Klassifizieren Sie die Erhebungsmerkmale und geben Sie jeweils ihre Ausprägungen an. Auf welcher Skala sind die Ausprägungen der Erhebungsmerkmale definiert? Begründen Sie kurz Ihre Aussage.

c) Erstellen Sie für den eingangs skizzierten Sachverhalt eine Kontingenztabelle. Welche Dimension besitzt sie? Warum?

d) Erläutern Sie anhand der Kontingenztabelle exemplarisch die Begriffe: Marginal- und Konditionalverteilung.

e) Messen Sie mit Hilfe des Kontingenzmaßes V nach CRAMÉR die Stärke der statistischen Kontingenz zwischen den in Rede stehenden Erhebungsmerkmalen. Interpretieren Sie Ihr Ergebnis.

f) In wie vielen Fällen hätte bei empirischer Unabhängigkeit zwischen den Erhebungsmerkmalen sowohl der ältere Ehepartner als auch der Antragsteller ein Mann sein müssen? ♦

Aufgabe 1-84*

Im Hauptstudien-Seminar *Empirische Wirtschafts- und Sozialforschung* werden Sie gebeten, die Ergebnisse einer empirischen Studie zu referieren, die die Wechselwirkung zwischen dem Interesse für Reisen und dem Interesse für Kultur von partnersuchenden Personen zum Gegenstand hat.

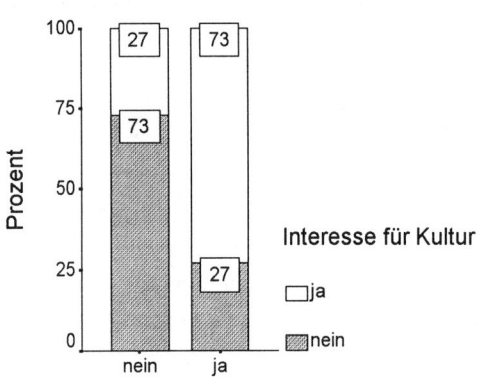

Aus einem unerklärlichen Grund sind die Ihnen zur Verfügung gestellten Unterlagen der statistischen Auswertung unvollständig.

Aus den Unterlagen können sie lediglich das folgende Diagramm und die Hinweise entnehmen, dass die statistische Analyse auf insgesamt 766 Annoncen basiert, die im zweiten Quartal 1998 in Berliner Tageszeitungen veröffentlicht wurden und dass in insgesamt 292 Annoncen ein Interesse für Reisen bekundet wurde.

a) Benennen Sie den Merkmalsträger, die Gesamtheit, die Identifikations- und die Erhebungsmerkmale sowie die Skalierung der Erhebungsmerkmale.
b) Worüber gibt das Diagramm Auskunft? Wie sind die Säulen sachlogisch zu deuten?
c) Erstellen Sie eine Kontingenztabelle auf der Basis absoluter Häufigkeiten und messen Sie mit Hilfe eines 0-1-normierten Kontingenzmaßes die Stärke der statistischen Kontingenz zwischen den beiden Interessengebieten. ♦

Aufgabe 1-85
Eine in Zusammenarbeit mit der SIEMENS AG und der FHTW Berlin im November 1995 durch Studenten des Hauptstudien-Seminars *Marktforschung* durchgeführte Befragung von Fahrgästen zu aktuellen Fragen des Berliner Öffentlichen Personennahverkehrs erbrachte unter anderem das folgende Ergebnis:

Wohnort	Verkehrsmittel			
	U-Bahn	S-Bahn	Tram & Bus	gesamt
Ost-Berlin		181	242	568
West-Berlin	200			448
außerhalb Berlins		57		81
gesamt	359		404	

a) Benennen Sie konkret: die statistische Einheit, die statistische Gesamtheit und deren Umfang, die Identifikations- und die Erhebungsmerkmale sowie die für die Erhebungsmerkmale verwendeten Skalen.
b) Komplettieren Sie die angegebene Tabelle und interpretieren Sie die ermittelten Zahlen. Wie bezeichnet man in der Fachsprache eine solche Tabelle?
c) Stellen Sie die relative Häufigkeitsverteilung des Merkmals *Verkehrsmittel* tabellarisch und graphisch dar. Begründen Sie Ihre Wahl der graphischen Darstellungsform.
d) Charakterisieren Sie die Verteilung der genutzten Verkehrsmittel durch geeignete Verteilungsparameter. Begründen Sie Ihre Parameterwahl und interpretieren Sie Ihre Ergebnisse.
e) Messen Sie mit Hilfe des Kontingenzmaßes CRAMER´s V die Stärke der Kontingenz. Woraus erklärt sich die Kontingenz? ♦

Aufgabe 1-86*
Die folgenden Aufgabenstellungen basieren auf den Ergebnissen einer Marktforschungsstudie, die im III. Quartal 1999 an einer Mitropa-Autobahn-Raststätte durchgeführt wurde. Dabei wurden Kunden auf der Grundlage eines standardisierten Fragebogens interviewt, der unter anderem Fragen zur Zufriedenheit mit dem Preis-Leistungsverhältnis (mögliche Antworten: zufrieden oder unzufrieden), zur Verweildauer (Angaben in Minuten), zu den Ausgaben für Speisen und

Getränke (Angaben in DM) und zum Reisegrund (mögliche Antworten: Privat- oder Geschäftsreisender) zum Gegenstand hatte.

a) Benennen Sie konkret den Merkmalsträger, die statistische Gesamtheit, die Identifikationsmerkmale, die Erhebungsmerkmale und deren Skalierung.

b) Von den insgesamt 440 befragten Kunden gaben 227 Kunden an, mit dem Preis-Leistungsverhältnis zufrieden zu sein. Unter den 230 Kunden, die privat unterwegs waren, befanden sich 99 Kunden, die mit dem Preis-Leistungsverhältnis zufrieden waren.

- Erstellen Sie für die in Rede stehenden Erhebungsmerkmale eine Kontingenztabelle. Charakterisieren Sie die Kontingenztabelle.
- Geben Sie alle Konditionalverteilungen an und treffen Sie aus ihrem Vergleich eine Aussage über die statistische Kontingenz der in Rede stehenden Erhebungsmerkmale.
- Messen Sie mit Hilfe einer geeigneten und einfachen Maßzahl die Stärke der statistischen Kontingenz zwischen den in Rede stehenden Erhebungsmerkmalen.

c) Im Zuge der statistischen Abhängigkeitsanalyse der Ausgaben für Speisen und Getränke A (Angaben in DM) von der Verweildauer V (Angaben in Minuten) von Geschäftsreisenden wurde unter anderem die folgende einfache Kleinst-Quadrate-Regressionsfunktion ermittelt: $A^*(V) = 5 \cdot V^{0,45}$.

- Charakterisieren Sie die angegebene Ausgabenfunktion.
- Mit Hilfe der Ausgabenfunktion ist man bereits zu 85 % in der Lage, die Varianz der Ausgaben für Speisen und Getränke allein aus der Verweildauervarianz statistisch zu erklären. Benennen Sie das zugrundeliegende Gütemaß.
- Geben Sie die zur Ausgabenfunktion gehörende Grenz- und Elastizitätsfunktion an und interpretieren Sie jeweils den Funktionswert an der Stelle 30.
- Mit welchen Einnahmen könnte man in der besagten Mitropa-Autobahn-Raststätte allein aus den Ausgaben für Speisen und Getränke von zwei getrennt und geschäftlich reisenden Personen rechnen, wenn unterstellt wird, dass die erste Person eine viertel und die zweite Person eine halbe Stunde in der Raststätte verweilt? ♦

Aufgabe 1-87*

Die folgenden Aufgabenstellungen basieren auf den Ergebnissen einer Marktforschungsstudie, die im II. Quartal 2000 auf dem Flughafen Berlin-Tegel durchgeführt wurde (vgl. Aufgabe 1-31).

Von den insgesamt 340 befragten Fluggästen gaben 177 Fluggäste an, privat zu reisen. Die restlichen befragten Fluggäste waren dienstlich unterwegs. 45 % aller befragten Fluggäste waren weiblichen Geschlechts. 30 % aller Fluggäste reisten privat und waren weiblichen Geschlechts.

a) Erstellen Sie für die Erhebungsmerkmale eine Kontingenztabelle und geben Sie ihren Typ an.
b) Geben Sie alle Konditionalverteilungen an und treffen Sie aus ihrem Vergleich eine Aussage über die statistische Kontingenz der in Rede stehenden Erhebungsmerkmale.
c) Messen Sie mit Hilfe einer einfachen Maßzahl die Stärke der statistischen Kontingenz zwischen den in Rede stehenden Erhebungsmerkmalen. ♦

Aufgabe 1-88
Die Investitionen (Angaben in 1000 DM) eines metallverarbeitenden Betriebes im Freistaat Bayern entwickelten sich wie folgt:

Jahr	1993	1994	1995	1996	1997	1998	1999	2000
Investitionen	178	164	151	137	123	110	96	82

a) Charakterisieren Sie die Entwicklung der Investitionen von Jahr zu Jahr durch die Berechnung der absoluten und der relativen Veränderung.
b) Prognostizieren Sie unter Verwendung der jahresdurchschnittlichen absoluten und der jahresdurchschnittlichen relativen Veränderung die voraussichtliche Höhe der Investitionen im Jahr 2001. Werten Sie Ihre Ergebnisse.
c) Kennzeichnen Sie die Grundrichtung der Entwicklung der Investitionen im Beobachtungszeitraum mit Hilfe einer geeigneten Trendfunktion, deren Parameter mittels der Methode der kleinsten Quadratesumme bestimmt wurden.
d) Interpretieren Sie die Parameterwerte der Trendfunktion.
e) Berechnen Sie mit der ermittelten Trendfunktion die voraussichtliche Höhe der Investitionen im Jahr 2001. ♦

Aufgabe 1-89
Es liegen folgende Angaben über die Entwicklung des Absatzes (Angaben in 1000 Tonnen) eines Kieswerkes im Bundesland Schleswig-Holstein vor:

Jahr	1993	1994	1995	1996	1997	1998	1999	2000
Absatz	28,6	34,4	37,4	47,4	51,8	56,2	60,5	65,1

a) Ermitteln Sie das durchschnittliche jährliche Wachstumstempo des Absatzes und berechnen Sie mit Hilfe dieser Größe die voraussichtliche Höhe des Absatzes für das Jahr 2001. An welche Bedingung ist diese Absatzprognose gebunden?
b) Ermitteln Sie eine geeignete mathematische Trendfunktion mit Hilfe der Methode der kleinsten Quadratesumme.
c) Interpretieren Sie die Parameterwerte der in der Aufgabe b) berechneten mathematischen Trendfunktion.

d) Treffen Sie mit Hilfe einer geeigneten Maßzahl eine Aussage über die Güte der Anpassung der Trendfunktion an die beobachtete Absatzentwicklung.
e) Berechnen Sie mit Hilfe der Trendfunktion, welche Absatzmenge voraussichtlich im Jahr 2001 zu erwarten ist.
f) Welche Voraussetzungen sind für die unter e) ermittelte Absatzprognose anzugeben? Welche Vorbehalte müssen Sie geltend machen? ♦

Aufgabe 1-90

In einem kleinen niedersächsischen Baubetrieb entwickelten sich die Lohnkosten K (Angaben in 1000 DM) seit 1992 wie folgt:

Jahr	1992	1993	1994	1995	1996	1997	1998	1999	2000
K	127	120	113	109	104	98	90	82	76

Charakterisieren Sie die Grundrichtung der Lohnkostenentwicklung unter Verwendung eines Prognosemodells auf der Basis
a) des mittleren jährlichen Entwicklungstempos.
b) der mit Hilfe der Methode der kleinsten Quadratesumme bestimmten Trendfunktion der Form: $K^*(t) = b_0 \cdot b_1^t$ mit t = 1 für 1992, t = 2 für 1993 etc.
c) Prognostizieren und vergleichen Sie unter Verwendung der unter a) und b) bestimmten Modelle die voraussichtliche Höhe der Lohnkosten für das Jahr 2001. Worin liegen die Unterschiede in den Lohnkostenprognosen theoretisch begründet? ♦

Aufgabe 1-91

In der folgenden Tabelle sind die Werte y_t der Zeitreihe *Zahl der berichtenden Kreditinstitute* Deutschlands, Stand Jahresende, für die Jahre 1990 bis 1995 zusammengestellt (Quelle: Statistisches Jahrbuch 1996 für die BRD, S. 344).

Jahr	1990	1991	1992	1993	1994	1995
t	1	2	3	4	5	6
y_t	4638	4329	4047	3880	3727	3622

a) Welcher Typ von Zeitreihe liegt hier vor?
b) Stellen Sie den Verlauf der Zeitreihe in einem Sequenzdiagramm dar.
c) Bestimmen Sie mit Hilfe der Methode der kleinsten Quadratesumme die Parameter der Trendfunktion vom Typ $y = a \cdot t^b$.
d) Prognostizieren Sie mit Hilfe der unter c) bestimmten Trendfunktion die Anzahl der Kreditinstitute für das Jahr 1997. An welche Bedingungen ist diese Vorhersage gebunden?
e) Ist es sinnvoll, mit der unter c) bestimmten Trendfunktion eine statistische Vorhersage der Kreditinstituteanzahl für das Jahr 2002 zu bewerkstelligen? ♦

Aufgaben, Deskriptive Statistik

Aufgabe 1-92
In der folgenden Tabelle sind die Werte y_t der Zeitreihe des Quartalsumsatzes (Angaben in Mio. €) eines Einzelhandelsunternehmens in den neuen Bundesländern für die Jahre 1998 bis 2000 zusammengestellt.

Jahr	1998				1999				2000			
Qtl	I	II	III	IV	I	II	III	IV	I	II	III	IV
t	1	2	3	4	5	6	7	8	9	10	11	12
y_t	11,6	12,5	12,9	14,5	11,9	13,0	13,3	14,9	12,8	13,4	13,8	15,8

a) Charakterisieren Sie die Zeitreihe.
b) Stellen Sie den Verlauf der Zeitreihe graphisch dar.
c) Glätten Sie die Umsatzzeitreihe mit Hilfe der Methode der (zentrierten) gleitenden Durchschnitte, indem Sie einerseits einen Stützbereich von drei und andererseits einen Stützbereich von vier Quartalen verwenden. Zeichnen Sie die jeweiligen gleitenden Durchschnitte in die Grafik ein. Zu welchen Aussagen gelangen Sie?
d) Bestimmen Sie mit Hilfe der Methode der kleinsten Quadratesumme die Parameter der Trendfunktion $y^* = b_0 + b_1 \cdot t$. Benennen Sie die Trendfunktion.
e) Interpretieren Sie die Parameter der unter d) ermittelten Trendfunktion.
f) Ermitteln und interpretieren Sie die quartalsdurchschnittlichen Umsatzabweichungen von der unter d) bestimmten Trendfunktion.
g) Erstellen Sie unter Verwendung der Trendfunktion und der quartalsdurchschnittlichen Umsatzabweichungen vom Trend eine Umsatzprognose für das Jahr 2001. ♦

Aufgabe 1-93
In der folgenden Tabelle sind die Anzahlen der im jeweiligen Quartal registrierten Besuche (Angaben in 1000) im Spielzeug-Museum Sonneberg (Thüringen) für die Jahre 1997 bis 2000 zusammengestellt.

Quartal	Anzahl	Quartal	Anzahl	Quartal	Anzahl	Quartal	Anzahl
I/1997	19	I/1998	15	I/1999	14	I/2000	14
II/1997	25	II/1998	27	II/1999	27	II/2000	19
III/1997	38	III/1998	36	III/1999	37	III/2000	32
IV/1997	22	IV/1998	20	IV/1999	18	IV/2000	18

a) Charakterisieren Sie die Zeitreihe.
b) Stellen Sie den Verlauf der Zeitreihe graphisch dar.
c) Glätten Sie die Zeitreihe mit Hilfe der Methode der (zentrierten) gleitenden Durchschnitte, indem Sie einen Stützbereich von vier Quartalen verwenden. Zeichnen Sie die gleitenden Durchschnitte in die Graphik ein. Zu welchen Aussagen gelangen Sie?

d) Bestimmen Sie mit Hilfe der Methode der kleinsten Quadratesumme die Parameter einer einfachen linearen Trendfunktion.
e) Interpretieren Sie die Parameter der unter d) ermittelten Trendfunktion.
f) Ermitteln und interpretieren Sie die quartalsdurchschnittlichen Abweichungen der Besuchszahlen von der unter d) bestimmten Trendfunktion.
g) Erstellen Sie unter Verwendung der Trendfunktion und der quartalsdurchschnittlichen Abweichungen der Besuchszahlen vom Trend eine Prognose der Besuchszahlen für das Jahr 2001. ♦

Aufgabe 1-94*

Die statistische Analyse der monatlichen Anzahl A von Fluggästen (Angaben in 1000 Personen) auf den Berliner Flughäfen ergab für den Beobachtungszeitraum $T_B = \{t \mid t = 1,2,...,60\} = \{t^* \mid t^* = $ Januar 1994, Februar 1994,..., Dezember 1998$\}$ das folgende Bild: Die einfache lineare Funktion $A^*(t) = 837 + 3 \cdot t$, $t \in T_B$, beschreibt den Trend. Zudem sind in der beigefügten Tabelle die durchschnittliche Saisonwerte aufgelistet, die als einfaches arithmetisches Mittel aus den monatsspezifischen Abweichungen der beobachteten Anzahlen von der Trendfunktion $A^*(t)$ ermittelt wurden.

Monat	Wert	Monat	Wert
Januar	-212	Juli	189
Februar	-166	August	104
März	-11	September	149
April	-40	Oktober	162
Mai	41	November	-90
Juni	72	Dezember	-196

a) Interpretieren Sie die Trendparameter statistisch und sachlogisch.
b) Prognostizieren Sie die Anzahl der Fluggäste auf den Berliner Flughäfen für das erste Halbjahr 1999. Konstruieren und benennen Sie dazu ein geeignetes Trend-Saison-Modell. An welche Bedingungen ist diese Prognose gebunden?
c) Beschreiben Sie für das Trend-Saison-Modell aus b) sowohl den Prognose- als auch den Relevanzzeitraum mittels geeigneter Indexmengen.
d) Stellen Sie die Modellprognose aus b) einschließlich der Modellwerte für das Jahr 1998 in einem geeigneten Diagramm graphisch dar. ♦

Aufgabe 1-95

Die statistische Analyse des monatlichen Umsatzes U (Angaben in 1000 DM) eines Berliner Billardsalons lässt sich wie folgt zusammenfassen:
• Der Beobachtungszeitraum T_B wurde der Einfachheit halber mit Hilfe der Indexmenge $T_B = \{t \mid t = 1,2,...,46\}$ beschrieben, wobei im März 1993 der erste der chronologisch geordneten Umsätze statistisch erfasst wurde.
• Die Umsatzentwicklung wurde mit einer linearen Trendfunktion beschrieben, deren Parameter mittels der Methode der kleinsten Quadratsumme numerisch bestimmt wurden. Demnach stieg der Umsatz von Monat zu Monat im Durch-

schnitt um 1000 DM. Unter Verwendung der Trendgeraden schätzt man für den Monat Februar 1993 einen Umsatz in Höhe von 169000 DM. Die durchschnittlichen Werte der monatlichen Umsatzabweichungen (Angaben in 1000 DM) von der Trendgeraden sind in der folgenden Tabelle zusammengefasst:

Monat	Wert	Monat	Wert	Monat	Wert
Januar	36	Mai	-11	September	-21
Februar	26	Juni	-37	Oktober	0
März	26	Juli	-46	November	3
April	14	August	-33	Dezember	57

a) Charakterisieren Sie die Zeitreihe des Umsatzes.
b) Geben Sie die lineare Trendfunktion explizit an.
c) Prognostizieren Sie den Umsatz für das erste Tertial 1999 unter Verwendung der linearen Trendfunktion und der durchschnittlichen monatlichen Umsatzabweichungen vom linearen Trend. Welches Modell liegt dieser Betrachtung zugrunde? An welche Bedingungen ist diese Umsatzprognose gebunden?
d) Für das Prognosemodell aus c) ermittelt man einen Residualstandardfehler von 14 und ein Bestimmtheitsmaß von 0,86. Interpretieren Sie diese Maßzahlen aus statistischer und aus sachlogischer Sicht.
e) Skizzieren Sie unter Verwendung der verfügbaren Informationen die Umsatzentwicklung für das letzte Beobachtungsjahr und für den Prognosezeitraum sowie den mathematischen Trend in einem Sequenzdiagramm. ♦

Aufgabe 1-96*

Die Anzahl der touristischen Besuche B (Angaben in 1000) Berlins kann durch die folgende (mit Hilfe der Methode der kleinsten Quadrate ermittelten) Trendfunktion statistisch beschrieben werden: $B^*(t) = 264{,}73 - 1{,}27 \cdot t + 0{,}04 \cdot t^2$ mit $t = 1$ für Januar 1994, $t = 2$ für Februar und $t = 84$ für Dezember 2000. (**Anmerkung**: Die Anzahl der touristischen Besuche basiert auf der Anzahl der in einem Zeitraum registrierten Übernachtungen in Hotels, Pensionen etc.)

a) Charakterisieren Sie die Trendfunktion und beschreiben Sie den ihr zugrundeliegenden Beobachtungszeitraum mit Hilfe geeigneter Indexmengen.
b) Die Werte –83,3, -82,7, –16,7, -6,9, 66,2, 47,4 kennzeichnen jeweils die durchschnittliche monatliche Abweichung der Besuchszahlen von ihrem jeweiligen Trendwert für die jeweils erste Hälfte eines Jahres. Mit welchen Besuchszahlen könnte man ceteris paribus in Berlin für das erste Halbjahr 2001 rechnen? Charakterisieren Sie das von Ihnen applizierte Prognosemodell.
c) Für das erste Halbjahr liegen die folgenden realen Besuchszahlen (Angaben in 1000) vor: 293, 282, 406, 413, 508, 489. Berechnen Sie den durchschnittlichen Prognosefehler für die unter b) bewerkstelligte Prognose. ♦

Aufgabe 1-97*

In den vergangenen fünf Jahren entwickelte sich die Anzahl A der Kinobesuche in einer Kleinstadt in etwa wie folgt: $A^*(t) = 2500 \cdot 0{,}95^t$, wobei t = 1 dem I. Quartal 1997, t = 2 dem II. Quartal 1997 etc. entspricht.

a) Welchen Verlauf nahm im besagten Zeitraum die Anzahl der Kinobesuche?

b) Wie würde sich unter den gegebenen Trendbedingungen die Anzahl der Kinobesuche im Jahr 2002 entwickeln?

c) Die Analyse der Saisonschwankungen um die Trendfunktion $A^*(t)$ ergab, dass jeweils im ersten und vierten Quartal die Anzahl der Kinobesuche im Durchschnitt 5 % über und im zweiten und dritten Quartal jeweils im Durchschnitt um 5 % unter dem Trend lagen. Welches Modell liegt dieser Betrachtung zugrunde? Wie würde sich 2002 die Anzahl der Kinobesuche unter Verwendung dieses Modells entwickeln? ♦

Aufgabe 1-98*

In Berlin wurde im ersten Halbjahr 2001 die viel beachtete Ausstellung „Körperwelten" gezeigt.

a) Am Eröffnungstag wurde alle zwei Stunden der Bestand der in der Ausstellung verweilenden Besucher statistisch erfasst. Dabei ergab sich das folgende Bild:

Zeit	10:00	12:00	14:00	16:00	18:00	20:00	22:00
Besucher	4000	3000	5000	2000	7000	8000	6000

Charakterisieren Sie die in der Tabelle aufgelisteten Daten aus statistisch-methodischer Sicht und bestimmen Sie für den ersten Ausstellungstag den durchschnittlichen Besucherbestand. Benennen und begründen Sie zudem die angewandte Berechungsvorschrift.

b) Die Besuchszahlenanalyse ergab für die ersten zehn Ausstellungswochen das folgende Bild: der Trend der täglichen Ausstellungsbesuchszahlen konnte bereits ausreichend genau mit Hilfe der einfachen linearen Kleinst-Quadrate-Funktion $B^*(t) = 5378 + 17 \cdot t$ mit t = 1 für Samstag, den 10. Februar 2001, t = 2 für Sonntag, den 11. Februar 2001 und t = 70 für Freitag, den 20. April 2001 statistisch beschrieben werden. Die wochentagsspezifischen durchschnittlichen Abweichungen der Besuchszahlen vom mathematischen Besuchszahlentrend sind in der folgenden Tabelle zusammengefasst:

Wochentag	Trendabweichung	Wochentag	Trendabweichung
Samstag	1704	Mittwoch	21
Sonntag	36	Donnerstag	-148
Montag	-1312	Freitag	311
Dienstag	-612		

Mit welchen Besuchszahlen hätte die Ausstellungsleitung unter sonst gleichen Bedingungen in der elften Ausstellungswoche rechnen können? Benennen und begründen Sie das applizierte statistische Modell für Ihre Prognose.

c) In der folgenden Tabelle sind die tatsächlichen Besuchszahlen in der elften Ausstellungswoche zusammengefasst:

Wochentag	Besuchszahlen	Wochentag	Besuchszahlen
Samstag	7657	Mittwoch	6320
Sonntag	6062	Donnerstag	5906
Montag	4669	Freitag	5849
Dienstag	5717		

Stellen Sie Ihre Besuchszahlenprognose aus b) und die tatsächlichen Besuchszahlen der elften Woche gemeinsam in einem Sequenzdiagramm dar und messen Sie mit Hilfe einer geeigneten Maßzahl den mittleren Fehler, der Ihnen bei Ihrer Modellprognose „unterlaufen" ist. ♦

Aufgabe 1-99
Für die verfügbaren Kontostände eines Girokontos (Angaben in 1000 €) berechne man

Stichtag	1.7.01	1.8.01	1.9.01	1.10.01	1.11.01	1.12.01	1.1.02
Kontostand	7,4	8,2	9	7,8	8,7	6,3	8,6

a) die jeweiligen durchschnittlichen monatlichen Kontostände und auf deren Grundlage den mittleren monatsdurchschnittlichen Kontostand für das zweite Halbjahr 2001.
b) auf der Grundlage der Stichtagsdaten den durchschnittlichen monatlichen Kontostand für das zweite Halbjahr 2001. Zudem benenne man die Berechnungsvorschrift und vergleiche das Ergebnis mit dem Ergebnis aus a). ♦

Aufgabe 1-100
Auf einer Station eines Krankenhauses wurden im Juli 1999 bei einem Anfangsbestand von 40 Patienten folgende Zu- und Abgänge registriert:

Tag	3	5	8	12	15	20	22	25	28	30
Zugang	2	0	3	2	0	1	2	1	0	2
Abgang	0	2	1	0	3	0	1	2	3	0
Bestand (24 Uhr)	42	40	42	44	41	42	43	42	39	41

a) Handelt es sich beim Patientenbestand um eine offene oder eine abgeschlossene Bestandsmasse? Begründen Sie kurz Ihre Aussage.
b) Zeichnen Sie das zugehörige Bestandsdiagramm.

c) Ermitteln und interpretieren Sie die Zu- und Abgangsrate für die Patienten sowie den durchschnittlichen Patientenbestand auf der Station.
d) Wie lange verweilte im Durchschnitt ein Patient auf der Station?
e) Wie oft hat sich der Patientenbestand im Juli 1999 erneuert? ◆

Aufgabe 1-101

Der Katalograum der FHTW-Bibliothek war am 28. Oktober 1997 wegen Bauarbeiten nur von 11 Uhr bis 12 Uhr geöffnet. Die folgende Tabelle gibt für die ersten acht Katalog-**Besu**cher den Zeitpunkt des **Betr**etens und des **Verl**assens des Katalograumes an.

Besu	1	2	3	4	5	6	7	8
Betr	11.02	11.04	11.07	11.17	11.36	11.41	11.45	11.47
Verl	11.11	11.14	11.22	11.39	11.59	11.53	11.56	11.59

a) Welche Art von statistischer Masse bilden die Katalogbesucher?
b) Geben Sie die Bestandsfunktion der Katalogbesucher tabellarisch an.
c) Zeichnen Sie das Bestands- und das Verweildiagramm der Katalogbesucher.
d) Ermitteln Sie den Zeitmengenbestand der Katalogbesucher.
e) Bestimmen Sie den Durchschnittsbestand an Katalogbesuchern.
f) Welcher Durchschnittsbestand hätte sich ergeben, wenn nach der Öffnungszeit alle 10 Minuten eine Bestandsermittlung erfolgt wäre? Welcher Ansatz liegt dieser Berechnung zugrunde? Woraus erklären sich die Unterschiede zur Ermittlung des Durchschnittsbestands unter e)?
g) Bestimmen Sie die durchschnittliche Verweildauer der Besucher im Katalograum.
h) Was sagt im konkreten Fall die Umschlaghäufigkeit aus? Wie hoch ist sie? ◆

Aufgabe 1-102

Ein Fachgeschäft für Unterhaltungselektronik verzeichnete im August 1997 bei einem Anfangsbestand von 15 Breitbildfernsehgeräten folgende Lagerbewegungen:

Tag	2	5	9	12	16	18	21	24	27	30
Zugang			5			10				
Abgang	2	4	3	4	5	3	2	3	4	4
Bestand (Ladenschluss)	13	9	11	7	2	9	7	4	10	6

a) Handelt es sich beim Bestand an Breitbildfernsehgeräten um eine offene oder abgeschlossene Bestandsmasse? Begründen Sie kurz Ihre Aussage.
b) Ermitteln und interpretieren Sie die Zugangsrate, die Abgangsrate, den Durchschnittsbestand, die durchschnittliche Verweildauer sowie die Umschlaghäufigkeit. ◆

2

Aufgaben Stochastik

Gegenstand. Der zweite Teil der Aufgabensammlung hat praktische Problemstellungen der Stochastik (grch.: *stochastikos* → im Erraten geschickt) zum Gegenstand.

Stochastik. Die Stochastik, die man hinsichtlich ihres Wortursprungs auch als die Kunst des geschickten Vermutens charakterisieren kann und deren Kernstück die Wahrscheinlichkeitsrechnung ist, liefert sowohl Modelle zur mathematischen Beschreibung von zufälligen Ereignissen als auch Aussagen über deren Gesetzmäßigkeiten. Sie bildet gemeinsam mit der Deskriptiven Statistik das Fundament für die Induktive Statistik und findet eine breite Anwendung in den Natur-, Ingenieur-, Wirtschafts- und Sozialwissenschaften. Die Wahrscheinlichkeit ist dabei eine Maßzahl für den Grad der Gewissheit (bzw. Ungewissheit) des Eintretens eines zufälligen Ereignisses.

Schwerpunkte. Die vorliegenden Aufgaben- und Problemstellungen sind bezüglich ihrer inhaltlichen Schwerpunkte wie folgt angeordnet:

Inhaltliche Schwerpunkte	Aufgaben	Seiten
Kombinatorik	2-1 bis 2-8	58 bis 59
Ereignisse, Ereignisalgebra	2-9 bis 2-15	59 bis 61
Bestimmung von Wahrscheinlichkeiten	2-16 bis 2-27	62 bis 65
Rechnen mit Wahrscheinlichkeiten	2-28 bis 2-53	65 bis 74
Zufallsvariablen (allgemein)	2-54 bis 2-63	75 bis 78
Diskrete Wahrscheinlichkeitsverteilungen	2-64 bis 2-87	78 bis 85
Stetige Wahrscheinlichkeitsverteilungen	2-88 bis 2-98	86 bis 89
Grenzwertsätze	2-99 bis 2-103	89 bis 91
Zweidimensionale Verteilungen	2-104 bis 2-106	91 bis 92

Die mit einem * gekennzeichneten Aufgaben sind Klausuraufgaben. ♦

Aufgabe 2-1

Ein Rangiermeister der Deutschen Bahn AG hat die Aufgabe, einen Zug aus sechs Wagen derart zusammenzustellen, dass zwei Wagen der ersten Klasse, drei Wagen der zweiten Klasse und ein Gepäckwagen im Zug vorhanden sind.

Wie viele verschiedene Wagenreihungen können theoretisch an der Wagenstandsanzeigetafel angegeben werden? Begründen Sie kurz Ihren Lösungsansatz. ♦

Aufgabe 2-2

In einem großen Immobilienbüro bilden je drei Wohnungsmakler ein Team. Da sich die Geschäfte im wesentlichen auf die Wochenenden konzentrieren, gibt es unter den drei Maklern L, U, G stets Probleme mit der Aufteilung der Wochenenddienste (Samstag und Sonntag). Um die Einteilung der Wochenenddienste zu objektivieren, entscheiden sie sich für das folgende Zufallsexperiment: Es werden drei Zettel mit den Anfangsbuchstaben ihrer Namen in eine Schachtel gelegt, geschüttelt und dann zwei Zettel nach dem Zufallsprinzip gezogen.

Geben Sie die möglichen Ergebnisse dieses Zufallsexperiments an und ermitteln Sie ihre Anzahl, wenn

a) mit der Aufteilung festgelegt werden soll, an welchem Tag ein Makler Dienst hat (der zuerst gezogene Zettel steht für Samstag) und es möglich sein soll, dass ein Makler an beiden Tagen Dienst hat.
b) doppelter Dienst möglich ist, jedoch nicht bestimmt werden soll, an welchem Tag ein Makler Dienst hat.
c) kein doppelter Dienst möglich ist, jedoch bestimmt werden soll, an welchem Tag ein Makler Dienst hat.
d) kein doppelter Dienst möglich ist und nicht bestimmt werden soll, an welchem Tag ein Makler Dienst hat. ♦

Aufgabe 2-3

In der Lagerhaltung werden Materialien unterschiedlicher Abmessung und Rohstoffzusammensetzung häufig durch Farbmarkierungen gekennzeichnet.

Wie viele verschiedene Sorten Rohre können z.B. markiert werden, wenn die Farben Rot, Gelb und Blau zur Verfügung stehen und jede Sorte Rohr mit drei verschiedenfarbigen Ringen gekennzeichnet wird, deren Anordnung (wegen des Vermeidens von Identifikationsfehlern) ohne Belang ist? ♦

Aufgabe 2-4

Im Kampf um die Studentenmeisterschaften treten neun Volleyballmannschaften an. Der Sieger wird nach dem System „jeder gegen jeden" ermittelt. Wie viele Spiele muss man dafür planen? ♦

Aufgabe 2-5
Ein Versicherungsvertreter möchte an einem Tag acht verschiedene Kunden, die in unterschiedlichen Bezirken Berlins wohnen, aufsuchen. Wie viele unterschiedliche Tourenpläne kann er erstellen? ♦

Aufgabe 2-6
In der ersten Fußball-Bundesliga spielen 18 Mannschaften die deutsche Fußball-Meisterschaft aus.
a) Wie viele Spieltage sind erforderlich, um die sogenannte Herbstmeisterschaft auszutragen? Begründen Sie kurz Ihren Lösungsansatz.
   Hinweis: Zur Austragung der Herbstmeisterschaft müssen lediglich alle Mannschaften einmal gegeneinander spielen. Dabei ist der sogenannte Heimvorteil ohne Belang. Der Einfachheit halber soll das folgende Reglement gelten: An einem Spieltag spielen alle 18 Mannschaften.
b) Wie viele Spieltage sind erforderlich, um die deutsche Fußball-Meisterschaft auszutragen? Begründen Sie kurz Ihren Lösungsansatz.
   Hinweis: Zur Austragung der deutschen Fußball-Meisterschaft müssen alle Mannschaften zweimal gegeneinander spielen, um einmal in den Genuss des sogenannten Heimvorteils zu kommen. Der Einfachheit halber soll das folgende Reglement gelten: An einem Spieltag spielen alle 18 Mannschaften. ♦

Aufgabe 2-7
Auf einem zylindrischen Buchstabenschloss mit drei Ringen sind auf jedem dieser Ringe die Vokale A, E; I, O und U eingraviert. Wie viele erfolglose Versuche zur Öffnung des Schlosses gibt es? ♦

Aufgabe 2-8
Ein junges Ehepaar wünscht sich fünf Kinder. Wie viele Knaben-Mädchen-Komplexionen sind dabei denkbar? Begründen Sie kurz das von Ihnen applizierte kombinatorische Modell. ♦

Aufgabe 2-9
Nennen Sie aus Ihrem Erfahrungsbereich Beispiele, die als ein Zufallsexperiment gedeutet und beschrieben werden können. ♦

Aufgabe 2-10
Beim einmaligen Werfen eines Würfels werden folgende Zufallsereignisse betrachtet:
- A: Eine gerade Zahl wird gewürfelt.
- B: Eine durch drei teilbare Zahl wird gewürfelt.
- C: Eine eins wird gewürfelt.

Man beschreibe durch geeignete Verknüpfungen von A, B, C das Ereignis,
a) eine ungerade Zahl
b) mindestens eine Zwei
c) eine Sechs
d) eine Eins oder eine Fünf
zu würfeln.
e) Gelten die folgenden Beziehungen: $B \subseteq A$, $C \subseteq \overline{A}$, $A \subseteq \overline{B}$, $C \subseteq \overline{A \cup B}$? ♦

Aufgabe 2-11
Bei einer Analyse von Berliner 2-Zimmer-Mietwohnungen wurde u.a. erfasst, ob eine derartige Wohnung einen Balkon besitzt (Ereignis A), ob eine Einbauküche vorhanden ist (Ereignis B) bzw. ob die Wohnung mit einer Zentralheizung (Ereignis C) ausgestattet ist.

Stellen Sie die folgenden Ereignisse durch geeignete Verknüpfungen der Ereignisse A, B, C dar: Eine Berliner 2-Zimmer-Mietwohnung besitzt
a) einen Balkon und Zentralheizung.
b) zwar Zentralheizung, aber keinen Balkon.
c) weder einen Balkon noch eine Einbauküche.

Welche Berliner 2-Zimmer-Mietwohnungen sind durch die folgenden Ereignisse gekennzeichnet: $B \setminus A$, $\overline{B} \cap \overline{C}$, $\overline{A} \cup \overline{B}$, $C \cap \overline{(A \cup B)}$? ♦

Aufgabe 2-12
Auf 20 Kärtchen steht jeweils eine der Zahlen 1 bis 20. Nach der sorgfältigen Mischung dieser Kärtchen wird eines willkürlich ausgewählt. Folgende Ereignisse werden betrachtet:
- A: Die gezogene Zahl ist höchstens 12.
- B: Die gezogene Zahl ist mindestens 8.
- C: Die gezogene Zahl ist gerade.
- D: Die gezogene Zahl ist ein Vielfaches von 3.

a) Beschreiben Sie die Ereignisse $A \cap C$, $B \cap C \cap D$, $B \cup D$ und $(A \cup B) \cap D$ verbal.
b) Drücken Sie die zufälligen Ereignisse
   - E: Die gezogene Zahl ist eine aus der Menge {8, 9, 10, 11, 12}.
   - F: Die gezogene Zahl ist eine aus der Menge {2, 3, 4, 6, 8, 9, 10, 12}
   durch eine geeignete Verknüpfung der Ereignisse A, B, C und D aus. ♦

Aufgabe 2-13
Bezeichnet man die jahresdurchschnittliche Menge der Einwohner Berlins für das Jahr 2002 mit B und interessiert sich für das statistische Merkmal A(lter) der Einwohner, so ist es sinnvoll, die folgenden Altersgruppen $A_1 = \{0 \leq A \leq 15\}$,

Aufgaben, Stochastik

$A_2 = \{15 < A \leq 65\}$; $A_3 = \{A > 65\}$; $A_4 = \{15 < A \leq 30\}$ als Teilmengen von B zu definieren. Welche inhaltliche Bedeutung besitzen die Mengen:

a) $A_1 \cup A_2 \cup A_3$ \hspace{1cm} e) $(A_2 \setminus A_4) \cup A_3$

b) $\overline{A_1 \cup A_3}$ \hspace{1cm} f) $B \cap \overline{(A_1 \cup A_2)}$

c) $A_1 \cap \overline{A_2}$ \hspace{1cm} g) $(A_2 \cap A_4) \cup \overline{(A_2 \cup A_3)}$

d) $A_2 \cap A_4$ \hspace{1cm} h) $A_2 \cap \overline{A_4}$. ♦

Aufgabe 2-14

Das Zufallsexperiment bestehe im einmaligen Werfen zweier Würfel von unterschiedlicher Farbe (etwa eines grünen und eines roten Würfels). Definieren, notieren und zählen Sie die für die folgenden Ereignisse günstigen Fälle:

a) A: Die Summe der Augenzahlen ist vier.
b) B: Beide Augenzahlen sind gerade.
c) C: Die Augensumme ist größer als neun.
d) Ω: Das sichere Ereignis.
e) ∅: Das unmögliche Ereignis.
f) R: Der rote Würfel zeigt eine Sechs.
g) G: Der grüne Würfel zeigt eine Sechs.
h) M: *Max*, d.h. die Augenzahlen eins und zwei erscheinen
i) R \ G
j) A ∪ B
k) A ∩ B. ♦

Aufgabe 2-15

In der Abteilung Gütekontrolle eines Unternehmens wird ein Posten von 2000 Stück eines Gutes, das auf drei Maschinen gefertigt wurde, auf Qualität untersucht. Das Ergebnis ist der folgenden Tabelle zu entnehmen:

Qualitätsstufe	Maschine		
	1	2	3
Q_1	550	650	600
Q_2	60	75	65

Betrachtet werden die zufälligen Ereignisse:
- M_j (j = 1, 2, 3): Das Erzeugnis wurde auf der Maschine j gefertigt.
- Q_i, (i = 1, 2): Das Erzeugnis besitzt die Qualitätsstufe Q_i.

a) Drücken Sie folgende Ereignisse mit Hilfe von Q_i und M_j aus:
  - A: Das gesuchte Erzeugnis ist auf der Maschine 1 oder auf der Maschine 2 gefertigt worden.
  - B: Das gesuchte Erzeugnis ist auf der Maschine 1 gefertigt worden und besitzt die Qualität Q_1.

- C: Das gesuchte Erzeugnis wurde nicht auf der Maschine 1 gefertigt.
- D: ist das Komplementärereignis von B.

b) Berechnen Sie die relativen Häufigkeiten von M_j, Q_i, A, B, C und D. ♦

Aufgabe 2-16
In einem Interview äußert sich ein Wirtschaftsexperte zum derzeitigen Zustand der deutschen Wirtschaft. Dabei räumt er einer „Prosperität" einerseits und einer „Stagnation" andererseits jeweils gleiche Chancen ein. Dem gegenüber schätzt er die Wahrscheinlichkeit einer „Prosperität" doppelt so hoch ein, wie die einer „Rezession".

a) Geben Sie die Ergebnismenge für die geäußerte Expertise an.
b) Definieren Sie auf der Grundlage der Ergebnismenge aus a) geeignete Elementarereignisse.
c) Geben Sie für die unter b) definierten Ereignisse die zugehörigen Wahrscheinlichkeiten an.
d) Welcher Wahrscheinlichkeitsbegriff liegt den Ergebnissen aus c) zugrunde? ♦

Aufgabe 2-17
Sie führen das folgende Zufallsexperiment durch: Zweimaliges Werfen einer 5-€-Münze. Wie groß ist die Wahrscheinlichkeit dafür, dass
a) zweimal die Zahl 5
b) mindestens einmal die Zahl 5
c) keinmal die Zahl 5
oben erscheint? ♦

Aufgabe 2-18
In Vorbereitung auf ihre Abschlussprüfung im Fach „Betriebliche Steuerlehre" unterzieht sich eine Studentin einem Leistungstest, der aus zehn Ja-Nein-Fragen besteht.

a) Wie viele voneinander verschiedene Antwortmöglichkeiten gibt es, wenn unterstellt wird, dass die Studentin alle Fragen beantwortet?
b) Wie viele voneinander verschiedene Antwortmöglichkeiten gibt es, wenn unterstellt wird, dass die Studentin alle Fragen beantwortet und dabei die eine Hälfte der Testfragen richtig und die andere Hälfte der Testfragen falsch beantwortet?
c) Aus Verzweiflung greift die Studentin zu folgendem Hilfsmittel: Zur Beantwortung einer Testfrage wirft sie eine Münze und beantwortet die Frage mit ja, wenn die Zahl oben erscheint. Erscheint das Wappen oben, dann beantwortet sie die Frage mit nein.

   Wie groß ist die Wahrscheinlichkeit dafür, dass sie i) alle Fragen, ii) die Hälfte aller Fragen und iii) keine der Fragen richtig beantwortet? ♦

Aufgabe 2-19
Drücken Sie die in den nachfolgend formulierten Sachverhalten genannten Wettchancen als Wahrscheinlichkeiten bzw. die gegebenen Wahrscheinlichkeiten als Wettchancen aus:
a) Ein Student der Betriebswirtschaftslehre geht bei einem Einsatz von fünf Bier die folgende Semesterabschlusswette ein: Er wettet, dass er beim einmaligen Werfen zweier unterschiedlich farbiger Spielwürfel eher einen Sechser-Pasch würfelt, als die anstehende Statistik-Klausur im ersten Anlauf zu bestehen.
b) Der englische Dramatiker William SHAKESPEARE (1564-1616) lässt in der Tragödie *Hamlet, Prinz von Dänemark* im fünften Aufzug, zweite Szene, den Hofmann OSRICK zu HAMLET sagen: „Der König, Herr, hat gewettet, dass LAERTES in zwölf Stößen von beiden Seiten nicht über drei vor Euch voraushaben soll; er hat auf *zwölf gegen neun* gewettet ...".
c) In einem Interview für die Fachschaftszeitung äußert sich ein Statistik-Professor über die Beliebtheit seines Faches in der Studentenschaft wie folgt: „Immatrikuliert man nur hinreichend viele Studenten, dann findet man auch einen, der sich für das Fach Statistik begeistern lässt. Aus meiner Erfahrung stehen die Chancen hierfür bei eins zu neunundneunzig."
d) Die Wahrscheinlichkeit dafür, beim „Bier-Max", also beim einmaligen Werfen zweier Würfel aus einem Würfelbecher, als Ergebnis „Max" (eine Eins und eine Zwei) zu erhalten, ist ein Achtzehntel.
e) Die Wahrscheinlichkeit dafür, aus einem gut gemischten Skatblatt eine „Dame" zu ziehen, ist ein Achtel. ♦

Aufgabe 2-20
Betrachtet wird das Zahlwort „eins".
a) Geben Sie die Anzahl der möglichen Buchstabenkomplexionen an. Welche Berechnungsvorschrift verwenden Sie? Warum? (**Hinweis**: Eine Buchstabenkomplexion sei im konkreten Fall eine Zusammenstellung der vier Buchstaben e, i, n und s ohne Wiederholung eines Buchstaben.)
b) Die Chancen, dass in den unter a) betrachteten Buchstabenkomplexionen Wörter enthalten sind, die in der deutschen bzw. in der lateinischen Sprache einen Sinn besitzen, sei 5 zu 21. Wie groß ist die Wahrscheinlichkeit dafür, dass eine beliebige Buchstabenkomplexion semantisch sinnvoll ist?
c) Die Wahrscheinlichkeit dafür, dass unter den gegebenen Bedingungen eine beliebige Buchstabenkomplexion ein für die deutsche Sprache semantisch sinnvolles Wort liefert, sei 3/24. Wie groß sind die Chancen, eine sinnvolles deutsches Wort aus dem Zahlwort „eins" zu entlehnen?
d) Notieren Sie die aus dem Zahlwort „eins" entlehnten und semantisch sinnvollen deutschen bzw. lateinischen Wörter (z.B. auch Namen). ♦

Aufgabe 2-21
Sie sitzen nach einem erfolgreichen Studientag am Biertisch und spielen Skat. Bevor Sie und Ihre Studienfreunde zahlen, vereinbaren Sie eine letzte Runde mit einem „Gläschen", wenn eine aus den gut gemischten 32 Skatkarten zufällig herausgegriffene Karte eine *Dame* oder eine *Herz-Karte* ist. Wie groß ist die Wahrscheinlichkeit dafür, dass Sie und Ihre Freunde den Skatabend mit einem „Gläschen" abschließen? Begründen und skizzieren Sie Ihre Lösung. ♦

Aufgabe 2-22
Wie groß ist die Wahrscheinlichkeit, beim Zahlenlotto *6 aus 49* mit einem Tippschein einen Dreier, Vierer, Fünfer oder Sechser (jeweils ohne Zusatzzahl) zu gewinnen? Begründen und skizzieren Sie Ihre Lösungen. ♦

Aufgabe 2-23
Gottfried E. LESSING schrieb am 15.12.1770 an Madame KÖNIG, dass er bei der Hamburger Lotterie auf Los Nr. 19 gewonnen und wieder Lose gekauft habe

„... *nur Nr. 19 nicht, wofür ich 7 gewählt habe, denn 19 wird doch nicht des Henkers sein und sich wieder herausziehen lassen ...*".

Stimmt dieser Schluss? ♦

Aufgabe 2-24
Sie sind im Hotel angekommen, Ihr Reisekoffer ist mit einem dreistelligen Zahlenschloss gesichert. Jede Stelle kann auf die Ziffern 0 bis 9 eingestellt werden. Vor Aufregung haben Sie die richtige Zahlenkombination vergessen.

Wie groß ist die Wahrscheinlichkeit, dass sich Ihr Koffer beim ersten Versuch öffnen lässt, wenn Sie

a) sich an keine der richtigen Ziffern erinnern?
b) sich erinnern, dass unter den richtigen Ziffern genau eine 7 sein muss?
c) wissen, dass diese 7 an der ersten Stelle steht? ♦

Aufgabe 2-25
In der Mensa einer Hochschule wird täglich nur ein Gericht als Mittagessen angeboten. Aus Kostengründen werden insgesamt nur drei verschiedene Gerichte zubereitet. Für die erste Oktoberwoche, also für die Wochentage Montag bis Samstag, soll ein Speiseplan erstellt werden. Dabei soll es zweimal das Gericht 1, dreimal das Gericht 2 und einmal das Gericht 3 geben.

a) Wie viele verschiedene Speisepläne können aufgestellt werden?
b) Angenommen, einer der möglichen Speisepläne wird zufällig ausgewählt. Wie groß ist die Wahrscheinlichkeit dafür, dass es an drei aufeinanderfolgenden Tagen das Gericht 2 gibt? ♦

Aufgabe 2-26
Einem Automaten kann ein Kaffee zu einem Preis von 0,5 € entnommen werden. Es kann mit 50-€-Cent-Münzen und mit 1-€-Münzen bezahlt werden. Es wird angenommen, dass innerhalb einer Viertelstunde acht Personen, von denen vier mit einer 50-€-Cent-Münze und vier mit einer 1-€-Münze bezahlen, Kaffee entnehmen wollen. Die Personen kommen dabei in zufälliger Reihenfolge an. Zu Beginn befinden sich zwei 50-€-Cent-Münzen als Wechselgeld im Automaten.

Wie groß ist die Wahrscheinlichkeit dafür, dass wenigstens ein Käufer kein Wechselgeld erhält? (**Hinweis**: Verdeutlichen Sie sich das Problem auf graphischem Wege.) ♦

Aufgabe 2-27
Der Vertreter einer Laborgerätefirma möchte einem potentiellen Kunden eine neue Ultrazentrifuge vorstellen. Da beide am vorgesehenen Tag noch andere Verpflichtungen von unbestimmter Dauer haben, verabreden sie folgendes: Zwischen 11.00 Uhr und 11.15 Uhr treffen sich beide am Eingang des Labors. Jeder von Ihnen wartet nötigenfalls 5 Minuten. Wenn der andere dann noch nicht erschienen ist, geht er wieder.

a) Wie groß ist die Wahrscheinlichkeit dafür, dass sich beide treffen, wenn jeder von ihnen zu einem zufälligen Zeitpunkt zwischen 11.00 Uhr und 11.15 Uhr eintrifft?

b) Wie viele Minuten müsste jeder von den beiden mindestens warten, damit sie sich wenigstens mit einer Wahrscheinlichkeit von 0,9 treffen? (**Hinweis**: Lösen Sie das Problem auf graphischem Wege.) ♦

Aufgabe 2-28
Bei einer Leserumfrage der Zeitschrift OUTDOOR (Nr. 4/1992) wurde unter anderem die Frage gestellt: „Haben Sie bei ihrer letzten Urlaubsreise irgendwelche Umweltprobleme bemerkt?".

Im Rahmen der vorgesehenen acht Antwortmöglichkeiten (Mehrfachnennungen waren erlaubt) gaben 56,0 % der Teilnehmer an, verschmutzte Flüsse, Meere oder Seen beobachtet zu haben. 45,6 % der Teilnehmer gaben an, eine verbaute Landschaft bemerkt zu haben.

Aus dem Kreis der Teilnehmer der Leserumfrage wird eine Person zufällig ausgewählt. Geben Sie den kleinstmöglichen und den größtmöglichen Wert der Wahrscheinlichkeit dafür an, dass

a) die ausgewählte Person sowohl verschmutzte Flüsse, Meere oder Seen als auch eine verbaute Landschaft bemerkt hat.

b) die ausgewählte Person verschmutzte Flüsse, Meere oder Seen beobachtet hat, wenn schon bekannt ist, dass sie eine verbaute Landschaft bemerkt hat. ♦

Aufgabe 2-29
A sei das Ereignis, dass ein zufällig ausgewählter privater Berliner Haushalt mit einem Geschirrspüler ausgestattet ist und B das Ereignis, dass ein zufällig ausgewählter privater Berliner Haushalt einen Elektroherd besitzt. Es seien die folgenden Wahrscheinlichkeiten bekannt: P(A) = 0,3, P(B) = 0,5 und P(A ∩ B) = 0,2.

Berechnen und interpretieren Sie die Wahrscheinlichkeit der folgenden Ereignisse: $\overline{A}$, $\overline{B}$, A ∪ B und $\overline{A} \cap \overline{B}$. ♦

Aufgabe 2-30
Langjährige Erfahrungen zeigen, dass von den Studierenden der Betriebswirtschaftslehre, die in einem Semester an den Klausuren im Fach Statistik und im Fach Finanzmathematik teilnehmen, 15 % die Statistik-Klausur, 12 % die Finanzmathematik-Klausur und 8 % beide Klausuren (Statistik und Finanzmathematik) im ersten Anlauf nicht bestehen. Wie groß ist die Wahrscheinlichkeit, dass ceteris paribus ein zufällig ausgewählter Student

a) in mindestens einem der beiden Fächer
b) nur in Finanzmathematik
c) in keinem der beiden Fächer
d) in genau einem Fach

die Klausur nicht besteht? ♦

Aufgabe 2-31*
Sie fahren täglich mit der U-Bahn zur Hochschule und nutzen die Fahrzeit zur Vervollkommnung Ihrer Englischkenntnisse, indem Sie für Ihre Sprachübungen einen Walkman nutzen. Aus Gründen der Betriebssicherheit Ihres Walkman bewahren Sie in einer Schachtel Akku(mulatoren) auf. Sie benötigen gerade einen neuen Akku. Sie wissen, dass von den sechs sich in der Schachtel befindenden Akkus zwei leer sind.

Wie groß ist die Wahrscheinlichkeit, dass Sie beim

a) ersten Versuch einen funktionsfähigen Akku herausgreifen?
b) zweiten Versuch einen funktionsfähigen Akku herausgreifen, wenn der erste leer war? ♦

Aufgabe 2-32*
In einer Filiale eines Berliner Kreditinstituts besitzen 80 % der Kunden ein Gehaltskonto und 50 % der Kunden ein Sparkonto. Alle Kunden der Filiale verfügen über mindestens eine der beiden Anlageformen.

Wie groß ist die Wahrscheinlichkeit, dass ein zufällig ausgewählter Kunde dieser Bankfiliale

a) ein Gehaltskonto und ein Sparkonto besitzt?

b) ein Sparkonto besitzt, wenn bereits bekannt ist, dass der Kunde ein Gehaltskonto hat?
c) ein Gehaltskonto besitzt, wenn bereits bekannt ist, dass der Kunde ein Sparkonto hat?
d) ein Sparkonto hat, aber kein Gehaltskonto?
e) höchstens eines von beiden Konten besitzt? ♦

Aufgabe 2-33
Zwei Freunde (Peter und Paul) führen gemeinsam einen kleinen Buchladen. Die Ladentür ist mit zwei unterschiedlichen Schlössern ausgerüstet. Peter verfügt über den Schlüssel für das eine Schloss und Paul verfügt über den Schlüssel für das andere Schloss. Der Laden kann folglich nur dann pünktlich geöffnet werden, wenn beide Freunde rechtzeitig zur Arbeit kommen. Die Wahrscheinlichkeit, dass Peter rechtzeitig erscheint beträgt 0,85. Die Wahrscheinlichkeit, dass Paul rechtzeitig kommt, beträgt 0,82. Die Wahrscheinlichkeit, dass mindestens einer der beiden Freunde rechtzeitig vor Ladenöffnung eintrifft, beträgt 0,9.
a) Geben Sie die Wahrscheinlichkeit dafür an, dass der Laden pünktlich geöffnet wird.
b) Wie groß ist die Wahrscheinlichkeit, dass Peter rechtzeitig und Paul zu spät kommt?
c) Peter wartet bereits vor dem Laden, Paul ist noch nicht zu sehen. Es ist aber noch ausreichend Zeit bis zur angezeigten Ladenöffnung. Wie groß ist die Wahrscheinlichkeit, dass der Laden pünktlich geöffnet wird?
d) Geben Sie die Wahrscheinlichkeit dafür an, dass sowohl Peter als auch Paul zu spät kommen. ♦

Aufgabe 2-34
Eine Umfrage unter Studenten ergab, dass 70 % aller Studenten regelmäßig in der Mensa essen und dass 40 % aller Studenten eine längere Öffnungszeit der Mensa wünschen. 20% aller Studenten gehen regelmäßig in der Mensa essen und wünschen eine längere Öffnungszeit.
a) Wie groß ist die Wahrscheinlichkeit, dass ein Student, der längere Öffnungszeiten der Mensa wünscht, regelmäßig dort isst?
b) Wie groß ist die Wahrscheinlichkeit, dass ein Student, der nicht regelmäßig in der Mensa isst, längere Öffnungszeiten wünscht? ♦

Aufgabe 2-35
Für eine Region wurde die Umsatzentwicklung (Basis Vorjahr) der dort ansässigen Unternehmen statistisch erfasst und analysiert. Dabei wurde festgestellt, dass 80 % aller Unternehmen ihren Umsatz steigern konnten. 10 % aller Unternehmen konnten den Umsatz sogar um mehr als 15% steigern.

Wie groß ist die Wahrscheinlichkeit, dass ein zufällig ausgewähltes Unternehmen, das den Umsatz steigern konnte, auf eine Umsatzsteigerung von mehr als 15 % verweisen kann? ♦

Aufgabe 2-36
Es seien A und B zwei Ereignisse mit $P(A) > 0$ und $P(B) > 0$. Zeigen Sie:
a) Sind A und B disjunkt, so sind sie voneinander abhängig.
b) Sind A und B unabhängig, so sind sie nicht disjunkt.
c) Wenn die Ereignisse A und B unabhängig sind, so sind auch die Ereignisse $\overline{A}$ und $\overline{B}$ unabhängig. ♦

Aufgabe 2-37*
In einer Weberei werden in der Abteilung Dekostoffe zwei unabhängig voneinander arbeitende Webstühle W_1 und W_2 von einer Arbeiterin bedient. Die Wahrscheinlichkeit dafür, dass im Verlaufe von 60 Minuten ein Fadenriss auftritt, beträgt beim Webstuhl W_1 26 % und beim Webstuhl W_2 37 %.
a) Geben Sie die Wahrscheinlichkeit dafür an, dass im Verlaufe einer Stunde die Arbeiterin einen Fadenriss an beiden Webstühlen beheben muss.
b) Nach wie vielen Stunden ist zu erwarten, dass die Arbeiterin mit einem Fadenriss an beiden Webstühlen konfrontiert wird? ♦

Aufgabe 2-38*
In einem zentralen Berliner Straßenbahnhof arbeiteten drei automatische Waschstraßen vollständig unabhängig voneinander. Statistische Untersuchungen ergaben für die drei Waschstraßen die folgenden Ausfallwahrscheinlichkeiten je Schicht:

Waschstraße	Ausfallwahrscheinlichkeit
A	0,09
B	0,16
C	0,19

Wie groß ist die Wahrscheinlichkeit, dass während einer Schicht
a) alle Waschstraßen ausfallen?
b) keine der drei Waschstraßen ausfällt?
c) wenigstens eine der drei Waschstraßen ohne Störung arbeitet? ♦

Aufgabe 2-39
In der Zuverlässigkeitstheorie heißt ein System von Bauelementen eine Reihenschaltung, wenn das System genau dann ausfällt, falls mindestens ein Bauelement ausfällt. Fällt das System erst dann aus, wenn alle Elemente ausfallen, liegt eine Parallelschaltung vor. Gegeben seien drei Bauelemente A, B und C, die unabhän-

gig voneinander ausfallen können. Die Ausfallwahrscheinlichkeiten für die jeweiligen Bauelemente betragen (in einem festen Zeitraum) 0,02; 0,05 bzw. 0,10.

Wie groß ist die Ausfallwahrscheinlichkeit eines aus den drei Bauelementen gebildeten Systems, wenn diese eine a) Reihenschaltung und b) eine Parallelschaltung bilden? ♦

Aufgabe 2-40*
Die Versicherungsgruppe *HUK Coburg* bedient sich in ihrer Hauptverwaltung zur Bearbeitung der betriebswirtschaftlichen Vorgänge eines modernen Datenverarbeitungs- und Kommunikationssystems, das durch zwei voneinander unabhängig arbeitende Rechner bedient wird. Das System fällt aus, wenn beide Rechner gleichzeitig ausfallen. Für die weiteren Betrachtungen wird angenommen, dass die Ausfallwahrscheinlichkeit des ersten Rechners im Verlaufe eines Arbeitstages 0,05 und die des zweiten Rechners 0,04 beträgt.
a) Definieren Sie die entsprechenden Ereignisse.
b) Mit welcher Wahrscheinlichkeit fällt das System im Verlaufe eines Arbeitstages nicht aus?
c) Nach wie vielen Arbeitstagen ist ein Systemausfall zu erwarten? ♦

Aufgabe 2-41*
An den beiden Aufgängen zum Berliner S-Bahnhof HACKESCHER MARKT ist je ein Fahrkartenautomat installiert. Beide Automaten arbeiten unabhängig voneinander und sind pro Tag 20 Stunden in Betrieb. Im vergangenen Jahr war der Automat am Hauptaufgang für insgesamt 432 Stunden, der am Nebenaufgang hingegen nur für insgesamt 288 Stunden wegen technischer Störungen außer Betrieb. Es wird unterstellt, dass für dieses Jahr die gleichen technischen Bedingungen wie im vergangenen Jahr existieren.
a) Mit welcher Sicherheit können Sie auf dem S-Bahnhof HACKESCHER MARKT einen Fahrschein lösen?
b) Wie groß ist die Wahrscheinlichkeit dafür, auf dem S-Bahnhof HACKESCHER MARKT keinen Fahrschein lösen zu können?
c) Einmal angenommen, Sie fahren täglich mit der S-Bahn zur Arbeit und kaufen sich jedesmal am S-Bahnhof HACKESCHER MARKT einen Fahrschein. Nach wieviel Tagen ist (im Durchschnitt) damit zu rechnen, dass Sie einmal keinen Fahrschein lösen können? ♦

Aufgabe 2-42*
Verwenden Sie die Angaben aus der Aufgabe 1-80. Das Zufallsexperiment bestehe darin, einen Studenten aus dem Kreis der Befragten zufällig auszuwählen.

Vereinbaren bzw. verwenden Sie für die folgenden Ereignisse geeignete Symbole und geben Sie die jeweiligen Ereigniswahrscheinlichkeiten an:

a) Der Student geht einem Nebenjob nach.
b) Der Student geht keinem Nebenjob nach.
c) Der Student empfindet seine finanzielle Situation als befriedigend.
d) Der Student empfindet seine finanzielle Situation als befriedigend und geht einem Nebenjob nach.
e) Der Student geht trotz seiner befriedigenden finanziellen Situation einem Nebenjob nach.
f) Bedingt dadurch, dass der Student einem Nebenjob nachgeht, empfindet er seine finanzielle Situation als befriedigend.
g) Obgleich der Student keinem Nebenjob nachgeht, empfindet er seine finanzielle Situation als befriedigend.

Überzeugen Sie sich unter Verwendung der berechneten Ereigniswahrscheinlichkeiten anhand eines von Ihnen gewählten Beispiels von der Gültigkeit
- des allgemeinen Additionssatzes für zwei zufällige Ereignisse.
- des Additionsaxioms nach KOLMOGOROV.
- des allgemeinen Multiplikationstheorems für zwei zufällige Ereignisse.
- des Multiplikationstheorems für zwei stochastisch unabhängige Ereignisse.
- der Formel der totalen Wahrscheinlichkeit.
- der BAYES-Formel. ♦

Aufgabe 2-43*

Verwenden Sie zur Lösung der folgenden Problemstellungen die Kontingenztabelle aus der Aufgabe 1-83. Gehen Sie vom folgenden Zufallsexperiment aus: Aus dem Kreis der befragten Fahrgäste wird zufällig ein Fahrgast ausgewählt.

Vereinbaren Sie für die folgenden Ereignisse geeignete Symbole und geben Sie die jeweiligen Ereigniswahrscheinlichkeiten an:
a) Der Fahrgast ist ein Ost-Berliner.
b) Der Fahrgast ist ein S-Bahn-Nutzer.
c) Der Fahrgast ist ein S-Bahn-Nutzer und ein Ost-Berliner.
d) Der Fahrgast ist ein S-Bahn-Nutzer unter der Bedingung, dass er ein Ost-Berliner ist.
e) Der Fahrgast ist ein Berliner.
f) Der Fahrgast ist kein Berliner.

Treffen Sie unter Verwendung der berechneten Wahrscheinlichkeiten eine Aussage über die Gültigkeit der folgenden Wahrscheinlichkeitstheoreme:
- Allgemeines Additionstheorem für zwei zufällige Ereignisse
- Komplementärwahrscheinlichkeit
- KOLMOGOROV'sches Additionsaxiom
- Allgemeines Multiplikationstheorem für zwei zufällige Ereignisse
- Multiplikationstheorem für zwei stochastisch unabhängige Ereignisse. ♦

Aufgabe 2-44*

In Anlehnung an die Aufgabe 1-79 soll aus dem Kreis der befragten Kommilitonen ein Kommilitone zufällig ausgewählt werden. Bestimmen Sie die Wahrscheinlichkeiten für die folgenden Zufallsereignisse:

a) F: Der Kommilitone ist FKK-Anhänger.
b) N: Der Kommilitone stammt aus den neuen Bundesländern.

Geben Sie zudem die Wahrscheinlichkeit dafür an, dass

c) das Ereignis F nicht eintritt.
d) sowohl das Ereignis F als auch das Ereignis N eintritt.
e) das Ereignis N eintritt unter der Bedingung, dass das Ereignis F (bzw. das Komplementärereignis von F) bereits eingetreten ist.

Benennen Sie die folgenden Beziehungen und treffen Sie eine Aussage hinsichtlich ihrer Gültigkeit:

f) $P(F \cup N) = P(F) + P(N) - P(F \cap N)$
g) $P(F \cup \overline{F}) = P(F) + P(\overline{F})$
h) $P(F \cap N) = P(N \mid F) \cdot P(F)$
i) $P(F \cap N) = P(F) \cdot P(N)$
j) $P(N) = P(N \mid F) \cdot P(F) + P(N \mid \overline{F}) \cdot P(\overline{F})$
k) $P(F \mid N) = P(N \mid F) \cdot P(F) / P(N)$. ♦

Aufgabe 2-45*

Die folgenden Aufgabenstellungen basieren auf den Ergebnissen einer Marktforschungsstudie, die im II. Quartal 2000 auf dem Flughafen Berlin-Tegel durchgeführt wurde (vgl. Aufgabe 1-31).

Von den insgesamt 340 befragten Fluggästen gaben 177 Fluggäste an, privat unterwegs zu sein. Von den 164 Fluggästen, die mit einem Taxi zum Flughafen fuhren, waren 121 Fluggäste geschäftlich unterwegs. Von den 128 Fluggästen, die mit dem Bus anreisten, waren 94 Fluggäste privat unterwegs.

a) Erstellen Sie für die Erhebungsmerkmale eine Kontingenztabelle. Charakterisieren Sie die Kontingenztabelle.
b) Von Interesse sind die folgenden Ereignisse: Ein zufällig ausgewählter und befragter Fluggast, der vom Flughafen Berlin Tegel abreist, ist
   - mit dem Bus zum Flughafen gefahren (Ereignis B)
   - geschäftlich unterwegs (Ereignis G).

   Geben Sie anhand der Kontingenztabelle die folgenden Wahrscheinlichkeiten an: $P(B)$, $P(G)$, $P(G \mid B)$, $P(B \cap G)$. Benennen Sie den theoretischen Sachverhalt, auf dessen Grundlage Sie die Wahrscheinlichkeiten bestimmt haben.
c) Benennen Sie die folgenden Beziehungen und weisen Sie unter Verwendung der Kontingenztabelle ihre Gültigkeit nach:
   $P(B \cup G) = P(B) + P(G)$

$P(B \cup G) = P(B) + P(G) - P(B \cap G)$
$P(B \cap G) = P(B) \cdot P(G)$
$P(B \cap G) = P(B) \cdot P(G \mid B)$.

d) Geben Sie unter Verwendung der Kontingenztabelle die verkehrsmittelspezifischen Konditionalverteilungen an. Zu welcher Aussage gelangen Sie aus dem Vergleich der verkehrsmittelspezifischen Konditionalverteilungen? ♦

Aufgabe 2-46*

Zwei Anlagen A_1 und A_2 einer Firma füllen Weinflaschen ab, wobei die Anlage A_1 32 % und die Anlage A_2 68 % der Tagesproduktion leisten. 1 % der auf der Anlage A_1 abgefüllten und 2 % der auf der Anlage A_2 abgefüllten Flaschen enthalten weniger Wein als zulässig ist.

a) Wie groß ist die Wahrscheinlichkeit, dass eine zufällig der Tagesproduktion entnommene Flasche ausreichend gefüllt ist?

b) Wie groß ist die Wahrscheinlichkeit, dass eine zufällig der Tagesproduktion entnommene, ausreichend gefüllte Flasche auf der Anlage A_2 abgefüllt wurde?

c) Berechnen Sie die Anteile der beiden Anlagen an der Menge der Flaschen je Tagesproduktion, die weniger Wein enthalten, als zulässig ist. ♦

Aufgabe 2-47*

Die befreundeten Studentinnen LYDIA und ELISABETH jobben zusammen in einer stark frequentierten Geschenke-Boutique im Zentrum Berlins. Ihre alleinige Aufgabe besteht im wunschgemäßen Verpacken der von Kunden gekauften Geschenke. Obgleich LYDIA im Verlaufe einer Schicht im Durchschnitt drei Fünftel der gekauften Geschenke wunschgemäß verpackt, versäumt sie im Unterschied zu ELISABETH, die durchschnittlich in 100 Fällen dreimal vergisst, das Preisschild abzunehmen, dies zweimal so häufig.

a) Wie groß ist unter den gegebenen Bedingungen die Wahrscheinlichkeit dafür, dass ein zufällig gekauftes und wunschgemäß verpacktes Geschenk noch mit dem Preisschild versehen ist? Definieren Sie geeignete Ereignisse und stellen Sie mit deren Hilfe die Problemlösung explizit dar. Wie wird das zugrundeliegende Wahrscheinlichkeitstheorem bezeichnet?

b) Einmal angenommen, Sie haben in der Boutique ein Geschenk gekauft, es wunschgemäß verpacken lassen und sind bei der Geschenkübergabe peinlich berührt, weil das Preisschild noch anhängig ist. Bestimmen Sie die Wahrscheinlichkeit dafür, dass das Geschenk von LYDIA verpackt wurde. Benennen Sie den Lösungsansatz und stellen Sie die Lösung anhand geeignet definierter Ereignisse explizit dar.

c) Ist es berechtigt, die zugrundeliegenden Informationen als Wahrscheinlichkeiten zu deuten? Begründen Sie kurz Ihre Antwort. ♦

Aufgabe 2-48*
Eine Bankfiliale ist mit einer Alarmanlage ausgestattet. Die Wahrscheinlichkeit dafür, dass in der Bankfiliale ein Banküberfall stattfindet, sei 0,1. Im Falle eines Banküberfalls sei die Wahrscheinlichkeit dafür, dass die Alarmanlage ausgelöst wird, 0,95. Demgegenüber betrage die Wahrscheinlichkeit dafür, dass ein Alarm ausgelöst wird, obgleich kein Banküberfall stattgefunden hat, 0,03.
a) Charakterisieren Sie die angegebenen Wahrscheinlichkeiten und definieren Sie die zugehörigen Ereignisse.
b) Bestimmen Sie die Wahrscheinlichkeit dafür, dass kein Banküberfall stattfindet, obgleich die Alarmanlage ausgelöst wird.
c) Geben Sie die Wahrscheinlichkeit dafür an, dass ein Banküberfall stattfindet für den Fall, dass die Alarmanlage wegen einer Funktionsstörung nicht ausgelöst werden kann.
d) Welches theoretische Konzept liegt den Lösungen aus b) und c) zugrunde? ♦

Aufgabe 2-49
Ein Student fährt entweder mit dem Auto oder mit der U-Bahn zur Hochschule. Es hat sich erwiesen, dass er mit dem Auto mit einer Wahrscheinlichkeit von 0,05 mindestens eine halbe Stunde braucht. Fährt er mit der U-Bahn, beträgt diese Wahrscheinlichkeit 0,01. Mit einer Wahrscheinlichkeit von 0,6 bzw. in 3/5 aller Fälle benutzt er das Auto.
a) Wie groß ist die Wahrscheinlichkeit, dass er weniger als eine halbe Stunde braucht?
b) An einem Tag brauchte er eine Stunde. Wie groß ist die Wahrscheinlichkeit, dass er mit dem Auto gekommen ist. ♦

Aufgabe 2-50*
In der Zweigniederlassung einer großen Versicherungsgesellschaft wurden insgesamt 10.000 Kraftfahrzeugversicherungen abgeschlossen, davon 60 % für PKW, 25 % für Kräder und 15 % für LKW. Die Wahrscheinlichkeit, dass im Laufe eines Jahres ein Versicherungsfall eintritt, beträgt für PKW 0,005, für Kräder 0,01 und für LKW 0,002.
a) Wieviel Versicherungsfälle sind durchschnittlich in einem Jahr zu bearbeiten?
b) Wie groß sind die Anteile der Kraftfahrzeuggruppen an der Gesamtzahl der zu bearbeitenden Fälle? ♦

Aufgabe 2-51
Für die Besteigung eines Berges können drei verschiedene Routen mit unterschiedlichen Schwierigkeitsgraden benutzt werden. Von den Bergsteigern, die den Versuch einer Besteigung unternommen haben, benutzten 70 % die Route I,

20 % die Route II und 10 % die Route III. Die Erfolgswahrscheinlichkeit lag auf der Route I bei 65 %, auf der Route II bei 50 % und auf der Route III bei 25 %.

Wie groß ist die Wahrscheinlichkeit dafür, dass ein erfolgreicher Bergsteiger a) die Route I, b) die Route II und c) die Route III benutzt hat? ♦

Aufgabe 2-52*

Eine Firma stellt im Verlaufe einen Wirtschaftsjahres 10.000 Kuppelzelte eines bestimmten Typs her. Die zugehörigen Zeltgestänge werden von den Firmen ALPHA, BETA und GAMMA zugeliefert.

Die Firma ALPHA liefert 5.000 Gestänge, die Firmen BETA und GAMMA liefern je 2.500 Gestänge. Der Zelthersteller garantiert für zwei Jahre die Funktionstüchtigkeit der Gestänge. Erfahrungsgemäß hat der Zelthersteller Garantieleistungen für 5 % der von Firma ALPHA gelieferten Gestänge, für 2 % der von Firma BETA gelieferten Gestänge und für 4 % der von Firma GAMMA gelieferten Gestänge zu erbringen.

Mit welcher Wahrscheinlichkeit bezieht sich eine eingehende Garantieforderung auf ein Gestänge der Firma a) ALPHA, b) BETA und c) GAMMA? ♦

Aufgabe 2-53*

Bei ständig durchgeführten und zahlenmäßig umfangreichen Sicherheitskontrollen auf dem Flughafen Berlin-Tegel ist erfahrungsgemäß zu beobachten, dass geschlechtsspezifisch bedingt bei 3 von 100 weiblichen Fluggästen bzw. bei 2 von 200 männlichen Fluggästen der Metalldetektor einen Alarm auslöst. Erfahrungsgemäß sind drei Fünftel aller Fluggäste männlichen Geschlechts.

Von Interesse sind die folgenden zufälligen Ereignisse: Ein zufällig ausgewählter und kontrollierter Fluggast
- ist männlichen Geschlechts (Ereignis M)
- ist weiblichen Geschlechts (Ereignis W)
- führt (mindestens) einen Alarm auslösenden Gegenstand mit sich (Ereignis A).

a) Unter welcher Bedingung ist es sinnvoll, die angegebenen relativen Häufigkeiten als Schätzwerte für Wahrscheinlichkeiten zu verwenden?

b) Geben Sie folgende Wahrscheinlichkeiten an: $P(M)$, $P(W)$, $P(A \mid M)$, $P(A \mid W)$.

c) Berechnen Sie die folgenden Wahrscheinlichkeiten und benennen Sie jeweils die angewandte Rechenregel: $P(A)$, $P(M \mid A)$ und $P(W \mid A)$.

d) Im Zuge einer Sicherheitskontrolle wird ein „Alarm" ausgelöst. Welchem Geschlecht würden Sie unter den gegebenen Bedingungen einen zufällig ausfindig gemachten „Alarmsünder" zuordnen? Begründen Sie kurz Ihre „Risikoentscheidung". ♦

Aufgaben, Stochastik

Aufgabe 2-54
Welche der nachstehenden Phänomene können zweckmäßig durch eine diskrete oder eine stetige Zufallsvariable beschrieben werden?
a) Anzahl der Regentage in einem Jahr an einem Ort
b) Anzahl der Nichtraucher in einer Gruppe von 20 Studenten
c) Benzinverbrauch eines PKW (in Liter pro 100 km)
d) Gewicht (in kg) einer Person
e) Anzahl der täglichen Verkehrsunfälle in Berlin
f) Wartezeit auf einen Fernzug
g) Quadratmeterpreis von vergleichbaren 3-Zimmer-Mietwohnungen. ♦

Aufgabe 2-55
Werfen Sie 50 mal einen Würfel und notieren Sie nach jedem Wurf die Augenzahl des Wurfs. Die Zufallsvariable X bezeichne die Augenzahl eines Wurfes. Bestimmen Sie auf Grundlage des von Ihnen durchgeführten Experiments approximativ folgende Wahrscheinlichkeiten:
a) $P(X = i)$, $i = 1,2,..., 6$
b) $P(X \leq 3)$
c) $P(X > 4)$
d) $P(X > 8)$
e) $P(X < 1)$
f) $P(2,3 \leq X \leq 5,1)$
g) die unter b) und c) geforderten Wahrscheinlichkeiten unter Zugrundelegung des LAPLACEschen Modells. ♦

Aufgabe 2-56
In zwei Filialen eines Schmuckgeschäftes wird eine teure Uhrenmarke angeboten. Aus Erfahrung ist bekannt, dass eine Uhr der besagten Marke innerhalb eines Monats in der Filiale A mit der Wahrscheinlichkeit 0,5 und in der Filiale B mit der Wahrscheinlichkeit 0,2 gekauft wird.

Es interessiert die Zufallsgröße X: Anzahl der Filialen, in denen eine Uhr der besagten Marke innerhalb eines Monats verkauft wird. Man gehe davon aus, dass die Uhren in den beiden Filialen unabhängig voneinander verkauft werden.
a) Welche Werte kann die Zufallsgröße X annehmen?
b) Geben Sie an, mit welchen Einzelwahrscheinlichkeiten die Werte der Zufallsgröße X angenommen werden.
c) Skizzieren Sie die Verteilungsfunktion der Zufallsgröße X.
d) Berechnen und interpretieren Sie den Erwartungswert und die Standardabweichung der Zufallsgröße X. ♦

Aufgabe 2-57

Für ein Materiallager werden aufgrund vertraglich fixierter Bindungen zu Beginn eines jeden Monats 15 Stück einer bestimmten Ersatzteilart bestellt. Die monatliche Nachfrage (Angaben in Stück) nach dieser Ersatzteilart ist eine Zufallsgröße X mit folgenden Realisationen x_i und Einzelwahrscheinlichkeiten p_i:

i	1	2	3	4	5	6
x_i	12	13	14	15	16	17
p_i	0,1	0,2	0,3	0,2	0,1	0,1

Für jedes im laufenden Monat nicht benötigte Ersatzteil entstehen Lagerhaltungskosten von 20 € je Stück. Ist die Nachfrage größer als die vorhandene Ersatzteilmenge, müssen die fehlenden Teile zusätzlich beschafft werden, was Kosten von je 50 € je Stück verursacht.
a) Berechnen Sie den Erwartungswert der Mehrkosten, die durch die Lagerhaltung bzw. durch die Nachbestellung entstehen.
b) Wie ändert sich der Erwartungswert der Kosten, wenn statt 15 Stück 14 Stück bestellt werden? ♦

Aufgabe 2-58*

Eine Reederei betreibt mit den Fahrgastschiffen UNDINE, VIOLA und WALTRAUD einen Seebäderverkehr. Mit U, V und W werden die zufälligen Ereignisse bezeichnet, dass die Schiffe UNDINE, VIOLA und WALTRAUD während der Sommersaison wegen einer größeren Reparatur in die Werft müssen.

Die Schwesternschiffe UNDINE und VIOLA stammen aus einer Bauserie. Die Wahrscheinlichkeit dafür, dass sie während der Sommersaison wegen einer größeren Reparatur in die Werft müssen, beträgt jeweils 0,06. Für den alten Dampfer WALTRAUD hingegen beträgt diese Wahrscheinlichkeit 0,2.

Es sei X die Anzahl der Schiffe dieser Reederei, die während der Sommersaison in die Werft müssen.
a) Beschreiben Sie die Einzelwahrscheinlichkeiten von X mit Hilfe der oben definierten Ereignisse unter Anwendung der üblichen Ereignisoperationen und unter der Voraussetzung der vollständigen Unabhängigkeit der zufälligen Ereignisse U, V, W.
b) Wie groß ist die Wahrscheinlichkeit dafür, dass wenigstens eines der drei Schiffe während der Sommersaison in die Werft muss?
c) Geben Sie die Verteilungsfunktion von X in ihrer analytischen Form an.
d) Bestimmen Sie den Median und das obere Quartil von X.
e) Berechnen Sie sowohl den Erwartungswert und als auch die Standardabweichung von X. Interpretieren Sie die Werte aus statistischer und aus sachlogischer Sicht. ♦

Aufgaben, Stochastik

Aufgabe 2-59
Gegeben sei ein Bestand von 1000 Risiken in der Nicht-Lebensversicherung. Für jedes Risiko sei die Eintrittswahrscheinlichkeit für einen Schaden 0,1. Es soll angenommen werden, dass nur ganzzahlige Schäden zwischen 1 € und 30000 € auftreten. Diese seien (diskret) gleichverteilt. Die Einzelwahrscheinlichkeiten für den Einzelschaden X_i des i-ten Risikos sind folglich:
$$P(X_i = k) = \begin{cases} 0,9 & \text{für } k = 0 \text{ Euro} \\ \dfrac{0,1}{30000} & \text{für } k = 1, 2, ..., 30000 \text{ Euro} \end{cases}$$
a) Berechnen Sie den Erwartungswert und die Varianz des Einzelschadens.
b) Wie groß ist die Wahrscheinlichkeit dafür, dass ein Einzelschaden nicht über 1000 € liegt? ♦

Aufgabe 2-60
Der Benzintank einer Berliner Tankstelle wird einmal in der Woche aufgefüllt. Die im Verlaufe einer Woche nachgefragte Benzinmenge (Angaben in Mio. Litern [l]) sei eine stetige Zufallsvariable X mit der nebenstehenden Dichtefunktion f_X.
$$f_X(x) = \begin{cases} 5 \cdot (1-x)^4 & \text{für } 0 \leq x \leq 1 \\ 0 & \text{für alle anderen } x \end{cases}$$
Welche Kapazität K müsste der Benzintank besitzen, wenn die Wahrscheinlichkeit dafür, dass er im Verlaufe einer beliebigen Woche leer gepumpt ist und somit nicht ausreicht, höchstens 0,05 sein soll? ♦

Aufgabe 2-61
Sind die Zufallsgrößen X und Y unabhängig und jeweils (stetig) gleichmäßig verteilt über dem Intervall [0; 1], dann besitzt die Zufallsgröße Z = X + Y eine Dreieckverteilung (SIMPSON-Verteilung) über dem Intervall [0; 2] mit der nebenstehenden Dichtefunktion f_Z.
$$f(z) = \begin{cases} 1 - |z-1| & \text{für } 0 \leq z \leq 2 \\ 0 & \text{sonst} \end{cases}$$
a) Skizzieren Sie die Dichtefunktion von Z.
b) Berechnen und skizzieren Sie die Verteilungsfunktion von Z.
c) Berechnen Sie den Erwartungswert, die Varianz, den Median und das untere Quartil von Z. ♦

Aufgabe 2-62
Der wöchentliche Materialverbrauch (Angaben in Tonnen) zur Herstellung eines Produktes sei eine stetige Zufallsvariable X mit der nebenstehenden
$$f_X(x) = \begin{cases} \dfrac{1}{10} & \text{für } 0 \leq x \leq 5 \\ \dfrac{1}{25} \cdot (10-x) & \text{für } 5 < x \leq 10 \\ 0 & \text{für sonst} \end{cases}$$

Dichtefunktion f_X. Welche Materialmenge müsste gelagert werden, wenn die Wahrscheinlichkeit dafür, dass das gelagerte Material bereits vor Ablauf einer beliebigen Woche verbraucht ist, höchstens 0,05 betragen soll? ♦

Aufgabe 2-63

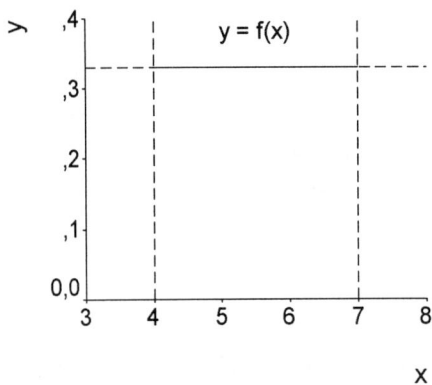

Die Dauer X (Angaben in Minuten) einer Werkstoffprüfung ist eine Zufallsvariable mit der hier dargestellten Dichtefunktion $y = f(x)$.
a) Geben Sie den analytischen Ausdruck der Dichtefunktion an.
b) Ermitteln Sie die Wahrscheinlichkeit dafür, dass die Dauer der Werkstoffprüfung mehr als 4,5 Minuten, aber höchstens 6,5 Minuten beträgt.
c) Wie lange dauert im Durchschnitt eine Werkstoffprüfung? ♦

Aufgabe 2-64*

In einer Holzhandlung ist ein Restbestand von acht Leisten aus Lärchenholz vorhanden. In Lärchenholz finden sich häufig Harznester, die erheblich die Verwendbarkeit des Holzes einschränken. Unter den acht vorhandenen Leisten gibt es zwei, die äußerlich nicht sichtbar solche Harznester enthalten. Ein Kunde erwirbt fünf dieser Leisten. Es sei X die zufällige Anzahl der Leisten mit Harznestern unter den fünf verkauften Leisten.
a) Geben Sie die Verteilung der Zufallsgröße X an (Verteilungstyp und Parameter) und berechnen Sie den Erwartungswert und die Varianz von X.
b) Berechnen Sie die Wahrscheinlichkeit dafür, dass unter den verkauften Leisten
   - genau eine Leiste
   - mindestens eine Leiste

   mit Harznestern ist. ♦

Aufgabe 2-65

Aus allen Mietparteien, die in einem Haus wohnen, wurden zum Zwecke einer Mieterbefragung drei Mietparteien zufällig ausgewählt und befragt. Die Auswahl erfolgte dabei so, dass Mietparteien, die schon befragt wurden, nicht nochmals ausgewählt werden konnten. In diesem Haus gibt es elf 4-Zimmer-Wohnungen, zwanzig 3-Zimmer-Wohnungen und zwei 1-Zimmer-Wohnungen. Berechnen Sie die Wahrscheinlichkeit, dass
a) alle drei ausgewählten Wohnungen 3-Zimmer-Wohnungen sind,

b) unter den drei ausgewählten Wohnungen die beiden 1-Zimmer-Wohnungen sind.
c) Sind die Ereignisse
- A: Die erste ausgewählte Wohnung ist eine 1-Zimmer-Wohnung.
- B: Die erste ausgewählte Wohnung ist eine 3-Zimmer-Wohnung.

unabhängige oder abhängige Ereignisse? Warum? ♦

Aufgabe 2-66
Die Studentin der Betriebswirtschaftslehre Ilona S. möchte an ihre Bekannten Karten zum Jahreswechsel verschicken. Auf ihrer Liste stehen die Adressen von zehn Personen, zwei darunter wohnen in Berlin. Da sie nur vier Briefmarken vorrätig hat, wählt sie vier Adressen zufällig aus.

Es sei X die zufällige Anzahl der Berliner Adressen unter den ausgewählten.
a) Welche Werte kann X annehmen, wie ist die Verteilung von X?
b) Wie groß ist die Wahrscheinlichkeit dafür, dass i) keine Karte nach Berlin geht und ii) höchstens eine Karte nach Berlin geht?
c) Wie groß sind Erwartungswert und Standardabweichung von X? ♦

Aufgabe 2-67
In der Wareneingangskontrolle des medizintechnischen Unternehmens ALPHA werden aus einer Lieferung von 30 Röntgenröhren fünf Röhren zufällig entnommen. Die entnommenen Röhren werden nicht wieder in den Lieferposten zurückgelegt. Falls mehr als eine fehlerhafte Röhre gefunden wird, geht die Lieferung an den Hersteller zurück.
a) Definieren und charakterisieren Sie die zugehörige Zufallsvariable und benennen Sie ihr Verteilungsgesetz.
b) Bestimmen und interpretieren Sie aus statistischer und sachlogischer Sicht die Annahmewahrscheinlichkeit der Lieferung für die Ausschussprozentsätze von 10 % bzw. von 40 %. ♦

Aufgabe 2-68
Unter den 50.000 Zuschauern eines Fußballspiels von Hertha BSC befinden sich 35.000 einheimische Zuschauer und 15.000 Schlachtenbummler der Gastmannschaft. Der Sportreporter der Lokalzeitung will fünf zufällig und unabhängig voneinander ausgewählte Zuschauer interviewen.

Wie groß ist die Wahrscheinlichkeit, dass sich unter fünf zufällig ausgewählten Zuschauern
a) höchstens ein Schlachtenbummler der Gastmannschaft befindet?
b) mindestens vier einheimische Zuschauer sind?
c) Welches Verteilungsmodell verwenden Sie? ♦

Aufgabe 2-69*

Im ersten Halbjahr 1999 wurden in einem Brandenburger Landkreis von zehn voneinander unabhängigen Straßenverkehrsunfällen sieben Unfälle durch überhöhte Geschwindigkeit verursacht.

a) Erläutern Sie am konkreten Sachverhalt kurz den Begriff „Erfolgswahrscheinlichkeit".
b) Definieren und charakterisieren Sie eine den in c) interessierenden Sachverhalt beschreibende Zufallsgröße. Geben Sie für die Zufallsgröße die Realisationen an, die sie annehmen kann. Benennen Sie das Verteilungsgesetz der Zufallsgröße.
c) Geben Sie die Wahrscheinlichkeit dafür an, dass ceteris paribus von acht an einem beliebigen Wochenende registrierten Verkehrsunfällen
   - genau fünf
   - wenigstens fünf
   - höchstens fünf Unfälle

   auf überhöhte Geschwindigkeit zurückzuführen sind. ♦

Aufgabe 2-70

Eine Lieferung von 100 Keramikwaschbecken auf einer Baustelle von Reihenhäusern bei Berlin wird einer Qualitätskontrolle unterzogen. Zu diesem Zweck werden der Lieferung zufällig fünf Waschbecken entnommen. Erfahrungsgemäß entsprechen 10 % der Waschbecken nicht den Qualitätsanforderungen. Eine Lieferung wird laut Vertrag mit dem Hersteller angenommen, wenn unter den fünf geprüften Waschbecken höchstens ein Waschbecken ist, das den Qualitätsanforderungen nicht genügt.

Mit welcher Wahrscheinlichkeit ist dies der Fall, wenn die Waschbecken nach der Prüfung a) zurückgelegt und b) nicht zurückgelegt werden? ♦

Aufgabe 2-71

In einem Betrieb wird eine Versuchsreihe geplant. Aus Voruntersuchungen ist bekannt, dass jeder Einzelversuch mit einer Erfolgswahrscheinlichkeit von $p = 0,6$ erfolgreich verläuft.

a) Berechnen Sie die Wahrscheinlichkeit, dass beim dritten Einzelversuch erstmalig ein Erfolg zu verzeichnen ist.
b) Berechnen Sie die Wahrscheinlichkeit, dass spätestens beim dritten Einzelversuch ein Erfolg zu verzeichnen ist.
c) Wie viele Versuche müssen durchschnittlich durchgeführt werden, bevor erstmalig ein Versuch erfolgreich abläuft?
d) Charakterisieren Sie die zugehörige Zufallsvariable und benennen Sie ihr Verteilungsgesetz. ♦

Aufgabe 2-72
Angenommen, Sie interessieren sich als Spieler dafür, wie oft bei fünfmaligem Werfen von zwei Würfeln das Ereignis Pasch (beide Würfel weisen nach dem Wurf die gleiche Augenzahl auf) eintritt?
a) Definieren Sie die entsprechende Zufallsvariable und geben Sie die theoretisch möglichen Realisierungen dieser Zufallsvariablen an.
b) Ermitteln Sie die Wahrscheinlichkeit, dass bei fünfmaligem Werfen von zwei Würfeln zweimal Pasch eintritt. ♦

Aufgabe 2-73
Ein Versicherungsvertreter schließt innerhalb einer Woche mit fünf fünfzigjährigen männlichen Kunden Lebensversicherungsverträge ab. Nach der deutschen Sterbetafel von 1994 beträgt die Wahrscheinlichkeit dafür, dass ein fünfzigjähriger Mann nach 25 Jahren noch lebt 51,9 %. Es soll unterstellt werden, dass Todesfälle vollständig unabhängig voneinander eintreten. (**Anmerkung**: Da die Sterbetafel Sicherheitszuschläge enthält, ist die wirkliche Überlebenswahrscheinlichkeit etwas größer.)
a) Charakterisieren Sie die Verteilung der Zufallsgröße X: Anzahl der Kunden (unter den 5 Kunden), die nach 25 Jahren noch leben.
b) Wie groß ist die Wahrscheinlichkeit dafür, dass nach 25 Jahren i) höchstens noch einer der Kunden lebt, ii) wenigstens noch vier Kunden leben und iii) mindestens zwei, aber höchstens drei Kunden noch am Leben sind? ♦

Aufgabe 2-74
Der Paddler Rolf R. übt seit längerer Zeit die Kenterrolle. Dabei hat sich herausgestellt, dass ihm diese in 80 % der Fälle gelingt. Am Wochenende vor den Ferien will er noch einmal seine Fähigkeiten testen, dazu führt er unabhängig voneinander zehn Kenterrollen aus.
Es sei X die Anzahl der gelungenen Rollen unter den zehn ausgeführten.
a) Welche Werte kann X annehmen, wie ist die Verteilung von X?
b) Wie groß ist die Wahrscheinlichkeit dafür, dass i) alle zehn Rollen und ii) mindestens acht Rollen gelingen?
c) Wie groß sind Erwartungswert und Standardabweichung von X? ♦

Aufgabe 2-75
Im vergangenen Semester passierte täglich (in der Zeit von 7 Uhr bis 17 Uhr) im Mittel alle 15 Minuten ein Fahrzeug die beschrankte und chipkartengesteuerte Zufahrt zum Hochschulcampus. Erfahrungsgemäß besitzen 95 % aller Fahrzeugführer eine chipkartengestützte Zufahrtsberechtigung. Fahrzeugführer, die keine chipkartengestützte Zufahrtsberechtigung besitzen, müssen sich zwecks Zufahrt auf den Hochschulcampus persönlich beim Pförtnerdienst anmelden. Es wird

unterstellt, dass Zufahrten auf den Hochschulcampus voneinander unabhängig sind.
a) Wie groß ist die Wahrscheinlichkeit dafür, dass sich an einem beliebigen Tag im Semester mehr als drei Fahrzeugführer ohne chipkartengestützte Zufahrtsberechtigung beim Pförtnerdienst melden?
b) Man definiere und charakterisiere eine geeignete Zufallsvariable und benenne das applizierte Verteilungsmodell. ♦

Aufgabe 2-76
Die Wahrscheinlichkeit, dass eine Glühlampe aus einer großen Serie Ausschuss ist, betrage 0,04.
a) Mit welcher Wahrscheinlichkeit ist von 120 zufällig ausgewählten Lampen höchstens eine defekt?
b) Wie viele defekte Glühlampen sind unter 120 zufällig ausgewählten Lampen zu erwarten? ♦

Aufgabe 2-77
Im Rahmen einer Prüfungsvorbereitung im Fach Finanzmathematik wurden 50 Aufgaben vorgegeben, von denen fünf in der Prüfung gestellt werden.
Wie groß ist die Wahrscheinlichkeit, die Note *sehr gut* (alle Fragen richtig beantwortet) zu erhalten, wenn man in der Lage ist, 80 % der vorgegebenen Aufgaben richtig zu beantworten? ♦

Aufgabe 2-78
Eine Versicherungsgesellschaft habe einen Bestand von 1000 Lebensversicherungsrisiken, wobei alle Versicherungsnehmer männlich und im Alter von 42 Jahren sind. Nach der Allgemeinen Deutschen Sterbetafel 1960/62, Männer modifiziert, (ADST 60/62 M mod.) beträgt die Wahrscheinlichkeit q_{42} dafür, dass ein 42-jähriger im Laufe des Folgejahres stirbt, 0,0039.
In der Praxis wird gewöhnlich angenommen, dass die einzelnen Schadenfälle vollständig unabhängig voneinander sind. Jeder der 1000 Versicherungsnehmer habe eine ein Jahr dauernde Todesfallversicherung mit einer Versicherungssumme von DM 20.000 abgeschlossen. Die Auszahlung erfolgt am Jahresende.
a) Geben Sie die Verteilung der Zahl N der Schäden an, und berechnen Sie den Erwartungswert sowie die Standardabweichung von N.
b) Berechnen Sie die Wahrscheinlichkeit dafür, dass nicht mehr als drei Schadenfälle auftreten.
c) Berechnen Sie die Nettoeinmalprämie, die jeder Versicherungsnehmer zu zahlen hätte, wenn er seinen Verpflichtungen sofort bei Versicherungsbeginn auf einmal nachkommen will. Verwenden Sie dazu das folgende Kalkulationsprinzip: Der Barwert der zu erwartenden Leistungen ist gleich dem Barwert

der zu erwartenden Gegenleistungen. Gehen Sie dabei von einem Zinssatz von 3 % aus. ♦

Aufgabe 2-79
Bei der Montage von Gabelstaplern in einem großen Maschinenbaubetrieb arbeiten u.a. an einem Fließband 80 angelernte Beschäftigte je Schicht. Die Wahrscheinlichkeit, wegen Krankheit im Winterhalbjahr zu fehlen, beträgt für diese Beschäftigten (als Ergebnis einer Langzeitstudie, wobei die Erkrankung der Arbeitskräfte als unabhängig voneinander angenommen wird) 5 %. Sinkt die Zahl der Arbeiter am Fließband in einer Schicht unter 70 Personen, so müssen zur Erhaltung des Arbeitsablaufes zusätzliche Arbeitskräfte eingestellt werden. Mit welcher Wahrscheinlichkeit ist das der Fall? ♦

Aufgabe 2-80
Die Anzahl der Selbstmorde in einer Stadt mit 100.000 Einwohnern betrage pro Jahr und im Durchschnitt vier Selbstmorde. Es wird unterstellt, dass die Selbstmorde voneinander unabhängig geschehen und dass die Anzahl der Selbstmorde einer POISSON-Verteilung genügt.
a) Mit welcher Wahrscheinlichkeit finden in dieser Stadt während eines Jahres zwei Selbstmorde statt?
b) Wie groß ist die Wahrscheinlichkeit dafür, dass in dieser Stadt mehr als sieben Selbstmorde innerhalb eines Jahres stattfinden? ♦

Aufgabe 2-81
Die Anzahl X_r der Fehler auf einer Fläche von r Quadratmetern eines bestimmten Gewebes genüge einer POISSON-Verteilung mit dem Parameter $\lambda = 0{,}25 \cdot r$.
a) Geben Sie den Erwartungswert von X_8 für eine Fläche von acht Quadratmetern an und erläutern Sie seine Bedeutung. Beziehen Sie sich dabei auf die konkrete Aufgabenstellung.
b) Das Gewebe wird in Rollen mit einer Breite von 1,2 m geliefert. Von einer Rolle wird ein Stück von fünf Meter Länge abgeschnitten.
   Wie groß ist die Wahrscheinlichkeit dafür, dass dieses Stück mehr als zwei Fehler aufweist? ♦

Aufgabe 2-82*
Untersuchungen in einer Filiale eines Kreditinstituts im Land Brandenburg ergaben, dass werktags in der Zeit von 12 bis 13 Uhr im Durchschnitt alle zwei Minuten ein Kunde die Filiale betritt.
a) Berechnen Sie unter der Annahme, dass die Kunden voneinander unabhängig die Filiale betreten, die Wahrscheinlichkeit dafür, dass werktags in der Zeit zwischen 12.55 Uhr und 13 Uhr, also fünf Minuten vor der Mittagspause

i) genau drei Kunden, ii) mindestens drei Kunden und iii) mindestens zwei, aber höchstens fünf Kunden die Filiale betreten.

b) Welches Verteilungsmodell verwenden Sie? Begründen Sie kurz Ihre Wahl des Verteilungsmodells. ♦

Aufgabe 2-83

Astronomische Erfahrungen besagen, dass man in einer sternenklaren Sommernacht im August durchschnittlich alle zehn Minuten eine Sternschnuppe beobachten kann. Sie nehmen sich in einer klaren Sommernacht die Zeit, für eine Viertelstunde den Sternenhimmel zu beobachten. Wie groß ist die Wahrscheinlichkeit a) keine Sternschnuppe, b) genau eine Sternschnuppe und c) mehr als zwei Sternschnuppen zu beobachten (und sich etwas wünschen zu dürfen)? ♦

Aufgabe 2-84*

Statistische Untersuchungen im Rahmen der Erstellung des 1993er Waldschadensberichts für Norddeutschland ergaben, dass die Anzahl der geschädigten Bäume je Ar Waldfläche hinreichend genau poissonverteilt ist und im Durchschnitt 7 Bäume je zehn Ar Waldfläche geschädigt sind.

Die Waldschäden werden in den folgenden Schadstufen ausgewiesen: Schadstufe 0: kein schadhafter Baum je Ar Waldfläche; Schadstufe 1: ein schadhafter Baum je Ar Waldfläche; Schadstufe 2: mehr als ein schadhafter Baum, aber weniger als vier schadhafte Bäume je Ar Waldfläche; Schadstufe 3: mehr als drei schadhafte Bäume je Ar Waldfläche.

a) Benennen und charakterisieren Sie die betrachtete Zufallsvariable und ihre Verteilung. Begründen Sie Ihre Wahl des Verteilungsmodells.

b) Wieviel Prozent des norddeutschen Waldes müssten unter den genannten Bedingungen 1993 den jeweiligen Schadstufen zugeordnet werden? ♦

Aufgabe 2-85

Die Eisenbahnstrecke Sonneberg-Eisfeld (Bundesland Thüringen) kreuzt in der Nähe von Schalkau die Bundesstraße 89. Passiert ein Zug den beschrankten Übergang, bleiben die Schranken für eineinhalb Minuten geschlossen. Verkehrstechnische Untersuchungen ergaben, dass in der Zeit von 6 bis 7 Uhr pro Minute durchschnittlich vier Fahrzeuge voneinander unabhängig den Bahnübergang in Richtung Schalkau passieren.

Berechnen Sie die Wahrscheinlichkeit dafür, dass für den 6.30 Uhr-Zug in Richtung Schalkau

a) die Warteschlange höchstens aus fünf Fahrzeugen besteht.

b) in der Warteschlange mehr als fünf Fahrzeuge stehen.

c) die Warteschlange durch mindestens drei, aber höchstens sieben Fahrzeuge gebildet wird.

d) sich keine Warteschlange bildet.
e) Benennen Sie die das Warteschlange-Problem kennzeichnende Zufallsvariable und ihr Verteilungsmodell. ♦

Aufgabe 2-86*
Im vergangenen Geschäftsjahr erhielt eine Berliner Autovermietung alle vierzehn Tage im Durchschnitt sieben Bußgeldbescheide wegen falschen Parkens. Es wird unterstellt, dass die Parkvergehen voneinander unabhängig sind.
a) Bestimmen Sie die Wahrscheinlichkeit dafür, dass unter sonst gleichen Bedingungen an einem beliebigen Tag i) kein Bußgeldbescheid, ii) mindestens ein, aber höchstens zwei Bußgeldbescheide und iii) mehr als zwei Bußgeldbescheide bei der Autovermietung eintreffen.
b) Wie groß ist die Wahrscheinlichkeit dafür, dass bereits im Verlaufe des darauffolgenden Tag erneut ein Bußgeldbescheid eintrifft?
c) Benennen Sie das jeweils applizierte Verteilungsmodell, geben Sie jeweils den zugehörigen Erwartungswert an und interpretieren den Wert sachlogisch. ♦

Aufgabe 2-87*
Die folgenden Aufgabenstellungen basieren auf den Ergebnissen einer Marktforschungsstudie, die im II. Quartal 2000 auf dem Flughafen Berlin-Tegel durchgeführt wurde (vgl. Aufgabe 1-31).
Die statistische Analyse des Reisegepäcks von Fluggästen, die privat unterwegs waren, ergab das folgende Bild: Die Anzahl A der von einer privatreisenden Person als Reisegepäck aufgegebenen Gepäckstücke kann hinreichend genau mit Hilfe einer POISSON-Verteilung mit dem Parameter $\lambda = 1{,}5$ beschrieben werden.
a) Interpretieren Sie den Verteilungsparameter statistisch und sachlogisch.
b) Welche ist die wahrscheinlichste Anzahl von Gepäckstücken, die von einer privatreisenden Person als Reisegepäck aufgegeben werden? Berechnen Sie zur Beantwortung dieser Frage die ersten drei möglichen Realisationen der Zufallsvariable A.
c) Geben Sie die Wahrscheinlichkeit dafür an, dass ein zufällig ausgewählter Fluggast, der privat unterwegs ist,
   • höchstens ein Gepäckstück,
   • mindestens ein Gepäckstück, aber höchstens zwei Gepäckstücke
   • mehr als zwei Gepäckstücke als Reisegepäck
   aufgibt.
d) Im Verlaufe eines Tages gaben an einem Abfertigungsschalter insgesamt 1287 Fluggäste, die privat unterwegs waren, Reisegepäck auf. Wie viele dieser Fluggäste hätten ceteris paribus mindestens ein Gepäckstück als Reisegepäck aufgegeben? ♦

Aufgabe 2-88*
Die Dauer (Angaben in Minuten) der in einem Betrieb registrierten Telefongespräche sei exponentialverteilt mit dem Parameter $\lambda = 0{,}8$ $[\text{min}]^{-1}$.
a) Wie groß ist die Wahrscheinlichkeit, dass ein Telefonat i) höchstens eine Minute, ii) mindestens zwei Minuten und iii) zwischen einer und drei Minuten dauert?
b) Wie lange wird mit einer Wahrscheinlichkeit von 0,95 ceteris paribus höchstens telefoniert? ♦

Aufgabe 2-89
Die Reparaturzeit für einen Kühlschrank (Angaben in Stunden [h]) lässt sich als eine exponentialverteilte Zufallsgröße mit der Varianz 0,0625 h² auffassen.
a) Mit welcher Wahrscheinlichkeit dauert eine Kühlschrankreparatur i) länger als eine Stunde und ii) weniger als eine halbe Stunde?
b) Wie lange dauert im Durchschnitt eine Kühlschrankreparatur? ♦

Aufgabe 2-90*
Die in Minuten gemessene Wartezeit an einer Theaterkasse werde als exponentialverteilte Zufallsgröße aufgefasst. Es wird angenommen, dass die durchschnittliche Wartezeit 12,5 Minuten beträgt.
a) Mit welcher Wahrscheinlichkeit wartet ein Theaterbesucher länger als 10 Minuten, aber nicht länger als 14 Minuten?
b) Wie lange müssen 70 % aller Theaterbesucher an dieser Kasse höchstens warten? ♦

Aufgabe 2-91*
Die statistische Analyse des Fahrübungsbedarfs F (Angaben in Stunden [h]) von 300 zufällig ausgewählten Berliner Fahrschülerinnen, die in privaten Berliner Fahrschulen Fahrunterricht nahmen, lieferte für das Geschäftsjahr 1996 das folgende Ergebnis: $F \sim N(42\,h;\,8\,h)$.
a) Deuten Sie die Analyseergebnisse sachlogisch und statistisch.
b) Wieviel Prozent der Berliner Fahrschülerinnen hätten ceteris paribus einen Fahrübungsbedarf von i) weniger als 32 h, ii) mehr als 32 h, aber weniger als 50 h und iii) mehr als 60 h? ♦

Aufgabe 2-92*
Die statistische Analyse der Verweildauer D von Kunden in einer Autobahn-Raststätte ergab das folgende Bild: $D \sim N(30\text{ Minuten};\,10\text{ Minuten})$.
a) Benennen Sie das Verteilungsgesetz und interpretieren Sie die Verteilungsparameter statistisch und sachlogisch.

b) Im Marktsegment der Autobahn-Raststätten ist es umgangssprachlich üblich, Kunden hinsichtlich ihrer Verweildauer wie folgt zu typologisieren: i) Paul-Hurtig: D < 20 Minuten, ii) Otto-Normal: 20 Minuten ≤ D ≤ 45 Minuten und iii) Sitze-Fritze: D > 45 Minuten. Geben Sie die prozentuale Verteilungsstruktur der Kunden im Blickwinkel der genannten Typologie an. ♦

Aufgabe 2-93*

Die Füllmenge von 1-Liter-Milchflaschen stimmt nicht immer exakt auf den Milliliter (ml) genau. Man setze voraus, dass die Füllmenge normalverteilt sei mit einem Erwartungswert von 1000 ml und einer Standardabweichung von 20 ml.
a) Interpretieren Sie die angegebenen Zahlenwerte sachlogisch und statistisch.
b) Wie groß ist die Wahrscheinlichkeit, dass in einer zufällig ausgewählten Milchflasche mehr als 975 ml, aber weniger als 1035 ml enthalten sind?
c) Bestimmen Sie eine Füllmenge, die nur von 3 % aller Milchflaschen unterschritten wird. ♦

Aufgabe 2-94

Im zweiten Halbjahr 2001 ergab die statistische Analyse der Tagesumsätze der Obst- und Gemüseabteilung eines Berliner Supermarktes, dass der Tagesumsatz X als eine normalverteilte Zufallsvariable aufgefasst werden kann, wobei im konkreten Fall X ~ N(750 €; 300 €) gilt.
a) Interpretieren Sie die Parameterwerte des angegebenen Verteilungsmodells.
b) Wie groß ist die Wahrscheinlichkeit, dass der Tagesumsatz 900 € übersteigt?
c) Wie groß ist die Wahrscheinlichkeit, dass der Tagesumsatz zwischen 300 € und 600 € liegt?
d) Ermitteln und interpretieren Sie das obere Umsatzquartil.
e) Berechnen Sie den Tagesumsatz, der mit einer Wahrscheinlichkeit von 0,10 überschritten wird.
f) Ermitteln Sie das zentrale 95%-Schwankungsintervall und interpretieren Sie Ihr Ergebnis. ♦

Aufgabe 2-95*

Die folgenden Aufgabenstellungen basieren auf den Ergebnissen einer Marktforschungsstudie, die im II. Quartal 2000 auf dem Flughafen Berlin-Tegel durchgeführt wurde (vgl. Aufgabe 1-31). Die statistische Analyse der (bereits auf Euro umgerechneten) Fahrtkosten K der Fluggäste, die mit dem Taxi zum Flughafen fuhren, ergab das folgende Bild: K ~ N(34 €; 9 €).
a) Benennen Sie das Verteilungsgesetz und interpretieren Sie die Verteilungsparameter statistisch und sachlogisch.
b) Unter Berliner Taxi-Fahrern ist es umgangssprachlich üblich, Fahrgäste hinsichtlich der anfallenden Fahrtkosten wie folgt zu typologisieren: i) Trocken-

Schrippe: K < 25 €, ii) Butter-Stulle: 25 € ≤ K ≤ 50 €, iii) Kaviar-Toast: K > 50 €. Geben Sie die prozentuale Verteilungsstruktur der Fahrgäste im Blickwinkel der genannten Fahrgäste-Typologie an.

c) Sie werden aufgefordert, die Fahrgäste-Typologie (Angaben in Prozent) graphisch zu präsentieren. Welches Diagramm verwenden Sie? Warum?

d) Welche prozentuale Verteilungsstruktur der Fahrgäste im Blickwinkel der genannten Typologie erhalten Sie, wenn Sie als Verteilungsgesetz eine SIMPSON- bzw. Dreieck-Verteilung mit dem gleichen Erwartungswert und der gleichen Standardabweichung wie die eingangs angegebene Verteilung verwenden? Woraus erklären sich die Unterschiede? ♦

Aufgabe 2-96

Zwei Studentinnen der Betriebswirtschaftslehre analysierten im Sommersemester 1996 das Gewicht G (Angaben in Gramm) von 960 Hühnereiern, gelegt von Hühnern der Rasse Loheimer Braun. Die statistische Analyse bestätigte die Annahme, dass das Gewicht G eines „braunen" Hühnereies als eine normalverteilte Zufallsvariable aufgefasst werden darf, wobei G ~ N(63 g; 5 g) gilt.

a) Welchen Erlös würde eine Bäuerin auf einem Wochenmarkt erwartungsgemäß erzielen, wenn man unterstellt, dass sie 1000 Eier der Rasse Loheimer Braun verkauft und ein Ei der Kategorie
- S: G < 53 g   für 0,15 €
- M: 53 g ≤ G < 63 g   für 0,20 €
- L: 63 g ≤ G < 73 g   für 0,25 €
- XL: G ≥ 73 g   für 0,30 €

anbietet?

b) Zeigen Sie die Richtigkeit der folgenden Aussage: Kann das Gewicht G eines Hühnereies durch eine Normalverteilung beschrieben werden, wobei im konkreten Fall $\mu = 63$ g und $\sigma = 5$ g gelten soll, dann ist die Wahrscheinlichkeit dafür, dass ein beliebiges Hühnerei dem Gewichtsintervall
- $[\mu - k \cdot \sigma; \mu + k \cdot \sigma]$ zugeordnet wird,

$$P(\mu - k \cdot \sigma \leq G \leq \mu + k \cdot \sigma) = 2 \cdot \Phi(k) - 1 \approx \begin{cases} 0{,}683 & \text{für} \quad k = 1 \\ 0{,}955 & \text{für} \quad k = 2 \\ 0{,}997 & \text{für} \quad k = 3 \end{cases}$$

und
- $[\mu - z \cdot \sigma; \mu + z \cdot \sigma]$ zugeordnet wird,

$$P(\mu - z \cdot \sigma \leq G \leq \mu + z \cdot \sigma) = 2 \cdot \Phi(z) - 1 \approx \begin{cases} 0{,}90 & \text{für} \quad z = 1{,}65 \\ 0{,}95 & \text{für} \quad z = 1{,}96 \\ 0{,}99 & \text{für} \quad z = 2{,}58 \end{cases}. \ ♦$$

Aufgaben, Stochastik

Aufgabe 2-97
Eine Firma stellt unter anderem dreilagiges Sperrholz mit einer Stärke von 3 mm her. Dieses Sperrholz besteht aus einer Mittellage mit einer Sollstärke von 2 mm und zwei Deckfurnieren von je 0,5 mm Sollstärke. Die tatsächliche Stärke X_1 der Mittellage ist eine normalverteilte Zufallsgröße mit einem Erwartungswert von 2 mm und einer Standardabweichung von 0,2 mm. Die tatsächlichen Stärken X_2 und X_3 der Deckfurniere sind ebenfalls normalverteilte Zufallsgrößen mit einem Erwartungswert von 0,5 mm und einer Standardabweichung von 0,05 mm. Die Zufallsgrößen X_1, X_2 und X_3 sollen als vollständig unabhängig voneinander angesehen werden. Die Stärke der bei der Produktion aufgebrachten Leimschichten kann vernachlässigt werden.

a) Innerhalb welcher Grenzen (symmetrisch um den Erwartungswert) liegt mit einer Wahrscheinlichkeit von 90 % die tatsächliche Stärke des Sperrholzes?

b) Das hergestellte Sperrholz wird in Platten von 2,5 m × 1,5 m geliefert. Der Versand an Großkunden erfolgt in Stapeln zu je 100 Platten. Es soll unterstellt werden, dass die Stärken der einzelnen Platten im Stapel vollständig unabhängig voneinander sind. Innerhalb welcher Grenzen (symmetrisch um den Erwartungswert) liegt dann mit einer Wahrscheinlichkeit von 90 % die Höhe eines Stapels? ♦

Aufgabe 2-98
Die Länge X eines Werkstücks habe den Erwartungswert 50 mm und die Standardabweichung 0,05 mm. Der Sollwert betrage ebenfalls 50 mm.

a) Mit Hilfe der Ungleichung von TSCHEBYSCHEV schätze man die Wahrscheinlichkeit dafür ab, dass die Länge des Werkstücks um 0,1 mm oder mehr vom Sollwert abweicht.

b) Man berechne die unter a) abgeschätzte Wahrscheinlichkeit unter der zusätzlichen Voraussetzung, dass X als normalverteilt angesehen werden kann und vergleiche diese mit dem obigen Resultat. ♦

Aufgabe 2-99
Eine ideale Münze wird n-mal geworfen. Es sei X_n die Anzahl der Zahlwürfe, die dabei auftreten. Das Ergebnis eines Münzwurfes heißt Zahlwurf, wenn die Zahl „oben erscheint".

a) Überzeugen Sie sich mit Hilfe der Ungleichung von TSCHEBYSCHEV davon, dass für eine beliebige positive Zahl ε die Folge der Wahrscheinlichkeiten $P\left(\left|\frac{1}{n} \cdot X_n - 0{,}5\right| \geq \varepsilon\right)$ mit wachsendem n gegen Null konvergiert. Erläutern Sie die Bedeutung dieser Aussage.

b) Bestimmen Sie die notwendige Zahl n der Münzwürfe, damit X_n mit einer Wahrscheinlichkeit von wenigstens 0,8 in den Grenzen $0{,}49 \cdot n < X_n < 0{,}51 \cdot n$

liegt i) mit Hilfe der Ungleichung von TSCHEBYSCHEV und ii) mit Hilfe des Grenzwertsatzes von DE MOIVRE-LAPLACE. ♦

Aufgabe 2-100
Es werden zehn unabhängige Wiederholungen des Wurfes einer idealen Münze betrachtet. Der Ausgang des i-ten Wurfes (i = 1,2,...,10) wird durch die Zufallsgröße Y_i beschrieben. Liegt die *Zahl* oben, erhält Y_i den Wert 0, liegt das *Wappen* oben, erhält Y_i den Wert 1. Offensichtlich ist dann $P(Y_i = 0) = P(Y_i = 1) = \frac{1}{2}$. Ferner gelte $X = Y_1 + Y_2 + ... + Y_{10}$.
a) Interpretieren Sie die Zufallsgröße X.
b) Bestimmen Sie die Verteilungsfunktion F von X und zeichnen Sie den Graphen dieser Funktion in ein kartesisches Koordinatensystem ein.
c) Ermitteln Sie mit Hilfe des zentralen Grenzwertsatzes eine für X näherungsweise gültige Verteilungsfunktion F* und zeichnen Sie deren Graphen in das gleiche Koordinatensystem ein.
d) Bestimmen Sie die kleinste obere Schranke der Betragsdifferenz der Funktionswerte von F und von F*. Kommentieren Sie das Ergebnis. ♦

Aufgabe 2-101
In einem Fahrradverleih stehen 100 Fahrräder zur Verfügung. Erfahrungsgemäß ist jedes Fahrrad während 80 % der Öffnungszeit verliehen. Unter der Voraussetzung, dass die einzelnen Fahrräder unabhängig voneinander entliehen werden, berechne man näherungsweise die Wahrscheinlichkeit dafür, dass zu einem bestimmten Zeitpunkt a) mehr als 90 % der Räder und b) zwischen 70 % und 90 % der Räder verliehen sind. ♦

Aufgabe 2-102
Die zufällige Abweichung der Anzeige einer Feinwaage vom wahren Gewicht habe eine Standardabweichung von 0,01 mg und einen Mittelwert von 0 mg.
a) Berechnen Sie näherungsweise die Wahrscheinlichkeit dafür, dass das arithmetische Mittel aus 25 unabhängigen Wägungen vom wahren Gewicht einer Probe dem Betrag nach um höchstens 0,003 mg abweicht.
b) Wie viele unabhängige Wägungen müssen mindestens durchgeführt werden, damit das arithmetische Mittel aller dieser Wägungen vom wahren Gewicht der zu wiegenden Probe mit mindestens 95%-iger Wahrscheinlichkeit um höchstens 0,003 mg abweicht? ♦

Aufgabe 2-103
Ein Fotoamateur wählt für einen Vortrag geeignete Dias aus. Dabei verfährt er folgendermaßen: Bei einer ersten Betrachtung, die 10 Sekunden dauert, kann er mit einer Wahrscheinlichkeit von 0,75 entscheiden, ob das betreffende Dia in den

Vortrag aufgenommen wird oder nicht. Falls dies zu keiner Entscheidung führt, wird sofort eine Begutachtung in der Projektion angeschlossen, die 40 Sekunden dauert und die endgültige Entscheidung bringt.

Es sei T_n die zur Beurteilung von n Dias benötigte Zeit.

a) Man gebe die möglichen Werte, die zugehörigen Einzelwahrscheinlichkeiten, den Erwartungswert und die Streuung von T_n an. (**Hinweis**: Zunächst löse man diese Aufgabe für n = 3 und gebe anschließend die entsprechenden Ausdrücke für beliebiges n an.)

b) Mit Hilfe des zentralen Grenzwertsatzes berechne man näherungsweise, wie groß die Anzahl n der Dias höchstens sein darf, damit diese mit einer Wahrscheinlichkeit von mindestens 0,99 innerhalb von zwei Stunden beurteilt werden können. ♦

Aufgabe 2-104

Nach einer Information der Polizei sind 5 % der in einer Stadt in Umlauf befindlichen 50-€-Scheine gefälscht. Der Verkäufer eines Einzelhandelsgeschäftes prüft deshalb von Fall zu Fall die entgegengenommenen 50-€-Scheine. Die Wahrscheinlichkeit dafür, dass er einen entgegengenommenen Schein prüft, beträgt 0,6. Bei der Prüfung werden gefälschte Geldscheine mit Sicherheit erkannt.

Es sei N die Anzahl der (geprüften und ungeprüften) 50-€-Scheine, die der Verkäufer entgegengenommen hat, bevor er den ersten gefälschten Schein entdeckt hat, und es sei M die Anzahl der gefälschten Scheine unter den N entgegengenommenen.

a) Ermitteln Sie die gemeinsame Verteilung von N und M, sowie die entsprechenden Randverteilungen. Sind die Zufallsgrößen N und M unabhängig?

b) Berechnen Sie die Wahrscheinlichkeit dafür, dass 10 Scheine entgegengenommen werden, bevor der erste gefälschte Schein entdeckt wird, und sich unter diesen zehn genau ein gefälschter befindet.

c) Einmal angenommen, dass der Verkäufer zehn Scheine entgegengenommen hat, bevor er den elften als Fälschung erkennt. Wie groß ist dann die Wahrscheinlichkeit dafür, dass sich unter diesen zehn genau ein gefälschter Geldschein befindet? ♦

Aufgabe 2-105

Der TÜV überprüfte im Zeitraum einer Woche 400 PKW. Die Kontrolle ergab die folgende zweidimensionale Häufigkeitsverteilung der Erhebungsmerkmale *Anzahl der Beanstandungen* und *Zugehörigkeit eines PKW zu einer Altersklasse*. Aus dem Prüflos wird ein PKW zufällig ausgewählt. Dabei werden die folgenden Zufallsvariablen betrachtet: X: *Anzahl der Beanstandungen* und Y: *Zugehörigkeit zur Altersklasse*.

Anzahl der Beanstandungen	Alterklasse		
	1	2	3
0	100	80	50
1	10	40	40
2	10	30	20
3	0	10	10

Berechnen und interpretieren Sie
a) die gemeinsame Wahrscheinlichkeitsfunktion.
b) die Randverteilungen von X und Y.
c) die jeweiligen Erwartungswerte und Varianzen.
d) die Kovarianz und den Korrelationskoeffizienten. ♦

Aufgabe 2-106

Die monatlichen Ausgaben (Angaben in 100 €) für den Verbrauch von Energie und für die Nutzung von öffentlichen Verkehrsmitteln von vergleichbaren privaten Berliner Rentner-Haushalten im Wirtschaftsjahr 2001 werden als stetige Zufallsvariable X und Y aufgefasst, die (der Einfachheit halber) die nebenstehend angegebene gemeinsame Dichtefunktion f_{XY} besitzen:

$$f_{XY}(x,y) = \begin{cases} \dfrac{1}{k} \cdot x^2 \cdot y^2 & \text{für } 0 \leq x, y \leq 3 \\ 0 & \text{für sonst} \end{cases}$$

a) Man bestimme die durchschnittlichen monatlichen Ausgaben, die sich 2001 aus der Nutzung der öffentlichen Verkehrsmittel ergeben.
b) Man bestimme die durchschnittlichen monatlichen Ausgaben, die sich 2001 aus dem Verbrauch von Energie ergeben.
c) Man bestimme die Wahrscheinlichkeit dafür, dass ein zufällig ausgewählter privater Berliner Rentner-Haushalt im Wirtschaftsjahr 2001 i) monatliche Ausgaben für Energie zwischen 100 € und 200 € und ii) monatliche Ausgaben für öffentliche Verkehrsmittel von mehr als 200 € zu verzeichnen hat.
d) Besteht unter den gegebenen Bedingungen ein stochastischer Zusammenhang zwischen den monatlichen Ausgaben für Energie und denen für öffentliche Verkehrsmittel? Begründen Sie Ihre Entscheidung unter Zuhilfenahme des Multiplikationssatzes für zwei stochastisch unabhängige Ereignisse.
e) Skizzieren Sie den Graph der gemeinsamen Dichtefunktion. Welche Gestalt besitzt der Raum unter dem Graphen?

Hinweis: Zur Lösung aller Problemstellungen bestimme man als erstes den Wert der Konstanten k. ♦

3

Aufgaben
Induktive Statistik

Gegenstand. Der dritte Teil der Aufgabensammlung hat praktische Problemstellungen der Induktiven Statistik (lat.: *inductio* → das Hineinführen) zum Gegenstand. Die Induktive (oder vom Teil aufs Ganze schließende) Statistik basiert auf mathematischen Verfahren, mit deren Hilfe man anhand von Zufallsstichproben und unter Einbeziehung von Wahrscheinlichkeitsmodellen versucht, Aussagen über unbekannte Parameter bzw. Verteilungen von Grundgesamtheiten zu treffen.

Grundidee. Der Schluss vom Teil aufs Ganze unter Einbeziehung der Wahrscheinlichkeit ist die Grundidee der Induktiven Statistik, die auch als Schließende, Konfirmatorische oder Inferentielle Statistik bezeichnet wird.

Schwerpunkte. Die vorliegenden praktischen und theoretischen Problemstellungen sind bezüglich ihrer inhaltlichen Schwerpunkte wie folgt angeordnet:

Inhaltliche Schwerpunkte	Aufgaben	Seiten
Stichproben- und Schätzverfahren	3-1 bis 3-19	94 bis 102
Parametrische Testverfahren	3-20 bis 3-55	102 bis 123
Nichtparametrische Testverfahren	3-56 bis 3-79	123 bis 136

Die mit einem * gekennzeichneten Aufgaben sind Klausuraufgaben. ♦

Aufgabe 3-1

Der Studentenclub *Börse e.V.* möchte zur besseren Planung seiner Veranstaltungen den Anteil der Raucher unter den Studierenden der FHTW Berlin wissen. Im Rahmen einer Blitzumfrage, die von Studenten der Spezialisierung Marktforschung durchgeführt wurde, erhielt man folgende Antworten: Raucher, Nichtraucher, Raucher, Nichtraucher, Nichtraucher. Dabei wird die Blitzumfrage als eine einfache Zufallsstichprobe *mit Zurücklegen* aufgefasst.

a) Ermitteln Sie die Likelihood-Funktion L(p), wobei p der Anteil der Raucher in der Grundgesamtheit ist.
b) Skizzieren Sie die Likelihood-Funktion.
c) Welcher Maximum-Likelihood-Schätzwert ergibt sich für den Anteil der Raucher in der Grundgesamtheit bei gegebener Stichprobe?
d) Ein Student, der ein Stammgast (und offenbar ein höheres Semester ist) behauptet, er hätte für den unbekannten Parameter p (Anteil Raucher) einen besseren Schätzer als den Maximum-Likelihood-Schätzer entwickelt. Sein Vorschlag:

$$\hat{p}_{bester} = \frac{1}{2 \cdot n} \cdot \sum_{i=1}^{n} X_i, \text{ wobei } X_i = \begin{cases} 0 & \text{Nichtraucher} \\ 1 & \text{Raucher} \end{cases} \text{ gilt.}$$

Ermitteln Sie den Erwartungswert und die Varianz für diesen Schätzer und vergleichen Sie diese mit dem Erwartungswert und der Varianz des Maximum-Likelihood-Schätzers für den Parameter p. Welchen Schätzer würden Sie bevorzugen?

e) Zu einer Veranstaltung sind 250 Besucher im Studentenclub. Geben Sie auf Grundlage obiger Stichprobe und einer geeigneten Schätzfunktion eine Punktschätzung für die Anzahl der Raucher unter den 250 Besuchern an. ♦

Aufgabe 3-2

Ein Gerät besteht aus zwei gleichartigen, parallel geschalteten Elementen, die unabhängig voneinander arbeiten. Es sei p die Wahrscheinlichkeit dafür, dass ein Element innerhalb einer Arbeitsperiode ausfällt.

a) Geben Sie in Abhängigkeit von p die Wahrscheinlichkeit dafür an, dass das Gerät in 100 unabhängig voneinander ablaufenden Arbeitsperioden genau zweimal ausfällt.
b) Die unbekannte Ausfallwahrscheinlichkeit p soll an Hand des Ausfallverhaltens des Gerätes geschätzt werden. Zu diesem Zweck wurden 100 unabhängig voneinander ablaufende Arbeitsperioden beobachtet. Dabei fiel das Gerät zweimal aus. Bestimmen Sie eine Maximum-Likelihood-Schätzung für p.
c) Erläutern Sie an Hand der vorliegenden Aufgabenstellung das Schätzprinzip der Maximum-Likelihood-Methode. ♦

Aufgabe 3-3
In einem Süßwarengeschäft stehen zwei Glasgefäße, die jeweils die gleiche Anzahl N von gelben Fruchtbonbons enthalten. Wegen der optischen Wirkung werden in das erste Gefäß 100 rote und in das zweite Gefäß 100 grüne Bonbons hineingegeben.
a) Aus jedem Gefäß wird zufällig und unabhängig voneinander je ein Bonbon entnommen. Wie groß ist die Wahrscheinlichkeit dafür, zwei gelbe Bonbons, ein rotes und ein gelbes Bonbon, ein gelbes und ein grünes Bonbon, ein rotes und ein grünes Bonbon zu entnehmen?
b) Vier Kindern wurden auf die oben beschriebene Art je zwei Bonbons zugeteilt. Die Kinder erhielten in Folge: ein rotes und ein grünes Bonbon, zwei gelbe Bonbons, ein gelbes und ein grünes Bonbon, ein rotes und ein gelbes Bonbon. Man berechne daraus eine Maximum-Likelihood-Schätzung für N. Dabei gehe man davon aus, dass entnommene Bonbons sofort durch gleichartige ersetzt werden. ♦

Aufgabe 3-4
Gegeben sei die Realisierung $(x_1, x_2, \ldots, x_n)$ einer einfachen Zufallsstichprobe aus der zur Zufallsgröße X gehörigen Grundgesamtheit.
a) Es wird eine Reihe unabhängiger Versuche mit gleichbleibender Erfolgswahrscheinlichkeit p durchgeführt (BERNOULLI-Schema). Es sei X die Anzahl der Misserfolge vor dem ersten Erfolg. X ist dann geometrisch verteilt mit dem Parameter p. Für die Einzelwahrscheinlichkeiten gilt: $P(X = k) = p \cdot (1 - p)^k$ für $k = 0, 1, 2, \ldots$ Geben Sie eine Maximum-Likelihood-Schätzung für den unbekannten Parameter p an.
b) Es sei X die Lebensdauer eines Erzeugnisses. X genüge einer RAYLEIGH-Verteilung mit dem Parameter λ. Für die Wahrscheinlichkeitsdichte gilt:

$$f(x) = \frac{2 \cdot x}{\lambda} \cdot e^{-x^2/\lambda} \text{ für } x \geq 0.$$

Geben Sie eine Maximum-Likelihood-Schätzung für den unbekannten Parameter λ an. ♦

Aufgabe 3-5
Herr S. hat Zweifel an der Richtigkeit seiner Telefonrechnungen. Er ist der Meinung, dass die Dauer seiner Telefongespräche auf den Rechnungen zu hoch ausgewiesen ist. Zur Überprüfung seiner Vermutung entschließt sich Herr S. zu einer Stichprobenuntersuchung. Im Verlaufe des ersten Halbjahres 2001 notiert sich Herr S. die Dauer jedes 50-sten Telefongespräches. Am Ende des Untersuchungszeitraumes ergibt sich folgende Stichprobe (Angaben in Minuten): 6,2; 8,5; 13,0; 4,8; 11,0; 2,5; 18,0; 7,0; 9,4; 14,6.

a) Charakterisieren Sie die Grundgesamtheit.
b) Welches Auswahlverfahren wurde von Herrn S. angewandt?
c) Geben Sie den Auswahlsatz an.
d) Die Verteilung der Zufallsgröße *Telefongesprächsdauer* soll durch das Modell einer Exponentialverteilung abgebildet werden. Geben Sie auf Grundlage obiger Stichprobe eine Punktschätzung für den Modellparameter dieses Verteilungsmodells an.
e) Wie groß ist die Wahrscheinlichkeit, dass unter sonst gleichen Bedingungen ein Telefongespräch von Herrn S. länger als 20 Minuten dauert?
f) Geben Sie auf Grundlage obiger Stichprobe eine Punktschätzung für den Erwartungswert und die Standardabweichung der exponentialverteilten Zufallsgröße *Telefongesprächsdauer* an.
g) Geben Sie eine Punktschätzung für die Gesamtdauer aller von Herrn S. im ersten Halbjahr 2001 geführten Telefongespräche an. ♦

Aufgabe 3-6

Der arbeitslose Statistiker Jürgen K. will um 9 Uhr beim Arbeitsamt vorsprechen. Seine acht bisherigen Besuche dauerten jeweils 106; 71; 36; 127; 90; 40; 53; 149 Minuten. Heute möchte sich Jürgen anschließend mit einer Freundin im Café gegenüber dem Arbeitsamt treffen. Den Zeitpunkt der Verabredung wählt er folgendermaßen: Er geht davon aus, dass die Aufenthaltsdauer im Arbeitsamt als eine exponentialverteilte Zufallsvariable angesehen werden kann. Den unbekannten Parameter der Exponentialverteilung schätzt er mittels der Maximum-Likelihood-Methode auf Grund seiner bisherigen Erfahrungen und beobachteten Aufenthaltsdauern. Schließlich wählt er den Zeitpunkt so, dass die Wahrscheinlichkeit dafür, dass er zu spät zum Treffpunkt kommt, nicht größer als 0,1 ist. Zu welcher Uhrzeit hat sich Jürgen mit seiner Freundin verabredet? ♦

Aufgabe 3-7

Herr M. ist mit dem Zelt unterwegs. Jeden Abend ärgert er sich darüber, dass die beiden identischen Reißverschlüsse, mit denen das Außenzelt und das Innenzelt verschlossen werden, klemmen.

Er entschließt sich deshalb, jeden Abend die Anzahl der Fehlversuche zu notieren, die auftreten, bevor beide Reißverschlüsse geschlossen sind. Er erhält die folgenden Ergebnisse: 1; 0; 4; 0; 0; 1; 3; 1; 0; 2; 2.

Am vorletzten Abend nimmt er die Auswertung vor, wobei er von folgendem Modell ausgeht: Bei jeder Betätigung eines Reißverschlusses gelingt es ihm, diesen mit einer Wahrscheinlichkeit p zu schließen. Die Schließversuche erfolgen vollständig unabhängig voneinander. Die Anzahl X der Fehlversuche vor dem zweiten Erfolg ist nach diesem Modell *negativ binomialverteilt* mit den Parametern p und α = 2, d.h. für die Einzelwahrscheinlichkeiten gilt: $P(X=k) = (k+1) \cdot p^2 \cdot (1-p)^k$ für k = 0, 1, 2, 3, 4,... .

a) Schätzen Sie den unbekannten Parameter p mittels der Maximum-Likelihood-Methode.
b) Wie groß ist nach dem verwendeten Modell die Wahrscheinlichkeit dafür, dass am letzten Abend mehr als ein Fehlversuch auftritt? ♦

Aufgabe 3-8

Im Rahmen einer in Berlin durchgeführten medizinischen Untersuchung wurde u.a. das Gewicht von zwanzig 15-jährigen Jungen aus dem Stadtbezirk Mitte erhoben. Es ergaben sich folgende Werte (Angaben in kg):

49,1	55,0	44,9	53,8	60,4	51,6	53,2	41,2	58,3	50,4
56,1	56,5	47,6	43,6	60,5	47,3	59,7	55,2	57,1	54,5

Diese zwanzig Messwerte werden im weiteren als Ergebnis einer einfachen Zufallsstichprobe angesehen. Des weiteren wird angenommen, dass das Gewicht 15-jähriger Jungen normalverteilt ist.

a) Ermitteln Sie die sich aus obiger Stichprobe ergebenden Maximum-Likelihood-Schätzwerte für die Parameter der Normalverteilung.
b) Kennen Sie bessere Schätzfunktionen für die gesuchten Parameter? Wenn ja, so geben Sie diese an, begründen Sie, warum diese besser sind und berechnen Sie die entsprechenden Schätzwerte.
c) Interpretieren Sie die unter a) bzw. b) ermittelten Werte. ♦

Aufgabe 3-9

Es sei X eine Zufallsvariable über einer Grundgesamtheit mit dem Erwartungswert μ und der Varianz σ^2. Ferner sei $(X_1, X_2,..., X_i,..., X_{n-1}, X_n)$ eine einfache Zufallsstichprobe mit einem Umfang von n > 4 aus dieser Grundgesamtheit. Für den Erwartungswert der Zufallsvariablen X wird folgende Schätzfunktion vorgeschlagen: $\hat{\mu}_1 = \frac{1}{n-4} \cdot \sum_{i=3}^{n-2} X_i$. Die ersten zwei und die letzten zwei Stichprobenzüge in der Schätzfunktion werden folglich nicht berücksichtigt.

a) Zeigen Sie, dass $\hat{\mu}_1$ ein erwartungstreuer Schätzer für μ ist.
b) Ist die Schätzfunktion $\hat{\mu}_1$ ein besserer Schätzer für den Erwartungswert μ als der Maximum-Likelihood-Schätzer für μ? Begründen Sie Ihre Antwort. ♦

Aufgabe 3-10

Es sei X die gewünschte Zimmeranzahl von Wohnungssuchenden. X werde unterschieden nach den Ausprägungen: 1 Zimmer, 1,5 bis 2 Zimmer, 2,5 bis 3 Zimmer, 3,5 bis 4 Zimmer und mehr als vier Zimmer.

Aus Erfahrung sei folgendes bekannt: i) Die Hälfte aller Wohnungssuchenden sucht eine 2,5 bis 3 Zimmerwohnung. ii) Die Wahrscheinlichkeit, dass eine 1-Zimmer-Wohnung gesucht wird, ist halb so groß wie die Wahrscheinlichkeit, dass mehr als vier Zimmer benötigt werden. iii) 1,5 bis 2 Zimmer werden doppelt so häufig gesucht, wie mehr als vier Zimmer.

Wie groß ist die Wahrscheinlichkeit, dass ein zufällig ausgewählter Wohnungssuchender eine 1-Zimmer-Wohnung sucht? Bestimmen Sie die gesuchte Wahrscheinlichkeit mit Hilfe der Maximum-Likelihood-Methode aus dem folgenden Befragungsergebnis von fünf zufällig ausgewählten Wohnungssuchenden: 2 Zimmer, 3 Zimmer, 3 Zimmer, 4 Zimmer, 6 Zimmer. ♦

Aufgabe 3-11

Es sei bekannt, dass die Wahrscheinlichkeit, in Berlin einen Passanten auszuwählen, der nicht regelmäßig eine Tageszeitung liest, genau so hoch ist, wie die Wahrscheinlichkeit, einen Passanten auszuwählen, der regelmäßiger Tageszeitungsleser ist.

Anhand der Antworten von zehn zufällig und unabhängig ausgewählten Passanten, die gefragt wurden, ob sie regelmäßig, manchmal oder nie eine Tageszeitung lesen, soll nun mit Hilfe der Maximum-Likelihood-Methode geschätzt werden, wie groß die Wahrscheinlichkeit ist, dass ein Passant regelmäßig eine Tageszeitung liest.

Welchen Schätzwert erhält man, wenn von den zehn Passanten einer nie, fünf manchmal und vier regelmäßig eine Tageszeitung lesen? ♦

Aufgabe 3-12

Ein Automat, der Wurst in Folietüten abfüllt, ist so eingerichtet, dass die Füllmenge als eine normalverteilte Zufallsvariable mit einem Erwartungswert von 200 g und einer Standardabweichung von 10 g angesehen werden kann.

a) Wie groß ist die Wahrscheinlichkeit, dass die Füllmenge einer zufällig ausgewählten Folietüte zwischen 195g und 205g liegt?

b) Wie groß ist die Wahrscheinlichkeit, dass die durchschnittliche Füllmenge von 25 zufällig ausgewählten Folietüten zwischen 195g und 205g liegt? ♦

Aufgabe 3-13

Ein Automat zur Herstellung rotationssymmetrischer Teile ist für die Fertigung von Wellen mit einem Durchmesser von 70 mm eingerichtet. Entsprechend der technischen Parameter des Automaten kann der Durchmesser der auf dem Automaten gefertigten Wellen als eine normalverteilte Zufallsvariable mit dem Erwartungswert 70 mm und der Standardabweichung 0,35 mm aufgefasst werden.

Aus der Tagesproduktion des Automaten soll eine einfache Zufallsstichprobe vom Umfang 25 gezogen werden, um die Wellendurchmesser nachzumessen.

a) Geben Sie die Verteilung der Zufallsgröße *Stichprobenmittel* an.
b) Ermitteln Sie für den mittleren Durchmesser von 25 zufällig ausgewählten Wellen das 90%-zentrale Schwankungsintervall und interpretieren Sie das von Ihnen ermittelte Intervall.
c) Wie groß ist die Wahrscheinlichkeit, dass der Durchmesser einer zufällig ausgewählten Welle innerhalb der Grenzen des von Ihnen unter b) ermittelten Intervalls liegt? ♦

Aufgabe 3-14*

Im Auftrag einer Winzergenossenschaft soll für die durchschnittliche Abfüllmenge einer Flaschenabfüllanlage, mit der 750 ml Weinflaschen gefüllt werden, ein 99%-Schätzintervall bestimmt werden. Die Abfüllmenge X wird dabei als normalverteilt mit einer Standardabweichung von 10 ml angesehen. Es werden zehn auf dieser Anlage abgefüllte Flaschen zufällig ausgewählt und die Füllmenge kontrolliert. Die Stichprobe ergab folgende Werte (Angaben in ml): 760; 756; 748; 745; 745; 755; 748; 760; 755; 750.
a) Berechnen und interpretieren Sie das gesuchte Schätzintervall.
b) Wie groß muss der Stichprobenumfang mindestens sein, damit die Länge des 99%-Konfidenzintervalls höchstens 1 ml beträgt?
c) Wie groß muss das Konfidenzniveau gewählt werden, damit mit nur 40 Messungen für die obige Flaschenabfüllanlage erreicht werden kann, dass das Konfidenzintervall zum Konfidenzniveau 1 - α höchstens 1 ml breit ist?
   Würden Sie sich für dieses Konfidenzniveau bei der statistischen Untersuchung entscheiden? Begründen Sie Ihre Antwort.
d) Welches Intervall würde man als 0,99-Schätzintervall für die durchschnittliche Füllmenge aus den untersuchten 10 Flaschen der gegebenen Stichprobe ableiten können, wenn die Standardabweichung, mit der die Maschine arbeitet, nicht gegeben wäre? ♦

Aufgabe 3-15*

Der ADAC Berlin/Brandenburg benötigte 1995 für eine Studie Informationen über die durchschnittlichen monatlichen Ausgaben seiner Mitglieder für Benzin, Kfz-Steuer, Haftpflicht, Reparaturkosten, Abschreibungen u.ä.

Aus der Mitgliederdatei wurden im Rahmen einer einfachen Zufallsstichprobe Mitglieder ausgewählt, denen im Rahmen einer schriftlichen Befragung u.a. die folgende Frage gestellt wurde: „Wie viele DM geben Sie durchschnittlich im Monat für die Nutzung, Pflege, Wartung usw. ihres PKW aus?"

Im Ergebnis der Aufbereitung von 225 Fragebögen wurde ein Stichprobenmittelwert von 670 DM und eine Stichprobenvarianz von 24025 DM^2 ermittelt.

Der Verteilungstyp der Zufallsvariablen *durchschnittliche monatliche Ausgaben für den PKW* ist nicht bekannt.

a) Ermitteln Sie das sich aus der vorliegenden Stichprobe ergebende Schätzintervall für den Erwartungswert der durchschnittlichen monatlichen Ausgaben für PKW zu einem Konfidenzniveau von 0,99.
b) Treffen Sie eine Aussage über die Genauigkeit der Intervallschätzung.
c) Entscheiden Sie, welche der nachfolgenden Aussagen zu dem von Ihnen ermittelten Schätzintervall richtig bzw. falsch sind:
- Mit einer Wahrscheinlichkeit von 0,99 überdecken die Grenzen des ermittelten Intervalls die durchschnittlichen monatlichen Ausgaben für PKW aller ADAC Mitglieder in Berlin und Brandenburg.
- Ein Prozent der aus allen theoretisch möglichen Stichproben vom Umfang 225 berechenbaren Schätzintervalle schließt die durchschnittlichen monatlichen Ausgaben für PKW aller ADAC Mitglieder in Berlin und Brandenburg nicht ein.
- Eine neue Stichprobe mit einem größeren Stichprobenumfang würde in jedem Falle zu einer Erhöhung der Genauigkeit der Schätzung führen.
- Man möchte eine höhere Genauigkeit der Schätzung haben, aber keine neue Stichprobe durchführen. Dieses Ziel ist dadurch erreichbar, dass man das Konfidenzniveau erhöht.
- Angenommen, der ADAC hätte, um Kosten zu sparen, eine Stichprobe mit nur einem Neuntel des ursprünglichen Stichprobenumfangs durchgeführt. Wenn die Stichprobenvarianz aus dieser Stichprobe ebenfalls 24025 (DM)^2 betragen würde, dann würde sich die Länge des Konfidenzintervalls, ein gleiches Konfidenzniveau vorausgesetzt, verdreifachen. ♦

Aufgabe 3-16

Es ist allgemein bekannt, dass durch Anwendung indifferenter Substanzen bei einer Reihe von Krankheiten beachtliche Heilerfolge erzielt werden können (Placebo-Effekt).

Von 4908 Patienten mit Migräne zeigten 1585 eine positive Reaktion auf die Verabreichung von Placebo-Tabletten, bei 284 Patienten mit Magen-Darm-Störungen waren es 165 (Quelle: P. NETTER, Münch. med. Wschr. Nr. 119, S. 203, 1977).

a) Man bestimme Schätzwerte für die Anteile der Patienten, die eine positive Reaktion auf Placebo-Gabe zeigen.
b) Man bestimme eine Realisierung des Konfidenzintervalls zum Konfidenzniveau 0,99 für den Anteil der Migränepatienten mit positiver Reaktion.
c) Man bestimme eine Realisierung des Konfidenzintervalls zum Konfidenzniveau 0,95 für den Anteil der Magen-Darm-Patienten mit positiver Reaktion. ♦

Aufgabe 3-17
In einem im Hauptstudium durchgeführten Projektseminar *Wahlforschung* soll eine Studie über das Wahlverhalten der Berliner Bürger erarbeitet werden. 100 zufällig ausgewählte Berliner Bürger wurden unter anderem danach befragt, ob sie mit den kommunalpolitischen Entscheidungen des Senats zufrieden sind. 20 Befragte beantworteten diese Frage mit einem Ja.
a) Berechnen Sie bei einem Konfidenzniveau von 95 % ein Schätzintervall für den Anteil der Personen, die mit der Senatspolitik zufrieden sind.
b) Welchen Stichprobenumfang hätten Sie in der Vorbereitungsphase der Erhebung empfohlen, wenn noch keine Informationen über den Stichprobenanteil vorliegen und die Forderung gestellt ist, dass das Konfidenzintervall höchstens die Länge 0,1 bei einem Konfidenzniveau von 0,95 haben sollte?
c) Welchen Stichprobenumfang empfehlen Sie, wenn Sie die von den Studenten bereits durchgeführte Erhebung als Vorinformation nutzen?
d) Vorausgesetzt, man verfügt über keine Vorinformationen für den zu schätzenden Anteil. Wie groß kann dann die Länge des Konfidenzintervalls bei einem Konfidenzniveau von 99% und einem Stichprobenumfang von $n = 10000$ höchstens werden? ♦

Aufgabe 3-18
In Deutschland wurden im Jahre 1995 insgesamt 17483 Konsumenten harter Drogen erstmals polizeilich erfasst, darunter gab es 4251 Konsumenten von Kokain. Zur Lösung der folgenden Aufgabe soll unterstellt werden, dass durch die polizeiliche Erfassung eine einfache Zufallsauswahl aus dem Kreis der Einsteiger in den Konsum harter Drogen realisiert wird.
   Bestimmen Sie aus den obigen Angaben eine Realisierung des Konfidenzintervalls zum Konfidenzniveau 0,99 für den Anteil der Kokainkonsumenten. ♦

Aufgabe 3-19
Entscheiden Sie, welche der nachfolgenden Aussagen richtig bzw. falsch sind.
a) Der Standardfehler eines Schätzers misst die Differenz zwischen dem sich aus einer konkreten Stichprobe ergebenden Schätzwert für den unbekannten Parameter und dem wahren, aber unbekannten Wert des Parameters.
b) Die Genauigkeit einer Intervallschätzung kann verbessert werden, wenn man die Stichprobenerhebung so organisiert, dass die Streuung in der Stichprobe kleiner wird.
c) Maximum-Likelihood-Schätzer sind immer erwartungstreue Schätzer.
d) Wenn ein Schätzer für einen unbekannten Parameter erwartungstreu ist, so bedeutet das: Die Realisierungen dieses Schätzers liegen sehr nahe um diesen unbekannten Parameter.

e) Um bei einem statistischen Test möglichst keine falsche Testentscheidung zu treffen, wählt man einen kleinen Wert für das Signifikanzniveau.
f) Aussagen zur grundsätzlichen Interpretation des Konfidenzniveaus (der Sicherheitswahrscheinlichkeit) $1 - \alpha$ bei der Bildung von Konfidenzintervallen für den Parameter Θ (lies: *Theta*) einer Verteilung: i) Vor dem Ziehen der Stichprobe gilt die Aussage: Mit Wahrscheinlichkeit $1 - \alpha$ überdeckt das Konfidenzintervall den Parameter Θ. ii) Nach dem Ziehen der Stichprobe gilt die Aussage: Der Parameter Θ liegt mit Wahrscheinlichkeit $1 - \alpha$ im realisierten Konfidenzintervall.
g) Aussagen zur Länge des Schätzintervalls für den Erwartungswert μ einer Verteilung mit bekannter Varianz $\sigma^2 > 0$: i) Eine Vervierfachung des Stichprobenumfangs bewirkt eine Halbierung der Länge des Schätzintervalls. ii) Je größer das Konfidenzniveau $1 - \alpha$, um so genauer ist die Schätzung.
h) Aussagen zur Bedeutung der Irrtumswahrscheinlichkeit α bei einem statistischen Test: i) Verringert man die Irrtumswahrscheinlichkeit α, so verringert sich die Wahrscheinlichkeit, eine falsche Testentscheidung zu treffen. ii) Je größer man die Irrtumswahrscheinlichkeit α wählt, um so eher kommt es zur Ablehnung der Nullhypothese. ♦

Aufgabe 3-20

Der Benzinverbrauch (Angaben in Liter pro 100 km Fahrstrecke) eines bestimmten Kleinwagentyps bei konstanter Geschwindigkeit von 90 km/h sei normalverteilt mit einer Standardabweichung von 0,5 l. Eine Untersuchung ergab für 100 Autos einen durchschnittlichen Verbrauch von 5,8 l.
a) Berechnen Sie aus dieser Stichprobe ein Schätzintervall für den Durchschnittsverbrauch aller Autos dieses Typs zum Konfidenzniveau 0,95.
b) Bestimmen Sie die Länge dieses Intervalls.
c) Wie groß müsste der Stichprobenumfang mindestens sein, damit der Durchschnittsverbrauch aller Autos dieses Typs zum Konfidenzniveau 0,99 genauso exakt bestimmt werden kann (d.h. das Schätzintervall zum Konfidenzniveau 0,99 auch nicht länger ist)?
d) Was muss bei der Auswahl der konkreten Stichprobe beachtet werden?
e) Der Autohersteller gibt unter den genannten Bedingungen einen durchschnittlichen Verbrauch von 6 l/100 km an. Testen Sie mit einer Irrtumswahrscheinlichkeit von 0,05, ob die Stichprobenbefunde verträglich sind mit der Angabe des Herstellers. ♦

Aufgabe 3-21

In einem Unternehmen der pharmazeutischen Industrie wird von einer Anlage eine bestimmte Medizin in Ampullen abgefüllt. Die Abfüllanlage ist so eingestellt, dass unter normalen Bedingungen (Wartung nach Plan, Fahrweise der Anlage nach bestimmten Vorschriften usw.) die Zufallsvariable *Füllmenge pro Ampulle* einer Normalverteilung mit dem Erwartungswert 10 ml und der Varianz 0,0025 (ml)^2 folgt. In jeder Schicht werden nach dem Prinzip der einfachen Zufallsauswahl 100 Ampullen ausgewählt und die Füllmenge nachgemessen.

a) Geben Sie die Verteilung des Stichprobenmittels für den Fall an, dass die Anlage normal arbeitet.

b) Wie groß ist bei normaler Arbeitsweise der Anlage die Wahrscheinlichkeit, dass ein Stichprobenmittelwert größer als 10,007 ml auftritt?

c) Auf Grundlage eines statistischen Tests ist zu entscheiden, ob die Füllmenge der Ampullen im Durchschnitt 10 ml beträgt und somit die Anlage normal arbeitet. i) Formulieren Sie die Null- und die Gegenhypothese für diesen Test. ii) Der Test soll mit einem Signifikanzniveau von 10% durchgeführt werden. Innerhalb welcher Grenzen darf die mittlere Füllmenge der 100 zufällig ausgewählten Ampullen liegen, um die Nullhypothese nicht abzulehnen?

d) Entscheiden Sie, welche der nachfolgenden Aussagen richtig bzw. falsch sind: i) Wenn die mittlere Füllmenge von 100 zufällig ausgewählten Ampullen im Annahmebereich liegt, dann kann der Schichtleiter davon ausgehen, dass die mittlere Füllmenge der Ampullen auf keinen Fall 10 ml übersteigt. ii) Angenommen die mittlere Füllmenge von 100 zufällig ausgewählten Ampullen liegt nicht im Annahmebereich. Das bedeutet, dass die Abfüllanlage nicht normal arbeitet. iii) Wenn man das Signifikanzniveau von 10 % auf 5 % verringert, dann kann ein Stichprobenmittelwert, der bei einem Signifikanzniveau von 10 % zur Ablehnung der Nullhypothese führte, durchaus zur Annahme der Nullhypothese führen. ♦

Aufgabe 3-22

Ihr Vater ist Bäckermeister und hat eine Anlage gekauft, die 1000g-Brote automatisch formt. In der Semesterpause arbeiten Sie bei Ihrem Vater.

Aufgrund Ihrer Statistikausbildung möchten Sie überprüfen, ob die Anlage richtig eingestellt ist. Dazu wählen Sie 20 Brote zufällig und unabhängig voneinander aus und wiegen sie nach. Nur für den Fall, dass es als statistisch gesichert gilt, dass das Durchschnittsgewicht nicht dem Sollgewicht entspricht, halten Sie die Anlage an. Bei Ihrer Prozesskontrolle gehen Sie davon aus, dass das Gewicht der Brote näherungsweise normalverteilt ist.

a) Geben Sie das untersuchte Merkmal und die Grundgesamtheit an.

b) Welche Null- und welche Gegenhypothese wählen Sie? Erläutern Sie die benutzten Symbole.

c) Müssen Sie die Anlage anhalten, wenn Sie ein Durchschnittsgewicht von 1030g bei einer Stichproben-Standardabweichung von 50g für die ausgewählten Brote ermitteln? Führen Sie den Test zum Signifikanzniveau 0,05 durch und interpretieren Sie Ihre Testentscheidung.

d) Berechnen Sie anhand der gegebenen Stichprobe ein Schätzintervall zum Konfidenzniveau 0,9 für das Durchschnittsgewicht. Interpretieren Sie das berechnete Intervall. ♦

Aufgabe 3-23

Ein Preisvergleich für Fernsehapparate eines bestimmten Typs in Berliner Geschäften ergab im November 2001 folgende Werte (Angaben in €):

698   759   779   689   756   700   719   729   749   729

a) Geben Sie unter der Voraussetzung, dass die Preise normalverteilt sind, ein Schätzintervall zum Konfidenzniveau 0,9 für den durchschnittlichen Preis aller Fernsehapparate dieses Typs in Berlin an.

b) Prüfen Sie zum Signifikanzniveau 0,05, ob statistisch gesichert ist, dass dieser Durchschnittspreis aller Fernsehapparate größer als 710 € ist. Gehen Sie davon aus, dass die Preise normalverteilt sind.

c) Führen Sie den Test aus b) auf einem Signifikanzniveau von 0,001 durch. Diskutieren Sie das Testergebnis aus der Sicht eines potentiellen Käufers. ♦

Aufgabe 3-24*

Ein Mitarbeiter des Berliner Gewerbeaufsichtsamts prüft auf Berliner Wochenmärkten die Einhaltung der Bestimmung, dass in 500 g-Erdbeer-Schälchen mindestens 470 g Früchte enthalten sein müssen. Dazu wird vorausgesetzt, dass das Füllgewicht der Schälchen näherungsweise normalverteilt ist. Falls sich bei einer Irrtumswahrscheinlichkeit von 0,1 zeigen lässt, dass in einer Stichprobe im Durchschnitt deutlich weniger als 470 g enthalten sind, hat der Lieferant der Erdbeer-Schälchen mit einer Beschwerde zu rechnen.

Auf Berliner Wochenmärkten wurden 51 zufällig und unabhängig ausgewählte Schälchen eines Lieferanten nachgewogen, für die sich ein Durchschnittsgewicht von 460 g bei einer Standardabweichung von 15 g ergab.

a) Benennen Sie das untersuchte statistische Merkmal und beschreiben Sie die statistische Grundgesamtheit.

b) Welche Hypothese und Gegenhypothese wählen Sie? Erläutern Sie die benutzten Symbole.

c) Führen Sie einen für diesen Sachverhalt geeigneten Test durch. Welche Testgröße benutzen Sie, wie ist sie verteilt?

d) Interpretieren Sie Ihre Entscheidung für die konkrete Aufgabe.

e) Berechnen Sie anhand der gegebenen Stichprobe ein Schätzintervall zum Konfidenzniveau 0,95. Interpretieren Sie das berechnete Intervall. ♦

Aufgabe 3-25*
Der Student P. trinkt regelmäßig Kaffee, den er stets aus dem gleichen Kaffeeautomaten entnimmt. Er hat das Gefühl, dass in seinem Becher immer recht wenig enthalten ist. Der Automatenbetreiber garantiert eine durchschnittliche Füllmenge von 200 ml mit einer Standardabweichung von 15 ml.
a) Interpretieren Sie die angegebenen Zahlenwerte.
b) Charakterisieren Sie das Erhebungsmerkmal und die Grundgesamtheit.
c) Würden Sie hier davon ausgehen, dass das interessierende Merkmal als näherungsweise normalverteilt aufgefasst werden kann?
d) Gehen Sie davon aus, dass der Student P. für 35 zufällig und unabhängig ausgewählte Kaffeebecher eine durchschnittliche Füllmenge von 190 ml bestimmt hat. Ist dadurch zum Signifikanzniveau 0,05 statistisch gesichert, dass der Automat im Mittel zu wenig einfüllt?
e) Wie groß müsste der Stichprobenumfang mindestens sein, um den Test durchführen zu können, falls Sie die Frage c) mit nein beantwortet hätten? ♦

Aufgabe 3-26
Eine Segeljolle eines bestimmten Typs wird in einer Bootswerft in Serie hergestellt. Der Konstrukteur gibt für das Rumpfgewicht von Booten dieses Typs einen Wert von 200 kg an. Wegen der Verwendung anderen Glasfasermaterials wird vermutet, dass das mittlere Rumpfgewicht der in der Werft hergestellten Jollen von dem vom Konstrukteur angegebenen Wert abweicht. Der Werftleiter glaubt, dass der Rumpf bei gleicher Festigkeit eher leichter wird, weil das Laminat weniger Polyesterharz aufnimmt. Dies wird vom Konstrukteur bezweifelt. Der Konstrukteur geht vielmehr von einer Erhöhung des mittleren Rumpfgewichtes aus.
Durch geeignete statistische Tests soll jeweils auf einem Signifikanz von 0,1 versucht werden, die obigen Vermutungen statistisch zu sichern.

Zur empirischen Prüfung des Sachverhaltes wurden daraufhin 15 Jollenrümpfe aus der Produktion der Werft zufällig und unabhängig voneinander ausgewählt und das Rumpfgewicht nachgewogen. Für diese 15 Rümpfe ergab sich ein mittleres Gewicht von 204 kg bei einer Standardabweichung von 10 kg. Zudem kann davon ausgegangen werden, dass das Rumpfgewicht der hergestellten Jollen näherungsweise normalverteilt ist.
a) Prüfen Sie, ob durch die obigen Ergebnisse statistisch gesichert ist, dass das mittlere Rumpfgewicht der Jollen von dem vom Konstrukteur angegebenen Wert abweicht. Geben Sie eine geeignete Null- und Alternativhypothese an. Erläutern Sie die dabei gegebenenfalls benutzten Symbole. Wie lautet das Testergebnis? Erläutern Sie das Testergebnis sachbezogen. Kann dieses Ergebnis eine Fehlentscheidung sein? Wenn ja, um welchen Fehler handelt es sich dann?

b) Prüfen Sie, ob durch die obigen Ergebnisse die Vermutung des Werftleiters statistisch gesichert werden kann. Geben Sie eine geeignete Null- und Alternativhypothese an. Erläutern Sie die dabei gegebenenfalls benutzten Symbole. Muss nach Betrachtung des Stichprobenmittels noch gerechnet werden? Wie lautet das Testergebnis? Erläutern Sie das Testergebnis sachbezogen. Kann dieses Ergebnis eine Fehlentscheidung sein? Wenn ja, um welchen Fehler handelt es sich dann?

c) Prüfen Sie, ob durch die obigen Ergebnisse die Vermutung des Konstrukteurs statistisch gesichert werden kann. Geben Sie eine geeignete Null- und Alternativhypothese an. Erläutern Sie die dabei gegebenenfalls benutzten Symbole. Wie lautet das Testergebnis? Erläutern Sie das Testergebnis sachbezogen. Kann dieses Ergebnis eine Fehlentscheidung sein? Wenn ja, um welchen Fehler handelt es sich dann? ♦

Aufgabe 3-27

Die Anzahl X der Fehler auf einer Fläche von r Quadratmetern eines bestimmten Gewebes genüge näherungsweise einer POISSON-Verteilung mit dem Parameter $\lambda \cdot r$. Das Gewebe sei 1,5 m breit. Bei der Prüfung von 400 zufällig ausgewählten Abschnitten von 3 m Länge erhielt man folgende Ergebnisse:

Fehlerzahl	0	1	2	3	4	5	6	7	8	9	10	11	12	>12
Abschnitte	0	20	43	53	86	70	54	37	18	10	5	2	2	0

a) Mit Hilfe des Erwartungswertes der Zufallsgröße X gebe man eine Interpretation der inhaltlichen Bedeutung des Parameters λ an.

b) Man teste die Hypothese $H_0: \lambda \leq 1$ zum Signifikanzniveau $\alpha = 0,05$. ♦

Aufgabe 3-28*

Eine Studentin der Betriebswirtschaftslehre analysierte den Quadratmeterpreis P (Angaben in DM/m²) für Berliner Mietwohnungen der Wohnflächenkategorie II (40 bis unter 60 m² Wohnfläche). Die Angaben beziehen sich auf das II. Quartal 1996. Für zufällig ausgewählte 81 Mietwohnungen ergab die Preisanalyse das folgende Bild: $P \approx N(16\ DM/m^2;\ 5\ DM/m^2)$.

a) Erläutern Sie am konkreten Sachverhalt die Begriffe: Merkmalsträger, Stichprobe, Grundgesamtheit, Identifikationsmerkmal, Erhebungsmerkmal, Skala.

b) Interpretieren Sie die Ergebnisse der Preisanalyse sachlogisch und statistisch.

c) Im *Berliner Mietspiegel 1996* wird für eine Wohnung der Kategorie II ein ortsüblicher Quadratmeterpreis von 15 DM/m² ausgewiesen. Kann man aufgrund des Stichprobenbefundes davon ausgehen, dass der durchschnittliche Quadratmeterpreis für Berliner Mietwohnungen der Kategorie II dem angegebenen Mietspiegel-Richtpreis entspricht?

- Welches statistische Verfahren ist zur Lösung des Problems geeignet? An welche theoretischen Bedingungen ist eine sinnvolle praktische Anwendung dieses Verfahrens gebunden? Können diese als erfüllt angesehen werden?
- Formulieren Sie dem zu prüfenden Sachverhalt entsprechende Hypothesen und deuten Sie diese sachlogisch. Welche Form der Hypothesenprüfung liegt hier vor? (**Hinweis**: Verwenden Sie die eingangs geäußerte Vermutung als Ausgangshypothese.)
- Zu welcher Testentscheidung gelangen Sie bei Annahme einer Irrtumswahrscheinlichkeit von 0,05?

d) Geben Sie eine Intervallschätzung für den durchschnittlichen Quadratmeterpreis von Berliner Mietwohnungen der Wohnflächenkategorie II auf einem Konfidenzniveau von 95 % an. Interpretieren Sie das realisierte Konfidenzintervall sachlogisch und statistisch. ♦

Aufgabe 3-29*

Von 639 zufällig und unabhängig im Januar 1996 ausgewählten und befragten Kunden des Reisebüros *Titanic Reisen* gaben 141 Kunden an, dass sie die Absicht haben, allein in den Urlaub zu fahren.

a) Ist durch dieses Befragungsergebnis statistisch gesichert, dass weniger als ein Viertel der Kunden des Reisebüros allein reisen wollen? Formulieren Sie geeignete Hypothesen und führen Sie den Test zum Signifikanzniveau 0,1 durch. Auf welche Grundgesamtheit beziehen sich Ihre Überlegungen?

b) Geben Sie an, ob bei Ihrer in a) getroffenen Entscheidung ein Fehler 1. Art oder ein Fehler 2. Art (oder beide) vorliegen könnte und formulieren Sie den möglichen Fehler problembezogen. ♦

Aufgabe 3-30

Ein Lieferant behauptet, dass der Anteil defekter Stücke in einer Lieferung höchstens 5 % beträgt. Eine Stichprobe vom Umfang 900 ergab 50 defekte Stücke. Die Lieferung soll vereinbarungsgemäß abgelehnt werden, wenn der Stichprobenanteil signifikant über dem angegebenen maximalen Fehleranteil liegt.

a) Formulieren Sie die Null- und die Gegenhypothese.
b) Führt der Beobachtungsbefund bei einer Irrtumswahrscheinlichkeit von 5 % zur Ablehnung der Nullhypothese?
c) Würden Sie als Abnehmer eine 10 %-Irrtumswahrscheinlichkeit präferieren?
d) Testen Sie die Hypothese mit einer Irrtumswahrscheinlichkeit von 10 %. ♦

Aufgabe 3-31

In einer Abteilung einer Klinik wird für eine bestimmte Krankheit eine neue Heilmethode erprobt. 100 zufällig ausgewählte Patienten wurden nach der neuen

Heilmethode behandelt. In 32 Fällen führte die neue Heilmethode zu einem Heilerfolg. Die Einführung der neuen Heilmethode in allen Abteilungen der Klinik erfordert umfangreiche Investitionen. Der kaufmännische Direktor der Klinik will deshalb die neue Heilmethode in allen Abteilungen nicht einführen, wenn der Erfolg der neuen Heilmethode unter 40 % liegt.

a) Formulieren Sie die Null- und die Gegenhypothese.
b) Führt der Beobachtungsbefund auf einem Signifikanzniveau von $\alpha = 0{,}01$ zur Ablehnung der Nullhypothese?
c) Würden Sie als kaufmännischer Direktor einer Erhöhung der Irrtumswahrscheinlichkeit auf 10 % zustimmen?
d) Testen Sie die Hypothese bei einer Irrtumswahrscheinlichkeit von 10 %. ♦

Aufgabe 3-32

Von einem Meinungsforschungsinstitut wurde eine Studie über das Freizeitverhalten von Berliner Jugendlichen erarbeitet. Dazu wurden 900 Berliner Jugendliche zufällig und unabhängig ausgewählt und befragt. 468 der Befragten gaben an, regelmäßig Sport zu treiben.

a) Testen Sie, ob durch diese Stichprobe statistisch gesichert ist, dass mehr als 50 % der Personen der Grundgesamtheit regelmäßig Sport treiben. Geben Sie eine geeignete Hypothese an und führen Sie den Test auf einem Signifikanzniveau von 0,05 durch.
b) Geben Sie ein 0,99-Schätzintervall für den Anteil der Jugendlichen an, die regelmäßig Sport treiben. Interpretieren Sie Ihr Ergebnis. Auf welche Grundgesamtheit beziehen sich Ihre Überlegungen? ♦

Aufgabe 3-33*

Die Verordnetenversammlung einer Stadt mit 107.824 wahlberechtigten Bürgern berät über ein umfangreiches verkehrstechnisches Projekt. Es wird entschieden, vor Aufnahme der notwendigen Planungsverfahren unter den wahlberechtigten Bürgern der Stadt eine Umfrage zu dem Projekt durchzuführen. Von 400 zufällig ausgewählten wahlberechtigten Bürgern befürworten 220 Bürger das Projekt.

a) Ermitteln Sie das Schätzintervall zum Konfidenzniveau von 0,999 für den Anteil der Bürger, die das Projekt befürworten.
b) Dem Bürgermeister ist die Genauigkeit des unter a) erstellten Schätzintervalls nicht ausreichend. Er möchte ein Schätzintervall zum gleichen Konfidenzniveau (von 0,999) mit einer Länge von nur einem Prozentpunkt. Ermitteln Sie den dafür notwendigen Stichprobenumfang. Interpretieren Sie das Ergebnis hinsichtlich der Erhebungsmethode.
c) Die Stadtverordnetenversammlung stimmt einer Aufnahme der notwendigen Planungsverfahren nur dann zu, wenn mindestens 60 % aller wahlberechtigten

Bürger das Projekt befürworten. Entscheiden Sie auf der Grundlage des vorliegenden Stichprobenergebnisses und eines geeigneten statistischen Tests, ob die Stadtverordnetenversammlung der Aufnahme der Planungsverfahren zustimmen kann.
- Formulieren Sie die Null- und die Gegenhypothese.
- Ermitteln Sie die bzw. den kritischen Wert(e) und treffen Sie Ihre Testentscheidung bei einem Signifikanzniveau von 0,10.
- Welcher Fehler könnte bei Ihrer Testentscheidung auftreten? ♦

Aufgabe 3-34

Von einer Berliner Wohnungsbaugenossenschaft wurde die Umgestaltung eines Wohnhofes in Auftrag gegeben. Nach vollzogener Fertigstellung im Juni 1995 wurden aus den 864 Haushalten in den unmittelbar angrenzenden Häusern 216 Haushalte zufällig und unabhängig voneinander ausgewählt und befragt. 188 der befragten Haushalte gaben an, dass ihnen der Hof jetzt besser gefällt als früher.

a) Bei einem vergleichbaren Hofsanierungsprojekt gaben 85 % der Haushalte an, zufrieden zu sein. Testen Sie, ob durch diese Stichprobe statistisch gesichert ist, dass mehr als 85 % der angrenzenden Haushalte den Hof jetzt schöner finden als zuvor. Geben Sie eine geeignete Hypothese an und führen Sie den Test zum Signifikanzniveau 0,1 durch.

b) Berechnen Sie auf der Grundlage des Ergebnisses der Befragung ein 0,99-Schätzintervall für den Anteil der Haushalte, die den Hof jetzt schöner finden als zuvor. Interpretieren Sie Ihr Ergebnis. Auf welche Grundgesamtheit beziehen sich Ihre Überlegungen?

c) Wie viele von 100 zufällig aus den angrenzenden Häusern ausgewählten Haushalten müssten sich mindestens zustimmend äußern, damit zum Signifikanzniveau 0,05 statistisch gesichert ist, dass der neue Hof den Mietern aus mehr als 90 % der Haushalte gefällt? ♦

Aufgabe 3-35*

Das ADAC-Magazin *motorwelt* berichtete in seiner Ausgabe vom Juni 1995 über die Trendwende bei der Lieblingsfarbe der Autokäufer vom jahrelang dominierenden Rot nach Blau. Demnach bevorzugten derzeit 23 % der Autokäufer die Farbe Blau.

Im Rahmen einer Belegarbeit im Fach Statistik III recherchierten im Wintersemester 1995/96 zwei Studentinnen der Betriebswirtschaftslehre bei Berliner Autohändlern die Farbwünsche von Berliner Autokäufern. Von den 200 befragten Käufern entschieden sich 48 Käufer für die Farbe Blau.

a) Bekanntlich wird den Berlinern nachgesagt, dass sie dem Zug der Zeit immer um eine Nasenlänge voraus seien. Kann man anhand der Stichprobe und bei

Unterstellung eines Signifikanzniveaus von 0,05 diese Vorreiterrolle auch statistisch bestätigen? (**Hinweis**: Da Sie skeptisch sind, formulieren Sie genau das Gegenteil als Ausgangshypothese und deuten diese als nicht haltbar, wenn sie aus statistischer Sicht verworfen werden muss.)
- Welches Testverfahren verwenden Sie zur Prüfung der in Rede stehenden Hypothesen? Warum?
- An welche Bedingungen ist das von Ihnen gewählte Verfahren gebunden? Können diese im konkreten Fall als hinreichend genau erfüllt angesehen werden?

b) Wie viele der befragten Berliner müssten unter den genannten Bedingungen mindestens im Trend der Zeit liegen, damit aus statistischer Sicht der Ruf einer Vorreiterrolle gerechtfertigt erscheint?

c) Konstruieren und interpretieren Sie anhand des Stichprobenbefundes ein realisiertes 0,95-Konfidenzintervall über den unbekannten Anteil Berliner Autokäufer, die (offensichtlich) die Farbe Blau präferieren.

d) Sie wollen unter Ausnutzung der Vorinformationen Ihre Anteilsschätzung mit einer Genauigkeitsspannweite von maximal einem Prozentpunkt bewerkstelligen. Wie viele Autokäufer müssten Sie demnach zufällig auswählen und befragen? An welche Bedingung ist eine Abschätzung des Stichprobenumfangs gebunden? ♦

Aufgabe 3-36*

Ein Wirtschaftsprüfer wird durch ein mittelständisches Unternehmen mit der Jahresabschlussprüfung beauftragt. Da im Verlauf des vergangenen Geschäftsjahres 8000 Debitorenrechnungen erstellt wurden, entschließt sich der Wirtschaftsprüfer im Prüfungssegment Belegprüfung für einen Auswahlsatz von 3 % zufällig auszuwählender Ausgangsrechnungen, die er hinsichtlich der Einhaltung des jeweils gesetzlich vorgeschriebenen Mehrwertsteuersatzes prüft.

Aus seiner langjährigen Berufspraxis weiß er, dass eine Fehlerquote bis zu 5 % kein beunruhigendes Indiz ist. Wird diese Fehlerquote allerdings wesentlich überschritten, dann wird eine zeit- und kostenaufwendigere Gesamtprüfung aller Debitorenrechnungen erforderlich.

Die Prüfung der zufällig ausgewählten Debitorenrechnungen ergab, dass bei 16 von ihnen ein falscher Mehrwertsteuersatz zugrunde lag, worauf sich der Wirtschaftsprüfer aus Erfahrung zu einer Gesamtprüfung entschließt.

a) Wie würden Sie sich mit Ihren Kenntnissen der Induktiven Statistik bei Unterstellung einer Irrtumswahrscheinlichkeit von 0,05 entscheiden?
- Formulieren und begründen Sie für Ihre Testentscheidung geeignete Hypothesen.
- Welches Testverfahren verwenden Sie dabei als Entscheidungshilfe?

- An welche Bedingungen ist das von Ihnen gewählte Verfahren gebunden? Können sie im konkreten Fall als erfüllt angesehen werden?
b) Wieviel fehlerhafte Debitorenrechnungen dürften unter den genannten Bedingungen höchstens unter den zufällig ausgewählten Rechnungen sein, damit aus statistischer Sicht eine Gesamtprüfung nicht erforderlich wird?
c) Konstruieren Sie anhand der Stichprobenbefunde ein realisiertes 95 %-Konfidenzintervall über den unbekannten Anteil fehlerhafter Debitorenrechnungen in der Grundgesamtheit.
d) Einmal angenommen, Sie praktizieren bei diesem Wirtschaftsprüfer und werden mit der zufälligen Auswahl der Debitorenrechnungen beauftragt. Da jede Rechnung eine Rechnungsnummer besitzt, entschließen Sie sich für eine Zufallsauswahl ohne Zurücklegen mit Hilfe k-stelliger Zufallszahlen aus einer Tafel zehnstelliger, gleichverteilter Zufallszahlen.
- Aus wie vielen Ziffern müssen die für die Zufallsauswahl verwendeten Zufallszahlen bestehen?
- Welche Besonderheiten gibt es bei der Auswahl zu berücksichtigen? ♦

Aufgabe 3-37*

Unter der Überschrift „Für Schwarzfahrer wird es eng" berichtete der Berliner Tagesspiegel in seiner Ausgabe vom 28. Oktober 1995 über den Kampf der Berliner Verkehrsgesellschaft BVG gegen die Schwarzfahrer.

Es wird berichtet, dass bei stichprobenartigen Kontrollen auf den Linien „rund um den Bahnhof Zoo" innerhalb von vier Stunden 60 von 500 kontrollierten Fahrgästen „aus den U-Bahnen und Bussen gefischt wurden", die keinen gültigen Fahrausweis besaßen.

a) Fassen Sie den Kontrollbefund als das Ergebnis einer einfachen Zufallsstichprobe auf. Kann man bei Unterstellung eines Signifikanzniveaus von 0,01 davon sprechen, dass auf den Linien rund um den Bahnhof Zoo die Schwarzfahrerquote signifikant höher ist, als die Schwarzfahrerquote im Gesamtnetz der BVG, die von BVG-Experten auf 3 % geschätzt wird?
- Formulieren Sie dem Sachverhalt entsprechende Hypothesen. (**Hinweis**: Formulieren Sie genau das Gegenteil der eingangs aufgestellten Behauptung als Ausgangshypothese.)
- Welches Testverfahren verwenden Sie zur Prüfung der in Rede stehenden Hypothesen? Warum?
- An welche Bedingungen ist das von Ihnen gewählte Verfahren gebunden? Können diese im konkreten Fall als erfüllt angesehen werden?
b) Konstruieren Sie anhand des Stichprobenbefundes ein realisiertes 95%-Konfidenzintervall über die unbekannte Schwarzfahrerquote auf den Linien rund um den Bahnhof Zoo.

c) Wie viele Fahrgäste müssten unter den gegebenen Bedingungen zufällig kontrolliert werden, wenn auf einem Konfidenzniveau von 0,9 eine Schätzung der wahren (jedoch unbekannten) Schwarzfahrerquote auf den Linien „rund um den Bahnhof Zoologischer Garten" mit einer Genauigkeitsspannweite von maximal einem Prozentpunkt bewerkstelligt werden soll? ♦

Aufgabe 3-38*

Der *Berliner Mietspiegel 1998* weist für Mietwohnungen der Wohnflächenkategorie *mittelgroß* in überwiegend einfacher Wohnlage einen ortsüblichen Richtpreis von 10,35 DM je m² Wohnfläche aus. Das Ergebnis einer einfachen Zufallsstichprobe von mittelgroßen Weddinger Mietwohnungen in überwiegend einfacher Wohnlage ist in der folgenden Tabelle zusammengefasst:

Erhebungsmerkmal	n	Mittelwert	Standardabweichung
Quadratmeterpreis (DM/m²)	93	10,63	2,09

a) Benennen Sie konkret: den Merkmalsträger, die Grundgesamtheit, die Stichprobe, das Erhebungsmerkmal und seine Skalierung.
b) Interpretieren Sie die Stichprobenergebnisse statistisch und sachlogisch.
c) Erläutern Sie kurz das Prinzip einer einfachen Zufallsstichprobe.
d) Formulieren Sie unter Verwendung der Stichprobenergebnisse eine vollständig spezifizierte Verteilungshypothese, die folgende Semantik besitzt: *Die Quadratmeterpreise im Marktsegment mittelgroßer Weddinger Mietwohnungen in überwiegend einfacher Wohnlage sind Realisationen einer normalverteilten Zufallsvariable.*
e) Geben Sie unter der Verteilungshypothese aus d) die Wahrscheinlichkeit dafür an, dass eine zufällig ausgewählte mittelgroße Weddinger Mietwohnung in überwiegend einfacher Wohnlage einen Quadratmeterpreis von mindestens 10 DM/m² besitzt.
f) Die rechnergestützte Auswertung des Stichprobenbefundes liefert im Zuge eines vollständig spezifizierten KOLMOGOROV-SMIRNOV-Anpassungstests auf eine Normalverteilung eine K-S-Statistik von k = 0,08.

Kann man bei Annahme eines Signifikanzniveaus von 0,05 die Quadratmeterpreise der zufällig ausgewählten Weddinger Mietwohnungen als Realisationen einer normalverteilten Zufallsvariable ansehen? Begründen Sie kurz Ihre Entscheidung. *Hinweis*: Das Quantil der K-S-Verteilung beträgt $k_{0,95}$ = 1,36.
g) Prüfen Sie mit Hilfe eines geeigneten Verfahrens auf einem Signifikanzniveau von 0,05 die folgende Hypothese: „Der durchschnittliche Quadratmeterpreis im Marktsegment mittelgroßer Weddinger Mietwohnungen in überwiegend einfacher Wohnlage ist in seinem Niveau gleich dem Mietspiegel-Richtpreis für das Jahr 1998." Benennen Sie das applizierte Verfahren und interpretieren Sie Ihr Ergebnis statistisch und sachlogisch.

h) Bewerkstelligen Sie auf der Grundlage des Stichprobenbefundes eine Intervallschätzung für den unbekannten durchschnittlichen Quadratmeterpreis im Marktsegment mittelgroßer Weddinger Mietwohnungen in überwiegend einfacher Wohnlage. Unterstellen Sie dabei ein Konfidenzniveau von 0,95.

i) Bewerten Sie die folgende Aussage: „Das Testen der Homogenitätshypothese aus g) ist äquivalent mit der Überprüfung, ob der Mietspiegel-Richtpreis durch das realisierte 95%-Konfidenzintervall aus h) überdeckt wird." ♦

Aufgabe 3-39*

Die Festlegung der Gewichtskategorien S, M, L und XL für Hühnereier seitens der Verbraucherzentrale basiert auf der Annahme (Norm), dass das Gewicht von Hühnereiern N(63 g; 5 g)-verteilt ist.

Es wurden voneinander unabhängig zwei Packungen zu je einem Dutzend Hühnereier gekauft und vor dem Verbrauch deren Gewicht statistisch erfasst. Die Datenanalyse ergab, dass

- das Durchschnittsgewicht des ersten Dutzend Hühnereier um zwei Gramm unter und das Durchschnittsgewicht für das zweite Dutzend um drei Gramm über dem Normgewicht lag, das seitens der Verbraucherzentrale für die Festlegung von Gewichtskategorien zugrundegelegt wird und
- die Standardabweichungen der Gewichte in beiden Dutzend Hühnereier jeweils um ein Gramm unter der Normvorgabe seitens der Verbraucherzentrale lagen.

a) Man prüfe auf einem Signifikanzniveau von 0,05 mit Hilfe eines geeigneten Verfahrens für jedes Dutzend getrennt die folgende Hypothese: „Das Durchschnittsgewicht eines zufällig herausgegriffenen Dutzend Hühnereier entspricht dem durch die Verbraucherzentrale festgelegten Normwert."

b) Man teste auf einem Signifikanzniveau von 0,05 mit Hilfe geeigneter Verfahrens die folgende Hypothese: „Die voneinander unabhängig ausgewählten zwei Dutzend Hühnereier stammen aus zwei Grundgesamtheiten von Hühnereiern, die bezüglich ihres Gewichts mit gleichen Verteilungsparametern normalverteilt sind." ♦

Aufgabe 3-40*

Um zu prüfen, ob in Berlin für die Mietpreise (Angaben in DM/m²) von 2-Zimmer-Wohnungen und von 3-Zimmer-Wohnungen ein gleiches durchschnittliches Niveau existiert, wurden aus der Berliner Morgenpost vom 25. Mai 1995 zufällig jeweils 25 Wohnungsangebote für den jeweiligen Wohnungstyp ausgewählt und die angezeigten Mietpreise statistisch analysiert.

Die Auswertung der Stichprobenbefunde zeigte, dass der durchschnittliche Mietpreis für 2-Zimmer-Wohnungen um 1,11 DM/m² über dem der 3-Zimmer-

Mietwohnungen lag und die Mietpreisvarianz der 2-Zimmer-Wohnungen mit 4,36 [DM/m²]² 1,3 mal größer war als die Mietpreisvarianz der 3-Zimmer-Wohnungen. Aus früheren Untersuchungen ist bekannt, dass die Mietpreise in ausreichender Näherung als normalverteilt angesehen werden können.

a) Welches statistische Verfahren ist zur Lösung des in Rede stehenden Sachverhalts geeignet? An welche theoretischen Bedingungen ist eine sinnvolle praktische Anwendung dieses Verfahrens gebunden? Können diese Bedingungen im konkreten Fall als erfüllt angesehen werden?

b) Formulieren und prüfen Sie dem Sachverhalt entsprechende Hypothesen bei Annahme einer Irrtumswahrscheinlichkeit von 0,05?

c) Welche Entscheidung hätte man unter gleichen Bedingungen bezüglich der Ausgangshypothese $\mu_{2\text{-Zimmer}} \leq \mu_{3\text{-Zimmer}}$ getroffen? Welche Form der Hypothesenprüfung läge hier vor? Was bedeutet die so formulierte Hypothese sachlogisch. Wie lautet die dazugehörige Gegenhypothese?

d) Der Stichprobenmittelwert der Mietpreise der 2-Zimmer-Wohnungen liegt bei 19,12 DM/m². Realisieren und interpretieren Sie eine Intervallschätzung für den durchschnittlichen Mietpreis der Berliner 2-Zimmer-Wohnungen auf einem Konfidenzniveau von mindestens 95 %. ♦

Aufgabe 3-41

Im Januar 2002 wurden in Berlin Bananenpreise erhoben. Es sei X der Preis für ein Kilogramm Bananen in einem Supermarkt und Y der Preis für ein Kilogramm Bananen auf einem Wochenmarkt. Dabei wird unterstellt, dass X und Y wenigstens näherungsweise normalverteilte Zufallsvariablen sind.

Ein Kunde, der bisher Bananen im Supermarkt kaufte, möchte zum Signifikanzniveau 0,01 prüfen, ob er seine Bananen lieber auf dem Wochenmarkt kaufen sollte. Alleiniges Kriterium soll hierbei der Bananenpreis sein.

a) Stellen Sie eine dem betreffenden Sachverhalt entsprechende Hypothese und eine Gegenhypothese auf und gehen Sie davon aus, dass 18 Supermärkte und 14 Wochenmärkte zufällig und unabhängig ausgewählt wurden und dort jeweils der Preis für ein Kilogramm Bananen statistisch erhoben wurde.

b) Es ergab sich für die 18 Supermärkte ein Durchschnittspreis von 1,25 €/kg bei einer Stichprobenstandardabweichung von 0,25 €/kg und für die 14 Wochenmärkte ein Durchschnittspreis von 1,05 €/kg bei einer Stichprobenstandardabweichung von ebenfalls 0,25 €/kg.
  - Welches Testverfahren ist zur Lösung des Problems geeignet?
  - Wie entscheidet sich der Kunde?

c) Wie fällt die Entscheidung des Kunden aufgrund der unter a) angeführten Stichprobe aus, wenn er für seinen Test ein Signifikanzniveau von 0,1 zugrunde legt? ♦

Aufgabe 3-42
Zum Vergleich des spezifischen Gewichtes von Kiefern- und Fichtenholz eines Bestandes entnimmt man 15 Proben von Kiefernholz und 17 Proben von Fichtenholz. Nach Lufttrocknung auf etwa 15 % Restfeuchtigkeit erhält man ein mittleres spezifisches Gewicht von 0,535 g/cm³ für das Kiefernholz und von 0,525 g/cm³ für das Fichtenholz bei einer geschätzten Standardabweichung von 0,072 g/cm³ für das Kiefernholz und von 0,051 g/cm³ für das Fichtenholz. Zur Lösung der folgenden Aufgaben soll davon ausgegangen werden, dass das spezifische Gewicht für beide Holzarten näherungsweise normalverteilt ist mit gleicher Varianz.
a) Berechnen Sie ein realisiertes Konfidenzintervalls zum Konfidenzniveau 0,95 für das mittlere spezifische Gewicht von Kiefernholz.
b) Testen Sie auf einem Signifikanzniveau von 0,05, ob das mittlere spezifische Gewicht von beiden Holzarten im Bestand als gleich angesehen werden kann.
c) Erläutern Sie hinsichtlich Ihrer Testentscheidung, welche der beiden beim Test statistischer Hypothesen prinzipiell möglichen Fehlerarten auftreten können. ♦

Aufgabe 3-43
300 zufällig aus der Berliner Bevölkerung ausgewählte berufstätige Personen wurden danach befragt, ob sie einen Fernsehapparat mit Kabelanschluss haben. Außerdem sollten sie ihre durchschnittliche tägliche Fernsehdauer an Wochentagen angeben. 168 der befragten Personen haben Fernsehapparate mit Kabelanschluss, 116 der befragten Personen haben zwar einen Fernsehapparat, aber keinen Kabelanschluss.

Die durchschnittliche wochentägliche Fernsehzeit der befragten Fernsehbesitzer mit Kabelanschluss beträgt 1,42 Stunden bei einer empirischen Standardabweichung von 0,75 Stunden. Die durchschnittliche wochentägliche Fernsehzeit der befragten Fernseherbesitzer ohne Kabelanschluss beträgt 1,38 Stunden bei einer empirischen Standardabweichung von 0,73 Stunden.

Prüfen Sie, ob durch diese Befragungsergebnisse statistisch gesichert davon ausgegangen werden kann, dass an Wochentagen berufstätige Besitzer eines Fernsehgerätes mit Kabelanschluss im Mittel mehr fernsehen als berufstätige Besitzer eines Fernsehgerätes ohne Kabelanschluss. Gehen Sie dabei davon aus, dass das untersuchte Merkmal für beide Teilgesamtheiten wenigstens näherungsweise normalverteilt ist und dass Varianzhomogenität vorliegt.
a) Stellen Sie eine geeignete Nullhypothese und Gegenhypothese zur Untersuchung der interessierenden Fragestellung auf.
b) Führen Sie einen geeigneten Test zum Signifikanzniveau 0,01 durch und interpretieren Sie Ihre Testentscheidung. ♦

Aufgabe 3-44*
Eine Studentin der Betriebswirtschaftslehre analysierte in ihrer Diplomarbeit u.a. den Quadratmeterpreis P (Angaben in DM/m², Basis monatliche Kaltmiete für das IV. Quartal 1995) für **B**erliner und **H**amburger 2-Zimmer-Mietwohnungen in vergleichbarer Wohnlage. Für zufällig und unabhängig ausgewählte 70 Berliner und 85 Hamburger Mietwohnungen ergab die Preisanalyse das folgende Bild: $P_B \sim N(16{,}46 \text{ DM/m}^2; 3{,}57 \text{ DM/m}^2)$ und $P_H \sim N(18{,}67 \text{ DM/m}^2; 3{,}80 \text{ DM/m}^2)$.
a) Erläutern Sie am konkreten Sachverhalt die Begriffe: Merkmalsträger, Stichprobe, Grundgesamtheit, Identifikationsmerkmal, Erhebungsmerkmal, Skala.
b) Interpretieren Sie die Ergebnisse der Preisanalyse sachlogisch und statistisch.
c) Geben Sie die Wahrscheinlichkeit dafür an, dass sich der Quadratmeterpreis für eine zufällig ausgewählte Hamburger 2-Zimmer-Mietwohnung mindestens auf 17 DM/m², aber höchstens auf 20 DM/m² beläuft.
d) Kann man aufgrund der Stichprobenbefunde davon ausgehen, dass die durchschnittlichen Quadratmeterpreise für 2-Zimmer-Mietwohnungen in Berlin und in Hamburg signifikant voneinander verschieden sind?
- Welches statistische Verfahren ist zur Lösung des in Rede stehenden Sachverhalts geeignet?
- An welche theoretischen Bedingungen ist eine sinnvolle praktische Anwendung dieses Verfahrens gebunden?
- Können diese Bedingungen im konkreten Fall in ausreichender Näherung als erfüllt angesehen werden? (**Hinweis**: Zwei nützliche Quantile der F-Verteilung: $F_{0{,}975;84;69} = 1{,}582$ und $F_{0{,}975;69;84} = 1{,}566$)
- Formulieren Sie dem zu prüfenden Sachverhalt entsprechende Hypothesen und deuten Sie diese sachlogisch. Welche Form der Hypothesenprüfung liegt hier vor?
- Zu welcher Testentscheidung gelangen Sie bei Annahme einer Irrtumswahrscheinlichkeit von 0,05?
e) Geben Sie eine realisierte Intervallschätzung für den durchschnittlichen Quadratmeterpreis aller Hamburger 2-Zimmer-Mietwohnungen auf einem Konfidenzniveau von 0,95 an. Interpretieren Sie das realisierte Schätzintervall sachlogisch und statistisch. ♦

Aufgabe 3-45*
Auf der Grundlage einer systematischen Zufallsstichprobe wurden unabhängig voneinander aus der Zeitschrift *Zweite Hand* (Berliner Ausgabe, Januar 1997) insgesamt 116 Gebrauchtwagenannoncen bezüglich der PKW Typen *Audi* und *Ford* ausgewählt, wobei 48 Annoncen auf Gebrauchtwagen vom Typ *Audi* entfielen. Von Interesse war die jahresdurchschnittliche Fahrleistung (in 1000 km je Altersjahr) eines Gebrauchtwagens.

a) Aufgrund der Stichprobenbefunde gibt es keinen Anlass, an der Annahme, dass die beobachteten jahresdurchschnittlichen Fahrleistungen des jeweiligen Gebrauchtwagentyps aus normalverteilten Grundgesamtheiten stammen, zu zweifeln. Mit Hilfe welcher statistischer Verfahren ist man in der Lage, eine solche Aussage zu treffen? Beschreiben Sie kurz die beiden Grundgesamtheiten.

b) Die Mittelwertanalyse erbrachte die folgenden Ergebnisse:

Typ	arithmetisches Mittel	Standardfehler des arithmetischen Mittels
Audi	12,52	0,65
Ford	9,88	0,54

- Konstruieren Sie für jeden Gebrauchtwagentyp ein realisiertes 95%-Konfidenzintervall für die mittlere jahresdurchschnittliche Fahrleistung.
- Kann man anhand der Stichprobenbefunde davon ausgehen, dass in beiden Grundgesamtheiten bezüglich der jahresdurchschnittlichen Fahrleistungen gleiche Streuungsverhältnisse existieren? Skizzieren und begründen Sie Ihre Entscheidung.
- Testen Sie auf einem Signifikanzniveau von 0,01 den beobachteten Mittelwertunterschied in den jahresdurchschnittlichen Fahrleistungen der Gebrauchtwagentypen auf Signifikanz.

c) Erklären Sie am praktischen Sachverhalt kurz das Verfahren einer systematischen Zufallsauswahl. ♦

Aufgabe 3-46*

Die folgenden Aufgabenstellungen basieren auf den Ergebnissen einer Marktforschungsstudie, die im II. Quartal 2000 auf dem Flughafen Berlin-Tegel durchgeführt wurde (vgl. Aufgabe 1-31 und Aufgabe 1-32).

Für einen Taxifahrer, der einen Fluggast zum Flughafen fährt, ist die Differenz aus dem gezahlten Betrag und den Fahrtkosten laut Taxameter stets „Trinkgeld". Die tageszeitspezifischen Stichprobenergebnisse, die auf einem systematischen Auswahlverfahren basieren, sind hinsichtlich der von Fluggästen gewährten Trinkgelder in der folgenden Tabelle zusammengefasst:

	morgens	mittags	nachmittags	abends
Stichprobenumfang	41 Fluggäste	41 Fluggäste	41 Fluggäste	41 Fluggäste
Stichprobenmittel	6,25 DM	4,08 DM	4,56 DM	5,86 DM
Stichprobenstreuung	2,09 DM	1,89 DM	2,00 DM	2,02 DM

Zudem ergab die statistische Analyse, dass die Trinkgelder jeweils als Realisationen einer normalverteilten Zufallsvariable aufgefasst werden können.

a) Erläutern Sie am konkreten Sachverhalt kurz das Grundprinzip einer systematischen Zufallsauswahl.

b) Benennen Sie ein statistisches Verfahren, mit dessen Hilfe die eingangs formulierten Verteilungsaussagen überprüft werden können.

c) Prüfen Sie auf einem Signifikanzniveau von 0,05 mit Hilfe eines geeigneten Verfahrens die folgende Homogenitätshypothese: „In der Grundgesamtheit der Fluggäste, die mittags bzw. nachmittags mit einem Taxi zum Flughafen Berlin-Tegel fahren, sind die tageszeitspezifischen Varianzen der gewährten Trinkgelder gleich."
- Welches statistische Verfahren ist für die Überprüfung der Homogenitätshypothese geeignet?
- An welche Bedingungen ist eine sinnvolle Anwendung des Prüfverfahrens gebunden? Können die Bedingungen als erfüllt angesehen werden?
- Zu welchem Prüfergebnis gelangen Sie? Warum?
- Auf welcher theoretischen Verteilung basiert das Prüfverfahren? Nennen Sie zwei charakteristische Eigenschaften ihrer Dichtefunktion.

d) Prüfen Sie auf einem Signifikanzniveau von 0,02 mit Hilfe eines geeigneten Verfahrens die folgende Homogenitätshypothese: „In der Grundgesamtheit der Fluggäste, die mittags bzw. nachmittags mit einem Taxi zum Flughafen Berlin-Tegel fahren, sind die tageszeitspezifisch gewährten durchschnittlichen Trinkgelder gleich."
- Welches statistische Verfahren ist für die Überprüfung der Homogenitätshypothese geeignet?
- Welche Form der statistischen Hypothesenprüfung liegt hier vor?
- An welche Bedingungen ist eine sinnvolle Anwendung des Prüfverfahrens gebunden? Können die Bedingungen als erfüllt angesehen werden?
- Zu welchem Prüfergebnis gelangen Sie?
- Auf welcher theoretischen Verteilung basiert das Prüfverfahren? Nennen Sie zwei charakteristische Eigenschaften ihrer Dichtefunktion.

e) Bewerkstelligen und interpretieren Sie auf einem Konfidenzniveau von 0,99 eine Intervallschätzung für das durchschnittlich gewährte Trinkgeld in der Grundgesamtheit aller Fluggäste, die nachmittags mit einem Taxi zum Flughafen Berlin-Tegel fahren. ♦

Aufgabe 3-47

Unter Verwendung der Stichprobenbefunde aus der Aufgabe 3-46 prüfe man jeweils auf einem Signifikanzniveau von 0,05 mit Hilfe eines geeigneten statistischen Verfahrens

a) den Unterschied in den Stichprobenvarianzen der Trinkgelder, die morgens bzw. mittags von Fluggästen gewährt wurden, auf Signifikanz.

b) die folgende Nullhypothese: „In der Grundgesamtheit der Fluggäste, die morgens bzw. mittags mit einem Taxi zum Flughafen Berlin-Tegel fahren, fallen die mittags gewährten Trinkgelder im Durchschnitt gleich oder höher aus als die Trinkgelder, die im Durchschnitt morgens gewährt werden." Interpretieren Sie das Testergebnis statistisch und sachlogisch.

c) Welche Form der statistischen Hypothesenprüfung liegt der Aufgabe b) zugrunde? Wie lautet die zur formulierten Nullhypothese gehörende Alternativhypothese?

d) Bewerkstelligen und interpretieren Sie auf einem Konfidenzniveau von 0,95 eine Intervallschätzung für das durchschnittlich gewährte Trinkgeld in der Grundgesamtheit aller Fluggäste, die abends mit einem Taxi zum Flughafen Berlin-Tegel fahren. ♦

Aufgabe 3-48

Auf Grund langjähriger Erfahrungen mit seinen Patienten vermutet ein Psychotherapeut, dass der Anteil männlicher Personen, die unter Schlafstörungen leiden, größer ist als der entsprechende Anteil weiblicher Personen.

Mit Hilfe eines geeigneten Signifikanztests will er diese Vermutung auf einem Signifikanzniveau von 0,01 statistisch gesichert wissen. Zu diesem Zweck wählte er 250 erwachsene männliche und 300 erwachsene weibliche Einwohner seiner Heimatstadt zufällig und unabhängig aus und führte eine entsprechende Befragung durch. Dabei gaben 112 Männer und 108 Frauen an, unter Schlafstörungen zu leiden.

a) Formulieren Sie eine geeignete Nullhypothese.
b) Führen Sie den entsprechenden Signifikanztest durch. Auf welche Grundgesamtheiten bezieht sich das Ergebnis? ♦

Aufgabe 3-49*

Um zu prüfen, ob es einen signifikanten geschlechtsspezifischen Unterschied im Umfang der absolvierten Fahrübungen von Berliner Fahrschülern zu verzeichnen gibt, wurden aus einer großen Anzahl von Berliner Fahrschülern zufällig und unabhängig voneinander 117 weibliche und 83 männliche Fahrschüler ausgewählt und die von ihnen insgesamt absolvierten Fahrstunden statistisch erfasst.

Die Auswertung der Stichprobenbefunde erbrachte die folgenden Ergebnisse: Während 85 % der weiblichen Fahrschüler einen Fahrstundenbedarf von mehr als 30 Stunden hatten, waren es bei den männlichen Fahrschülern 66 %.

a) Welches statistische Verfahren ist zur Lösung des in Rede stehenden Sachverhalts geeignet? An welche theoretischen Bedingungen ist eine sinnvolle praktische Anwendung dieses Verfahrens gebunden? Können diese Bedingungen im konkreten Fall in ausreichender Näherung als erfüllt angesehen werden?

b) Formulieren Sie dem zu prüfenden Sachverhalt entsprechende Hypothesen und deuten Sie diese statistisch und sachlogisch. Welche Form der Hypothesenprüfung liegt hier vor? Zu welcher Testentscheidung gelangen Sie bei Annahme einer Irrtumswahrscheinlichkeit von 0,05?

c) Geben Sie auf einem Konfidenzniveau von 0,95 jeweils das realisierte Konfidenzintervall für den Anteil der weiblichen bzw. der männlichen Fahrschüler an, die einen Fahrstundenbedarf von mehr als 30 Stunden haben. Interpretieren Sie das jeweilige realisierte Schätzintervall sachlogisch und statistisch.

d) Wie groß müsste man den Stichprobenumfang mindestens festlegen, wenn das jeweilige Konfidenzintervall höchstens einen Prozentpunkt breit sein soll? ♦

Aufgabe 3-50*

Die folgenden Aufgabenstellungen basieren auf den Ergebnissen einer Marktforschungsstudie, die im III. Quartal 1999 an einer Mitropa-Autobahn-Raststätte durchgeführt wurde. Dabei wurden zufällig und unabhängig voneinander Kunden ausgewählt und auf der Grundlage eines standardisierten Fragebogens interviewt, der unter anderem Fragen zur Verweildauer in der Raststätte (Angaben in Minuten), zu den Ausgaben für Speisen (Angaben in DM) und zum Reisegrund (mögliche Antworten: Privat- oder Geschäftsreisender) zum Gegenstand hatte.

Die Analyse der Verweildauer der am ersten Tag zufällig ausgewählten und befragten Kunden ergab das folgende Bild: Während die 24 Privatreisenden im Durchschnitt 40 Minuten in der Raststätte verweilten, belief sich die durchschnittliche Verweildauer der 16 Geschäftsreisenden auf eine halbe Stunde, wobei die Standardabweichung der beobachteten Verweildauern der Privatreisenden bei 9 Minuten und der Geschäftsreisenden bei 8 Minuten lag. Zudem ergab die Analyse, dass die reisegrundspezifischen Verweildauern jeweils als Realisationen einer normalverteilten Zufallsvariable aufgefasst werden können.

a) Erläutern Sie am konkreten Sachverhalt kurz die Begriffe: Merkmalsträger, Grundgesamtheit, systematische Zufallsauswahl, Identifikationsmerkmale, Erhebungsmerkmale, Skalierung der Erhebungsmerkmale.

b) Benennen Sie ein statistisches Verfahren, mit dessen Hilfe man die eingangs formulierte Verteilungsaussage überprüfen kann.

c) Prüfen Sie jeweils auf einem Signifikanzniveau von 0,02 mit Hilfe eines geeigneten Verfahrens die folgenden Homogenitätshypothesen: „In der besagten Mitropa-Autobahn-Raststätte sind i) die reisegrundspezifischen Varianzen der Verweildauer von Kunden und ii) die reisegrundspezifischen Mittelwerte der Verweildauer von Kunden gleich."

• Welches Verfahren ist für die Überprüfung der jeweiligen Homogenitätshypothese geeignet?

• Charakterisieren Sie die formulierten Homogenitätshypothesen. Welche Form der statistischen Hypothesenprüfung liegt jeweils vor?

- Benennen Sie die Bedingungen, die an eine sinnvolle Applikation der Verfahren gebunden sind. Können Sie zumindest als erfüllt angesehen werden? Begründen Sie kurz Ihre Aussagen.

    Hinweis: Für die Hypothesenprüfungen sind die folgenden Schwellenwerte nützlich: $t_{0,99,38} = 2{,}43$, $F_{0,99,23,15} = 3{,}31$, $F_{0,99,15,23} = 2{,}93$.

d) Bewerkstelligen Sie auf einem Konfidenzniveau von 0,99 eine Intervallschätzung über die unbekannte durchschnittliche Verweildauer in der Grundgesamtheit aller Geschäftsreisenden in der besagten Mitropa-Autobahn-Raststätte.

e) Von den insgesamt 1000 zufällig ausgewählten und befragten Kunden gaben drei Viertel aller Kunden an, mit dem Preis-Leistungsverhältnis in der besagten Mitropa-Autobahn-Raststätte zufrieden zu sein.

- Bewerkstelligen Sie auf einem Konfidenzniveau von 0,99 eine Intervallschätzung über den unbekannten Anteil aller mit dem Preis-Leistungsverhältnis zufriedenen Kunden in der besagten Mitropa-Autobahn-Raststätte.
- An welche Bedingungen ist die statistische Hochrechnung des Anteils zufriedener Kunden gebunden? Können diese Bedingungen im konkreten Fall als erfüllt angesehen werden? ♦

Aufgabe 3-51*

Bei einer Befragung von Besuchern eines großen schwedischen Nationalparks wurde unter anderem die Frage gestellt, ob die Anreise zum Nationalpark mit öffentlichen Verkehrsmitteln (Bahn, Bus, Flugzeug) oder mit dem privaten PKW erfolgte. Wegen der großen Entfernung vermutete man, dass der Anteil ausländischer Besucher, die öffentliche Verkehrsmittel benutzen, größer ist als der entsprechende Anteil einheimischer Besucher.

Bei der Umfrage wurden 207 ausländische und 625 einheimische Besucher erfasst. Dabei gaben 118 ausländische und 325 einheimische Besucher an, mit öffentlichen Verkehrsmitteln angereist zu sein.

a) Ist durch dieses Befragungsergebnis statistisch gesichert, dass der Anteil ausländischer Besucher, die öffentliche Verkehrsmittel benutzen, größer ist als der entsprechende Anteil einheimischer Besucher? Führen Sie den Test zum Signifikanzniveau 0,05 durch. Prüfen Sie dabei die Testvoraussetzungen und interpretieren Sie Ihr Ergebnis.

b) Geben Sie eine geeignete Null- und Alternativhypothese an. Erläutern Sie die dabei gegebenenfalls benutzten Symbole. ♦

Aufgabe 3-52*

Im Wintersemester 1998 wurde im Rahmen eines Projektseminars von Studierenden der Spezialisierung Marktforschung an der FHTW Berlin eine Untersuchung zur Bekanntheit des Einkaufscenters „Bärenschaufenster-Center am Tierpark" durchgeführt. Von 450 im Einzugsgebiet des Einkaufscenters zufällig ausgewählten und interviewten Passanten nannten ungestützt (also ohne Antwortvorgaben) 255 Passanten das „Bärenschaufenster-Center am Tierpark" als ein ihnen bekanntes Einkaufscenter. Im Sommersemester 2001 wurde die Untersuchung wiederholt. Von den 420 zufällig ausgewählten und befragten Passanten gaben diesmal 265 Passanten an, das in Rede stehende Einkaufscenter zu kennen.

a) Geben Sie für Jahre 1998 und 2001 jeweils einen Punktschätzwert für den ungestützten Bekanntheitsgrad des Einkaufcenters an.
b) Testen Sie auf einem Signifikanzniveau von 0,01, ob sich der ungestützte Bekanntheitsgrad im Jahre 2001 gegenüber 1998 signifikant erhöht hat.
   Hinweis: Gehen Sie in folgenden Schritten vor: i) Geben Sie die Nullhypothese und die Gegenhypothese an. Definieren Sie hierbei auch die von Ihnen verwendeten Symbole. ii) Wählen Sie ein geeignetes Testverfahren aus und begründen Sie Ihre Wahl. iii) Führen Sie den Test durch und interpretieren Sie das Testergebnis statistisch und sachlogisch.
c) Ermitteln Sie ein realisiertes Schätzintervall für den ungestützten Bekanntheitsgrad im Jahre 2001 auf einem Vertrauensniveau von 0,95.
d) Wie viele Passanten hätten von den Studierenden im Sommersemester 2001 befragt werden müssen, wenn bei einem Konfidenzniveau von 0,95 die Intervallbreite des Schätzintervalls für den ungestützten Bekanntheitsgrad nur 2 Prozentpunkte betragen soll? Verwenden Sie die Ergebnisse der 98-er Untersuchung als Vorinformation.
e) Angenommen, der Umfang der Grundgesamtheit beträgt 100.000 Personen. Ergäben sich dann aus dem von Ihnen unter d) ermittelten Stichprobenumfang Konsequenzen für die Ermittlung des Bekanntheitsgrad-Schätzintervalls? ♦

Aufgabe 3-53

Für die Städte des Landes Brandenburg ist der Zusammenhang zwischen der relativen Kaufkraft (Angaben in Prozent, Basis gleich 100: durchschnittliche Kaufkraft in Deutschland) und der Entfernung zum Stadtrand Berlins (Angaben in km) zu untersuchen. In Auswertung der von 25 zufällig ausgewählten Städten des Landes Brandenburg erhobenen Daten ergaben sich für die Stichprobenvarianzen und die Stichprobenkovarianz folgende Werte:

Merkmal(e)	Stichprobenvarianz
Relative Kaufkraft	95,66
Entfernung	1393,75
	Stichprobenkovarianz
Relative Kaufkraft und Entfernung	-270,93

Testen Sie auf einem vorgegebenen Signifikanzniveau von 0,01, ob zwischen der relativen Kaufkraft und der Entfernung zum Stadtrand Berlins ein signifikanter gegenläufiger linearer statistischer Zusammenhang besteht. Formulieren Sie die Nullhypothese und die Gegenhypothese, ermitteln Sie den Wert der Prüfgröße, geben Sie den kritischen Wert (auch Schwellenwert genannt) an und treffen Sie Ihre Testentscheidung. ♦

Aufgabe 3-54
Fassen Sie die Urlistendaten aus der Aufgabe 1-71 als eine realisierte einfache Zufallsstichprobe auf und testen Sie auf einem Signifikanzniveau von 0,05 die folgende Nullhypothese: „Im Marktsegment von vergleichbaren Berliner Zwei-Zimmer-Mietwohnungen besitzt die Wohnfläche (Angaben in m²) keinen Einfluss auf die monatliche Kaltmiete (Angaben in €)."
a) Benennen Sie ein zur Prüfung der eingangs formulierten Hypothese geeignetes statistisches Testverfahren.
b) Zu welchem Testergebnis gelangen Sie? Interpretieren Sie das Testergebnis aus statistischer und aus sachlogischer Sicht. ♦

Aufgabe 3-55
Fassen Sie die (graphisch aufbereiteten) Daten im Kontext der Aufgabe 1-70 als eine Realisierung einer einfachen Zufallsstichprobe auf und testen Sie auf einem Signifikanzniveau von 0,05 die folgende Nullhypothese: „Im Marktsegment von gebrauchten PKW vom Typ VW Golf, Benziner, ist das Alter (Angaben in Monaten) kein wesentlicher Faktor zur Bestimmung des Zeitwertes (Angaben in 1000 DM)."
a) Benennen Sie ein zur Prüfung der eingangs formulierten Hypothese geeignetes statistisches Testverfahren.
b) Zu welchem Testergebnis gelangen Sie, wenn Sie die folgenden Zwischenergebnisse in das Kalkül Ihrer Berechnungen einfließen lassen?
- Stichprobenumfang: 311 Personenkraftwagen vom Typ VW Golf
- Stichprobenstandardabweichung der Alterangaben: 20,88 Monate
- Stichprobenresidualvarianz: 6,056 [1000 DM]²
- Stichprobenregressionskoeffizient: -0,266 [1000 DM/Monat].

Interpretieren Sie das Testergebnis statistisch und sachlogisch. ♦

Aufgabe 3-56*
Die Eintrittskarten für ein Sonderkonzert wurden an den Kassen K1, K2, K3, K4 und K5 vertrieben. Vor Beginn des Verkaufs erhielt jede Kasse die gleiche Anzahl von Karten. In der Pause des Konzertes wird eine Umfrage unter 120 zufällig ausgewählten Besuchern durchgeführt. Dabei wird u.a. die Frage gestellt, an

welcher Kasse der jeweilige Besucher seine Eintrittskarte erworben hat. Die Auswertung zeigt folgendes Resultat:

Erwerb an Kasse	K1	K2	K3	K4	K5
Anzahl der Besucher	30	15	26	17	32

a) Testen Sie mit Hilfe eines geeigneten statistischen Verfahrens zu einem Signifikanzniveau von 0,05, ob dieses Ergebnis gegen die Annahme spricht, dass die Zahl der insgesamt verkauften Karten gleichmäßig auf die Kassen K1, K2, K3, K4 und K5 verteilt ist.

b) Formulieren Sie für den unter a) praktizierten Test die Nullhypothese, geben Sie den Wert der Testgröße und die Testentscheidung an und interpretieren Ihr Ergebnis sowohl aus statistischer als auch aus sachlogischer Sicht. ♦

Aufgabe 3-57*

In der ersten Woche des Wintersemesters 2001/2002 gingen im Dekanat des Fachbereichs Wirtschaftswissenschaften der FHTW Berlin insgesamt 95 Postsendungen ein. Die Verteilung der eingegangenen Postsendungen auf die fünf Arbeitstage ist in der folgenden Tabelle dargestellt:

Arbeitstag	Anzahl eingegangener Postsendungen
Montag	23
Dienstag	15
Mittwoch	25
Donnerstag	17
Freitag	15

a) Testen Sie mit Hilfe eines geeigneten Verfahrens auf einem Signifikanzniveau von 0,025 die folgende Nullhypothese: „Die im Verlaufe einer Arbeitswoche im Dekanat eingehenden Postsendungen sind auf die fünf Arbeitstage gleichverteilt." Interpretieren Sie Ihr Ergebnis sachlogisch und statistisch.

b) Stellen Sie die empirische und die unter der Nullhypothese zu erwartende Verteilung gemeinsam in einem Diagramm graphisch dar. Begründen Sie Ihre Diagrammwahl. ♦

Aufgabe 3-58

Von einem Versicherungsunternehmen wurde für das Wirtschaftsjahr 2001 die folgende (umseitig aufgelistete) Verteilung der Anzahl X der Schäden je Risiko in einer Haftpflichtversicherung registriert.

Es soll auf einem vorab vereinbarten Signifikanzniveau von 0,05 untersucht werden, ob angenommen werden kann, dass die Zufallsvariable X einer POISSON-Verteilung genügt.

Anzahl k der Schäden	Anzahl der Risiken mit genau k Schäden
0	51208
1	8105
2	642
3	45
4 oder mehr	0

a) Geben Sie ein geeignetes Testverfahren an. Formulieren Sie die Nullhypothese in Form eines Satzes.
b) Führen Sie den entsprechenden Test durch. Achten Sie dabei auf eine korrekte Formulierung des Ergebnisses. ♦

Aufgabe 3-59
Der leitende Mitarbeiter der Marketingabteilung einer Berliner Tageszeitung vermutet, dass der Anteil der Berliner, die nur manchmal eine Tageszeitung lesen, genau so hoch ist, wie der Anteil der Berliner, die regelmäßige Tageszeitungsleser sind. Zudem mutmaßt er, dass 14 % aller Berliner keine Tageszeitung lesen. Um diese Vermutung anhand einer statistischen Untersuchung zu prüfen, wurden 300 Berliner zufällig und voneinander unabhängig ausgewählt und befragt. Von diesen Personen lesen 42 keine, 144 manchmal und 114 regelmäßig eine Tageszeitung.

Muss die Vermutung des leitenden Mitarbeiters bei einem Test zum Signifikanzniveau 0,05 verworfen werden? Benennen Sie einen geeigneten Test, führen Sie diesen durch, erläutern Sie die Testvoraussetzungen, geben Sie den Wert der Testgröße an und interpretieren Sie Ihre Testentscheidung. ♦

Aufgabe 3-60*
Eine Studentin der Betriebswirtschaftslehre jobbt in den Abendstunden als Kellnerin in einem Berliner Bierlokal. Bei ihren Abrechnungen stellt sie mit Erstaunen fest, dass eine größere Anzahl A von alkoholfreien Getränken auf einer Rechnung ein vergleichsweise seltenes Ereignis ist, da jeweils ihre absolute Häufigkeit n(A) klein ist. Zur Überprüfung dieses Phänomens entschließt sie sich, aus der großen Menge der im Verlaufe einer Woche beglichenen Rechnungen eine einfache Zufallsstichprobe zu ziehen und diese statistisch auszuwerten. Einige Auswertungsergebnisse sind in der nebenstehenden Tabelle zusammengefasst:

a) Stellen Sie mit Hilfe eines geeigneten Diagramms die empirische Häufigkeitsverteilung graphisch dar.

A	n(A)	A·n(A)	$n^e(A)$
0	325	0	
1	128	128	
2	21	42	25,73
3	3	9	3,46
4	2	8	0,34
5	1	5	0,05
Σ	480	192	480

b) Berechnen Sie das Stichprobenmittel und die Stichprobenvarianz. Interpretieren Sie beide Werte statistisch und sachlogisch. Benennen und geben Sie jeweils die applizierte Berechungsvorschrift an. Zu welcher Aussage gelangen Sie aus dem Vergleich der beiden empirischen Verteilungsparameter?

c) Testen Sie mit Hilfe eines geeigneten Verfahrens auf einem Signifikanzniveau von 0,05 die folgende Verteilungshypothese: „Die Anzahl A alkoholfreier Getränke auf einer Rechnung des in Rede stehenden Berliner Bierlokals ist poissonverteilt".

Hinweise: In der beigefügten Tabelle kennzeichnet $n^e(A)$ die unter der Verteilungshypothese theoretisch zu erwartende absolute Häufigkeit der entsprechenden Anzahl A von alkoholfreien Getränken auf einer Rechnung. Verwenden Sie als Schätzwert für den unbekannten Verteilungsparameter des vermuteten Verteilungsmodells den Wert des Stichprobenmittels aus der Aufgabe b). ◆

Aufgabe 3-61*

Das nebenstehende Balkendiagramm skizziert die empirische Häufigkeitsverteilung der diskreten Zufallsvariablen X: *Anzahl der (Tipp-, inhaltlichen, orthographischen bzw. grammatischen) Fehler je Manuskriptseite* von insgesamt 250 Manuskriptseiten für die Erstfassung der vorliegenden dritten Auflage des Lehrbuchs „Klausurtraining Statistik".

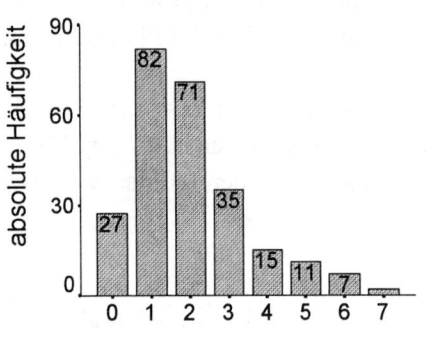

Da eine „größere" Anzahl von Fehlern auf einer Manuskriptseite ein vergleichsweise seltenes Ereignis darstellt, interessiert die Frage, ob im gegebenen Fall die empirisch beobachtete Häufigkeitsverteilung der Fehleranzahl je Manuskriptseite durch eine POISSON-Verteilung beschrieben werden kann.

a) Prüfen Sie unter Verwendung eines geeigneten Testverfahrens auf einem Signifikanzniveau von 0,05 die in Rede stehende (unvollständig spezifizierte) Verteilungshypothese. (**Hinweis**: Fassen Sie alle unter der Verteilungshypothese theoretisch zu erwartenden absoluten Fehlerhäufigkeiten solange zusammen, bis die Approximationsbedingung erfüllt ist, wonach die theoretisch zu erwartenden absoluten Häufigkeiten größer als fünf sein sollen.)

b) Bestimmen Sie für den Verteilungsparameter des vermuteten Verteilungsmodells einen geeigneten Schätzwert, interpretieren Sie ihn statistisch und sachlogisch und geben Sie die Vorschrift seiner Berechnung an. ◆

Aufgabe 3-62*

Die folgende Abbildung zeigt die Häufigkeitsverteilung für 310 Verkehrsunfälle mit leichten Personenschäden, die im Ergebnis einer einfachen Zufallsstichprobe aus allen im Jahre 1995 in Mecklenburg-Vorpommern erfassten Verkehrsunfällen mit leichten Personenschäden ausgewählt wurden.

a) Erläutern Sie am konkreten Sachverhalt die Begriffe: Merkmalsträger, Stichprobe, Stichprobenumfang, Grundgesamtheit, Identifikationsmerkmal, Erhebungsmerkmal, Skalierung.

b) Welche Form der grafischen Darstellung wurde hier gewählt? Warum? Deuten Sie die erste Komponente des Diagramms sachlogisch.

c) Offensichtlich lässt sich im konkreten Fall eine größere Anzahl geschädigter Personen bei einem Verkehrsunfall als ein vergleichsweise seltenes Ereignis deuten.

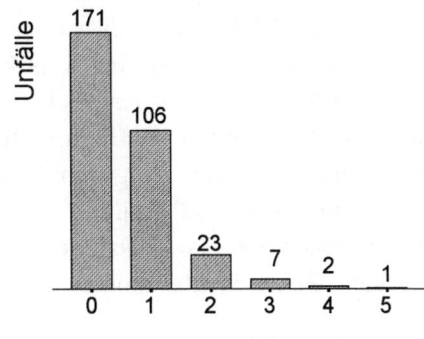

- Welches theoretische Verteilungsmodell kann zur Beschreibung des beobachteten Verkehrsunfallgeschehens herangezogen werden?
- Formulieren Sie eine entsprechende Verteilungshypothese und prüfen Sie diese mit Hilfe eines geeigneten statistischen Testverfahrens auf einem Signifikanzniveau von 0,05.
- Geben Sie für die Parameter des von Ihnen vermuteten theoretischen Verteilungsmodells geeignete Schätzwerte an, skizzieren Sie ihre Berechnung und interpretieren Sie diese sachlogisch. ♦

Aufgabe 3-63

In einer Waschmittelfirma wurden 1000 zufällig und unabhängig ausgewählte Waschpulverpakete mit einem Sollgewicht von 3 kg pro Paket nachgewogen. Die aufbereiteten Werte sind in der nebenstehenden Tabelle dargestellt.

Ist die Annahme berechtigt, dass das Gewicht der Waschpulverpakete dieser Firma normalverteilt ist mit einem Durchschnittsgewicht von 3 kg und einer Standardabweichung von 0,1 kg?

Gewicht in kg	Paketanzahl
bis unter 2,8	33
von 2,8 bis unter 2,9	146
von 2,9 bis unter 3,0	341
von 3,0 bis unter 3,1	341
von 3,1 bis unter 3,2	126
3,2 oder mehr	13

a) Wie heißt das untersuchte statistische Merkmal?
b) Welchen Test wenden Sie an?

c) Stellen Sie eine geeignete statistische Hypothese auf.
d) Führen Sie den Test auf einem Signifikanzniveau von 0,1 durch und interpretieren Sie das Testergebnis statistisch und sachlogisch. ♦

Aufgabe 3-64

Für weiterführende statistische Analysen soll geprüft werden, ob das Alter von Notfallpatienten in Berlin normalverteilt ist. Dazu wurden aus den Notfallpatienten des Jahres 1996 zufällig und unabhängig 726 Patienten ausgewählt. Diese ausgewählten Patienten waren im Durchschnitt 39 Jahre alt bei einer empirischen Standardabweichung von 21 Jahren. Von den ausgewählten Patienten waren 83 jünger als 20 Jahre und 129 waren 60 Jahre oder älter. 329 Patienten waren 20 Jahre alt oder älter, aber jünger als 40.

Kann man aufgrund der Stichprobenbefunde davon ausgehen, dass das Alter der Notfallpatienten in Berlin im Jahre 1996 normalverteilt ist?
a) Wählen Sie einen geeigneten Test aus und führen Sie ihn auf einem Signifikanzniveau von 0,05 durch.
b) Benennen Sie das applizierte Testverfahren und begründen Sie seine Anwendung. Geben Sie das untersuchte Merkmal und die Grundgesamtheit an. ♦

Aufgabe 3-65

Das Liefergewicht eines Zweipersonenzeltes beträgt nach Angabe des Herstellers 2,5 kg. Im Rahmen von Fertigungstoleranzen können Abweichungen vom angegebenen Gewicht auftreten. Beim Nachwiegen von 90 zufällig ausgewählten Zelten ergab sich ein Durchschnittsgewicht von 2,5 kg bei einer empirischen Standardabweichung von 0,1 kg. Eine Klasseneinteilung der ermittelten Zeltgewichte lieferte folgende Häufigkeitsverteilung:

Klassennummer	Gewicht X in kg	beobachtete Häufigkeit
1	$X \leq 2{,}40$	15
2	$2{,}40 < X \leq 2{,}45$	13
3	$2{,}45 < X \leq 2{,}50$	15
4	$2{,}50 < X \leq 2{,}55$	19
5	$2{,}55 < X \leq 2{,}60$	11
6	$X > 2{,}60$	17

Es soll zum vorab vereinbarten Signifikanzniveau von 0,1 untersucht werden, ob X als normalverteilt angesehen werden kann.
a) Geben Sie ein geeignetes Testverfahren an und formulieren Sie die Nullhypothese in Form eines Satzes.
b) Führen Sie den entsprechenden Test durch. Achten Sie dabei auf eine korrekte Formulierung des Ergebnisses. ♦

Aufgabe 3-66*

Im neuen Automobilwerk Eisenach wird das Modell *Opel Corsa* gefertigt. Wegen begrenzter Lagerkapazität erfolgt die Zulieferung von Motoren nach dem Just-in-time-Konzept mittels Spezial-LKW via Straße. Dabei sind zufallsbedingte Abweichungen von den technologisch determinierten Ankunftszeiten unvermeidbar. Für die mathematische Modellierung von möglichen Produktionsstörfaktoren ist unter anderem die Verteilung von Ankunftszeitabweichungen von großem Interesse. Aus diesem Grunde hat man die Zeitabweichungen (Angaben in Stunden) von 411 LKW-Lieferungen statistisch ausgewertet. Einige Auswertungsergebnisse sind in der umseitig gegebenen Tabelle zusammengefasst.

Ist die Annahme berechtigt, dass die Lieferzeitabweichungen der Spezial-LKW als $N(\mu, \sigma)$-verteilt angesehen werden können? Analysieren Sie diesen Sachverhalt unter Verwendung der angeführten Tabelle.

Zeitabweichungen (in Stunden)	Lieferungen b(eobachtet)	Lieferungen e(rwartet)
über -3,5 bis -2,5	4	5,06
über -2,5 bis -1,5	28	31,73
über -1,5 bis -0,5	101	
über -0,5 bis 0,5	154	
über 0,5 bis 1,5	84	
über 1,5 bis 2,5	35	
über 2,5 bis 3,5	5	
insgesamt	411	411,00

a) Benennen, charakterisieren und bezeichnen Sie die interessierende Zufallsvariable. Formulieren Sie dem konkreten Sachverhalt entsprechende Hypothesen über die Zufallsvariable.

b) Welchen Wert verwenden Sie für den unbekannten Verteilungsparameter μ des vermuteten theoretischen Verteilungsmodells? Bestimmen Sie ohne Berechnungen diesen Wert aus sachlogischen Überlegungen.

c) Wählen und benennen Sie ein geeignetes statistisches Verfahren, mit dessen Hilfe Sie auf einem Signifikanzniveau von 0,05 prüfen können, ob das erwähnte theoretische Verteilungsmodell auf die statistisch beobachtete (empirische) Verteilung der Lieferzeitabweichungen passt. (**Anmerkung**: Aus dem Stichprobenbefund wurde eine Standardabweichung der Lieferzeitabweichungen von 1,12 Stunden geschätzt.) ♦

Aufgabe 3-67

Die Landkreise der Bundesrepublik Deutschland sollen hinsichtlich der jährlichen Anzahl der Straßenverkehrsunfälle pro 1000 Personen der Bevölkerung

(Unfalldichte) analysiert werden. Aus der Auswertung einer einfachen Zufallsstichprobe vom Umfang 100 Landkreise stehen Ihnen folgende Ergebnisse zur Verfügung:
- Stichprobenmittelwert der Unfalldichte: 7,0,
- Wert der Stichprobenstandardabweichung der Unfalldichte: 1,0 und
- eine Häufigkeitstabelle, die zudem die Häufigkeitsverteilung der zufällig ausgewählten Landkreise, klassiert nach der Unfalldichte, beinhaltet:

Nummer	Klassen- Untergrenze	Obergrenze	Häufigkeit, absolut
1		bis 5,5	10
2	über 5,5	bis 6,5	28
3	über 6,5	bis 7,5	39
4	über 7,5	bis 8,5	15
5	über 8,5		8

In Vorbereitung weiterer statistischer Analysen soll überprüft werden, ob die Unfalldichte als eine normalverteilte Zufallsvariable aufgefasst werden kann. Gehen Sie in folgenden Schritten vor:
a) Geben Sie die Nullhypothese an. Definieren Sie hierbei auch die von Ihnen verwendeten Symbole.
b) Wählen Sie ein geeignetes Testverfahren aus und begründen Sie Ihre Auswahl.
c) Führen Sie den Test auf einem Signifikanzniveau von 0,05 durch und interpretieren Sie Ihr Ergebnis statistisch und sachlogisch. ♦

Aufgabe 3-68

Die Schadenhöhe X (Angaben in 1000 €) eines Einzelschadens in der Nicht-Lebensversicherung soll durch eine PARETO-Verteilung beschrieben werden. Die Wahrscheinlichkeitsdichte f und die Verteilungsfunktion F der PARETO-Verteilung, die zu Ehren des italienischen Statistikers und Nationalökonomen Vilfred PARETO (1848-1923) so benannt ist, sind wie folgt definiert:

$$f(x) = \begin{cases} 0 & \text{für } x \leq b \\ \dfrac{\alpha \cdot b^{\alpha}}{x^{\alpha+1}} & \text{für } x > b \end{cases} \quad \text{und} \quad F(x) = \begin{cases} 0 & \text{für } x \leq b \\ 1-(b/x)^{\alpha} & \text{für } x > b. \end{cases}$$

a) Wie ist der Parameter b zu wählen, wenn Einzelschäden bis einschließlich 1000 € nicht von der Versicherung übernommen werden?
b) Gegeben sei die Realisierung $(x_1, x_2, ..., x_n)$ einer einfachen Zufallsstichprobe aus der zu X gehörigen Grundgesamtheit. Bestimmen Sie einen Schätzwert für den Parameter α mit Hilfe der Maximum-Likelihood-Methode.

c) Aus den bisher eingetretenen Schadensfällen wurden 40 zufällig und unabhängig ausgewählt. Die dabei aufgetretenen Schadenhöhen sind in der folgenden geordneten Urliste enthalten (Angaben in 1000 €):

1,01	1,02	1,04	1,06	1,08	1,09	1,12	1,15	1,17	1,20
1,22	1,24	1,27	1,32	1.36	1,40	1,43	1,49	1,54	1,60
1,66	1,72	1,75	1,79	1,88	1,97	2,02	2,15	2,32	2,49
2,60	2,80	3,16	3,51	4,01	4,75	5,70	7,50	9,80	11,62

Testen Sie auf einem Signifikanzniveau von 0,1 mit Hilfe des Chi-Quadrat-Anpassungstests, ob dieses Ergebnis gegen die Anwendung einer PARETO-Verteilung zur Beschreibung von X spricht. Verwenden Sie dabei die in der nebenstehenden Tabelle definierten Klassen. ♦

Klasse	Schadenhöhe X in 1000 €
1	$1{,}00 < X \leq 1{,}10$
2	$1{,}10 < X \leq 1{,}25$
3	$1{,}25 < X \leq 1{,}45$
4	$1{,}45 < X \leq 1{,}75$
5	$1{,}75 < X \leq 2{,}50$
6	$2{,}50 < X \leq 4{,}00$
7	$4{,}00 \leq X$

Aufgabe 3-69

Eine Firma bezieht Schaltkreise eines bestimmten Typs. Der Hersteller gibt für diese Schaltkreise eine konstante Ausfallrate von $2 \cdot 10^{-4}$ h^{-1} an. Trifft die Angabe des Herstellers zu, so wäre die Lebensdauer T eines zufällig ausgewählten Schaltkreises exponentialverteilt mit dem Parameter $\lambda = 2 \cdot 10^{-4}$ h^{-1}.

Längere Erfahrungen bei der Nutzung haben zu Zweifeln an der Konstanz der Ausfallrate und damit auch am Vorliegen der angegebenen Exponentialverteilung für die Lebensdauer T geführt. Zur empirischen Prüfung dieser Vermutung wurden aus einer größeren Lieferung fünf Schaltkreise zufällig ausgewählt und bis zum Ausfall betrieben. Man erhielt folgende Ergebnisse:

Nr. des Schaltkreises:	1	2	3	4	5
Lebensdauer in Stunden (h)	4141	6092	3289	5501	2401

a) Angenommen, die Angabe des Herstellers trifft zu. Wie groß wäre dann die mittlere Lebensdauer der Schaltkreise?
b) Stellen Sie die hypothetische Verteilungsfunktion und die aus den obigen Resultaten ermittelte empirische Verteilungsfunktion der Lebensdauer in einem Koordinatensystem graphisch dar.
c) Bestimmen Sie die kleinste obere Schranke (Supremum) des Betrages der Differenz der Funktionswerte der hypothetischen und der empirischen Verteilungsfunktion.
d) Testen Sie mit Hilfe des KOLMOGOROV-SMIRNOV-Tests auf einem Signifikanzniveau von 0,1, ob die Ergebnisse der empirischen Lebensdauerprüfung gegen die Angabe des Herstellers sprechen. ♦

Aufgabe 3-70*

Das Ergebnis einer systematischen Zufallsauswahl (aus einer großen Anzahl im II. Quartal 1999 annoncierter) mittelgroßer Berliner Mietwohnungen in Treptow und in Mitte überwiegend einfacher Wohnlage ist hinsichtlich des Erhebungsmerkmals Quadratmeterpreis (Angaben in DM monatliche Kaltmiete je Quadratmeter Wohnfläche) in der folgenden Tabelle zusammengefasst:

Stadtbezirk	Anzahl	Mittelwert	Standardabweichung	Maximaldifferenz
Mitte	52	16,42	3,06	0,093
Treptow	55	10,63	2,77	0,170

a) Erläutern Sie am konkreten Sachverhalt die Begriffe: Merkmalsträger, Grundgesamtheit, Stichprobe, Gruppierungsmerkmal, Erhebungsmerkmal, Skala.
b) Interpretieren Sie die in der Tabelle ausgewiesenen Ergebnisse sachlogisch.
c) Erläutern Sie kurz das Prinzip einer systematischen Zufallsauswahl.
d) Formulieren Sie unter Verwendung der Stichprobenergebnisse jeweils eine vollständig spezifizierte Verteilungshypothese, die folgende Semantik besitzt: „Die Quadratmeterpreise im Marktsegment mittelgroßer Mietwohnungen in überwiegend einfacher Wohnlage sind im jeweiligen Berliner Stadtbezirk normalverteilt."
e) Die statistische Auswertung des jeweiligen Stichprobenbefundes lieferte den in der Tabelle ausgewiesenen (dimensionslosen) Absolutwert der Maximaldifferenz zwischen den Werten der unter der Normalverteilungshypothese theoretisch erwarteten Verteilungsfunktion und der empirisch beobachteten Verteilungsfunktion. Prüfen Sie jeweils auf einem Signifikanzniveau von 0,1 mit Hilfe des KOLMOGOROV-SMIRNOV-Anpassungstests die unter Aufgabe d) formulierte (vollständig spezifizierte) Verteilungshypothese.
f) Geben Sie unter der vollständig spezifizierten Verteilungshypothese aus der Aufgabe d) die Wahrscheinlichkeit dafür an, dass eine zufällig ausgewählte mittelgroße Mietwohnung in überwiegend einfacher Wohnlage in Berlin-Mitte einen Quadratmeterpreis von mindestens 20 DM/m² besitzt.
g) Bewerkstelligen Sie auf der Grundlage des Stichprobenbefundes für Berlin-Mitte eine Intervallschätzung für den unbekannten durchschnittlichen Quadratmeterpreis im Marktsegment mittelgroßer Mietwohnungen in überwiegend einfacher Wohnlage. Unterstellen Sie dabei ein Konfidenzniveau von 0,95. ♦

Aufgabe 3-71*

Die statistische Analyse von Wohnungsannoncen, die im Sommersemester 1995 in zwei Berliner Tageszeitungen veröffentlicht wurden, ergab unter anderem das folgende Bild: Während 401 zufällig und voneinander unabhängig aus der Berliner Morgenpost ausgewählte Wohnungsannoncen sich auf 376 Wohnungen be-

zogen, die im Westteil Berlins liegen, lagen 369 von 414 zufällig und unabhängig voneinander ausgewählten und in der Berliner Zeitung annoncierten Wohnungen im Ostteil Berlins.
a) Benennen Sie am konkreten Sachverhalt: den Merkmalsträger, die Grundgesamtheit, die Stichprobe und deren Umfang, die Identifikations- und die Erhebungsmerkmale sowie die verwendeten Skalen.
b) Erstellen Sie für den in Rede stehenden Sachverhalt eine Kontingenztabelle.
c) Messen Sie mit Hilfe einer geeigneten Maßzahl die Stärke der statistischen Kontingenz zwischen der Ortslage einer Wohnung und der annoncierenden Zeitung. Interpretieren Sie Ihr Ergebnis statistisch und sachlogisch.
d) Prüfen Sie mit Hilfe eines geeigneten Testverfahrens auf einem Signifikanzniveau von 0,01 die Nullhypothese: „In Berlin ist die für Wohnungsangebote bevorzugte Zeitung unabhängig vom Stadtteil." ♦

Aufgabe 3-72
Fassen Sie die Befragungsergebnisse aus der Aufgabe 1-81 als das Ergebnis einer einfachen Zufallsstichprobe auf, formulieren Sie eine geeignete Ausgangs- und Gegenhypothese, prüfen Sie diese mit Hilfe des Chi-Quadrat- Unabhängigkeitstests auf einem Signifikanzniveau von 0,05 und interpretieren Sie Ihr Testergebnis statistisch und sachlogisch. ♦

Aufgabe 3-73
Die in der Aufgabe 1-82 reflektierte Befragung basierte auf einer systematischen Zufallsauswahl.
a) Erläutern Sie das Prinzip einer systematischen Zufallsauswahl.
b) Prüfen Sie mit Hilfe eines geeigneten Testverfahrens auf einem Signifikanzniveau von 0,01 die Nullhypothese: „Eine Nebenjobtätigkeit ist unabhängig von der finanziellen Situation eines Studenten." Deuten Sie Ihr Testergebnis statistisch und sachlogisch. ♦

Aufgabe 3-74
Die in der Aufgabe 1-85 gegebene Kontingenztabelle basiert auf einer geschichteten Zufallsauswahl.
a) Erläutern Sie kurz das Grundprinzip einer geschichteten Zufallsauswahl.
b) Prüfen Sie auf einem Signifikanzniveau von 0,01 die Nullhypothese: „Wohnort und benutztes Nahverkehrsmittel von Nutzern des Berliner Öffentlichen Personennahverkehrs sind voneinander unabhängig."
c) Wie viele der befragten Fahrgäste des Berliner Öffentlichen Personennahverkehrs müssten unter der Unabhängigkeitshypothese im Ostteil Berlins wohnen und (meistens) mit der U-Bahn fahren? ♦

Aufgabe 3-75
Für die zu erstellende Kontingenztabelle im Kontext der Aufgabe 2-45* berechnet man ein PEARSON'S Chi-Quadrat von 86,1. Prüfen Sie mit Hilfe eines geeigneten und zu benennenden Verfahrens auf einem Signifikanzniveau von 0,05 die folgende Nullhypothese: „In der Grundgesamtheit aller Fluggäste des Flughafens Berlin-Tegel ist das benutzte Verkehrsmittel zur Anreise zum Flughafen unabhängig vom Reisegrund."
a) Zu welcher Entscheidung gelangen Sie? Warum?
b) Wie viele Fluggäste, die mit dem Bus zum Flughafen fahren und geschäftlich unterwegs sind, müssten bei Gültigkeit der Unabhängigkeitshypothese beobachtet worden sein?
c) Messen Sie mit Hilfe des Kontingenzmaßes V nach CRAMÉR die Stärke der statistischen Kontingenz zwischen den in Rede stehenden Erhebungsmerkmalen. Interpretieren Sie Ihr Ergebnis statistisch und sachlogisch. ♦

Aufgabe 3-76
Eine im Wintersemester 1994/95 durchgeführte Befragung von n = 200 zufällig ausgewählten Studierenden der FHTW Berlin im Grundstudium lieferte bezüglich der Erhebungsmerkmale *Nebenjob* und *Anzahl zu wiederholender Prüfungen* das in der umseitig dargestellten Kontingenztabelle zusammengefasste Ergebnis.

Nebenjob	Wiederholungsprüfung(en)			gesamt
	keine	eine	zwei oder mehr	
kein	27	12	10	49
manchmal	37	21	22	80
ständig	11	20	40	71
gesamt	75	53	72	200

a) Testen Sie mit Hilfe eines geeigneten statistischen Verfahrens auf einem Signifikanzniveau von 0,05 die Nullhypothese: „Nebenjob und Prüfungswiederholungen sind stochastisch voneinander unabhängig."
b) Interpretieren Sie das Testergebnis aus der Aufgabe a) sowohl aus statistisch-methodischer und als auch aus sachlogischer Sicht. ♦

Aufgabe 3-77
Eine Supermarktkette setzt in der Kundenwerbung Postkarten mit bestimmten Motiven ein. Zur Ermittlung der Wirksamkeit dieser Werbung wurde in Berlin eine Kundenbefragung durchgeführt. Der Fragebogen enthielt unter anderem die folgenden Fragen:
- Sprechen Sie die Postkarten an?
- In welcher Stadthälfte befindet sich die Filiale?

Frage	Merkmal	Ausprägung	Kodierung
Postkarten sprechen an ...	X	nein	0
		ja	1
Filiale ist gelegen in ...	Z	West-Berlin	1
		Ost-Berlin	2

Aus der Aufbereitung der Befragungsergebnisse steht Ihnen folgende zweistufige Häufigkeitstabelle zur Verfügung:

Ausprägung von Z	Ausprägung von X	absolute Häufigkeit
1	0	69
1	1	67
2	0	28
2	1	43

Von Interesse ist eine Antwort auf die Frage: Ist die Akzeptanz (bzw. Nichtakzeptanz) der Postkartenmotive durch die Kunden unabhängig davon, ob man Kunde in West- oder Ost-Berlin ist?
a) Erstellen Sie zur Überprüfung der genannten Sachverhalte die entsprechende Kontingenztabelle und interpretieren Sie die Randverteilungen.
b) Berechnen Sie eine geeignete Maßzahl zur Messung der Stärke der Kontingenz zwischen Akzeptanz und Ortslage. Bewerten Sie Ihr Analyseergebnis.
c) Formulieren Sie für den interessierenden Sachverhalt die entsprechende Unabhängigkeitshypothese.
d) Fassen Sie die Befragungsergebnisse als das Resultat einer einfachen Zufallsstichprobe auf und testen Sie eingangs formulierte Hypothese mit Hilfe eines geeigneten Testverfahrens auf einem Signifikanzniveau von 0,1.
e) Wie müsste die Kontingenztabelle bezüglich ihrer absoluten Häufigkeiten besetzt sein, wenn die in Rede stehenden Merkmale stochastisch voneinander unabhängig sind? ♦

Aufgabe 3-78
Fassen Sie die statistischen Angaben im Kontext der Aufgabe 1-83 als das Ergebnis einer einfachen Zufallsstichprobe auf und testen Sie mit Hilfe eines geeigneten statistischen Verfahrens auf einem Signifikanzniveau von 0,05 die folgende Nullhypothese: „Die Geschlechtszugehörigkeit des Antragstellers und die Geschlechtszugehörigkeit des älteren Ehepartners stehen bei Ehescheidungen in keinerlei Beziehung zueinander."
a) Welches Verfahren applizieren Sie? Warum?
b) Interpretieren Sie Ihr Testergebnis sowohl aus statistisch-methodischer als auch aus sachlogischer Sicht. ♦

Aufgabe 3-79*

Studenten der Bankbetriebswirtschaftslehre wählten im Wintersemester 1998/99 aus Berliner Tageszeitungen 766 Heiratsannoncen aus. Fassen Sie diese Auswahl als das Ergebnis einer einfachen Zufallsstichprobe auf.

Die statistische Analyse der ausgewählten Annoncen ergab unter anderem das folgende Bild: Während 292 Partnersuchende das Reisen als Hobby angaben (Ereignis R), nannten 341 Partnersuchende die Kultur als ihr Hobby (Ereignis K). 346 Partnersuchende gaben an, weder an der Kultur noch am Reisen ein Interesse zu haben.

a) Benennen Sie am konkreten Sachverhalt den Merkmalsträger, die Grundgesamtheit, die Stichprobe, die Identifikations- und Erhebungsmerkmale sowie die Skalierung der Erhebungsmerkmale.
b) Erstellen Sie eine Kontingenztabelle.
c) Geben Sie unter Verwendung des Stichprobenbefundes die folgenden Wahrscheinlichkeiten an:
   - $P(K)$
   - $P(R)$
   - $P(K \cap R)$
   - $P(K \mid R)$.

   Beschreiben Sie kurz das zugehörige Zufallsexperiment und benennen Sie die applizierte Wahrscheinlichkeitsdefinition.
d) Gelten für die unter c) berechneten Wahrscheinlichkeiten die folgenden Rechenregeln?
   - $P(K \cap R) = P(K) \cdot P(R)$
   - $P(K \cap R) = P(K \mid R) \cdot P(R)$.

   Wie heißen die Rechenregeln?
e) Für die Kontingenztabelle aus b) berechnet man ein PEARSON's Chi-Quadrat von 76. Messen und interpretieren Sie mit Hilfe eines geeigneten Kontingenzmaßes die Stärke der statistischen Kontingenz zwischen dem Kultur- und dem Reiseinteresse bei Partnersuchenden.
f) Prüfen Sie mit Hilfe eines geeigneten Testverfahrens auf einem Signifikanzniveau von 0,01 die folgende Nullhypothese: „Bei Partnersuchenden ist das Interesse für die Kultur stochastisch unabhängig vom Interesse für das Reisen." Interpretieren Sie das Testergebnis statistisch und sachlogisch. In welchem logischen Zusammenhang steht das Testergebnis mit den Ergebnisse der Aufgabenstellung d)?
g) Wie viele Partnersuchende, die sowohl die Kultur als auch das Reisen nicht zu ihren Hobbys zählen, müssten bei Gültigkeit der Unabhängigkeitshypothese aus f) statistisch beobachtet worden sein? ♦

1

Lösungen
Deskriptive Statistik

Nummerierung. Die Nummerierung der angebotenen Lösungen koinzidiert mit den auf den Seiten 2 bis 56 angebotenen Aufgabenstellungen zur Deskriptiven Statistik.

Klausuraufgaben. Lösungen zu den angebotenen Klausuraufgaben sind mit einem * gekennzeichnet.

Symbole. Die Semantik der Symbole, die für die Darstellung der Lösungen verwendet wurden, ist im alphabetisch geordneten Symbolverzeichnis dargestellt. Das Symbolverzeichnis befindet sich im Anhang auf den Seiten 250 ff. ♦

Lösung 1-1

a) Problemstellung *Kontobuchungen* und *-umsätze*: Merkmalsträger: Konto; Gesamtheit: Menge aller Konten; Abgrenzung: Giro-Konto (sachlich), Berliner Sparkasse (örtlich), September 1997 (zeitlich); Problemstellung *Bevölkerungstand* und *-struktur*: Merkmalsträger: Person; Gesamtheit: Menge aller Personen; Abgrenzung: Person (sachlich), wohnhaft in Deutschland (örtlich) in den Jahren 1990 bzw. 1995 (zeitlich); Problemstellung *Bruttoeinkommen*: Merkmalsträger: privater Haushalt; Gesamtheit: Menge aller privaten Haushalte; Abgrenzung: Beamtenhaushalt (sachlich), Deutschland (örtlich), 1996 (zeitlich)

b) Problemstellung *Kontobuchungen* und *-umsätze*: Erhebungsmerkmal, Skala: Anzahl der Buchungen, absolut skaliert; Umsatz, verhältnisskaliert; Problemstellung *Bevölkerungsstand* und *-struktur*: Erhebungsmerkmal, Skala: Alter, verhältnisskaliert; Familienstand, Geschlecht, Beruf, Nationalität, Religionszugehörigkeit, jeweils nominal skaliert; Problemstellung *Bruttoeinkommen*: Erhebungsmerkmal, Skala: Jahresbruttoeinkommen, verhältnisskaliert

c) häufbar: Beruf; nicht häufbar: Geschlecht; mittelbar erfassbar: Intelligenz; unmittelbar erfassbar: Familienstand; diskret: Anzahl der Buchungen auf einem Konto; stetig: Alter; dichotom: Geschlecht; qualitativ: Nationalität; quantitativ: Umsatz

d) Masse: Menge aller Giro-Konten; Bestandsmasse: Bevölkerung; Bewegungsmasse: Kontoumsätze; korrespondierende Massen: natürliche Bevölkerungsbewegung, resultierend aus Geburten und Sterbefällen ♦

Lösung 1-2

a) nominal skaliert: 4., 5., 6., 8., 15., 17., 28., 29., 42., 44., 46.; ordinal skaliert: 3., 10., 13., 16., 18., 19., 25., 27., 31., 32., 34., 35., 36., 37.; intervallskaliert: 21., 22., 48; verhältnisskaliert: 1., 2., 7., 11., 12., 14., 23., 24., 26., 33., 39., 40., 41., 43., 45., 47.; absolut skaliert: 9., 20., 30., 38., 49., 50.

b) häufbar: 5., 34., 46.

c) diskret: 7., 9., 14. (z.B. Stückzahlen), 20., 23., 24., 30., 38., 40., 49., 50; stetig: 1., 2., 11., 12., 14. (z.B. Gewichts-, Längen-, Flächen- oder Volumenangaben), 22., 26., 33., 39., 41., 43., 45., 47., 48.

d) dichotom: 4., 6.

e) qualitativ: 3., 4., 5., 6., 8., 10., 13., 15., 16., 17., 18., 19., 25., 27., 28., 29., 31., 32., 34., 35., 36., 37., 42., 44., 46; quantitativ: 1., 2., 7., 9., 11., 12., 14., 20., 21., 22., 23., 24., 26., 30., 33., 38., 39., 40., 41., 43., 45., 47., 48., 49., 50.

f) 1. 181 cm; 2. 77 kg; 3. Güteklasse III; 4. männlich; 5. Schmied; 6. Intelligenz; 7. 15,12 Mio. DM; 8. ledig; 9. 100 Punkte; 10. Sehr gut; 11. 30 km/h; 12. 3,50 DM je Fahrschein; 13. B; 14. 40 Liter; 15. deutsch; 16. III; 17. 12559; 18. sehr; 19. 2,3 (gut); 20. 50 Stück; 21. 4; 22. 22°C; 23. 60 DM; 24. 12,34 DM; 25. embryonal; 26. 5,2%; 27. Professor; 28. 5019 2730; 29. Blau; 30. 1950; 31. Angestellter; 32. höchst; 33. 18 Jahre; 34. Diplom-Kauffrau; 35. III; 36. XL; 37. Kleinbetrieb; 38. 5; 39. 151277 km; 40. 1,234 Mio. DM; 41. 8 l/100 km; 42. Herzversagen; 43. 75 m²; 44. GmbH; 45. 2 h; 46. Wandern; 47. 3 mm; 48. 15 c.t.; 49. 123; 50. 234. ♦

Lösung 1-3
a) Verhältnisskala als eine spezielle kardinale bzw. metrische Skala, da messbare Größenrelationen zwischen den Merkmalsausprägungen gegeben sind
b) Ordinalskala, da eine sachlich begründete Anordnung der Merkmalsausprägungen gegeben ist
c) Intervallskala als die niedrigstwertige kardinale Skala, da jeweils die absoluten Abstände zwischen zwei Merkmalsausprägungen gegeben sind
d) kardinale bzw. metrische Skala; Hinweis: wohl können die Ausprägungen qualitativer (also nominaler oder ordinaler) Merkmale durch Zahlen kodiert werden, sie sind aber im Unterschied zu den Ausprägungen (bzw. Werten) von quantitativen (also kardinalen bzw. metrischen) Merkmalen nicht das direkte Resultat eines Zähl- oder Messvorgangs
e) z.B. Prädikat einer Diplom- bzw. Masterprüfung ♦

Lösung 1-4
a) Einheit: Wohnung; Identifikation: Mietwohnung (sachlich), Berliner Wohnungsbaugesellschaft (örtlich), März 1997 (zeitlich); Gesamtheit: 90 Mietwohnungen; Erhebungsmerkmal: Zimmeranzahl X; Merkmalswert: z.B. $x_1 = 2$ Zimmer; Skala: absolut skaliert; Urliste: alle erfassten Anzahlen x_i (i = 1, 2,...,n und n = 90) der Zimmer; Klassifikation: diskret, unmittelbar erfassbar
b) Häufigkeitstabelle, wobei die ξ_j für alle j = 1,2,...,5 die sich in der Urliste voneinander unterscheidenden Merkmalswerte des kardinalen Erhebungsmerkmals X bezeichnen

j	ξ_j	n_j	H_j	p_j	F_j
1	1	16	16	0,178	0,178
2	2	27	43	0,300	0,478
3	3	24	67	0,267	0,745
4	4	15	82	0,167	0,911
5	5	8	90	0,089	1,000
Σ		90		1,000	

c) Balkendiagramm, da Erhebungsmerkmal diskret ist und d) graphische Darstellung der empirischen Verteilungsfunktion y = F(x) in Gestalt einer Treppenfunktion

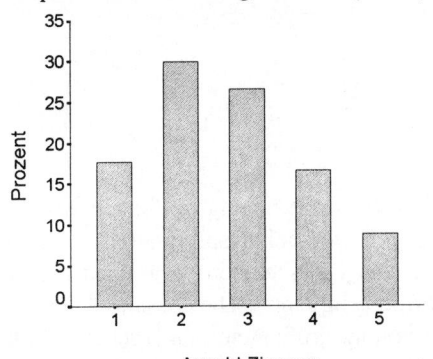
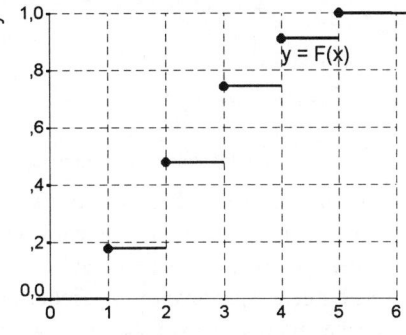

d) analytische Darstellung der empirischen Verteilungsfunktion F(x)

$$F(x) = \begin{cases} 0 & \text{für alle } x < 1 \\ 0{,}178 & \text{für alle } 1 \leq x < 2 \\ \vdots & \vdots \\ 1 & \text{für alle } x \geq 5 \end{cases}$$

e) Wert der empirischen Verteilungsfunktion: F(2) = 0,489 bzw. 48,9 %
f) analog zu e): F(4) - F(2) = 0,422 bzw. 42,2 % ♦

Lösung 1-5

a) Merkmalsträger: Fahrschülerin; Gesamtheit: 117 Fahrschülerinnen; Identifikationsmerkmale: Fahrschülerin (sachlich), Berliner Fahrschule (örtlich), 1996 (zeitlich); Erhebungsmerkmal: Anzahl X der Prüfungswiederholungen im Fach Theorie; Skala: kardinal bzw. absolut skaliert; Urliste: alle n = 117 erfassten Anzahlen x_i (i = 1,2,...,n)

b) Erhebungsmerkmal: absolut skaliert, diskret, direkt erfassbar, nicht häufbar

c) Häufigkeitstabelle:

j	ξ_j	n_j	H_j	p_j	F_j
1	0	78	78	0,667	0,667
2	1	33	111	0,282	0,949
3	2	5	116	0,043	0,991
4	3	1	117	0,009	1,000
Σ		117		1,000	

d) da das Erhebungsmerkmal X absolut skaliert und damit diskret ist, stellt man die Häufigkeitsverteilung mittels eines Balkendiagramms dar und e) graphische Darstellung der empirischen Verteilungsfunktion F(x)

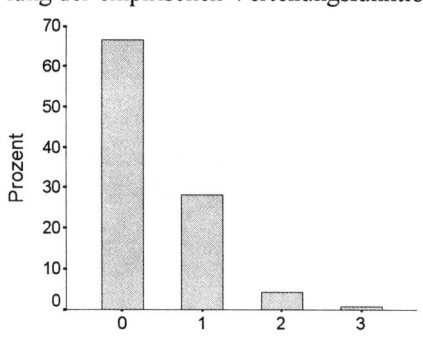

Anzahl der Prüfungswiederholungen

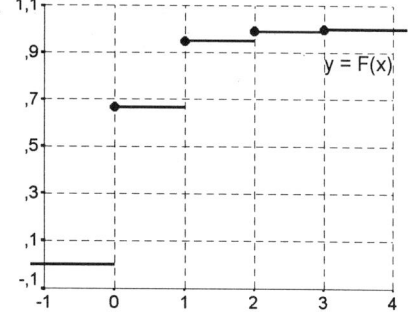

e) Verteilungsmaßzahlen: Modus: keine bzw. null Wiederholungsprüfungen wurde am häufigsten beobachtet; Median: keine (null) Wiederholungsprüfung(en); arithmetisches Mittel: im Durchschnitt entfielen auf eine Fahrschülerin 0,39 Wiederholungsprüfungen; Spannweite: 3 Wiederholungsprüfungen; empirische Varianz: 0,38; empirische Standardabweichung: 0,61 Wiederholungsprüfungen; augenscheinlich links steile bzw. rechts schiefe Verteilung; (**Hinweis**: da das arithmetische Mittel und die empirische Varianz in ihren Werten nahezu gleich sind, liegt die Vermutung nahe, dass die empirische Verteilung des diskreten Merkmals X durch das theoretische

Verteilungsmodell einer Poisson-Verteilung beschrieben werden kann (vgl. Aufgaben und Lösungen 3-57 bis 3-59))

f) empirische Verteilungsfunktion F(x), analytisch:

$$F(x) = \begin{cases} 0 & \text{für} \quad x < 0 \\ 0{,}667 & \text{für} \quad 0 \leq x < 1 \\ \vdots & \vdots \\ 1 & \text{für} \quad x \geq 3 \end{cases}$$

g) $(1 - 0{,}667) \cdot 100\ \% = 33{,}3\ \%$ der Fahrschülerinnen bestanden nicht im ersten Anlauf die Theorieprüfung ♦

Lösung 1-6

a) Merkmalsträger: Verkaufstag; (kardinal bzw. absolut skaliertes) Erhebungsmerkmal X: Anzahl der am einem Verkaufstag verkauften Flaschen

b) Häufigkeitstabelle:

ξ_i	n_i	p_i	F_j
0	4	0,167	0,167
2	6	0,250	0,417
3	8	0,333	0,750
4	4	0,167	0,917
6	2	0,083	1,000

c) empirische Verteilungsfunktion F(x), analytische Darstellung:

$$F(x) = \begin{cases} 0 & \text{für} \quad x < 0 \\ 0{,}167 & \text{für} \quad 0 \leq x < 2 \\ \vdots & \vdots \\ 1 & \text{für} \quad 6 \leq x \end{cases}$$

empirische Verteilungsfunktion F(x), graphische Darstellung und Boxplot (zu d)

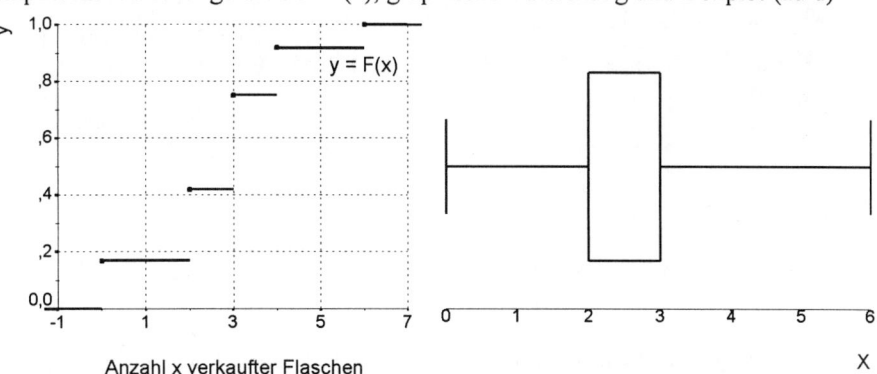

Wert der Verteilungsfunktion $F(5) = 0{,}917$, d.h. an 91,7 % der Tage wurden höchstens 5 Flaschen verkauft

d) Quartile (für Boxplot): $x_{0,25} = 2$ Flaschen, $x_{0,5} = 3$ Flaschen, $x_{0,75} = 3$ Flaschen

e) arithmetisches Mittel: 2,67 Flaschen, d.h. im Durchschnitt wurden 2,67 Flaschen pro Tag verkauft; Median: 3 Flaschen, d.h. an mindestens 50 % der Tage wurden höchstens 3 Flaschen verkauft; Modus: 3 Flaschen, d.h. am häufigsten wurden 3 Flaschen pro Tag verkauft; Spannweite: 6 Flaschen, d.h. die Differenz zwischen minimaler und maximaler Anzahl verkaufter Flaschen pro Tag betrug 6 Flaschen; empirische Standardabweichung: 1,63 Flaschen, d.h. die durchschnittliche Abweichung von der durchschnittlichen Anzahl verkaufter Flaschen betrug 1,63 Flaschen in beide Richtungen; Variationskoeffizient: 0,61, d.h. die Standardabweichung beträgt 61 % der durchschnittlichen Anzahl verkaufter Flaschen

f) 64 Flaschen ♦

Lösung 1-7

a) Einheit: Wohnung; Gesamtheit: alle Wohnungen; Identifikationsmerkmale: Wohnung (Sache), neue Bundesländer und Berlin-Ost (Ort), 1991 (Zeit); Erhebungsmerkmal, absolutskaliert: Zimmeranzahl X

b) ein geeignetes Struktogramm ist z.B. das skizzierte Kreisdiagramm

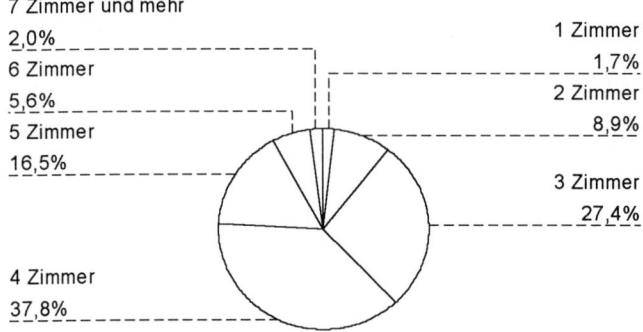

c) empirische Verteilungsfunktion y = F(x), graphisch und analytisch:

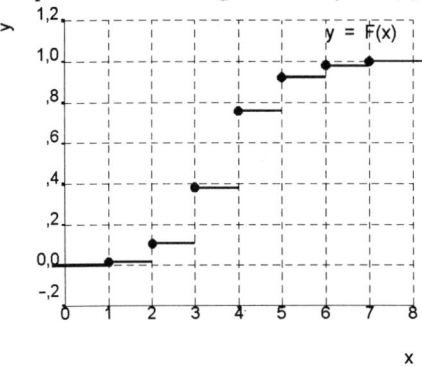

$$F(x) = \begin{cases} 0 & \text{für alle} \quad x < 1 \\ 0{,}017 & \text{für alle} \quad 1 \le x < 2 \\ \vdots & \qquad\qquad\quad \vdots \\ 1 & \text{für alle} \quad x \ge 7 \end{cases}$$

d) F(3) = 0,38, d.h. 38 % aller Wohnungen besitzen höchstens drei Zimmer

e) Modus: 4 Zimmer sind am häufigsten; Median: 4 Zimmer oder mehr besitzt die Hälfte aller Wohnungen; arithmetisches Mittel: im Durchschnitt besitzt eine Wohnung 3,84 Zimmer; empirische Standardabweichung: im Durchschnitt streut die Zimmeranzahl um 1,15 Zimmer um den Durchschnitt; da das arithmetische Mittel (geringfügig) kleiner als der Median ist, hat man eine (geringfügig) rechts schiefe bzw. links steile Verteilung ♦

Lösung 1-8
a) Anzahl X der funktionierenden Aufzüge
b) Häufigkeitstabelle und c) empirische Verteilungsfunktion F(x), graphisch:

j	1	2	3	4
ξ_j	0	1	2	3
n_j	1	25	36	98

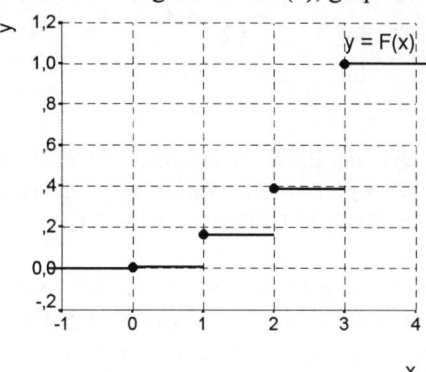

Lösung 1-9*
Häufigkeitstabelle und empirische Verteilungsfunktion F(x), graphisch:

j	ξ_j	n_j	p_j	F_j
1	1	800	0,80	0,80
2	2	150	0,15	0,95
3	3	50	0,05	1,00

Lösung 1-10
a) Häufigkeitstabelle:

j	ξ_j	p_j	F_j
1	0	0,01	0,01
2	1	0,04	0,05
3	2	0,07	0,12
4	3	0,26	0,38
5	4	0,55	0,93
6	5	0,07	1,00
Σ		1,00	

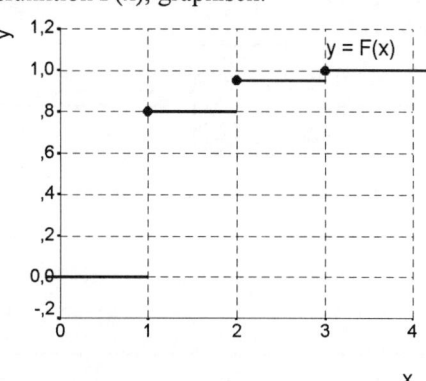

b) da das Erhebungsmerkmal X kardinal bzw. absolut skaliert ist, können z.B. die folgenden Lagemaße bestimmt bzw. berechnet werden: Modus: 4 Punkte; Median: 4 Punkte; arithmetisches Mittel (berechnet als gewogenes arithmetisches Mittel): 3,51 Punkte

c) empirische Standardabweichung: 0,943 Punkte; durchschnittliche lineare Abweichung: 0,63 Punkte; Spannweite: 5 Punkte

d) links schiefe (bzw. rechts steile) Verteilung; dies wird unter andrem auch dadurch deutlich, dass das arithmetische Mittel kleiner ist als der Modus und der Median ♦

Lösung 1-11
a) gewogenes arithmetisches Mittel: 0,1 Unfälle je Beschäftigter; Median: 0 Unfälle je Beschäftigter; Modus: 0 Unfälle je Beschäftigter

b) empirische Standardabweichung: 0,36 Unfälle je Beschäftigter

c) empirische Verteilungsfunktion, analytisch:

$$F(x) = \begin{cases} 0 & \text{für} \quad x < 0 \\ 0{,}92 & \text{für} \quad 0 \leq x < 1 \\ 0{,}98 & \text{für} \quad 1 \leq x < 2 \\ 1 & \text{für} \quad x \geq 2 \end{cases} \quad \blacklozenge$$

Lösung 1-12*

a) Merkmalsträger: ein PKW; Gesamtheit: 30 PKW; Erhebungsmerkmal: quartalsdurchschnittliche Werkstattkosten; Skalierung: kardinal bzw. metrisch

b) kleinster Wert: 81 €; 25 %-Quantil: 91 €; Median: 99 €; 75 %-Quantil: 101 €; größter Wert: 169 €

c) der Wert des Schiefemaßes von 2,4 indiziert eine rechts schiefe bzw. links steile Verteilung der quartalsdurchschnittlichen Werkstattkosten, diese Aussage koinzidiert mit dem asymmetrischen bzw. schiefen Boxplot ♦

Lösung 1-13

a) obgleich die mittleren 50 % der Merkmalswerte annähernd symmetrisch verteilt sind, ist die Verteilung der Pro-Kopf-Verschuldung insgesamt rechts schief
Boxplot:

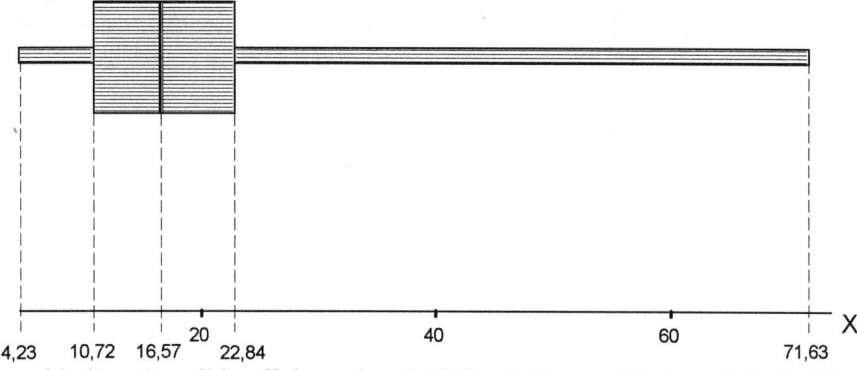

b) empirischer Quartilskoeffizient der Schiefe: 0,04; empirisches Schiefemaß nach CHARLIER: 1,33

c) gleichwohl die Werte für den empirischen Quartilskoeffizienten der Schiefe und für das empirische Schiefemaß nach CHARLIER die unter a) formulierten Aussagen verifizieren, ist aus den einfachen Berechnungen bereits zu erkennen, dass das Schiefemaß nach CHARLIER, das auf den empirischen zentralen Momenten höherer Ordnung basiert, die augenscheinliche Schiefe der Verteilung im konkreten Fall wesentlich deutlicher aufdeckt, als der Quartilskoeffizient der Schiefe ♦

Lösung 1-14

a) wegen Ordinalskala bestimmt man den Median: Platz 6

b) da Punkte kardinal bzw. absolut skaliert sind, berechnet man ein gewogenes arithmetisches Mittel von $(60 \cdot 140 + 50 \cdot 60)/(140 + 60) = 57$ Punkten

c) wegen Nominalskala bestimmt man als modale Ausprägung die Antwort *nein* ♦

Lösung 1-15
a) Häufigkeitstabelle:

j	x_j^*	Δ_j	n_j	n_j/Δ_j	p_j	F_j
1	22,5	5,0	3	0,6	0,1	0,1
2	27,5	5,0	18	3,6	0,6	0,7
3	35,0	10,0	6	0,6	0,2	0,9
4	42,5	5,0	3	0,6	0,1	1,0

graphische Darstellung der Häufigkeitsverteilung mittels eines Histogramms und b) Graph $y = F(x)$ der empirischen Verteilungsfunktion $F(x)$

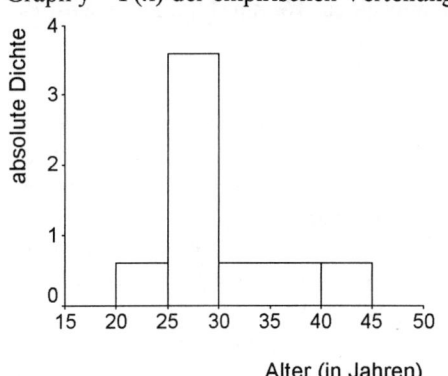
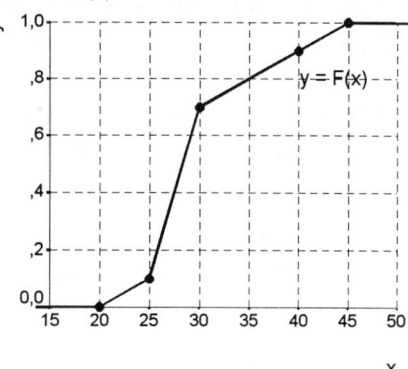

c) für die 2. Klasse ($25 \leq x < 30$): $F(x) = 0,12 \cdot x - 2,9$; für die 3. Klasse ($30 \leq x < 40$): $F(x) = 0,02 \cdot x + 0,1$; $F(26,5) = 0,244$; $F(28,0) = 0,460$; $F(29,15) = 0,592$; $F(33,0) = 0,760$; $F(37,5) = 0,850$

d) arithmetisches Mittel und Streuungsmaße:

	aus Urliste	aus Häufigkeitstabelle
arithmetisches Mittel	30,18 kg/m²	30,00 kg/m²
empirische Varianz	32,34 kg²/m⁴	30,00 kg²/m⁴
empirische Standardabweichung	5,69 kg/m²	5,48 kg/m²

Die Unterschiede erklären sich aus der Datenaggregation via Klassierung. Die Ergebnisse stimmen überein, wenn in den Klassen die Merkmalswerte gleichverteilt sind.

e) Quartile:

	aus Urliste	aus Verteilungsfunktion
unteres Quartil	26,40 kg/m²	26,25 kg/m²
Median	28,65 kg/m²	28,33 kg/m²
oberes Quartil	32,40 kg/m²	32,50 kg/m²

hinsichtlich der Erklärung der Unterschiede in den Werten - siehe d)

f) wegen $1 - F(35) = 1 - 0,02 \cdot 35 + 0,1 = 1 - 0,8 = 0,2$ besitzen 20 % der gemeldeten Personen einen Körper-Masse-Index von mehr als 35 kg/m²; 15 % der gemeldeten Personen haben wegen $0,15 = 1 - (0,02 \cdot x + 0,1)$ bzw. $x = 37,5$ einen Körper-Masse-Index von mehr als 37,5 kg/m² ♦

Lösung 1-16
a) Merkmalsträger: Schädel; Umfänge zweier geschlechtsspezifischer Gesamtheiten: 53 männliche Schädel und 37 weibliche Schädel

b) Gruppierungsmerkmal: Geschlecht; nominal skaliert, dichotom ausgeprägt
c) Erhebungsmerkmal: Schädelbreite in mm gemessen; daher kardinal bzw. verhältnisskaliert
d) geschlechtsspezifische Boxplots, die jeweils die Verteilung der Schädelbreiten skizzieren; die (mehr oder weniger) symmetrischen Boxplots indizieren jeweils eine symmetrische Schädelbreitenverteilung
e) männliche Schädel: unteres Quartil ca. 142 mm, mittleres Quartil bzw. Median ca. 144 mm, oberes Quartil ca. 150 mm, Spannweite ca. 25 mm, Interquartilsabstand ca. 8 mm; weibliche Schädel: unteres Quartil ca. 134 mm, mittleres Quartil bzw. Median ca. 138 mm, oberes Quartil ca. 143 mm, Spannweite ca. 16 mm, Interquartilsabstand ca. 4 mm ♦

Lösung 1-17

a) Merkmalsträger: Haus; Gesamtheit: 67 Häuser; Identifikationsmerkmale: Haus einer privaten Hausverwaltung (Sache), Berlin (Ort), 1996 (Zeit); Erhebungsmerkmal: Alter; Skala: kardinal bzw. metrisch, da Angaben in Jahren

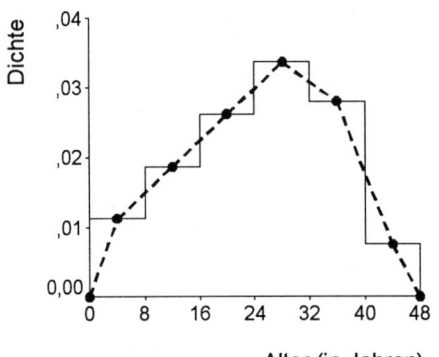

b) normiertes Histogramm mit Polygonzug (nebenstehende Abbildung)
c) das Durchschnittsalter der Häuser liegt bei ca. 25 Jahren; die Klassenmitte der modalen Alterklasse, die als Näherung für den Altersmodus der Häuser fungiert, beträgt 28 Jahre; der Altersmedian beträgt ca. 26 Jahre, d.h. die Hälfte der erfassten Häuser ist höchstens (bzw. mindestens) 26 Jahre alt; die empirische Standardabweichung beträgt ca. 10 Jahre, d.h. im Durchschnitt streuen die Altersangaben um ihren Durchschnitt um 10 Jahre in beide Richtungen; die Altersspannweite beläuft sich auf 48 Jahre ♦

Lösung 1-18

a) Merkmalsträger: Grundstück; Erhebungsmerkmal: Preis in 100.000 € je Grundstück
b) empirische Dichtefunktion als normiertes Histogramm und e) Boxplot:

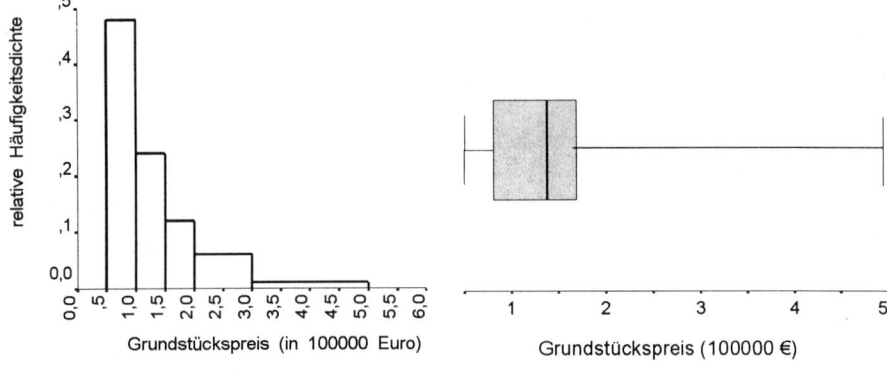

Lösungen, Deskriptive Statistik   147

c) F(2,25) = 0,87, d.h. 87 % der Grundstücke kosten höchstens 225.000 €
d) arithmetisches Mittel: 133.000 €, d.h. im Durchschnitt kostet ein derartiges Grundstück 133.000 DM; unteres Quartil: 76.042 €, d.h. ein Grundstück im unteren Preisviertel kostete maximal 76.042 €; Median: 104.167 €, d.h. ein Grundstück in der unteren bzw. oberen Preishälfte kostete bis zu bzw. mehr als 104.167 €; oberes Quartil: 162.500 €, d.h. ein Grundstück im oberen Preisviertel kostete mindestens 162.500 €; Modus: 83.334 €, d.h. dieser Grundstückspreis kam am häufigsten vor; Spannweite: 450.000 €, d.h. das teuerste und das billigste Grundstück unterschieden sich im Preis um maximal 450.000 €; empirische Standardabweichung: 79.599 €, d.h. die durchschnittliche Abweichung vom Durchschnittspreis betrug ca. 79.600 € in beide Richtungen; Variationskoeffizient: 0,598, d.h. die durchschnittliche Preisstreuung betrug 59,8 % des Durchschnittspreises ♦

Lösung 1-19

Aus der gegebenen empirischen Verteilungsfunktion F(x) leitet sich die folgende Häufigkeitstabelle ab:

a) Das arithmetische Mittel wird approximativ als gewogenes arithmetisches Mittel aus den Klassenmitten x_j^* und den (absoluten bzw.) relativen Häufigkeiten p_j bestimmt: 4,50·0,10 + 6,0·0,28 + ... + ,5·0,08 = 6,82 Straßenverkehrsunfälle je 1000 Einwohner.

j	x_j^u	x_j^o	Δ_j	x_j^*	p_j	p_j^D	$F(x_j^o)$
1	3,5	5,5	2	4,5	0,10	0,05	0,10
2	5,5	6,5	1	6,0	0,28	0,28	0,38
3	6,5	7,5	1	7,0	0,39	0,39	0,77
4	7,5	8,5	1	8,0	0,15	0,15	0,92
5	8,5	10,5	2	9,5	0,08	0,04	1,00

b) Die empirische Varianz kann nicht aus den vorliegenden Angaben ermittelt werden. Mit den vorliegenden Angaben kann nur die Zwischengruppenvarianz approximativ berechnet werden. Für die Berechnung der Gesamtvarianz benötigt man noch zusätzlich die Informationen über die Varianz in den einzelnen Klassen (Innergruppenvarianz), auf deren Grundlage man dann die durchschnittliche Innergruppenvarianz berechnen kann. Die Summe der durchschnittlichen Innergruppenvarianz und der Zwischengruppenvarianz ergibt dann die Gesamtvarianz.
c) $p(5,9 < X \leq 7,2) = p(X \leq 7,2) - p(X \leq 5,9) = F(7,2) - F(5,9) = 0,653 - 0,212$
d) 0,85-Quantil: 7,5 + (0,85 − 0,77)/0,15 = 8,033 Straßenverkehrsunfälle je 1000 Einwohner ♦

Lösung 1-20

a) Merkmal X: Dauer eines Telefongesprächs in Minuten
b) Abbild mit Graph y = F(x) der empirischen Verteilungsfunktion F(x) gehört zu klassierten Daten; es wird unterstellt, dass die Daten innerhalb der nicht äquidistanten Klassen gleichmäßig verteilt sind
c) Häufigkeitstabelle (nebenstehend)
d) 30 %, d.h. 105 Telefongespräche hatten eine Dauer zwischen 5 min und 15 min

j	$x_j^u < X \leq x_j^o$	p_j
1	0 − 2	0,4
2	2 − 4	0,1
3	4 − 6	0,2
4	6 − 10	0,1
5	10 − 20	0,2

e) wegen 1 − F(15) = 1 − 0,9 = 0,1 dauerten 10 % der Telefongespräche länger als 15 min ♦

Lösung 1-21
a) Häufigkeitstabelle für klassierte Daten:

Klasse	Einkommen (in 1000 €) über ... bis ...	relative Häufigkeit
1	0,5 – 1,5	0,15
2	1,5 – 2,0	0,25
3	2,0 – 2,5	0,30
4	2,5 – 3,0	0,15
5	3,0 – 4,0	0,10
6	4,0 – 5,0	0,05

b) Verteilungsparameter (Angaben jeweils in 1000 €): arithmetisches Mittel: 2,25; Modus (grob geschätzt als Klassenmitte der am häufigsten besetzen Klasse): 2,5; unteres Quartil: 1,70; mittleres Quartil (Median): 2,17; oberes Quartil: 2,67

c) 72,5 % der Mitarbeiter verdienen mehr als 1750 € ♦

Lösung 1-22
a) Gesamtheit: 500 Waschpulver-Pakete
b) kardinal bzw. metrisch skaliertes Merkmal X: Füllmenge in kg
c) Häufigkeitstabelle:

j	$x_j^u < X \leq x_j^o$	n_j	p_j
1	2,90 - 2,94	50	0,10
2	2,94 - 2,98	110	0,22
3	2,98 - 3,02	265	0,53
4	3,02 - 3,14	75	0,15

d) Durchschnittsgewicht: 2,995 kg
e) 110/2 + 265 + 75 = 395 Pakete
f) Median: 2,994 kg, d.h. 50 % der Pakete enthalten 2,994 kg oder weniger bzw. 50 % der Pakete enthalten mehr als 2,994 kg ♦

Lösung 1-23
a) 242 Verkaufstage eines Obst- und Gemüsegeschäftes, für jeden dieser Verkaufstage wurde der Umsatz (Erhebungsmerkmal X: *Tagesumsatz in 100 €*) erhoben
b) Skalenwerte der Ordinatenachse: Werte der empirischen Dichtefunktion (Häufigkeitsdichte, definiert als relative Klassenhäufigkeit dividiert durch die Klassenbreite); die relativen Klassenhäufigkeiten werden im Histogramm durch die Flächen der Säulen dargestellt
c) Häufigkeitstabelle:

Klasse j	Untergrenze	Obergrenze	p_j	F_j
1	0	3	0,0786	0,0786
2	3	6	0,3636	0,4422
3	6	9	0,3555	0,7977
4	9	12	0,1365	0,9342
5	12	15	0,0660	1,0000
Σ			1,0000	

d) 15,7 %, verdeutlicht in der graphischen Darstellung der empirischen Dichtefunktion durch schraffierte Fläche

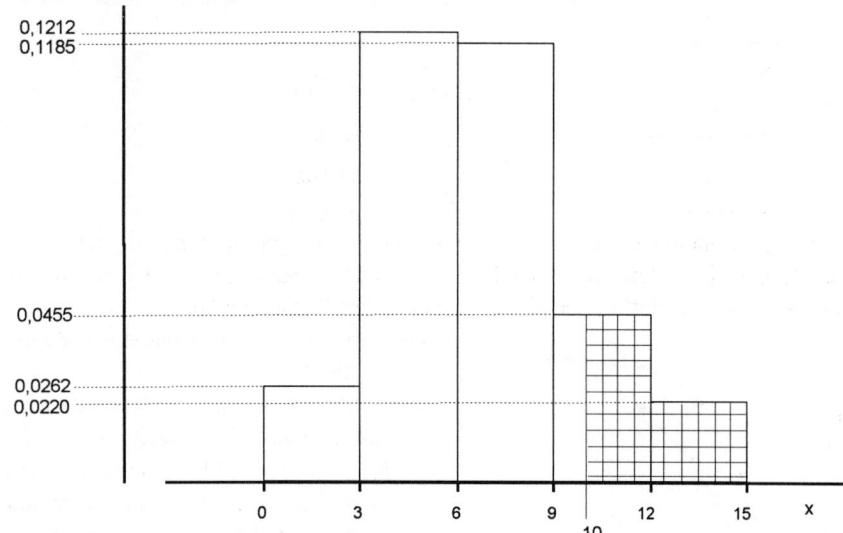

e) 3,59, d.h. in 15 % der Verkaufstage wurde ein Tagesumsatz von höchstens 359 € realisiert

f) empirische Verteilungsfunktion, graphisch:

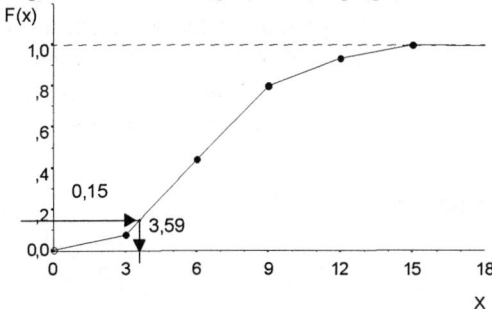

Lösung 1-24*

a) Merkmalsträger: privater Haushalt; Gesamtheit: Menge aller privaten Haushalte; Identifikationsmerkmal: privater Haushalt (Sache), alte und neue Bundesländer (Ort), 1993 (Zeit); Erhebungsmerkmal X: monatliches Nettoeinkommen (in DM); Merkmalswert: z.B. 1000 DM; Skala: Verhältnisskala, da Angaben in DM

b) Maßzahlen für neue Bundesländer: kleinstes monatliches Nettoeinkommen: 500 DM; unteres Einkommensquartil: $1000 + \dfrac{0,25 - 0,135}{0,322} \cdot 1000 = 1357$, d.h. in den neuen Bundesländern verfügte 1993 ein Viertel aller privaten Haushalte über ein monatliches Nettoeinkommen unter 1357 DM; mittleres Einkommensquartil: 2144 DM; oberes Einkommensquartil: 2978 DM; größtes monatliches Nettoeinkommen: 7000 DM; analog sind die Maßzahlen für die alten Bundesländer zu berechnen und zu interpretieren; Boxplots (siehe umseitig):

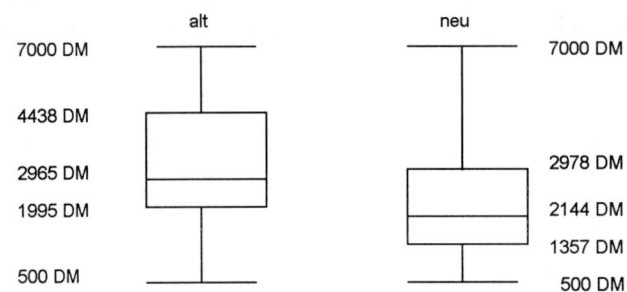

c) Einkommensverteilung in den neuen Bundesländern ausgeprägter rechts schief bzw. links steil als in den alten Bundesländern; Einkommensverteilung in den neuen Bundesländern stark gewölbt, in den alten Bundesländern flach gewölbt

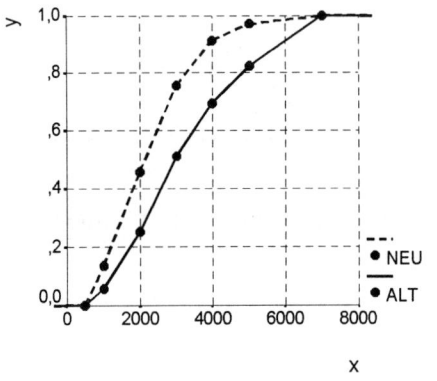

d) empirische Verteilungsfunktionen, graphisch:

e) Werte der empirischen Verteilungsfunktionen: $F_{alt}(1500) \approx 0{,}154$; $F_{neu}(1500) \approx 0{,}296$; demnach besitzen in den alten bzw. neuen Bundesländern 15,4% bzw. 29,6% aller privaten Haushalte ein monatliches Nettoeinkommen unter 1500 DM

f) bei klassierten Daten ist z.B. das flächenproportionale Histogramm eine geeignete Form der graphischen Darstellung der Häufigkeitsverteilung und nicht, wie in der Graphik gezeigt, zwei länderspezifische Balkendiagramme ♦

Lösung 1-25

a) Ausgaben X für Wein in €; Häufigkeitstabelle:

j	$x_j^u \leq X < x_j^o$	p_j
1	0 - 10	0,18
2	10 – 20	p_2
3	20 – 40	p_3
4	40 - 60	p_4

mit $p_3 + p_4 = 0{,}42$, $p_2 = 1 - 0{,}18 - 0{,}42 = 0{,}4$ und $p_3 = 0{,}3$, wobei für das arithmetische Mittel $21{,}9 = 5 \cdot 0{,}18 + 15 \cdot 0{,}4 + 30 \cdot p_3 + 50 \cdot (0{,}42 - p_3) = 21{,}9$ € gilt

b) unteres Quartil: 11,75 €; mittleres Quartil: 21,33 €; oberes Quartil: 38 €; Boxplot:

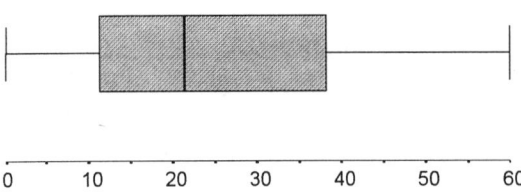

Lösung 1-26*

a) statistische Einheit: Betriebswirt; Gesamtheit: alle befragten Betriebswirte; Identifikationsmerkmale: Betriebswirt (Sache), alte Bundesländer (Ort), 1991 (Zeit); Erhebungsmerkmal: monatliches Nettoeinkommen X in DM; Skala: Verhältnisskala

b) kleinstes Einkommen: 0 DM; unteres Einkommensquartil: 2500 DM; Einkommensmedian bzw. mittleres Einkommensquartil: 3895 DM; oberes Einkommensquartil: 4875 DM; größtes Einkommen: 9000 DM; modales Einkommen: 3500 DM
Skizze der Einkommensverteilung:

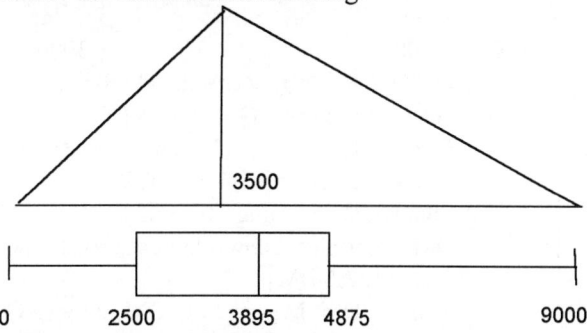

annähernd symmetrische, flach gewölbte Einkommensverteilung

c) LORENZ-Kurve der relativen statistischen Einkommenskonzentration bei den Betriebswirten:

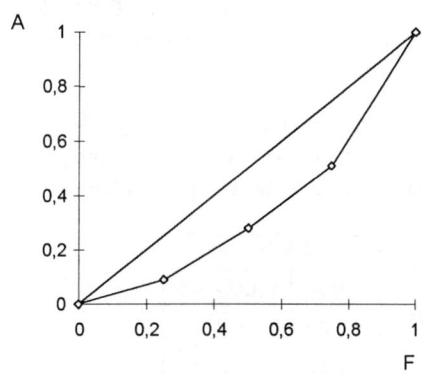

GINI-Koeffizient: $G = 1 - 0{,}25 \cdot [(0{,}09 + 0) + \ldots + (1 + 0{,}51)] = 1 - 0{,}69 = 0{,}31$, d.h. schwache Einkommenskonzentration bei Betriebswirten

d) $1 - 0{,}51 = 0{,}49$, also 49 % des Gesamteinkommens

e) da für den Variationskoeffizient $52\% = \dfrac{2195}{\bar{x}} \cdot 100\%$ gilt, liegt das Durchschnittseinkommen der Betriebswirte wegen $\bar{x} = 2195/0{,}52 \approx 4220$ bei ca. 4220 DM ♦

Lösung 1-27*

a) kleinste statistische Einheit: Arbeiterin oder Angestellte (AA); Gesamtheit: alle AA; Identifikation: weibliche AA im ÖD, 12/1995, Deutschland; Erhebungsmerkmal: monatliche Zusatzrente, Kardinalskala

b) linkssteile bzw. rechtsschiefe, übernormal gewölbte Verteilung:

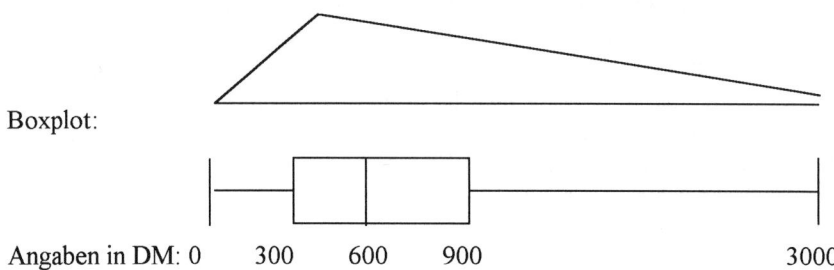

Boxplot:

Angaben in DM: 0   300   600   900   3000

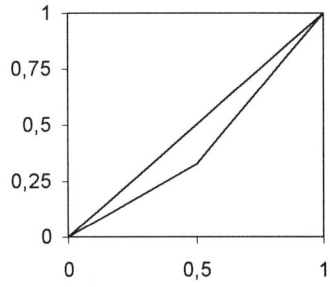

c) LORENZ-Kurve (nebenstehende Skizze):
GINI-Koeffizient: G = 1−0,5·[(0 + 0,33) + (0,33 + 1] = 0,17, d.h. schwache Zusatzrentenkonzentration bei AA im ÖD

d) Standardabweichung: 0,75·650 DM = 487,5 DM; zentrales Schwankungsintervall: [162,5 DM; 1137,5 DM]

e) Min = 0 DM; Max = 3000 DM; unteres Quartil: 300 DM; Median: 600 DM; oberes Quartil: 900 DM; Spannweite: 3000 DM; Interquartilsabstand: 600 DM; Schiefemaß: 2; Wölbungsmaß: 6; GINI-Koeffizient: 0,17; Durchschnitt: 650 DM; Standardabweichung: 487,5 DM; Variationskoeffizient: 0,75 ♦

Lösung 1-28

a) Merkmalsträger: Wohnung; Gesamtheit: 500 Wohnungen; Abgrenzung: 2-Zimmer-Eigentumswohnung (Sache), Berlin (Ort), November 1995 (Zeit); Erhebungsmerkmal: Quadratmeterpreis X; Skala: kardinal bzw. metrisch, da Angaben in DM/m²

b) Häufigkeitstabelle:

j	$x_j^u \leq X < x_j^o$	x_j^*	n_j	H_j	p_j	F_j	p_j^D
1	1500 - 2000	1750	2	2	0,004	0,004	0,000008
2	2000 - 2500	2250	26	28	0,052	0,056	0,000104
3	2500 - 3000	2750	65	93	0,130	0,186	0,000260
4	3000 - 3500	3250	121	214	0,242	0,428	0,000484
5	3500 - 4000	3750	145	359	0,290	0,718	0,000580
6	4000 - 4500	4250	75	434	0,150	0,868	0,000300
7	4500 - 5000	4750	50	484	0,100	0,968	0,000200
8	5000 - 5500	5250	15	499	0,030	0,998	0,000060
9	5500 - 6000	5750	1	500	0,002	1,000	0,000004
Σ			500		1,000		

c) flächenproportionales Histogramm mit Gesamtfläche eins erhält man, wenn auf der Ordinate die (relativen) Häufigkeitsdichten und auf der Abszisse die Einkommensklassen (symbolisiert durch die jeweiligen Klassenmitten) abgetragen werden; der Graph y = F(x) der empirischen Verteilungsfunktion F(x) ist im konkreten Fall eine monoton wachsende, s-förmig verlaufende Funktion

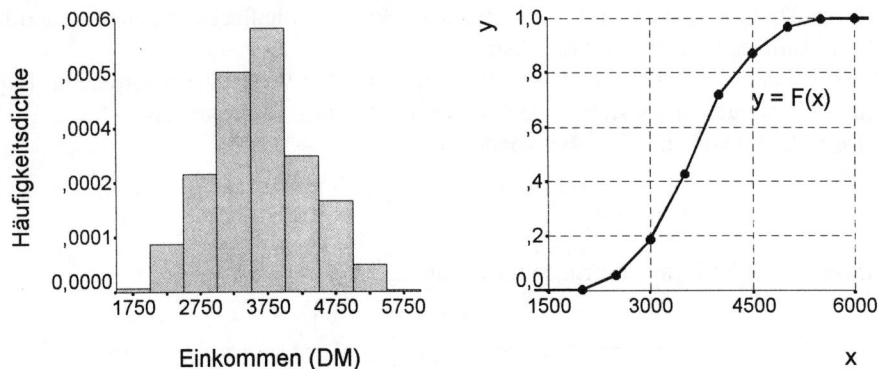

d) Wert der empirischen Verteilungsfunktion an der Stelle 4200 DM/m²: ca. 0,78, d.h. es besitzen ca. 78 % der betrachteten Eigentumswohnungen einen Quadratmeterpreis von 4200 DM/m² oder weniger

e) Pentagramm bzw. 5-Zahlen-Zusammenstellung, als Grundlage für das Boxplot (Angaben jeweils in DM/m²):

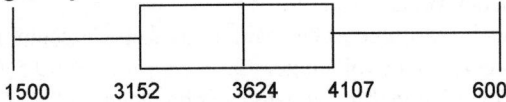

1500   3152   3624   4107   6000

x_{min} = 1500, d.h. der niedrigste Quadratmeterpreis liegt bei 1500 DM/m²; $x_{0,25}$ ≈ 3132, d.h. ein Viertel aller betrachteten Eigentumswohnungen besitzt einen Quadratmeterpreis unter 3132 DM/m²; $x_{0,5}$ ≈ 3624, d.h. die Hälfte aller betrachteten Eigentumswohnungen besitzt einen Quadratmeterpreis unter bzw. über 3624 DM/m²; $x_{0,75}$ ≈ 4107, d.h. drei Viertel aller betrachteten Wohnungen besitzen einen Quadratmeterpreis unter 4107 DM/m²; x_{max} = 6000, d.h. der höchste Quadratmeterpreis liegt bei 6000 DM/m²

f) wegen äquidistanter Klassen können an Stelle der Häufigkeitsdichten p_j^D z.B. die relativen Häufigkeiten p_j für eine näherungsweise Bestimmung des Modus

$$x_M \approx 3500 + \frac{0{,}290 - 0{,}242}{2 \cdot 0{,}290 - 0{,}242 - 0{,}150} \cdot 500 \approx 3628$$

verwendet werden; demnach liegt der am häufigsten beobachtete Quadratmeterpreis bei ca. 3628 DM/m²; durchschnittlicher Quadratmeterpreis, berechnet als ein gewogenes arithmetisches Mittel aus den Klassenmitten und den relativen Klassenhäufigkeiten: $\bar{x} \approx 1750 \cdot 0{,}004 + \ldots + 5750 \cdot 0{,}002 = 3637$ DM/m²

g) empirische Varianz: $d^2 \approx 523730$ [DM/m²]²; empirische Standardabweichung: $d \approx 724$ DM/m²; Variationskoeffizient: $724/3637 \approx 0{,}2$ bzw. 20 %

h) Schiefemaß: 0,12, d.h. leicht rechts schiefe bzw. links steile Verteilung; Wölbungsmaß: -0,28, d.h. flach gewölbte Verteilung; die graphischen Darstellungen bestätigen die parametrischen Aussagen ♦

Lösung 1-29*

a) statistische Einheit bzw. Merkmalsträger: Miet- oder Eigentumswohnung; Identifikation bzw. Abgrenzung der Gesamtheit: alle Miet- und Eigentumswohnungen in neuen

Bundesländern im Jahre 1999; Erhebungsmerkmal: Wohnfläche; Skalierung: kardinal bzw. metrisch bzw. verhältnisskaliert

b) Mietwohnungen: leicht rechts schiefe, stark gewölbte Wohnflächenverteilung; Eigentumswohnungen: links schiefe, flach gewölbte Wohnflächenverteilung
Boxplot: Wohnflächen für Mietwohnungen

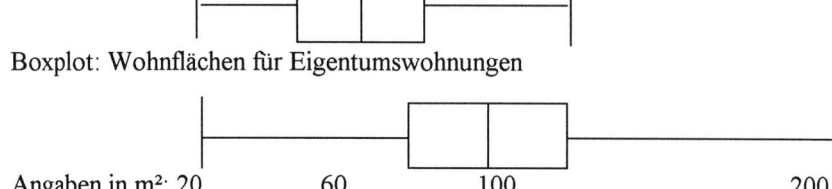

c) relative statistische Konzentration, nebenstehende Graphik: LORENZ-Kurve; GINI-Koeffizient:
$G = 1 - 0{,}5 \cdot [(0 + 0{,}3) + (0{,}3 + 1] = 0{,}2$, d.h. schwache Wohnflächenkonzentration bei Eigentumswohnungen in neuen Bundesländern

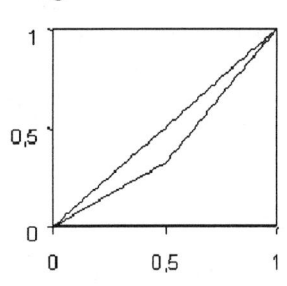

d) einfaches arithmetisches Mittel aus den Klassenmitten, wobei für Mietwohnungen $(32 + 53 + 70{,}5 + 99{,}5)/4 = 63{,}75$ m² und für Eigentumswohnungen $(47 + 87 + 110 + 160)/4 = 101$ m² gilt

e) Standardabweichung der Wohnflächen für Mietwohnungen: $0{,}30 \cdot 73{,}75$ m² $= 19{,}125$ m² und für Eigentumswohnungen: $0{,}25 \cdot 101$ m² $= 25{,}25$ m²

f) Min = 20 m²; Max = 120 m²; unteres Quartil: 44 m²; Median: 62 m²; oberes Quartil: 79 m²; Spannweite: 100 m²; Interquartilsabstand: 35 m²; Schiefemaß: 0,2; Wölbungsmaß: 3,2; Gini-Koeffizient: 0,2; Durchschnitt: 63,75; Standardabweichung: 19,125 m²; Variationskoeffizient: 0,3 ♦

Lösung 1-30

a) Merkmalsträger: Person; Abgrenzung: 335 in Sachsen im März 95 befragte Personen
b) verhältnisskaliertes, stetiges Merkmal
c) ja, weil das Merkmal Schulabschluss ordinalskaliert ist
d) Darstellung der Dichtefunktion mittels Histogramm mit Gesamtfläche eins

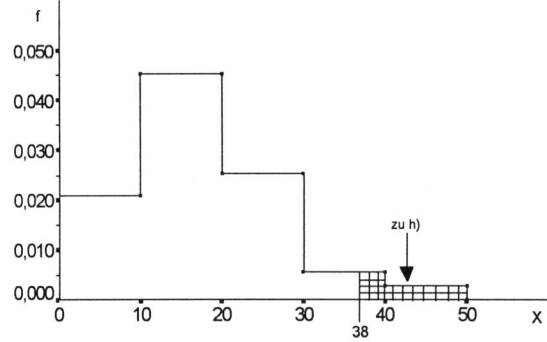

Arbeitstabelle mit Häufigkeitsdichten $p_j^D = n_j/(n \cdot \Delta_j)$

Klasse j	Untergrenze	Obergrenze	p_j^D
1	0	10	0,0209
2	10	20	0,0452
3	20	30	0,0254
4	30	40	0,0056
5	40	50	0,0029

e) arithmetisches Mittel und Median aus klassierten Daten: arithmetisches Mittel: 17,4, d.h. im Durchschnitt (der 335 befragten Personen) wird für ökologisch erzeugte Lebensmittel ein um 17,4 % höherer Preis akzeptiert; Median: 16,4, d.h. die Hälfte der befragten Personen akzeptiert für ökologisch erzeugte Lebensmittel einen Preisaufschlag von höchstens 16,4 %

f) die Häufigkeitsverteilung des Merkmals *akzeptierter prozentualer Preisaufschlag* ist rechts schief und stark gewölbt

g) Wert der empirischen Verteilungsfunktion bei klassierten Daten: 0,04 bzw. 4 %; graphische Darstellung des Wertes der empirischen Verteilungsfunktion mittels schraffierter Fläche im Histogramm ♦

Lösung 1-31*

a) Merkmalsträger: befragter Fluggast; Gesamtheit: 340 befragte Fluggäste; Identifikationsmerkmale: Fluggast (sachlich), Flughafen Tegel (örtlich), II/2000 (zeitlich); Erhebungsmerkmale nebst Skalierung: Geschlecht, Reisegrund, Verkehrsmittel jeweils nominal, Fahrtweg, Fahrtkosten und Betrag jeweils kardinal

b) Dichotomien: Geschlecht und Reisegrund

c) Während das nominale Erhebungsmerkmal „benutztes Verkehrsmittel" für die privat reisenden Fluggäste eher zu einer Gleichverteilung tendiert, wird für die geschäftlich reisenden Fluggäste eher eine Tendenz zu einer Einpunktverteilung angezeigt. ♦

Lösung 1-32*

a) Box-and-Whisker-Plot; gibt Auskunft über tageszeitspezifische Trinkgeldverteilung; geeignet für Verteilungsvergleich

b) morgendliche Trinkgeldverteilung ist symmetrisch; Minimum: ca. 1,50 DM; unteres Quartil: ca. 4,50 DM; Median: ca. 6,50 DM; oberes Quartil: ca. 7,7 DM; Maximum: ca. 10,5 DM; Spannweite: ca. 9 DM; Interquartilsabstand: ca. 3,20 DM

c) i) mittags geringfügig rechts schiefe und geringfügig flach gewölbte Trinkgeldverteilung, die nahezu als symmetrisch gedeutet werden kann; Aussage koinzidiert mit „mittags"- Boxplot, das aufgrund seiner symmetrischen Konstruktion eine symmetrische Trinkgeldverteilung indiziert; ii) wegen 45,2 % = [($\sqrt{3,41}$)/Durchschnitt]·100 % ergibt sich mittags ein durchschnittlich gewährtes Trinkgeld von 4,09 DM ♦

Lösung 1-33

a) Merkmalsträger: annoncierter Gewerberaum; Abgrenzung: annonciert in Berliner Zeitung für Monate März bis Juni 1995

b) Merkmal: Verwendungszweck; diskretes Merkmal; nominal skaliert; Merkmal Quadratmeterpreis: (quasi)stetiges Merkmal; verhältnisskaliert

c) Modus

d) graphische Darstellung der empirischen Dichtefunktion mittels eines normierten Histogramms mit der Gesamtfläche eins

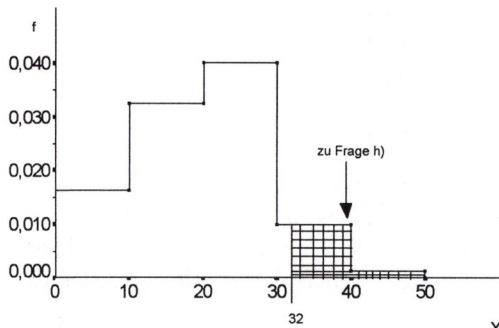

Arbeitstabelle: $p_j^D = n_j/(n \cdot \Delta_j)$ sind die Häufigkeitsdichten

Klasse j	Untergrenze	Obergrenze	p_j^D
1	0	10	0,0163
2	10	20	0,0325
3	20	30	0,0400
4	30	40	0,0100
5	40	50	0,0012

e) arithmetisches Mittel: 19,73 DM/m²; Median: 20,3 DM/m²

f) Lageregel: arithmetisches Mittel kleiner als der Median, d.h. schwach ausgeprägte Linksschiefe der empirischen Quadratmeterpreis-Verteilung; Quartilskoeffizient der Schiefe: -0,1; die mittleren 50 % der Merkmalswerte sind im Prinzip symmetrisch verteilt; sehr schwach ausgeprägte Linksschiefe der Verteilung

g) 1 - 0,908 = 0,092 ≡ 9,2 %, dargestellt als schraffierte Fläche im Histogramm

h) 61,3 % der annoncierten Gewerberäume haben einen Quadratmeterpreis von mehr als 15 DM/m², aber nicht mehr als 35 DM/m² ♦

Lösung 1-34*

a) durchschnittliche Grundmiete nach Erhöhung: $1{,}15 \cdot \bar{x} + 8{,}76 = 613{,}66$ DM

b) wegen einer empirischen Standardabweichung von $1{,}15 \cdot \sqrt{5625} = 86{,}25$ DM liegen die meisten Werte zwischen 527,41 DM und 699,91 DM

c) durchschnittliche Bruttomiete: $613{,}66 + 350 = 963{,}66$ DM ♦

Lösung 1-35

a) Mit Hilfe der Beziehung $566\,\text{€} \cdot p_A + 486\,\text{€} \cdot p_B = 507\,\text{€}$, wobei p_A bzw. p_B der Anteil der nach Ahlbeck bzw. Bansin reisenden Kunden ist, erhält man $p_B \cdot 100\,\% = 73{,}75\%$.

b) Es reisten 63 Kunden nach Ahlbeck. ♦

Lösung 1-36

Die Gesamtvarianz eines z-transformierten (bzw. standardisierten) Merkmales ist eins. Somit ergibt sich nach dem Varianzzerlegungssatz: $d_z^2 = d_{innerhalb}^2 + d_{zwischen}^2 = 1$. Die Zwischengruppenstreuung ist der Teil der Streuung des untersuchten Merkmals, der durch die Gruppierung erklärt wird. Somit ermittelt sich der Anteil der durch die Gruppierung erklärten Streuung des untersuchten Merkmals an der Gesamtstreuung des un-

Lösungen, Deskriptive Statistik

tersuchten Merkmals durch den Quotienten $d^2_{zwischen}/d^2_z = d^2_{zwischen}$, der für standardisierte Werte gleich ist mit der empirischen Zwischengruppenvarianz. Aus den in der Aufgabenstellung gegebenen Daten kann die durchschnittliche Innergruppenstreuung für die z-transformierten Merkmale X und Y berechnet werden: für das Merkmal X: $(0{,}8416^2 \cdot 140 + 1{,}0879^2 \cdot 220)/360 = 0{,}9987$ und für das Merkmal Y: $(0{,}9829^2 \cdot 140 + 0{,}7653^2 \cdot 220)/360 = 0{,}7336$. Folglich wird durch die Empfänger-Geberländer-Gruppierung die Variabilität in der Pro-Kopf-Verschuldung der Kreise zu $(1 - 0{,}9987) \cdot 100\,\% = 0{,}13\,\%$ und in den durchschnittlichen Gesamteinkünften pro Steuerpflichtiger der Kreise zu $(1 - 0{,}7336) \cdot 100\,\% = 26{,}64\,\%$ erklärt. ♦

Lösung 1-37
a) zum Vergleich der Streuungen kann der Variationskoeffizient herangezogen werden; es ergeben sich Werte von 0,764 für die deutsche Niederlassung und von 0,897 für die italienische Niederlassung; demnach streuen die Ausfallzeiten in der italienischen Niederlassung relativ stärker als in der deutschen Niederlassung

b) gewogenes arithmetisches Mittel: 4,54 %; empirische Varianz: 15,02; Variationskoeffizient: 0,854 ♦

Lösung 1-38
alter Median (Zentralwert) gleich neuer Median; Veränderungen bei den oberen 20 % der Merkmalswerte beeinflussen nicht den Median; arithmetisches Mittel nach Gehaltserhöhung: 2724,80 DM ♦

Lösung 1-39
ursprüngliche Messreihe wird linear transformiert, indem jeder Messwert um 0,3 erhöht wird

a) Spannweite: 0,4 ml (die lineare Transformation beeinflusst nicht die Spannweite)

b) arithmetisches Mittel: 4,7 ml (das neue arithmetische Mittel ergibt sich aus der linearen Transformation des alten arithmetischen Mittels)

c) durchschnittliche quadratische Abweichung: 0,1239 (ml)² (die lineare Transformation beeinflusst nicht die Streuung)

d) Variationskoeffizient: 0,075 bzw. 7,5 % ♦

Lösung 1-40*
a) Merkmalsträger: ein entliehenes Boot; Erhebungsmerkmal: Anzahl der Personen je Boot; Erhebungsmerkmal ist absolut skaliert

b) LORENZ-Kurve der relativen statistischen Konzentration: Koordinaten zur Konstruktion der LORENZ-Kurve: $(F_0; A_0) = (0; 0)$; $(F_1; A_1) = (0{,}05; 0{,}025)$; $(F_2; A_2) = (0{,}95; 0{,}925)$; $(F_3; A_3) = (1; 1)$

c) GINI-Koeffizient $G = 0{,}0475$, d.h. die sich in den entliehenen Booten befindenden 40 Personen verteilen sich (fast) gleichmäßig auf die Boote ♦

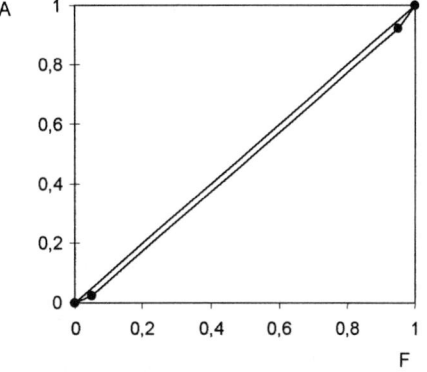

Lösung 1-41

a) Merkmalsträger: Unternehmen; Gesamtheit: alle Unternehmen; Identifikationsmerkmale: Unternehmen im Bauhauptgewerbe (Sache), alte und neue Bundesländer (Ort), Wirtschaftsjahr 1995 (Zeit); Erhebungsmerkmal: Anzahl der Beschäftigten; Skala: Absolutskala

b) LORENZ-Kurve der relativen statistischen Beschäftigtenkonzentration im Bauhauptgewerbe, alte und neue Bundesländer

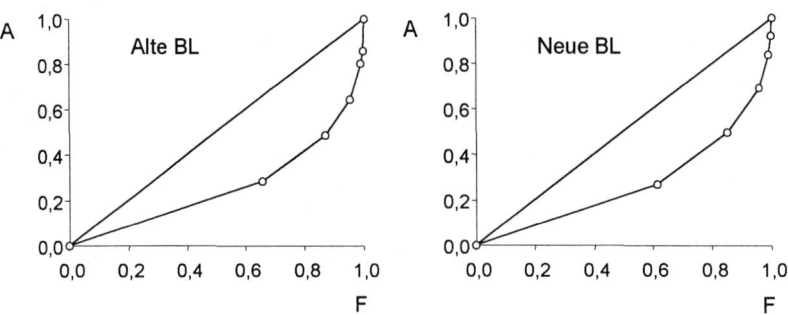

GINI-Koeffizient: $G_{alt} \approx 0{,}48$ und $G_{neu} \approx 0{,}46$, d.h. Beschäftigtenkonzentration mittleren Ausmaßes in den alten bzw. neuen Bundesländern ♦

Lösung 1-42

zunächst ermittelt man aus den kumulierten Anteilen der Schuldensumme (A_j) die Anteile der einzelnen Schuldenklassen an der Schuldensumme

a) GINI-Koeffizient: $G = 0{,}57$; mittelmäßig ausgeprägte relative statistische Konzentration der Schuldensumme auf die Kommunen

b) Schuldensumme für die unterste Klasse: 46230,44 Mio. DM; GINI-Koeffizient gleich null bedeutet: keine statistische Konzentration nachweisbar; die Schuldensumme ist gleichverteilt über alle Kommunen ♦

Lösung 1-43*

a) Ausprägungen: 0, 1, 2, ...: absolut skaliert
b) Erhebungsmerkmal A ist extensiv, da Summenbildung möglich und sachlogisch
c) relative statistische Reisegepäckkonzentration auf Fluggäste
d) LORENZ-Kurve der relativen statistischen Reisegepäckkonzentration bei den Fluggästen (nebenstehend)
GINI-Koeffizient: G = 1 − [0,8·(0,5 + 0) + 0,2·(1 + 0,5)] = 0,3, d.h. schwache relative statistische Reisegepäckkonzentration bei Fluggästen ♦

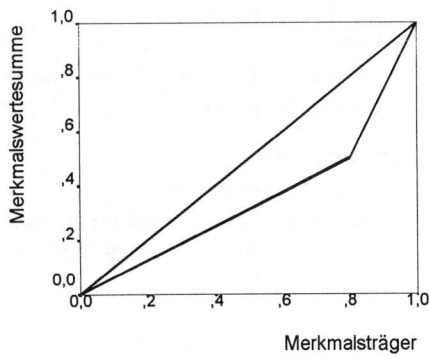

Lösung 1-44

a) Preisindex nach PAASCHE: 0,978, d.h. der Preis für Kinderpizza ist, gewichtet mit den 1996 verkauften Mengen, im Durchschnitt auf 97,8 % bzw. durchschnittlich um 2,2 % gesunken
b) Umsatzindex 0,978·0,94 = 0,919 als Produkt aus Preisindex nach PAASCHE und Mengenindex nach LASPEYRES; demnach ist der Umsatz um 8,1 % gesunken ♦

Lösung 1-45

mit der Aufgabenstellung gegeben: Wertindex mit 1,24 und Preisindex nach LASPEYRES mit 1,06; zu ermitteln ist der Mengen- bzw. Volumenindex nach PAASCHE: 1,24/1,06 ≈ 1,17; demnach sind die umgesetzten Mengen (bewertet zu den Basispreisen) durchschnittlich auf 117 % bzw. durchschnittlich um 17 % gestiegen ♦

Lösung 1-46

mit der Aufgabenstellung gegeben: Wertstruktur der Vorleistungen in der Berichtsperiode (I. Quartal 1996) und Preismessziffern für die einzelnen Vorleistungspositionen; zu ermitteln ist Preisindex nach PAASCHE: 1,0042; demnach sind die Preise für die Vorleistungen durchschnittlich um 0,4 % gestiegen ♦

Lösung 1-47*

a) da durchschnittliche Mengenmesszahlen und die Umsatzstruktur des Berichtszeitraumes gegeben sind, wird die durchschnittliche Mengenentwicklung mit Hilfe des harmonischen Mengenindexes berechnet:

$$\overline{m}^q = \frac{0,6+0,4}{\frac{1}{0,9}\cdot 0,6 + \frac{1}{1,1}\cdot 0,4} \approx 0,97;$$

Interpretation: im Vergleich zum ersten Halbjahr sind die umgesetzten Mengen, bewertet zu den Preisen des zweiten Halbjahres, durchschnittlich auf 97 % bzw. um 3 % gesunken; da der harmonische Mengenindex identisch ist mit dem Mengenindex nach PAASCHE und der Preisindex nach LASPEYRES bekannt ist, schätzt man die (relative) Umsatzentwicklung mit Hilfe des Indexsystems: $I^U = I^{p,LAS} \cdot I^{q,PAA} = 0,95 \cdot 0,97 \approx 0,92$;

demnach ist der Umsatz im zweiten gegenüber dem ersten Halbjahr auf 92 % bzw. um 8 % gesunken

b) Umsatzanteil von 3/5; durchschnittliche prozentuale Wachstumsrate für Gebrauchtwagen von 10 % und für Neuwagen von –10 %; durchschnittliche Preismesszahl bzw. Preisindex nach LASPEYRES von 0,95 bzw. 95 % ♦

Lösung 1-48*

a) da durchschnittliche Mengenmesszahlen und die Umsatzstruktur des Berichtszeitraumes gegeben sind, wird die durchschnittliche Mengenentwicklung mit Hilfe des harmonischen Mengenindexes berechnet:

$$\overline{m}^Q = \frac{0,7+0,3}{\frac{1}{1,4} \cdot 0,7 + \frac{1}{0,9} \cdot 0,3} = 1,2 ;$$

demnach sind im Vergleich zum üblichen Tagesgeschäft im Winterschlussverkauf die umgesetzten Mengen, bewertet zu den Winterschlussverkaufpreisen, durchschnittlich auf 120 % bzw. um 20 % gestiegen

b) da der harmonische Mengenindex identisch ist mit dem Mengenindex nach PAASCHE und der Umsatzindex bekannt ist, schätzt man die durchschnittliche Preisentwicklung mit Hilfe des Preisindexes nach LASPEYRES über das Indexsystem: $I^U = I^{p,LAS} \cdot I^{q,PAA}$ bzw. $1,08 = I^{p,LAS} \cdot 1,2$, so dass $I^{p,LAS} = 0,9$ gilt; demnach sind die Preise im Winterschlussverkauf, bewertet zu den umgesetzten Mengen im Alltagsgeschäft, durchschnittlich auf 90 % bzw. durchschnittlich um 10 % gesunken ♦

Lösung 1-49*

a) Warenkorb besteht aus zwei Gütern, den Busreisen nach Paris und nach Rom; gegeben sind: Preismesszahl $m^p_{Paris} = 0,9$ für eine Paris-Reise, Preisindex nach PAASCHE $I^{p,PAA} = 1$ und Berichtsumsatzanteil $a_{Rom} = 0,55$ (woraus sich letztlich eine Berichtsumsatzstruktur von 0,55 und (1 - 0,55) = 0,45 ableitet)

b) unter Verwendung des Preisindexes nach PAASCHE erhält man wegen

$$I^{p,PAA} = \frac{0,55+0,45}{\frac{0,55}{m^p_{Rom}} + \frac{0,45}{0,9}} = 1$$

eine Preismesszahl für eine Rom-Reise von $m^p_{Rom} = 1,1$; demnach ist der Preis für eine Rom-Reise vom I. zum II. Quartal 2001 um 10 % gestiegen

c) da der Umsatzindex $I^U = 1,3$ bekannt ist, schätzt man die Mengenentwicklung über das Indexsystem $I^U = I^{p,PAA} \cdot I^{q,LAS}$; wegen $I^{q,LAS} = 1,3$ sind die verkauften Busreisen unter Berücksichtigung der Preise vom I. Quartal 2001 durchschnittlich auf 130 % bzw. um 30 % gestiegen; im konkreten Fall ist die Umsatzsteigerung vor allem aus der Steigerung der verkauften Mengen an Busreisen statistisch zu erklären ♦

Lösung 1-50*

a) da Messzahlen für die Kilometerkosten beider Taxitypen und die Umsatzanteile aus dem Basiszeitraum (Vergleichszeitraum) gegeben sind, berechnet man die durchschnittliche Entwicklung der Kilometerkosten mittels des arithmetischen Indexes der Kilometerkosten: $1,07 \cdot 0,3 + 1,04 \cdot 0,7 \approx 1,049$; demnach sind die kilometerbezogenen Kraftstoffkosten für beide Taxitypen im Durchschnitt um 4,9 % gestiegen

b) da der arithmetische Index der Kilometerpauschalen identisch ist mit dem Preisindex nach LASPEYRES und der Umsatzindex gegeben ist, ergibt sich gemäß dem Indexsystem $I^U = I^{q,PAA} \cdot I^{p,LAS}$ und $0,89 = 1,049 \cdot I^{q,LAS}$ ein (harmonischer) Fahrtstreckenindex nach PAASCHE von $I^{q,PAA} = 0,89/1,049 = 0,848$; demnach haben sich die Fahrtstrecken im Durchschnitt um 15,2 % verringert

c) gegeben: Wachstumsrate der Kilometerkosten für Benziner: 7 %; Wachstumsfaktor der Kilometerkosten für Diesel-Motor: 1,04; prozentualer Basisumsatzanteil für Benziner: 30 %; prozentuale Wachstumsrate des Umsatzes: -11 %; berechnet: arithmetischer Index der Kilometerkosten: 1,049; harmonischer bzw. PAASCHE-Index der Fahrtstrecken: 0,848 ♦

Lösung 1-51*
a) Preisindex nach LASPEYRES
b) Preismessziffer für Standardsoftware: 1,55
c) Mengen- bzw. Volumenindex nach PAASCHE: $1,20/1,10 = 1,091$ ♦

Lösung 1-52*
a) Index der Verbrauchsausgaben $I^{VA} = 1$, da Verbrauchsausgaben gleichgeblieben sind
b) arithmetischer Preisindex $\overline{m}^p = 1,1 \cdot 0,15 + 1 \cdot 0,85 = 1,015$, der mit Preisindex nach LASPEYRES $I^{p,LAS}$ identisch ist; Benzinpreiserhöhung um 10 % hat eine Erhöhung des Preisindexes der Lebenshaltung um 1,5 % zur Folge
c) Mengenindex nach PAASCHE $I^{q,PAA} = I^{VA}/I^{p,LAS} = 1/1,015 \approx 0,985$; demnach ist unter Berücksichtigung der Januarpreise der mengenmäßige Verbrauch der privaten Haushalte durchschnittlich um 1,5 % gesunken ♦

Lösung 1-53
es kann der Preisindex nach LASPEYRES berechnet werden; es ergibt sich ein Wert von 1,103; der Preisindex nach PAASCHE kann nicht berechnet werden, da keinerlei Angaben zum Warenkorb für das Wirtschaftsjahr 2002 vorliegen ♦

Lösung 1-54*
a) da durchschnittliche Kursmesszahlen und die Umsatzstruktur des Berichtszeitraumes bekannt sind, berechnet man die durchschnittliche Kursentwicklung mit Hilfe des harmonischen Preisindexes, der mit dem Preisindex nach PAASCHE identisch ist:

$$\overline{m}^{p,PAA} = \frac{0,6 + 0,2 + 0,2}{\frac{0,6}{1,1} + \frac{0,2}{1} + \frac{0,2}{0,95}} = 1,046$$

demnach sind die Kurse des Aktienpaketes durchschnittlich auf 104,6 % bzw. durchschnittliche um 4,6 % gestiegen

b) da der Mengenindex nach LASPEYRES bekannt ist, kann die Umsatzentwicklung mit dem Indexsystems $I^U = I^{p,PAA} \cdot I^{q,LAS} = 2 \cdot 1,046 = 2,092$ abgeschätzt werden; demnach ist der Umsatz auf 209,2 % bzw. um 109,2 % gestiegen

c) da der Preisindex nach DROBISCH und ein Preisindex (nach PAASCHE bzw. LASPEYRES) bekannt sind, kann man dieses statistische Paradoxon mit Hilfe eines Strukturindexes nach DROBISCH messen, für den wegen $1,5/0,9 \approx 1,67$ gilt; Interpretation: obgleich die Aktienkurse gefallen sind, steigt (scheinbar paradox) wegen einer markanten Verschiebung der Mengenstruktur der verkauften Aktien hin zu den Aktien mit den höheren Kurswerten der durchschnittliche Aktienkurs

d) Aktienkursraten: Beate UHSE: 10 %, DAIMLER-CHRYSLER: 0 %, Telekom: -5 %; Berichtsumsatzstruktur: 3/5, 1/5, 1/5; harmonischer Preisindex: 1,046, Mengenindex nach LASPEYRES: 2, Umsatzindex: 2,092, Preisindex nach DROBISCH: 1,5, reiner Preisindex nach DROBISCH (der mit dem Preisindex nach PAASCHE bzw. LASPEYRES identisch ist): 0,9, Strukturindex nach DROBISCH: 1,67 ♦

Lösung 1-55*

a) Struktur der Gesamteinnahmen fungiert als Wägungsschema des Basis- bzw. des Berichtszeitraumes; bei Basisgewichtung berechnet man die durchschnittliche prozentuale Preisveränderungsrate auf der Basis des arithmetischen Preisindex, wobei $(60/75) \cdot 0{,}4 + 1 \cdot 0{,}6 = 0{,}92$ gilt; bei Berichtsgewichtung berechnet man die durchschnittliche prozentuale Preisveränderungsrate auf der Basis des harmonischen Preisindex, wobei
$$\frac{0{,}4 + 0{,}6}{\dfrac{0{,}4}{\dfrac{60\ \text{DM}}{75\ \text{DM}}} + \dfrac{0{,}6}{1}} = 0{,}909$$
gilt; demnach sind die Eintrittspreise durchschnittlich um 8 % bzw. um 9,1 % gefallen

b) da sich die Gesamteinnahmen nicht verringern sollen, ist der Index der Gesamteinnahmen gleich oder größer als eins; gemäß Indexsystem $I^U = I^{q,PAA} \cdot I^{p,LAS} = I^{p,PAA} \cdot I^{q,LAS}$ müssen wegen $1/0{,}92 = 1{,}087$ bzw. $1/0{,}909 = 1{,}1$ die Besucherzahlen mindestens um 8,7 % bzw. um 10 % steigen, wenn die Einnahmen nicht sinken sollen ♦

Lösung 1-56*

aus dem geometrischen Mittel $\sqrt[4]{87/100} \approx 0{,}966$ der Kaufkraftangaben ergibt sich wegen $0{,}966 - 1 = -0{,}034$ ein jahresdurchschnittlicher prozentualer Kaufkraftschwund der Deutschen Mark von 3,4 % ♦

Lösung 1-57

a) für die Anzahl der Mitarbeiter ergibt sich eine durchschnittliche jährliche Wachstumsrate von $\sqrt[9]{198/164} - 1 \approx 0{,}021$ bzw. 2,1 % und für das Verwaltungsvermögen eine von $\sqrt[9]{10{,}7/7{,}1} - 1 \approx 0{,}047$ bzw. 4,7 %

b) für die Anzahl der Mitarbeiter ergibt sich eine durchschnittliche Triaden-Wachstumsrate von $\sqrt[3]{198/164} - 1 \approx 0{,}065$ bzw. 6,5 % und für das Verwaltungsvermögen eine von $\sqrt[3]{10{,}7/7{,}1} - 1 \approx 0{,}147$ bzw. 14,7%.

c) prognostizierte Mitarbeiteranzahl für 1995: $198 \cdot \sqrt[6]{198/171} \approx 203$; prognostiziertes Verwaltungsvermögen für 1995: $10{,}7 \cdot \sqrt[6]{10{,}7/7{,}8} \approx 11{,}3$ Mio. DM

d) in Anlehnung an die LEIBNIZ´sche Zinseszinsformel wäre 1997 eine jahresdurchschnittliche Anzahl von etwa $198 \cdot 1{,}065 \approx 211$ Mitarbeitern und ein jahresdurchschnittliches Verwaltungsvermögen von ca. $10{,}7 \cdot 1{,}147 \approx 12{,}27$ Mio. DM erreicht ♦

Lösung 1-58*
a) einfaches harmonisches Mittel aus den beiden durchschnittlichen Schreibzeiten; demnach werden im Durchschnitt $(1 + 1)/[(1/4) + (1/8)] = 5{,}33$ Minuten je Geschäftsbrief benötigt
b) dies sind im Durchschnitt $60/5{,}33 = 11{,}25$ bzw. ca. 11 Briefe pro Stunde
c) gewogenes arithmetisches Mittel aus den durchschnittlichen Schreibzeiten und den Anzahlen der geschriebenen Geschäftsbriefe, d.h. im Durchschnitt werden im Sekretariat $(4\cdot 10 + 8\cdot 30)/(10 + 30) = 7$ Minuten zum Schreiben eines Geschäftsbriefes benötigt ♦

Lösung 1-59*
da die Pro-Kopf-Exporte Verhältniszahlen sind und als Zusatzinformation
a) die Exportstruktur gegeben ist (also letztlich das Merkmal, das im Zähler der Verhältniszahlen steht), berechnet man wegen der unterschiedlichen Exportanteile ein gewogenes harmonisches Mittel:

$$\frac{(0{,}20+0{,}56+0{,}24)}{\dfrac{0{,}20}{1975}+\dfrac{0{,}56}{3332}+\dfrac{0{,}24}{2552}} \approx 2752;$$

demnach beläuft sich in den drei Bundesländern der (durchschnittliche) Pro-Kopf-Export insgesamt auf 2752 DM je Einwohner

b) die Bevölkerungsstruktur gegeben ist (also letztlich das Merkmal, das im Nenner der Verhältniszahlen steht), berechnet man wegen der unterschiedlichen Bevölkerungsanteile ein gewogenes arithmetisches Mittel:

$$\frac{1975\cdot 0{,}28+3332\cdot 0{,}47+2552\cdot 0{,}25}{0{,}28+0{,}47+0{,}25} \approx 2757;$$

demnach beläuft sich in den drei Bundesländern der (durchschnittliche) Pro-Kopf-Export insgesamt auf 2757 DM je Einwohner; der Unterschied zum Ergebnis aus a) resultiert aus den gerundeten Strukturangaben ♦

Lösung 1-60
der Anteil der Sorte II verringerte sich im Beobachtungszeitraum von Jahr zu Jahr durchschnittlich um $(1 - (0{,}7/0{,}8)^{1/10})\cdot 100\% \approx 1{,}33\%$ ♦

Lösung 1-61
gewogenes harmonisches Mittel: 107,17 dt je ha; Begründung: Hektarertrag ist eine statistische Verhältniszahl und als Gewichtung ist das Merkmal Ertrag(santeil) gegeben, das im Zähler der Verhältniszahl steht; da Gewichte unterschiedlich sind, berechnet man ein gewogenes harmonisches Mittel ♦

Lösung 1-62
a) durchschnittliches jährliches prozentuales Wachstum: 13,74 %, Lösungsansatz: via geometrisches Mittel $(1 - (9200/4000)^{1/8})\cdot 100\% \approx 11\%$
b) Prognosewert für 2005 ergibt sich aus: $9200\cdot 1{,}1097^5 \approx 15.480$ Einwohner ♦

Lösung 1-63
a) wegen unterschiedlicher Gewichtung (Anzahlen von Skeletten) berechnet man jeweils ein gewogenes arithmetisches Mittel aus den jeweiligen Femurlängen; seitenspezifisch:

446·27 + 419·32 ≈ 431,4 mm für durchschnittliche Femurlänge, links und 445·30 + 418·23 ≈ 433,3 mm für durchschnittliche Femurlänge, rechts; geschlechtsspezifisch: 446·27 + 445·30 ≈ 445,5 mm für durchschnittliche Femurlänge, männlich und 419·32 + 418·23 ≈ 418,6 mm für durchschnittliche Femurlänge, weiblich

b) obgleich die durchschnittlichen linken Femurlängen bei den männlichen und weiblichen Skeletten größer sind als die durchschnittlichen rechten Femurlängen, ist es bei den seitenspezifischen Gesamtdurchschnitten genau umgekehrt, was als paradox erscheint; dieses scheinbare statistische Paradoxon erklärt sich aus sog. Struktureffekten etwa der folgenden Art: während linksseitig die weiblichen Skelette 32/(27 + 32) = 0,56 bzw. 56 % ausmachten, waren es rechtsseitig nur 23/(23 + 30) = 0,43 bzw. 43 % und in logischer Konsequenz bei den männlichen Skeletten (1 − 0,43) = 0,57 bzw. 57 %; da sich rechts (im Vergleich zu links) offensichtlich die Struktur hin zu den größeren (männlichen) Femurlängen verschoben hat, fällt der Gesamtdurchschnitt rechts größer aus als links ♦

Lösung 1-64

a) Streudiagramm mit (gestrichelten) Mittelwertlinien; X: Ausgaben für Werbung in 1000 €; Y: Umsatz in Mio. €; länglich gestreckte Punktewolke von links unten nach rechts oben; aus der Punktewolke ist zu entnehmen, dass bei sieben von acht Filialen bezüglich der beiden Erhebungsmerkmale ein gleichläufiges Verhalten der Einzelwerte

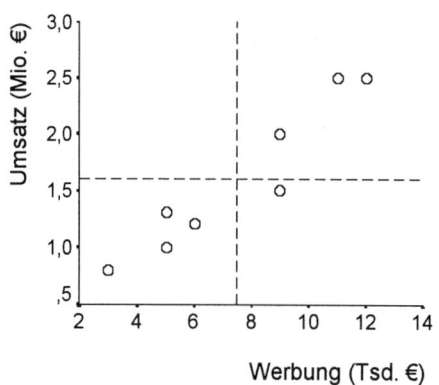

um ihre jeweiligen Mittelwerte beobachtet werden kann; lediglich bei einer von acht Filialen ist ein gegenläufiges Verhalten zu beobachten; demnach weisen Filialen mit einem überdurchschnittlichen Niveau bei den Werbeausgaben in der Regel auch ein überdurchschnittliches Umsatzniveau auf; umgekehrt weisen Filialen mit einem unterdurchschnittlichen Niveau bei den Werbeausgaben in der Tendenz ein unterdurchschnittliches Umsatzniveau auf; dieses deutlich sichtbare konkordante Verhalten der Merkmalswerte um ihre Mittelwerte ist ein bildhafter Ausdruck eines ausgeprägten gleichläufigen linearen statistischen Zusammenhangs

b) einfacher linearer Maßkorrelationskoeffizient: 0,953, d.h. starker gleichläufiger linearer statistischer Zusammenhang zwischen Umsatz und Werbung ♦

Lösung 1-65

da es sich um Rangzahlen handelt, ist der Rangkorrelationskoeffizient r_S nach SPEARMAN ein geeignetes Zusammenhangsmaß; wegen $r_S \approx 0,73$ ist für die 12 Universitäten in den neuen Bundesländern eine enge positive statistische Rangkorrelation zwischen der Lehrangebotsbreite und den Spezialisierungsmöglichkeiten festzustellen; demnach besitzen in der Regel Hochschulen mit einer hohen (niedrigen) Rangzahl im Lehrangebot auch eine hohe (niedrige) Rangzahl in den Spezialisierungsmöglichkeiten ♦

Lösung 1-66
Merkmalsträger: Land; Erhebungsmerkmale: Rangplatz hinsichtlich der Lesenkompetenz (Reading Literacy) und der naturwissenschaftlichen Grundbildung (Scientific Literacy) von 15-jährigen Schülern; Skalierung: jeweils Ordinalskala; statistisches Verfahren: Rangkorrelationsanalyse; eine geeignete Maßzahl ist der Rangkorrelationskoeffizient r_S nach SPEARMAN; wegen $r_S \approx 0{,}925$ lässt sich für die PISA-Studien-Länder ein starker positiver (bzw. gleichläufiger) statistischer Zusammenhang zwischen den Rangplätzen hinsichtlich der Lese- und der naturwissenschaftlichen Kompetenz der getesteten Schüler nachweisen; da bei den Rangplätzen keine Bindungen auftreten, also alle Länder sich bezüglich der Ausprägungen (Rangplätze) beider Erhebungsmerkmale wohl voneinander unterscheiden, ist der Rangkorrelationskoeffizient nach SPEARMAN in seinem Wert identisch mit dem Wert des Maßkorrelationskoeffizienten nach BRAVAIS und PEARSON, der jedoch für ordinale Merkmale kein geeignetes statistisches Zusammenhangsmaß ist ♦

Lösung 1-67
a) Streudiagramm mit Mittelwertlinien und Regressionsgeraden (vgl. c); Punktewolke indiziert einen positiven linearen statistischen Zusammenhang zwischen dem CO_2-Ausstoß und dem Kraftstoffverbrauch der 10 Kleinwagen

b) einfacher linearer Maßkorrelationskoeffizient: 0,816, d.h. starker positiver linearer statistischer Zusammenhang zwischen CO_2-Ausstoß und Kraftstoffverbrauch der 10 Kleinwagen

c) einfache lineare Kleinst-Quadrate-Regression des CO_2-Ausstoßes A über dem Kraftstoffverbrauch V: $A^*(V) = 29{,}32 + 17{,}34 \cdot V$; Parameterinterpretation: Regressionskonstante 29,32 g/100 km fungiert als Ausgleichskonstante und

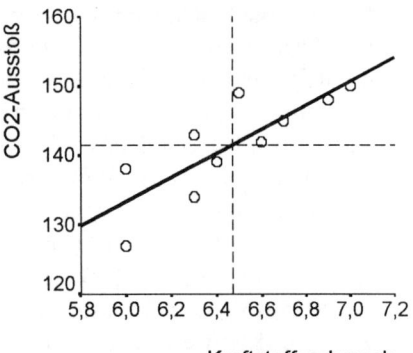

ist im konkreten Fall nicht plausibel interpretierbar, Regressionskoeffizient 17,34: steigt (fällt) der Kraftstoffverbrauch je 100 km um 1 Liter je 100 km, dann steigt (fällt) der CO_2-Ausstoß im Mittel um 17,34 Gramm je 100 km; Graph der Regressionsgeraden siehe Streudiagramm unter a); Charakteristikum: Regressionsgerade verläuft durch den Mittelwertschnittpunkt (6,47; 141,50)

d) Bestimmtheitsmaß $(0{,}816)^2 = 0{,}665$ als Quadrat des einfachen linearen Maßkorrelationskoeffizienten; demnach ist man mit Hilfe der Regressionsgeraden in der Lage, zu 66,7 % die Varianz des CO2-Ausstoßes allein aus der Varianz des Kraftstoffverbrauches statistisch zu erklären ♦

Lösung 1-68*
a) unter Verwendung der Informationen aus den aufbereitenden Urlistendaten ermittelt man für den einfachen linearen Korrelationskoeffizienten den folgenden Wert: $(3564{,}226 - 121{,}537 \cdot 28{,}182) / 22{,}29425 \cdot 6{,}67502 = 0{,}9345$; Interpretation: zwischen dem durchschnittlichen Kaufwert für Bauland und der Bevölkerungsdichte besteht in der besagten Region ein starker linearer statistischer Zusammenhang

b) eine Umrechnung in Euro ist eine Skalentransformation in den Ausgangsdaten, die den Wert den Korrelationskoeffizienten nicht verändert

c) aus den aufbereitenden Urlistendaten ermittelt man für die Parameter der einfachen linearen Regressionsfunktion die folgenden Werte: $b_1 = 1390{,}7027 / 4970{,}33631 = 0{,}2798$ [(DM/m²)/(Personen/km²)] und $b_0 = 28{,}182 - 0{,}2798 \cdot 121{,}537 = -5{,}8241$ [DM/m²]; einfaches lineares Regressionsmodell: $y = f(x) + u$ mit der geschätzten Regressionsgeraden $y^* = f(x) = -5{,}524 + 0{,}280 \cdot x + u$

d) Grenzfunktion (absolute Elastizität): $b_1 = 0{,}28$ [(DM/m²)/(Personen/km²)]; Interpretation: Der Kaufwert für einen Quadratmeter Bauland erhöhte sich bei einer Zunahme der Bevölkerungsdichte um eine Person pro Quadratkilometer (im regionalen Vergleich zwischen den Regionen im Jahre 1995) um durchschnittlich 0,28 DM

e) Die durchschnittliche Abweichung der beobachteten y-Werte von den geschätzten y-Werten y* wird durch den Standardfehler der Regression (Standardabweichung der Residuen) quantifiziert. Unter Nutzung des Varianzzerlegungssatzes der (deskriptiven) Regression kann die Varianz der Residuen wie folgt bestimmt werden: $d^2_u = d^2_y - d^2_{y^*} = d^2_y - b^2_1 \cdot d^2_x = 44{,}555876 - 0{,}2798^2 \cdot 497{,}033631 = 5{,}433087$. Für die durchschnittliche Abweichung der beobachteten y-Werte von den geschätzten y-Werten ergibt sich somit ein Wert von 2,376 [DM / qm]. Im folgenden sind für die einzelnen Regionen die Baulandpreise nach dem ermittelten Modell zu berechnen und die Regionen zu bestimmen, für die der Absolutbetrag der Differenz zwischen beobachteten y-Wert und geschätzten y-Wert größer als 2,376 ist. Das sind folgende Regionen: Nordhausen, Kreis (Abweichung: 4,82); Wartburgkreis (Abweichung: -2,89); Hildburghausen, Kreis (Abweichung: 2,39)

f) Modell: $y = b_0 \cdot x^{b_1} \cdot u$; linearisiertes Modell für Schätzung: $\ln y = \ln b_0 + b_1 \cdot \ln x + \ln u$; Ermittlung der Modellparameter: $b_1 = (15{,}8716848 - 4{,}7819615 \cdot 3{,}3097542) / (22{,}9053015 - 4{,}7819615^2) = 1{,}1683526$; $\ln b_0 = 3{,}3097542 - 1{,}1683526 \cdot 4{,}7819615 = 0{,}1025645$; relative Elastizität: $b_1 = 1{,}1683526$; Interpretation der relativen Elastizität: Der Kaufwert für einen Quadratmeter Bauland erhöhte sich bei einer Zunahme der Bevölkerungsdichte um ein Prozent (im regionalen Vergleich zwischen den Regionen im Jahre 1995) um durchschnittlich 1,17 %.

g) Die Bevölkerungsdichte der drei Kreise (Nordhausen, Wartburgkreis, Unstrut-Hainich Kreis) insgesamt wird als ein gewogenes harmonisches Mittel aus den Bevölkerungsdichten dieser drei Kreise ermittelt, wobei die Einwohneranzahl als Gewichtungsfaktor fungiert: 125 Einwohner/km² Katasterfläche ♦

Lösung 1-69*

a) ja, Betrag des einfachen linearen Maßkorrelationskoeffizienten liegt nahe am Wert 1

b) lineare Regressionsfunktion: $y^* = -1{,}301 \cdot x + 18{,}309$

c) wegen $y^* = -1{,}301 \cdot 7 + 18{,}309 = 9{,}2$ wird er für sein Boot erwartungsgemäß einen Preis von 9200 € verlangen ♦

Lösung 1-70*

a) Gebrauchtwagen; 310 Gebrauchtwagen; gebrauchter PKW vom Typ VW Golf, angeboten im I. Quartal 1999 in Berlin; Wert und Alter; beide kardinal bzw. metrisch skaliert

b) Streudiagramm

c) einfache lineare Regression des Zeitwertes Z über dem Alter A; Regressionskonstante: Für A = 0 ergibt sich ein Z von ca. 27,5; anhand der linearen Regression würde man somit den Neuwert eines VW Golf auf 27.500 DM schätzen; Regressionskoeffizient: mittels der Zwei-Punkte-Gleichung ermittelt man unter Verwendung der Koordinaten der Mittelwertlinien einen Anstieg von ca. (17 - 27,5)/(40 - 0) ≈ -0,26 (1000 DM/Monat); demnach hätte man unter Verwendung der linearen Regression mit einem durchschnittlichen monatlichen Zeitwertverlust von ca. 260 DM zu rechnen

d) mit Hilfe der angegebenen einfachen linearen Regression des Zeitwertes über dem Alter ist man bereits in der Lage, zu 83,6 % die Varianz des Zeitwertes eines VW Golf allein aus der Varianz seines Alters statistisch zu erklären

e) aus dem Bestimmtheitsmaß kann für eine einfache lineare Regression der einfache lineare Maßkorrelationskoeffizient seinem Betrage nach bestimmt werden, wobei im konkreten Fall $\sqrt{0{,}836} \approx 0{,}914$ gilt; da der einfache lineare Regressionskoeffizient negativ ist, muss auch der einfache lineare Maßkorrelationskoeffizient negativ sein, so dass man letztlich den Maßkorrelationskoeffizienten von –0,914 wie folgt interpretieren kann: zwischen dem Zeitwert und dem Alter von gebrauchten VW Golf besteht ein starker umgekehrter linearer statistischer Zusammenhang; je älter ein VW Golf ist, um so geringer ist (in der Regel auch) sein Zeitwert und umgekehrt

f) ceteris paribus würde wegen $Z^*(36) = 27{,}5 - 0{,}26 \cdot (3 \cdot 12) \approx 18{,}1$ ein drei Jahre alter VW Golf 18.100 DM kosten

g) wegen $dZ^*/dA = -0{,}26$ hätte man ceteris paribus und unabhängig vom Alter einen durchschnittlichen monatlichen Zeitwertverlust von ca. 260 DM zu verzeichnen; Grundlage der Berechnung: Grenzfunktion $dZ^*/dA = -0{,}26$, die im konkreten Fall eine Konstante ist

h) Elastizitätsfunktion: $-0{,}26 \cdot A/(27{,}5 - 0{,}26 \cdot A)$ und zugehörige Punktelastizität an der Stelle A = 20 Monate von –0,23; demnach steht bei einem 20 Monate alten VW Golf einer einprozentigen Alterszunahme im Durchschnitt ein unterproportionaler Zeitwertverlust von 0,23 Prozent gegenüber ♦

Lösung 1-71

a) Merkmalsträger: Wohnung; Identifikationsmerkmale: 2-Zimmer-Mietwohnung (Sache), annonciert in Berliner Zeitung (Ort), Oktober 2001 (Zeit); Gesamtheit: 10 Mietwohnungen; Erhebungsmerkmale: monatliche Kaltmiete M und Wohnfläche F; Skala: jeweils verhältnisskaliert

b) Streudiagramm mit (gestrichelten) Mittelwertlinien: Streudiagramm zeigt Punktewolke, die einen positiven linearen statistischen Zusammenhang vermuten lässt; anhand der Mittelwertlinien ist zu erkennen, dass für Mietwohnungen mit überdurchschnittlicher Wohnfläche in der Regel eine überdurchschnittliche Warmmiete zu zahlen ist und umgekehrt; Stärke und Richtung des Zusammenhangs können mit dem einfachen linearen Maßkor-

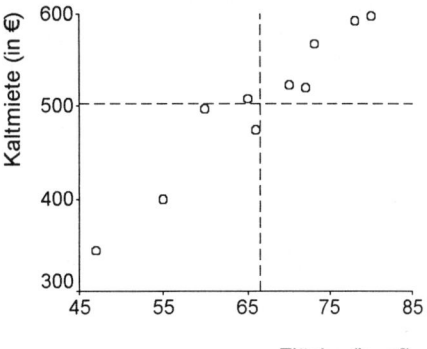

relationskoeffizienten gemessen werden, der wegen 0,965 einen starken linearen statistischen Zusammenhang zwischen Warmmiete und Wohnfläche auch numerisch bestätigt

c) aus der gestreckten Punktewolke im Streudiagramm wird ersichtlich, dass die einfache lineare Kleinst-Quadrate-Regression M*(F) = -0,62 + 7,55·F ein geeignetes Modell ist, um die statistische Abhängigkeit der monatlichen Kaltmiete von der Wohnfläche zu beschreiben; Regressionskonstante fungiert las Ausgleichkonstante und ist im konkreten Fall sachlogisch nicht plausibel zu deuten; Regressionskoeffizient: 7,55 €/m² kann als ein durchschnittlicher Quadratmeterpreis gedeutet werden

d) unter sonst gleichen Bedingungen und unter Verwendung der einfachen linearen Mietenregression hätte man erwartungsgemäß für eine 62 m² 2-Zimmer-Mietwohnung wegen M*(62) = -0,62 + 7,55·62 ≈ 467,5 eine monatliche Kaltmiete von 467,5 € zu zahlen

e) Punkt-Elastizität 7,55·62/(-0,62 + 7,55·62) ≈ 1; auf einem Wohnflächenniveau 62 m² reagiert die monatliche Kaltmiete (nahezu) proportional elastisch auf (geringfügige) relative Wohnflächenveränderungen

f) Bestimmtheitsmaß: 0,93, d.h. mit Hilfe der einfachen linearen Regression der monatlichen Kaltmiete M über der Wohnfläche F ist man bereits in der Lage, zu 93 % die (empirische) Varianz der beobachteten Kaltmieten allein aus der (empirischen) Varianz der beobachteten Wohnflächen statistisch zu erklären ♦

Lösung 1-72

a) Regressionskoeffizient: -1,93 [1000 DM pro PKW und Altersjahr]; Regressionskonstante: 26,42 [1000 DM]

b) y*(5) = 26,42 - 1,93·5 = 16,772 (1000 DM) bzw. 16772 DM

c) ceteris paribus verringert sich (bei Verwendung der linearen Regressionsfunktion) mit jedem Nutzungsjahr der Verkaufspreis für einen PKW des betreffenden Modells im Durchschnitt um 1930 DM

d) die lineare Regressionsfunktion ist hinsichtlich des Bestimmtheitsmaßes geringfügig besser als die hyperbolische Regressionsfunktion; mit der linearen Regressionsfunktion ist man in der Lage, zu 83,7 % die Preisstreuung aus der Altersstreuung statistisch zu erklären, bei der hyperbolischen Regressionsfunktion sind dies 80,1 % ♦

Lösung 1-73*

a) einfache lineare Regressionsfunktion des Betrages B über der Fahrtstrecke F; Regressionskonstante: 9,05 DM als fahrstreckenautonomer Grundbetrag; Regressionskoeffizient: 2,10 DM/km, d.h. steigt (fällt) die Fahrtstrecke um einen Kilometer, dann steigt (fällt) im Durchschnitt der tatsächlich gezahlte Betrag um 2,10 DM

b) wegen r = 0,99 besteht zwischen dem tatsächlich gezahlten Betrag und der Fahrtstrecke ein starker positiver linearer statistischer Zusammenhang

c) das Bestimmtheitsmaß für eine einfache lineare Regression ist stets gleich dem Quadrat des einfachen linearen Maßkorrelationskoeffizienten; demnach können mit Hilfe der einfachen linearen Regression des Betrages über der Fahrtstrecke wegen $R^2 = (0,99)^2 = 0,98$ bereits 98 % der Varianz des tatsächlich gezahlten Betrages allein aus der Varianz der Fahrtstrecken statistisch erklärt werden

d) Grenzfunktion: d B*/d F = 2,10 DM/km; Elastizitätsfunktion: 2,10·F/(9,05 + 2,10·F); marginale Betragsneigung von 2,10 DM je Fahrtkilometer ist für alle Fahrtstrecken konstant; Betrags-Punktelastizität auf einem Fahrtstreckenniveau von 33 km: 2,10·33/(9,05 + 2,10·33) = 0,88; demnach steigt (fällt) wegen 0,88 < 1 im Durchschnitt der gezahlte Betrag unterproportional um 0,88 %, wenn die Fahrtstrecke um 1 % steigt (fällt) ♦

Lösung 1-74
a) (3·3)-Korrelationsmatrix:

	Y	X	Z
Y	1	0,9065	-0,8339
X		1	-0,6958
Z			1

b) Bestimmtheitsmaß (quadrierter linearer Maßkorrelationskoeffizient): lineare Regressionsfunktion: 0,822; hyperbolische Regressionsfunktion: 0,695; am besten wird die Streuung in den Hektarerträgen durch die lineare Regressionsfunktion erklärt

c) Parameter für lineare Regressionsfunktion: Regressionskoeffizient: 0,203 [dt pro ha/kg pro ha]; Regressionskonstante: 25,673 [dt pro ha]; Parameter für hyperbolische Regressionsfunktion: Regressionskoeffizient: 51,832 [dt pro ha/ha pro kg]; Regressionskonstante: -557,727 [dt pro ha]

d) um 0,32 % (Punktelastizität des Hektarertrages für Stickstoffdüngereinsatz pro ha unter Zugrundelegung der linearen Regressionsfunktion) ♦

Lösung 1-75*
a) Skizze des Graphen der einfachen hyperbolischen bzw. inversen Regression

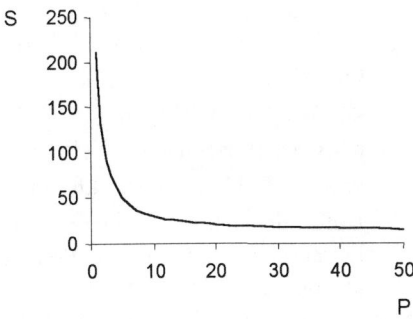

b) Grenzfunktion: $S^{*\prime}(P) = -200 \cdot \dfrac{1}{P^2}$; marginale Grenzneigungen: $S^{*\prime}(2) = -50$ bzw. $S^{*\prime}(4) = -12,5$, d.h. steigt (fällt) der Produktionsausstoß um 100 Stück, dann fallen (steigen) im Durchschnitt die Stückkosten um 50 € je Stück bzw. um 12,50 € je Stück

c) Punktelastizität der Stückkosten: $\dfrac{-200}{10 \cdot 5 + 200} = -0,8$, d.h. steigt (fällt) der Produktionsausstoß auf einem Niveau von $P_0 = 500$ Stück um 1 %, dann fallen (steigen) die Stückkosten im Durchschnitt um 0,8 %; die Stückkosten reagieren somit unterproportional auf relative Veränderungen im Produktionsausstoß ♦

Lösung 1-76*

a) Merkmalsträger: PKW; Gesamtheit: 33 PKW; Identifikationsmerkmale: gebrauchter PKW vom Typ BMW (Sache), in Berlin (Ort) im Januar 1997 (Zeit) angeboten; Erhebungsmerkmale: Alter und Preis; Skala: absolut- bzw. verhältnisskaliert

b) Exponentialfunktion mit degressiv fallendem Verlauf

c) wegen $9,7 = 61 \cdot e^{-0,23 \cdot A}$ ergibt sich ein Alter von $A = \dfrac{\ln(9,7/61)}{-0,23} \approx 8$ Jahren

d) Grenzfunktion: $P*'(A) = -14 \cdot \exp(-0,23 \cdot A)$; marginale Neigungen (Grenzneigungen); $P*'(1) = -14 \cdot \exp(-0,23) \approx -11,1$, d.h. für einen 1 Jahr alten BMW hätte man im Verlaufe eines Jahres einen (durchschnittlichen) Preisverfall von ca. 11.100 DM zu verzeichnen; $P*'(5) = -14 \cdot \exp(-0,23 \cdot 5) \approx -4,4$, d.h. für einen 5 Jahre alten BMW hätte man im Verlaufe eines Jahres (im Mittel) einen Preisverfall von ca. 4400 DM zu verzeichnen

e) mit Hilfe der (linearisierten) Exponentialfunktion können 92 % der Preisvariabilität allein aus der Altersvariabilität regressionsanalytisch erklärt werden

f) ceteris paribus würde wegen $P*(5) = 61 \cdot \exp(-0,23 \cdot 5) \approx 19,3$ ein 5 Jahre alter BMW ca. 19.300 DM kosten ♦

Lösung 1-77*

a) Merkmalsträger: PKW; Gesamtheit: 626 PKW; Identifikationsmerkmale: gebrauchter PKW vom Typ VW Golf Benziner (Sache), in Berlin (Ort) im Januar 1997 (Zeit) angeboten; Erhebungsmerkmale: Alter A und Preis P; Skala: jeweils Kardinalskala

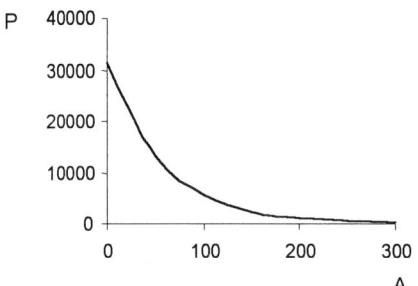

b) siehe nebenstehende Skizze

c) ca. 203 Monate bzw. ca. 17 Jahre

d) Grenzfunktion:
$dP*/dA = -0,0170 \cdot e^{10,3511 - 0,0170 \cdot A}$
marginale Neigungen $P*'(10) \approx -448$ bzw. $P*'(120) \approx -69$, d.h. im Verlaufe eines Monats hätte man im Durchschnitt mit einem Preisverfall von ca. 450 DM für einen 10 Monate alten und von ca. 70 DM für einen 10 Jahre bzw. 120 Monate alten VW zu rechnen; Skizze: Exponentialfunktion mit degressiv fallendem Verlauf

e) mit Hilfe der Exponentialfunktion ist man bereits in der Lage, zu 92 % die Preise der gebrauchten VW Golf allein aus ihrem Alter statistisch zu erklären

f) ceteris paribus läge der Preis eines 5 Jahre bzw. 60 Monate alten VW Golf erwartungsgemäß bei ca. 11.300 DM ♦

Lösung 1-78

a) und b) siehe unter d)

c) Potenz-Regressionsfunktion: wegen $b_1 < 0$ wirkt das Alter (degressiv) preismindernd; hyperbolische Regressionsfunktion: wegen $b_1 < 0$ wirkt das Alter (degressiv) fahrleistungserhöhend; lineare Regressionsfunktion: wegen $b_1 < 0$ wirkt die Fahrleistung (proportional) preismindernd

d) Streudiagramme mit Potenz-Regressionsfunktion $P^*(A) = 196 \cdot A^{-1{,}515}$ bzw. mit hyperbolischen Regressionsfunktion $F^*(A) = 170 - 620 \cdot A^{-1}$

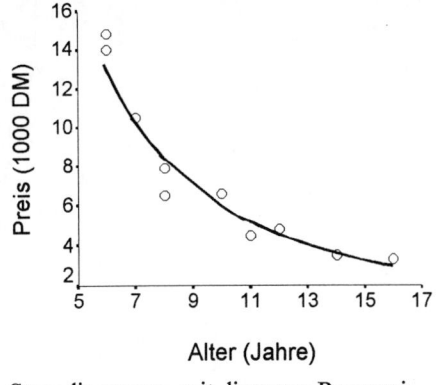
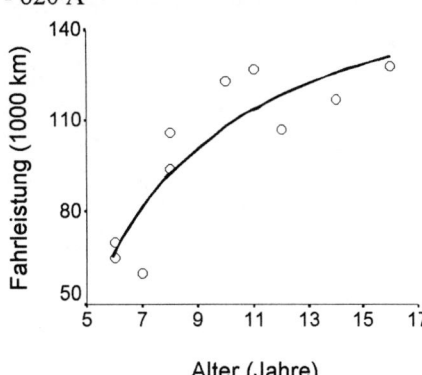

Streudiagramm mit linearer Regressionsfunktion $P^*(F) = 21{,}65 - 0{,}14 \cdot F^{-1}$ (nebenstehend)

e) unter Verwendung der jeweiligen Regressionsfunktion hätte man ceteris paribus für einen 5 Jahre alten BMW wegen $P^*(5) \approx 17$ einen Preis von ca. 17000 DM, für einen 7 Jahre alten BMW wegen $F^*(7) \approx 81{,}4$ eine Fahrleistung von ca. 81.400 km und bei einer Fahrleistung von 100.000 km wegen $P^*(100) \approx 7{,}8$ einen Preis von ca. 7800 DM zu erwarten ♦

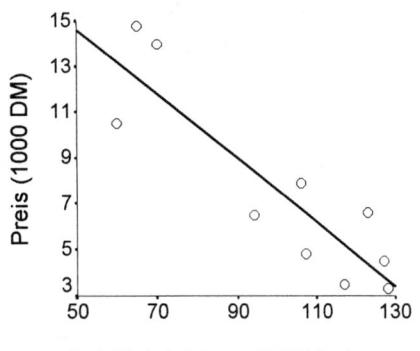

Lösung 1-79

a) Merkmalsträger: Brauerei; Gesamtheit: 9 Brauereien; Identifikationsmerkmale: größte Brauereien (Sache), Deutschland (Ort), Wirtschaftsjahr 1992 (Zeit); Erhebungsmerkmale: Produktionsausstoß P und Werbeaufwand W; Skala: jeweils verhältnisskaliert

b) da die Erhebungsmerkmale verhältnisskaliert sind, ist eine Maßkorrelationsanalyse sinnvoll; der lineare Maßkorrelationskoeffizient von 0,74 indiziert für die 9 Brauereien einen ausgeprägten positiven linearen statistischen Zusammenhang zwischen dem Produktionsausstoß und dem Werbeaufwand

c) lineare Regressionsfunktion: $P^*(W) = 121{,}03 + 145{,}78 \cdot W$; COBB-DOUGLAS-Funktion: $P^*(W) = 1000{,}3 \cdot W^{1{,}053}$

d) eine geeignete Maßzahl zur Einschätzung der Erklärungsfähigkeit der unter c) bestimmten Regressionen ist das Bestimmtheitsmaß; da die Bestimmtheit der Potenzfunktion 69 %, die der linearen Regression aber nur 55 % beträgt, eignet sich im konkreten Fall die nichtlineare Regression besser zur Beschreibung der statistischen Abhängigkeit des Produktionsausstoßes P vom Werbeaufwand W ♦

Lösung 1-80

a) via logarithmische Transformation: $\ln w = \ln a + b \cdot \ln v$

b) Schätzwerte für linearisierte Funktion gemäß a): $a = -1{,}514;\ b = 1{,}75$

c) Streudiagramm mit Potenzfunktion $w^* = 0{,}22 \cdot v^{1{,}75}$

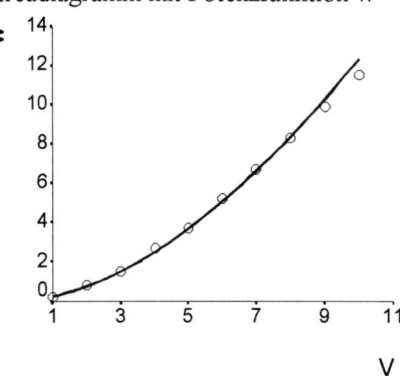

d) den absoluten Zuwachs von $0{,}22 \cdot 1{,}75 \cdot 4{,}5^{1{,}75}/4{,}5 \approx 1{,}2$ kp berechnet man mit Hilfe der Grenzfunktion; relativer Zuwachs: $1{,}2\ \text{kp}/0{,}22 \cdot 4{,}5^{1{,}75}\ \text{kp} = 0{,}39$

e) Punkt-Elastizität: 1,75 % ♦

Lösung 1-81*

a) Merkmalsträger: Kommilitone; Gesamtheit: 323 Kommilitonen; Identifikationsmerkmale: Kommilitone (Sache), FHTW Berlin (Ort), SS 1995 (Zeit); Erhebungsmerkmale: FKK-Anhängerschaft und Landesherkunft; Skalierung der Erhebungsmerkmale jeweils nominal skaliert

b) (2·3)-Kontingenztabelle:

FKK-Anhänger	Landesherkunft			insgesamt
	neue BL	alte BL	Ausland	
ja	127	39	13	179
nein	69	52	23	144
insgesamt	196	91	36	323

i) aus der FKK-Anhängerschaft lassen sich z.B. die zwei Konditionalverteilungen {0,71; 0,22; 0,07} und {0,48; 0,36; 0,16} ableiten; da sich beide Konditionalverteilungen voneinander unterscheiden, ist bereits hier die Kontingenz angezeigt; während z.B. 7 % der FKK-Anhänger aus dem Ausland stammten, waren es bei den Nicht-FKK-Anhängern immerhin 16 %; ii) die landesspezifische Marginalverteilung ist z.B. {0,61; 0,28; 0,11}; demnach stammten z.B. 61 % aller befragten Kommilitonen aus den neuen Bundesländern

c) eine geeignete Maßzahl zur Beschreibung der Kontingenz ist CRAMÉR's V; da im konkreten Fall $V \approx 0{,}24$ ist, kann eine Kontingenz zwischen FKK-Anhängerschaft und Landesherkunft der befragten Kommilitonen nachgewiesen werden ♦

Lösung 1-82*

a) Merkmalsträger: Student; Gesamtheit: 423 Studenten; Identifikationsmerkmale: Student (Sache), FHTW Berlin (Ort), SS 1997 (Zeit); Erhebungsmerkmale: Nebenjob und finanzielle Situation; Skala: jeweils nominal und dichotom ausgeprägt

b) Kontingenztabelle, quadratisch vom Typ (2·2)
c) 112·300/423 ≈ 79 Studenten
d) CRAMÉR's V ≈ 0,76, d.h. stark ausgeprägte Kontingenz zwischen Nebenjob und finanzieller Situation von Studenten ♦

Lösung 1-83*

a) Merkmalsträger: zu lösende Ehe; Gesamtheit: 360 zu lösende Ehen; Identifikationsmerkmale: zu lösende Ehe (Sache), Berlin (Ort), 1994 (Zeit); Erhebungsmerkmale: Geschlecht des Antragstellers und Geschlecht des älteren Ehepartners

b) beide Erhebungsmerkmale sind nominal skaliert, dichotom, nicht häufbar, unmittelbar erfassbar

c) (2·2)-Kontingenztabelle, da zwei dichotome Merkmale „gekreuzt" werden

Antragsteller	älterer Ehepartner		insgesamt
	männlich	weiblich	
männlich	90	33	123
weiblich	173	64	237
insgesamt	263	97	360

d) z.B. absolute Marginal- oder Randverteilung z.B. für das Merkmal *Geschlecht des Antragstellers*: {(m, 123); (w, 237)}; z.B. zwei durch das Merkmal *Geschlecht des Antragstellers* bedingte bzw. Konditional-Verteilungen: für männlich: (0,732; 0,268); für weiblich: (0,730; 0,270); da beide Konditionalverteilungen nahezu identisch sind, ist damit bereits angezeigt, dass die beiden Merkmale empirisch nicht voneinander abhängig sind

e) CRAMÉR's V = 0,002, d.h. die beiden Merkmale können als empirisch voneinander unabhängig angesehen werden

f) in 263·123/360 ≈ 90 Fällen; da die beobachtete Häufigkeit mit der theoretisch erwarteten Häufigkeit übereinstimmt, kann dies gleichsam als ein Indiz für eine empirische Unabhängigkeit aufgefasst werden ♦

Lösung 1-84*

a) Merkmalsträger: Annonce; Gesamtheit: 766 Annoncen; Identifikationsmerkmale: Annonce für Partnersuche (sachlich), Berliner Tageszeitungen (örtlich), II/1998 (zeitlich); Erhebungsmerkmale: Interesse für Reisen bzw. Kultur; Skala: jeweils nominal

b) Diagramm gibt Auskunft über die zwei durch das Kulturinteresse definierten Konditionalverteilungen: i) kein Reiseinteresse: {(kein Kulturinteresse; ca. 0,73); (Kulturinteresse; ca. 0,27)}; ii) Reiseinteresse: {(kein Kulturinteresse; ca. 0,27); (Kulturinteresse; ca. 0,73)}; da beide Konditionalverteilungen voneinander verschieden sind, ist hier bereits eine ausgeprägte Kontingenz zwischen beiden Merkmalen angezeigt

c) (2·2)-Kontingenztabelle:

Kulturinteresse	Reiseinteresse		insgesamt
	ja	nein	
ja	213	128	341
nein	79	346	425
insgesamt	292	474	766

CRAMÉR's V = 0,449, d.h. zwischen den beiden Merkmalen besteht eine ausgeprägte statistische Kontingenz ♦

Lösung 1-85

a) statistische Einheit: Fahrgast; Gesamtheit: 1097 Fahrgäste; Identifikationsmerkmale: Fahrgast (Sache), ÖPNV Berlin (Ort), November 1995 (Zeit); Erhebungsmerkmale: Verkehrsmittel und Wohnort; Skala: jeweils nominal

b) (3·3)-Kontingenztabelle:

Wohnort	Verkehrsmittel			gesamt
	U-Bahn	S-Bahn	Tram & Bus	
Ost-Berlin	145	181	242	568
West-Berlin	200	96	152	448
außerhalb Berlins	14	57	10	81
gesamt	359	334	404	1097

c) Häufigkeitsverteilung *Verkehrsmittel*, tabellarisch:

U-Bahn	S-Bahn	Tram & Bus
0,327	0,304	0,368

graphische Darstellung der Häufigkeitsverteilung z.B. mit Hilfe des nebenstehenden Tortendiagramms, da Verteilungsstruktur des nominalskalierten Merkmals *Verkehrsmittel* verdeutlicht werden soll

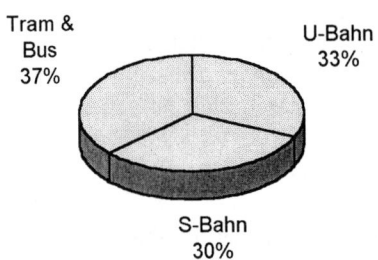

d) Modus: Tram & Bus; nominales Disparitätsmaß $d_N \approx 0{,}05$, d.h. schwach ausgeprägte Disparität des Häufigkeitsbesatzes und damit Tendenz zu einer Gleichverteilung

e) CRAMÉR's $V \approx 0{,}22$, d.h. nachweisbare Kontingenz zwischen Wohnort und Verkehrsmittel, da im Unterschied zur Unabhängigkeitsannahme in Ostberlin mehr die S-Bahn (sowie Tram und Bus) und in Westberlin mehr die U-Bahn benutzt wird ♦

Lösung 1-86*

a) Merkmalsträger: Kunde; Gesamtheit: 440 Kunden; Identifikationsmerkmale: Kunde (Sache), Mitropa-Autobahn-Raststätte (Ort), III/1999 (Zeit); Zufriedenheit und Reisegrund, beide nominal skaliert

b) quadratische, (2·2)-Kontingenztabelle:

Zufriedenheit mit Preis-Leistung	Reisegrund		insgesamt
	privat	geschäftlich	
nein	131	82	213
ja	99	128	227
insgesamt	230	210	440

• 2 + 2 = 4 Konditionalverteilungen: {(131/230); (99/230)} versus {(82/210); (128/230)} bzw. {(131/213); (82/213)} versus {(99/227); (128/227)}; da im paarweisen Vergleich die Konditionalverteilungen ein nahezu umgekehrtes Verhalten indizieren, ist bereits auf diesem Wege eine statistische Kontingenz zwischen Zufriedenheit und Reisegrund angezeigt;

- z.B. Assoziationsmaß nach YULE: A = (131·128 - 99·82)/(131·128 + 99·82) = 0,348, d.h. statistische Kontingenz mittlerer Intensität zwischen Zufriedenheit (mit dem Preis-Leistungsverhältnis) und Reisegrund
c) einfache nichtlineare Regression der Ausgaben A über der Verweildauer V
  - Regression als Potenzfunktion bzw. COBB-DOUGLAS-Funktion
  - Bestimmtheitsmaß: mit Hilfe der nichtlinearen Regression ist man bereits in der Lage, zu 85 % die Variabilität der Ausgaben allein aus der Variabilität der Verweildauer statistisch zu erklären
  - Grenzfunktion: $(5 \cdot V^{0,45})/V$; wegen V = 30 min gilt: $(5 \cdot 30^{0,45})/30 = 0,77$ DM/min, d.h. bei einer Verweildauer von 30 min würde man im Durchschnitt 77 Pfennige pro Minute ausgeben
  - Elastizitätsfunktion: wegen 0,45 < 1 verhalten sich unabhängig von der Verweildauer die Ausgaben stets unterproportional zur Verweildauer, d.h. steigt (fällt) die Verweildauer um 1 %, so steigen (fallen) im Durchschnitt die Ausgaben um 0,45 %
  - wegen $5 \cdot 15^{0,45} + 5 \cdot 30^{0,45} = 16,90 + 23,10 = 40$ hätte man Einnahmen in Höhe von 40 DM zu erwarten ♦

Lösung 1-87*

a) quadratische, (2·2)-Kontingenztabelle; X: Geschlecht, Y: Reisegrund

X versus Y	geschäftlich	privat	insgesamt
männlich	112	75	187
weiblich	51	102	153
insgesamt	163	177	340

b) 2 + 2 = 4 Konditionalverteilungen: {(112/187); (75/187)} versus {(51/153); (102/153)} bzw. {(112/163); (51/163)} versus {(75/177); (102/177)}; da im paarweisen Vergleich die Konditionalverteilungen ein nahezu umgekehrtes Verhalten indizieren, ist bereits auf diesem Wege eine statistische Kontingenz zwischen Zufriedenheit und Reisegrund angezeigt

c) z.B. Assoziationsmaß A nach YULE: $A = \dfrac{|112 \cdot 102 - 75 \cdot 51|}{112 \cdot 102 + 75 \cdot 51} \approx 0,5$, d.h. ausgeprägte statistische Kontingenz zwischen den dichotomen Merkmalen „Geschlecht" und „Reisegrund" ♦

Lösung 1-88*

a) absolute Veränderungen (in 1000 DM): -14; -13; -14; -14; -13; -14; -14
   relative Veränderungen (in %): -7,9; -7,9; -9,3; -10,2; -10,6; -12,7; -14,6
b) Prognosewert 2001 errechnet mit i) jahresdurchschnittlicher absoluter Veränderung: ca. 68.000 DM; ii) jahresdurchschnittlicher relativer Veränderung: ca. 73.000 DM; der auf der Basis der absoluten Veränderung berechnete Prognosewert ist der geeignetere Prognosewert, da die erste Differenzenfolge nahezu konstant ist
c) Trendfunktion: $I^*(t) = 191,68 - 13,68 \cdot t$ mit t = 1 für 1993, t = 2 für 1994 etc.
d) 1992 hatten die Investitionen einen wertmäßigen Umfang von ca. 192.000 DM; sie gingen im Untersuchungszeitraum von Jahr zu Jahr durchschnittlich um ca. 14.000 DM zurück
e) Prognose 2001: ca. 68.000 DM ♦

Lösung 1-89

a) durchschnittliches jährliches Wachstumstempo mit Hilfe des geometrischen Mittels $(65,1/28,6)^{1/7} = 1,1247$, d.h. von Jahr zu Jahr (mittleres) Wachstum auf 112,5 % bzw. um 12,5 %; Prognose für 2001: $65,1 \cdot 1,1247 \approx 73,2$ (1000 t) bzw. 73.200 t

b) eine geeignete Trendfunktion ist die lineare Funktion: $f(t) = 23,74 + 5,32 \cdot t$ mit $t = 1$ für 1993, $t = 2$ für 1994 etc.

c) der Absatz erhöhte sich im Untersuchungszeitraum von Jahr zu Jahr durchschnittlich um 5320 Tonnen; 1992 hätte man einen Absatz von 23740 Tonnen zu verzeichnen gehabt

d) die Anpassung der Trendfunktion an die Zeitreihenwerte kann als gut gekennzeichnet werden, da die beobachteten Werte mit nur 3,3 % um die Funktionswerte streuen

e) Prognose für 2001: $f(9) = 23,74 + 5,32 \cdot 9 = 71,62$ (1000 t) bzw. 71.620 t

f) Zeitreihenprognosen sind an die ceteris-paribus-Annahme gebunden; es muss eine ausreichende Anzahl von Einzelwerten vorhanden sein; Prognosewerte hängen vom gewählten Funktionsansatz ab ♦

Lösung 1-90

a) mittleres jährliches Entwicklungstempo mit Hilfe des geometrischen Mittel: $(76/127)^{1/8} \approx 0,938$

b) $K^*(t) = 137,85 \cdot 0,939^t$ mit $t = 1$ für 1992, $t = 2$ für 1993 etc.

c) Prognosen für 2001 mit a) $76 \cdot 0,9369 \approx 71.2$ (1000 DM) bzw. 71.200 DM mit b) ca. 73.500 DM; unterschiedliche Prognosewerte begründen sich aus den unterschiedlichen Modellansätzen ♦

Lösung 1-91

a) äquidistante Zeitpunktreihe

b) Sequenzdiagramm lässt hinsichtlich der Anzahl der Kreditinstitute einen nahezu funktionalen, degressiv fallenden Verlauf erkennen

c) Trendfunktion als Potenzfunktion: $y^*(t) = 4696 \cdot t^{-0,14}$ mit $t = 1$ für 1990, $t = 2$ für 1991 etc.

d) Prognose für 1997: ceteris paribus gäbe es 3576 berichtende Kreditinstitute

e) nein, da Prognosezeitraum im Vergleich zum Beobachtungszeitraum zu lang ist ♦

Lösung 1-92

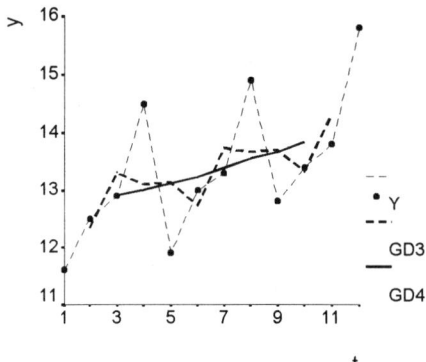

a) äquidistante Zeitintervallreihe

b) Sequenzdiagramm für Umsatz mit gleitenden Durchschnitten (GD) zum Stützbereich 3 (GD3) und 4 (GD4)

c) siehe b); bei Stützbereich von 3 Quartalen wird Umsatzreihe geringfügig geglättet; bei Stützbereich von 4 Quartalen wird Saisonkomponente eliminiert

d) Trendfunktion: $y^*(t) = 11,953 + 0,218 \cdot t$ mit $t = 1$ für I/98, $t = 2$ für II/98 etc.

e) Trendkonstante: unter Verwendung der linearen Trendfunktion hätte man im IV.

Quartal einen Umsatz von ca. 12 Mio. € zu verzeichnen gehabt; Trendkoeffizient: im Durchschnitt stieg der Umsatz von Quartal zu Quartal um 0,218 Mio. €

f) durchschnittliche Saisonschwankungen (Angaben in Mio. €):

Q I	Q II	Q III	Q IV
-0,94	0,29	-0,14	1,37

g) Umsatzprognose für 2001 (Angaben in Mio. €):

I/97	II/97	III/97	IV/97
13,84	15,29	15,08	16,80

♦

Lösung 1-93

a) äquidistante, unterjährige bzw. Quartal-Zeitintervallreihe
b) Sequenzdiagramm mit originärer und geglätteter Zeitreihe
c) siehe b); Zeitreihe der gleitenden Durchschnitte zum Stützbereich von vier Quartalen lässt einen linear fallenden Trend augenscheinlich werden
d) Trendfunktion: f(t) = 25,9 – 0,246·t mit t = 1 für I/97, t = 2 für II/97 etc.
e) Trendkonstante: IV/96 hätte man eine Anzahl von 25.900 Besuchen zu verzeichnen gehabt; Trendkoeffizient: von Quartal zu Quartal fällt die Anzahl der Besuche im Durchschnitt um 246 Besuche

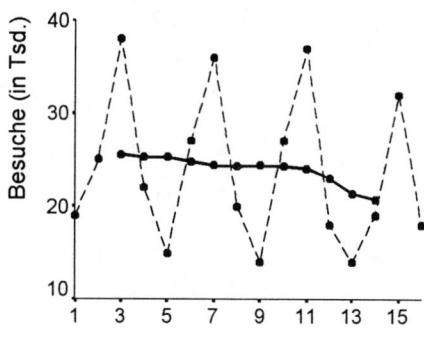

f) quartalsdurchschnittliche Saisonkomponenten und g) Prognosewerte für 2001:

Saisonkomponente				Prognosewerte			
Q I	Q II	Q III	Q IV	I/01	II/01	III/01	IV/01
-0,94	0,29	-0,14	1,37	13,04	22,04	33,29	17,04

♦

Lösung 1-94*

a) Trendkonstante: im Dezember 1993 hätte man demnach 837000 Fluggäste zu verzeichnen gehabt; Trendkoeffizient: Fluggästeanzahl steigt von Monat zu Monat im Durchschnitt um 3000 Personen
b) additives Trend-Saison-Modell; ceteris paribus ergibt sich für das erste Halbjahr 1999 die folgende Prognose (Angaben jeweils in 1000 Personen): Januar: 803,5; Februar: 852,3; März: 1010,3; April: 984,8; Mai: 1068,4; Juni: 1102,1
c) Prognosezeitraum: T_P = {t | t = 61, 62,...,66} = {t* | t* = Januar 1999, Februar 1999,...,Juni 1999}; Relevanzzeitraum: T_R = {t | t = 1, 62,..., 66} = {t* | t* = Januar 1994, Februar 1999,..., Juni 1999}; d) Sequenzdiagramm nebenstehend ♦

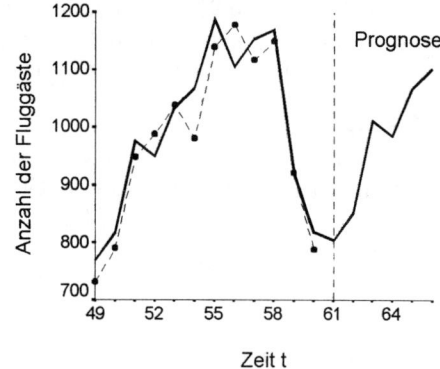

Lösung 1-95
a) Zeitintervallreihe, da Umsatz nur für ein Zeitintervall erfasst werden kann
b) lineare Trendfunktion: $U^*(t) = 169 - t$, $t \in T_B$
c) Prognose für das erste Tertial 1999 mit additivem Trend-Saison-Modell (Angaben in 1000 DM); Voraussetzung: gleiche Bedingungen wie im Beobachtungszeitraum; Januar: 158; Februar: 147; März: 146; April: 133, wobei z.B. für April 1999 gilt: $U^{**}(50) = 169 - 50 + 14 = 133$ (1000 DM)

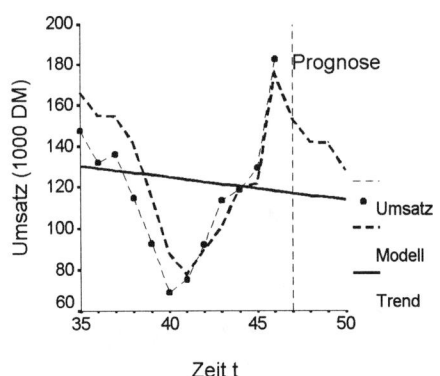

d) Residualstandardfehler: im Durchschnitt weichen die beobachteten Umsatzzahlen von den Modellumsatzzahlen um 14000 DM nach oben und nach unten ab; Bestimmtheitsmaß: mit Hilfe des additiven Trend-Saison-Modells ist man in der Lage, die Umsatzvarianz zu 86 % statistisch zu erklären

e) Sequenzdiagramm mit Trend- und Umsatzprognose (siehe oben) ♦

Lösung 1-96*
a) quadratische Trendfunktion; Indexmengen für Beobachtungszeitraum T_B: $T_B = \{t \mid t = 1,2,...,84\} \equiv \{t^* \mid t^* = \text{Jan 1994, Feb 1994,...,Dez 2000}\}$
b) Prognose auf der Basis eines additiven Trend-Saison-Modells (in 1000 Besuchen):

Jan 2001	Feb 2001	Mär 2001	Apr 2001	Mai 2001	Jun 2001
362,48	368,65	440,30	455,83	534,74	521,83

c) Prognosefehler: $\{[(293 - 362{,}48)^2 + ... + (489 - 521{,}83)^2]/6\}^{1/2} \approx 53{,}45$, d.h. im Mittel weichen die Prognosewerte von den (ex post) beobachteten Besuchszahlen um 53.450 Besuche (nach oben und nach unten) ab ♦

Lösung 1-97*
a) degressiv fallender Verlauf
b) Trendprognose für 2002: I: 851; II: 809; III: 768; IV: 730; wobei z.B. für I/2002 gilt: $A^*(21) = 2500 \cdot 0{,}95^{21} \approx 851$ Kinobesuche
c) Prognose für 2002 mit multiplikativem Trend-Saison-Modell: I: 894; II: 768; III: 730; IV: 766; z.B. gilt für I/2002: $A^*(21) = 2500 \cdot 0{,}95^{21} \cdot 1{,}05 \approx 894$ Kinobesuche ♦

Lösung 1-98
a) Zeitpunktdaten; da Zeitpunktdaten chronologisch erfasst wurden und für den Zeitraum eines Ausstellungstages ein Durchschnittsbestand ermittelt werden soll, berechnet man das chronologische Mittel

$$\frac{\dfrac{4000 + 6000}{2} + 3000 + 5000 + 2000 + 7000 + 8000}{7 - 1} = 5000$$

aus den Zeitpunktdaten; demnach waren am Eröffnungstag im Durchschnitt 5000 Besucher in der Ausstellung

b) Besucher-Prognose für die elfte Ausstellungswoche auf der Basis eines additiven Trend-Saison-Modells:

Samstag	Sonntag	Montag	Dienstag	Mittwoch	Donnerstag	Freitag
8289	6638	5307	6024	6674	6522	6998

c) Prognosefehler: $\{[(7657 - 8289)^2 + ... + (5849 - 6998)^2]/7\}^{1/2} \approx 661$, d.h. im Mittel weichen die Prognosewerte von den (ex post) beobachteten Besucherzahlen um 661 Besucher (nach oben und nach unten) ab; Sequenzdiagramm nebenstehend ♦

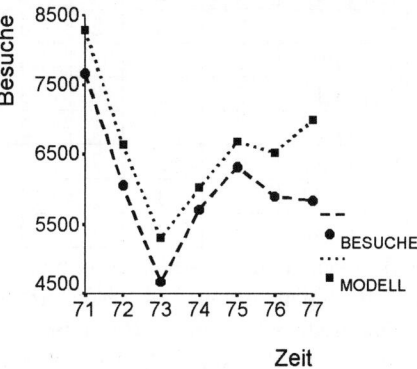

Lösung 1-99
a) arithmetisches Mittel aus den sechs monatsdurchschnittlichen Kontoständen: 8000 €
b) chronologisches Mittel aus den sieben Stichtagsdaten: 8000 €; Begründung: es ist ein Durchschnitt für ein Zeitintervall (ein halbes Jahr) aus den Werten einer (chronologischen) Zeitpunktreihe zu bestimmen; gleiches Ergebnis wie a) ♦

Lösung 1-100
a) offene Bestandsmasse, da vor bzw. nach der statistischen Erhebung bereits Patienten auf der Station waren
b) Bestandsdiagramm:

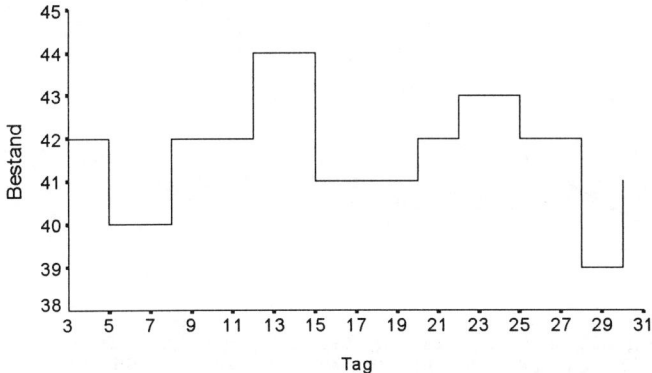

c) Zugangsrate: $13/27 \approx 0{,}48$, d.h. Zugang von durchschnittlich 0,48 Patienten pro Tag; Abgangsrate: $12/27 \approx 0{,}44$, d.h. Abgang von durchschnittlich 0,44 Patienten pro Tag; da $0{,}48 > 0{,}44$ gilt, ist im Beobachtungszeitraum eine Bestandserhöhung zu verzeichnen; Durchschnittsbestand als chronologisches Mittel: 41,6 Patienten
d) wegen offener Bestandsmasse ist die Berechnung der durchschnittlichen Verweildauer von $41{,}6 \cdot (30-3)/(13+12) \approx 45$ Tagen nur näherungsweise möglich
e) wegen offener Bestandsmasse ist die Berechnung der Umschlagshäufigkeit U von $(13+12)/45 \approx 0{,}56$ nur näherungsweise möglich; wegen $U < 1$ ist die durchschnittliche Verweildauer eines Patienten länger als der Beobachtungszeitraum von 27 Tagen ♦

Lösung 1-101

a) Katalogbesucher bilden eine abgeschlossene Bestandsmasse, da vor und nach den Öffnungszeiten die Bestandsmasse eine leere Menge darstellt

b) Bestandsfunktion der Katalogbesucher, tabellarisch:

j	t_j	$Z_{j,j+1}$	$A_{j,j+1}$	B_j	$t_{j+1}-t_j$	j	t_j	$Z_{j,j+1}$	$A_{j,j+1}$	B_j	$t_{j+1}-t_j$
1	11.02	1	0	1	2	9	11.39	5	4	1	2
2	11.04	2	0	2	3	10	11.41	6	4	2	4
3	11.07	3	0	3	4	11	11.45	7	4	3	2
4	11.11	3	1	2	3	12	11.47	8	4	4	6
5	11.14	3	2	1	3	13	11.53	8	5	3	3
6	11.17	4	2	2	5	14	11.56	8	6	2	3
7	11.22	4	3	1	14	15	11.59	8	8	0	1
8	11.36	5	3	2	3		12.00	8	8	0	-

c) Bestands- und Verweildiagramm der Katalogbesucher siehe umseitig
d) Zeitmengenbestand: 114 Besucherminuten
e) Durchschnittsbestand: 2 Besucher
f) Durchschnittsbestand: 1,83 Besucher, berechnet als chronologisches Mittel aus sieben (zeitlich logisch abfolgenden) Zeitpunktdaten; Unterschiede erklären sich vor allem aus dem vergleichsweise groben Zeitraster zur Abschätzung des Zeitmengenbestandes
g) durchschnittliche Verweildauer: 14,25 min, also etwa eine Viertel Stunde
h) Umschlagshäufigkeit: 4, d.h. Besucherbestand im Katalograum erneuerte sich im Verlaufe der Stunde vier mal

Bestands- und Verweildiagramm:

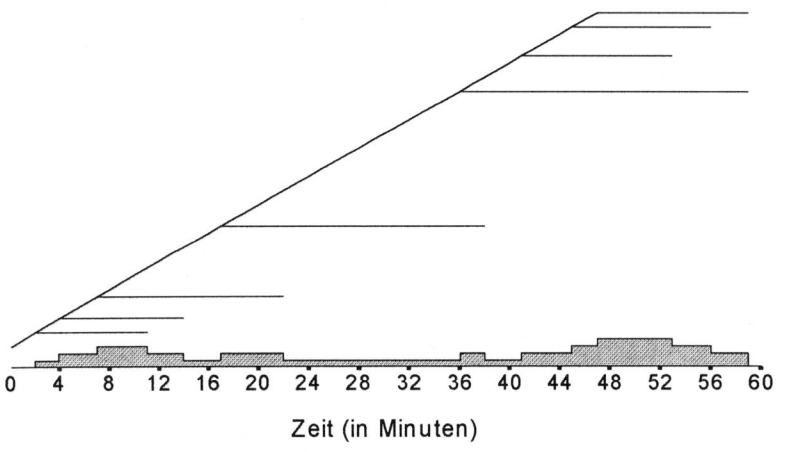

Zeit (in Minuten)

Lösung 1-102

a) offene Bestandsmasse, da Geräte bereits im Bestand waren bzw. weiterhin sind
b) Zugangsrate: 25/28 ≈ 0,89; Abgangsrate: 34/28 ≈ 1,21; Durchschnittsbestand als chronologisches Mittel aus den täglichen Ladenschlussbeständen (Stichtagsdaten): 8,25 Geräte; durchschnittliche Verweildauer: ca. 4 Tage; Umschlagshäufigkeit: 7,25, d.h. Gerätebestand wurde im Verlaufe des Monats August sieben mal erneuert ♦

2

Lösungen
Stochastik

Nummerierung. Die Nummerierung der angebotenen Lösungen koinzidiert mit den auf den Seiten 57 bis 92 angebotenen Aufgabenstellungen zur Stochastik.

Klausuraufgaben. Lösungen zu Klausuraufgaben sind mit einem * gekennzeichnet.

Symbole. Die Semantik der Symbole, die für die Darstellung der Lösungen verwendet wurden, ist im alphabetisch geordneten Symbolverzeichnis dargestellt. Das Symbolverzeichnis befindet sich im Anhang auf den Seiten 250 ff.

Tafeln. Zur Berechnung von Wahrscheinlichkeiten für binomial-, poisson- bzw. normalverteilte Zufallsvariablen können die entsprechenden Tafeln verwendet werden, die im Anhang auf den Seiten 240 ff zusammengestellt sind. ♦

Lösung 2-1
60 Wagen-Permutationen mit Wiederholungen ♦

Lösung 2-2
Element: Makler; Klasse: Wochenendtag
a) 9 Variationen von 3 Elementen zur 2. Klasse mit Wiederholung
b) 6 Kombinationen von 3 Elementen zur 2. Klasse mit Wiederholung
c) 6 Variationen von 3 Elementen zur 2. Klasse ohne Wiederholung
d) 3 Kombinationen von 3 Elementen zur 2. Klasse ohne Wiederholung ♦

Lösung 2-3
6 Farb-Permutationen ohne Wiederholung ♦

Lösung 2-4
36 Spielansetzungen; Lösungsansatz: Kombination von 9 Mannschaften zur 2. Klasse (da je zwei Mannschaften ein Spiel austragen) ohne Mannschaftswiederholung (da eine Mannschaft nicht gegen sich selbst spielen kann) ♦

Lösung 2-5
8! = 40320 Tourenpläne; Lösungsansatz; Permutation von 8 Elementen (Kunden) ohne Wiederholung (verschiedene Kunden in unterschiedlichen Stadtbezirken) ♦

Lösung 2-6
ein Fußballspiel wird als eine Komplexion von 2 Mannschaften aus 18 Mannschaften aufgefasst
a) da die Anordnung der Mannschaften in einem Spiel ohne Belang ist, gibt es insgesamt 153 mögliche Spielansetzungen; Lösungsansatz: Kombination (da Mannschaftsanordnung ohne Belang) von 18 Mannschaften zur 2. Klasse (Spielansetzung) ohne Wiederholung (da jeweils nur eine erste Mannschaft eines Fußballclubs in der ersten Liga spielt); wenn alle 18 Mannschaften an einem Tag spielen, gibt es 18/2 = 9 Spiele an einem Spieltag auszutragen; demnach sind wegen 153 Spiele/9 Spiele pro Spieltag = 17 Spieltage erforderlich, um die Herbstmeisterschaft auszutragen
b) da die Anordnung der Mannschaften in einem Spiel von Belang ist, gibt es insgesamt 306 mögliche Spielansetzungen; Lösungsansatz: Variation (da Mannschaftsanordnung von Belang) von 18 Mannschaften zur 2. Klasse (Spielansetzung) ohne Wiederholung (da jeweils nur eine erste Mannschaft eines Fußballclubs in der ersten Liga spielt); wenn alle 18 Mannschaften an einem Tag spielen, gibt es 18/2 = 9 Spiele an einem Spieltag auszutragen; demnach sind wegen 306 Spiele/9 Spiele pro Spieltag = 34 Spieltage erforderlich, um die Fußballmeisterschaft auszutragen ♦

Lösung 2-7
es gibt 125 − 1 = 124 erfolglose Versuche bei der Öffnung des Schlosses; Lösungsansatz: Variation von fünf Elementen (Buchstaben) zur dritten Klasse (Ringe) mit Wiederholung (eines Buchstaben auf wenigstens zwei Ringen) ♦

Lösung 2-8
32 Knaben-Mädchen-Komplexionen; Lösungsansatz: Variation von zwei Elementen (Knabe, Mädchen) zur fünften Klasse (Platzierung bzw. Reihenfolge in der Geburt) mit Wiederholung (von Knaben bzw. Mädchen) ♦

Lösungen, Stochastik 183

Lösung 2-9
Versuch, eine Statistik-Klausur im ersten Anlauf zu bestehen; Wartezeit vor der Essenausgabe in der Mensa; Auslosen freier Plätze für eine bestimmte Lehrveranstaltung im Rahmen einer Semesterbelegung; Anzahl der Studierenden in einer Vorlesung; Anzahl der erfolglosen Versuche, einen Professor in seinem Büro anzutreffen; Dauer einer Konsultation bei einem Professor; Anzahl der Wiederholungsprüfungen im Fach Statistik ♦

Lösung 2-10
a) $\overline{A}$; b) $\overline{C}$; c) $A \cap B$; d) $\overline{A} \cap \overline{B}$; e) $B \subseteq A$, $A \subseteq \overline{B}$ nein; $C \subseteq \overline{A}$ ja; $C \subseteq \overline{A \cup B}$ ja ♦

Lösung 2-11
a) $A \cap C$; b) $C \setminus A$; c) $\overline{A} \cap \overline{B}$; zudem: $B \setminus A$: Einbauküche, aber kein Balkon; $\overline{B} \cap \overline{C}$: weder Einbauküche noch Zentralheizung; $\overline{A \cup B}$: kein Balkon oder keine Einbauküche; $C \cap \overline{A \cup B}$: nur Zentralheizung und weder Balkon noch Einbauküche ♦

Lösung 2-12
a) $A \cap C$: die gezogene Zahl ist höchstens gleich 12 und gerade; $B \cap C \cap D$: die gezogene Zahl ist 12 oder 18; $B \cup D$: die gezogene Zahl ist 3 oder 6 oder 8 oder 9 oder 10... oder 20; $(A \cup B) \cap D$: die gezogene Zahl ist ein Vielfaches von 3

b) $E = A \cap B$; $F = (C \cup D) \cap A = (C \cap A) \cup (D \cap A)$ Distributivgesetz ♦

Lösung 2-13
a) alle Berliner; b) alle Berliner im arbeitsfähigen Alter; c) alle Berliner Kinder; d) alle Berliner im arbeitsfähigem Alter von 30 Jahren oder jünger (Yuppies); e) alle Berliner, älter als 30 Jahre; f) alle Berliner Rentner; g) alle 30-jährigen oder jüngeren Berliner; h) alle arbeitsfähigen Berliner über 30 Jahre ♦

Lösung 2-14
a) $A = \{(1;3), (2;2), (3;1)\}$, $n(A) = 3$ günstige Fälle
b) $B = \{(2;2), (2;4), (2;6), (4;2), ..., (6;6)\}$, $n(B) = 9$ günstige Fälle
c) $C = \{(4;6), (5;5), (5;6), (6;4), (6;5), (6;6)\}$, $n(C) = 6$ günstige Fälle
d) $\Omega = \{(1;1), (1;2), ..., (2;1), (2;2), ..., (6;6)\}$, $n(\Omega) = 36$ günstige Fälle
e) leere Menge, $n(\emptyset) = 0$ günstige Fälle
f) $R = \{(6;1), (6;2), ..., (6;6)\}$, $n(R) = 6$ günstige Fälle
g) $G = \{(1;6), (2;6), ..., (6;6)\}$, $n(G) = 6$ günstige Fälle
h) $M = \{(1;2), (2;1)\}$, $n(M) = 2$ günstige Fälle
i) $R \setminus G = \{(6;1), (6;2), (6;3), (6;4), (6;5)\}$, $n(R \setminus G) = 5$ günstige Fälle
j) $A \cup B = \{(1;2); (1;3), (2;2), (2;1); (2;4), (2;6), (3;1), (4;2), (4;4), ..., (6;6)\}$, $n(A \cup B) = 11$ günstige Fälle
k) $A \cap B = \{(2;2)\}$, $n(A \cap B) = 1$ günstiger Fall ♦

Lösung 2-15
a) $A = M_1 \cup M_2$; $B = M_1 \cap Q_1$; $C = M_2 \cup M_3$;
   $D = (M_1 \cap Q_2) \cup (M_2 \cap Q_1) \cup (M_2 \cap Q_2) \cup (M_3 \cap Q_1) \cup (M_3 \cap Q_2)$
b) $p(Q_1) = 1800/2000$; $p(Q_2) = 200/2000$; $p(M_1) = 610/2000$; $p(M_2) = 725/2000$; $p(M_3) = 665/2000$; $p(A) = 1200/2000$; $p(B) = 550/2000$; $p(C) = 1390/2000$; $p(D) = 1450/2000$ ♦

Lösung 2-16
a) Ergebnismenge Ω = {Prosperität, Stagnation, Rezession}
b) Ereignisdefinition: A: Prosperität; B: Stagnation; C: Rezession
c) P(A) = P(B); P(A) = 2·P(C)
d) subjektiver Wahrscheinlichkeitsbegriff ♦

Lösung 2-17
Bestimmung der Wahrscheinlichkeiten mit Hilfe der klassischen Wahrscheinlichkeitsdefinition:
a) ¼, d.h. 1 günstiger Fall (geordnetes Augenpaar) von 4 möglichen
b) ¾, d.h. 3 günstige Fälle von 4 möglichen
c) ¼, d.h. 1 günstiger Fall von 4 möglichen ♦

Lösung 2-18
a) es gibt 2^{10} = 1024 verschiedene Antwortmöglichkeiten; Lösungsansatz; Variation von zwei Elementen (Ja-Nein-Antwortmöglichkeit) zur 10. Klasse (Fragen) mit Wiederholung (der Antwortmöglichkeiten)
b) es gibt „10 über 5" bzw. 252 verschiedene Antwortmöglichkeiten; Lösungsansatz: Kombination (da Reihenfolge der richtig beantworteten Fragen ohne Belang ist) von 10 Elementen (Fragen) zur 5. Klasse (richtig beantwortete Fragen) ohne Wiederholung (einer Frage)
c) klassische Wahrscheinlichkeiten: i) 1/1024; ii) 252/1024; iii) 1/1024 ♦

Lösung 2-19
a) die (klassische) Wahrscheinlichkeit für einen Sechser-Pasch ist 1/36; demnach ist die (subjektive) Wahrscheinlichkeit dafür, die Klausur im ersten Anlauf zu bestehen, kleiner als 1/36
b) die königliche Wette von „12 gegen 9" entspricht einer subjektiven Wahrscheinlichkeit von 12/(12 + 9) = 9/21 ≈ 0,57 „nicht über drei Stöße ..." bzw. einer subjektiven Wahrscheinlichkeit von 9/(9 + 12) = 9/21 ≈ 0,43 „über drei Stöße voraus zu haben"
c) die Chance von 1 zu 99 entspricht einer (subjektiven) Wahrscheinlichkeit von 1/(1 + 99) = 1/100 = 0,01
d) die (klassische) Wahrscheinlichkeit von 1/18 entspricht einer Gewinnchance von (1/18)/(1 − 1/18) = (1/18)/(17/18) = 1/17 bzw. 1 zu 17
e) die (klassische) Wahrscheinlichkeit von 1/8 entspricht einer Erfolgschance von (1/8)/(1 − 1/8) = (1/8)/(7/8) = 1/7 bzw. „eins zu sieben" ♦

Lösung 2-20
a) 4! = 24 mögliche Buchstabenkomplexionen; Lösungsansatz: Permutation von 4 Elenenten (Buchstaben) ohne Wiederholung (eines Buchstaben)
b) Wahrscheinlichkeit: 5/(5 + 21) = 5/26
c) wegen (3/24)/(1 − 3/24) = (3/24)/(21/24) = 3/21 stehen die Chancen „3 zu 21"
d) Ines, eins, sein, Seni (Astrologe Wallensteins), sine (lat.: *ohne*) ♦

Lösung 2-21
da es 11 günstige von 32 möglichen Fällen gibt, eine Dame oder eine Herzkarte zu ziehen, beträgt die (klassische) Wahrscheinlichkeit dafür, den Skatabend mit einem „Glä-

schen" abzuschließen, 11/32; demnach ist zu erwarten, dass jeder dritte Skatabend mit einem „Gläschen" beendet wird ♦

Lösung 2-22
die theoretische Grundlage für das Auswahlmodell ohne Zurücklegen bildet die Kombination ohne Wiederholung; beim Zahlenlotto *6 aus 49* gibt es $\binom{49}{6} = 13.983.816$ mögliche Zahlenkombinationen; da es für einen Dreier $\binom{6}{3} \cdot \binom{43}{3} = 246.820$ günstige Zahlenkombinationen gibt, beträgt die (klassische) Wahrscheinlichkeit für einen Dreier 0,01765; analog beträgt für einen Vierer die Wahrscheinlichkeit 0,00097, für einen Fünfer 0,00002 und für einen Sechser ohne Zusatzzahl 0,00000001; diese Form der Berechnung der „Erfolgswahrscheinlichkeiten" ist identisch mit ihrer Berechnung auf der Grundlage einer hypergeometrischen Verteilung ♦

Lösung 2-23
nein; Lotterieziehung ist ein reiner, nicht prognostizierbarer Zufallsprozess ♦

Lösung 2-24
a) $1/10^3 = 0,0010$;
b) $1/(3 \cdot 9^2) = 0,0041$
c) $1/9^2 = 0,0123$ ♦

Lösung 2-25
a) Es gibt $\binom{6}{2} = 15$ Möglichkeiten zwei Tage auszuwählen, an denen es das Gericht 1 geben soll; so dann gibt es $\binom{4}{3} = 4$ Möglichkeiten, in den verbleibenden vier Tagen das Gericht 3 anzubieten und schließlich gibt es nur noch $\binom{1}{1} = 1$ Möglichkeit für einen Tag, an dem es das Gericht 3 geben soll. Es gibt folglich $15 \cdot 4 \cdot 1 = 60$ mögliche Speisepläne.

Anmerkung: Da es sich aus kombinatorischer Sicht um Permutationen mit Wiederholung handelt, kann die Anzahl der Speisepläne auch einfacher gemäß $\frac{6!}{2! \cdot 3! \cdot 1!} = 60$ berechnet werden.

b) Es gibt 4 Möglichkeiten, das Gericht 2 an drei aufeinanderfolgenden Tagen anzubieten: Montag bis Mittwoch, Dienstag bis Donnerstag, Mittwoch bis Freitag und Donnerstag bis Sonnabend. Es gibt also $4 \cdot \binom{3}{2} \cdot \binom{1}{1} = 12$ Speisepläne, bei denen das Gericht 2 an drei aufeinanderfolgenden Tagen angeboten wird. Die gesuchte Wahrscheinlichkeit ist folglich $\frac{12}{60} = 0.2$. ♦

Lösung 2-26
Es sei A das Ereignis, dass wenigstens ein Käufer kein Wechselgeld erhält. Bei vorgegebener Reihenfolge des Eintreffens kann die Anzahl der nach der jeweiligen Bedienung im Automaten vorhandenen bzw. der vom Automaten schuldig gebliebenen 50-€-Cent-Münzen durch eine geeignete Folge von Gitterpunkten in der nebenstehenden Abbildung beschrieben werden. Offensichtlich verlaufen alle diese Folgen im eingezeichneten Viereck einschließlich des Randes. Es gibt nun „acht über vier" bzw. 70 derartige Folgen (Anzahl der möglichen Fälle). Die für A günstigen Fälle werden durch diejenigen Folgen repräsentiert, die wenigstens einmal den Wert -1 annehmen. Dies trifft auf 8 Folgen zu, folglich ist P(A) = 8/70 = 0,1143. ♦

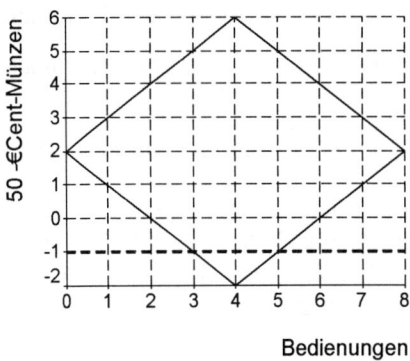

Lösung 2-27

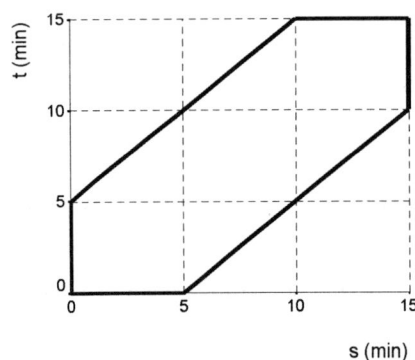

a) Es sei s die Ankunftszeit des Vertreters in Minuten nach 11.00 Uhr und t die Ankunftszeit des Laborleiters in Minuten nach 11.00 Uhr. Beide treffen sich, wenn das Wertepaar (s; t) auf der in der folgenden Abbildung dargestellten Fläche im dick umrahmten Sechseck liegt. Der Inhalt des Sechsecks beträgt 125 min², die Gesamtfläche beträgt 225 min². Die gesuchte Wahrscheinlichkeit beträgt gemäß der geometrischen Wahrscheinlichkeitsdefinition 125 min²/225 min² = 5/9.

b) Jeder von beiden müsste in diesem Fall 10 Minuten und 16 Sekunden warten. ♦

Lösung 2-28
es sei A das Ereignis, dass die ausgewählte Person verschmutzte Flüsse, Meere oder Seen bemerkt hat, und B sei das Ereignis, dass sie eine verbaute Landschaft bemerkt hat
a) der kleinstmögliche Wert von P(A ∩ B) ergibt sich für A ∪ B = Ω und der größtmögliche Wert für B ⊂ A, man erhält: 0,016 ≤ P(A ∩ B) ≤ 0,456
b) wegen P(A | B) = P(A ∩ B)/P(B) erhält man aus dem Ergebnis von a): 0,0351 ≤ P(A | B) ≤ 1 ♦

Lösung 2-29
a) P($\overline{A}$) = 0,7, d.h. 70 % aller Berliner Haushalte haben keinen Geschirrspüler
b) P($\overline{B}$) = 0,5, d.h. 50 % aller Berliner Haushalte haben keinen Elektroherd
c) P(A ∪ B) = 0,6, d.h. 60 % besitzen einen Geschirrspüler oder einen Elektroherd
d) P($\overline{A} \cap \overline{B}$) = 0,4, d.h. 40 % aller Berliner Haushalte besitzen weder Geschirrspüler noch Elektroherd ♦

Lösung 2-30
Ereignisdefinition: Ereignis A: Klausur in Statistik nicht bestanden; Ereignis B: Klausur in Finanzmathematik nicht bestanden
a) Additionssatz für zwei beliebige zufällige Ereignisse: $P(A \cup B) = 0,19$
b) Wahrscheinlichkeit für Differenz zweier zufälliger Ereignisse: $P(B \cap \overline{A}) = P(B \setminus A) = 0,04$
c) Komplementärwahrscheinlichkeit: $1 - P(A \cup B) = 0,81$
d) Additionssatz für zwei disjunkte Ereignisse: $P((A \setminus B) \cup (B \setminus A)) = 0,11$ ♦

Lösung 2-31*
klassische bzw. LAPLACE-Wahrscheinlichkeiten
a) $4/6 \approx 0,67$, d.h. 4 günstige Fälle von 6 möglichen
b) $4/5 = 0,8$, d.h. 4 günstige von (nur noch) 5 möglichen Fällen ♦

Lösung 2-32*
Ereignisse: G: Kunde besitzt ein Gehaltskonto; S: Kunde besitzt ein Sparkonto; Ereigniswahrscheinlichkeiten: $P(G) = 0,8$ und $P(S) = 0,5$
a) $P(G \cap S) = P(G) + P(S) - P(G \cup S) = 0,3$
b) $P(S \mid G) = P(S \cap G)/P(G) = 0,375$
c) $P(G \mid S) = P(S \cap G)/P(S) = 0,6$
d) $P(S \cap \overline{G}) = P(S) P(\overline{G} \mid S) = 0,2$, da $P(\overline{G} \mid S) + P(G \mid S) = 1$
e) $P(S \cap \overline{G} \cup (\overline{S} \cap G)) = 0,7$ ♦

Lösung 2-33
Ereignisdefinition: A: Peter kommt rechtzeitig; B: Paul kommt rechtzeitig
a) Lösungsansatz: allgemeiner Additionssatz für zwei zufällige Ereignisse
   wegen $0,9 = 0,85 + 0,82 - P(A \cap B)$ gilt letztlich $P(A \cap B) = 0,77$
b) Lösungsansatz: Wahrscheinlichkeit für Differenz zweier zufälliger Ereignisse wegen
   $P(A \cap \overline{B}) = P(A \setminus B) = P(A \cup B) - P(B) = P(A) - P(A \cap B)$ gilt letztlich $0,9 - 0,82 = 0,85 - 0,77 = 0,08$
c) bedingte Wahrscheinlichkeit, wobei $P(B \mid A) = 0,77/0,85 = 0,9059$ gilt
d) Lösungsansatz: Formel nach DE MORGAN, wobei
   $P(\overline{A} \cap \overline{B}) = P(\overline{A \cup B}) = 1 - P(A \cup B) = 1 - 0,9 = 0,1$ gilt ♦

Lösung 2-34
Ereignisse: M: Student isst regelmäßig in der Mensa; Ö: Student wünscht längere Öffnungszeit; Ereigniswahrscheinlichkeiten: $P(M) = 0,7$; $P(Ö) = 0,4$; $P(M \cap Ö) = 0,2$
a) bedingte Wahrscheinlichkeit: $P(M \mid Ö) = 0,2/0,4 = 0,5$
b) bedingte Wahrscheinlichkeit: $P(Ö \mid \overline{M}) = \dfrac{P(Ö \cap \overline{M})}{P(\overline{M})} = \dfrac{P(Ö) - P(Ö \cap M)}{P(\overline{M})} = 0,67$ ♦

Lösung 2-35
Ereignisdefinition: Ereignis U: Unternehmen konnte Umsatz steigern; Ereignis H: Unternehmen konnte Umsatzsteigerung von mehr als 15 % aufweisen; wegen $H \subseteq U$ gilt $P(H \mid U) = 0,125$ ♦

Lösung 2-36

a) sind die Ereignisse A und B disjunkt, dann gilt $A \cap B = \emptyset$; daraus folgt für die bedingte Wahrscheinlichkeit $P(A \mid B) = \dfrac{P(A \cap B)}{P(B)} = \dfrac{0}{P(B)} = 0 = P(A)$; laut Voraussetzung ist aber $P(A) > 0$; folglich sind die Ereignisse A und B nicht unabhängig

b) sind die Ereignisse A und B unabhängig, dann gilt $P(A \cap B) = P(A) \cdot P(B)$; unter Berücksichtigung der Voraussetzungen ist $P(A) \cdot P(B) > 0$ für disjunkte Ereignisse gilt aber $P(A \cap B) = 0$; folglich sind die Ereignisse A und B nicht disjunkt ♦

Lösung 2-37*

Ereignisdefinition: W_1 bzw. W_2: *Fadenriss am Webstuhl 1 bzw. 2*; Ereigniswahrscheinlichkeiten: $P(W_1) = 0{,}26$; $P(W_2) = 0{,}37$

a) da Fadenrisse an beiden Webstühlen unabhängig voneinander sind, berechnet man die gesuchte Wahrscheinlichkeit $P(W_1 \cap W_2) = P(W_1) \cdot P(W_2) = 0{,}096$ mit Hilfe des Multiplikationssatzes für zwei stochastisch unabhängige Ereignisse

b) erwartungsgemäß nach $1/0{,}096 \approx 11$ Stunden ♦

Lösung 2-38*

Ereignisdefinition: W_i ($i = 1,2,3$): *Waschstraße i fällt aus*; Ereigniswahrscheinlichkeiten: $P(W_1) = 0{,}09$; $P(W_2) = 0{,}16$; $P(W_3) = 0{,}19$; grundlegender Lösungsansatz: Multiplikationssatz für stochastisch vollständig unabhängige Ereignisse

a) $P(W_1 \cap W_2 \cap W_3) = P(W_1) \cdot P(W_2) \cdot P(W_3) \approx 0{,}0027$

b) $P(\overline{W_1} \cap \overline{W_2} \cap \overline{W_3}) = (1 - P(W_1)) \cdot (1 - P(W_2)) \cdot (1 - P(W_3)) \approx 0{,}6192$

c) $1 - P(W_1) \cdot P(W_2) \cdot P(W_3) \approx 0{,}9973$ ♦

Lösung 2-39

Die gesuchten Wahrscheinlichkeiten sind

a) bei Reihenschaltung: $1 - (1 - 0{,}02) \cdot (1 - 0{,}05) \cdot (1 - 0{,}1) = 0{,}154$

b) bei Parallelschaltung: $0{,}02 \cdot 0{,}05 \cdot 0{,}1 = 0{,}0001$ ♦

Lösung 2-40*

a) Ereignisdefinition: A: *Rechner 1 fällt aus*; B: *Rechner 2 fällt aus*; Ereigniswahrscheinlichkeiten: $P(A) = 0{,}05$; $P(B) = 0{,}04$

b) Multiplikationssatz für zwei stochastisch unabhängige Ereignisse und Komplementärwahrscheinlichkeit: $P(\overline{A \cap B}) = 1 - P(A) \cdot P(B) = 1 - 0{,}002 = 0{,}998$

c) $1 = n \cdot 0{,}002$, d.h. nach $n = 500$ Arbeitstagen ist ein Systemausfall zu erwarten ♦

Lösung 2-41*

a) Ereignisse: A_1: *Automat am Hauptaufgang ist außer Betrieb*; A_2: *Automat am Nebenaufgang ist außer Betrieb*; Ereigniswahrscheinlichkeiten, wenn für ein Jahr einmal 360 Tage veranschlagt werden: $P(A_1) \approx 432/(20 \cdot 360) = 0{,}06$; $P(A_2) \approx 0{,}04$; grundlegender Lösungsansatz: Multiplikationssatz für zwei stochastisch unabhängige Ereignisse; Sicherheitswahrscheinlichkeit von $P(\overline{A_1 \cap A_2}) = 1 - P(A_1) \cdot P(A_2) = 0{,}9976$

b) beide Automaten fallen aus: $P(A_1 \cap A_2) = P(A_1) \cdot P(A_2) = 0{,}0024$

c) nach ca. 417 Tagen ist damit zu rechnen, einmal keinen Fahrschein lösen zu können ♦

Lösung 2-42*

Ereignisdefinitionen: N: *Student geht einem Nebenjob nach*; B: *Student empfindet seine finanzielle Situation als befriedigend*; Ereigniswahrscheinlichkeiten gemäß klassischer Wahrscheinlichkeitsdefinition: a) P(N) = 300/423 = 0,7092; b) P($\overline{N}$) = 123/423 = 0,2908; c) P(B) = 311/423 = 0,7352; d) P(N ∩ B) = 285/423 = 0,6738; e) P(N | B) = 285/311 = 0,9164; f) P(B | N) = 285/300 = 0,9500; g) P(B | $\overline{N}$) = 26/123 = 0,2114

- da z.B. die Ereignisse N und B nicht disjunkt sind, gilt der allgemeine Additionssatz: P(N ∪ B) = P(N) + P(B) − P(N ∩ B) = 326/423 = 0,7707
- da z.B. die Ereignisse N und $\overline{N}$ disjunkt sind, gilt das KOLMOGOROV'sche Additionsaxiom: P(N ∪ $\overline{N}$) = P(N) + P($\overline{N}$) = 1 = P(Ω), das im konkreten Fall das sichere Ereignis Ω liefert
- z.B. gilt wegen P(N ∩ B) = P(N)·P(B | N) = 0,6738 das allgemeine Multiplikationstheorem für zwei zufällige Ereignisse
- z.B. gilt wegen P(N ∩ B) = P(N)·P(B) = 0,5214 ≠ 0,6738 das Multiplikationstheorem für zwei stochastisch unabhängige Ereignisse nicht
- z.B. gilt wegen P(B) = P(N)·P(B | N) + P($\overline{N}$)·P(B | $\overline{N}$) = 0,7352 die Formel der totalen Wahrscheinlichkeit
- z.B. gilt wegen P(N | B) = P(N)·P(B | N)/P(B) = 0,9164 die Formel nach BAYES ♦

Lösung 2-43*

Ereignisdefinition: O: *Fahrgast ist ein Ost-Berliner*; S: *Fahrgast ist ein S-Bahn-Nutzer*; B: *Fahrgast ist ein Berliner*; Ereigniswahrscheinlichkeiten gemäß der klassischen Wahrscheinlichkeitsdefinition: a) P(O) = 568/1097 = 0,5178; b) P(S) = 334/1097 = 0,3045; c) P(O ∩ S) = 181/1097 = 0,1650; d) P(S | O) = 181/568 = 0,3187; e) P(B) = (568 + 448)/1097 = 0,9262; f) P($\overline{B}$) = 81/1097 = 0,0738

- da z.B. die Ereignisse O und S nicht disjunkt sind, gilt der allgemeine Additionssatz: P(O ∪ S) = P(O) + P(S) − P(O ∩ S) = 721/1097 = 0,6572
- z.B. gilt die Komplementärbeziehung: P($\overline{B}$) = 1 − P(B) = 0,0738
- da z.B. die Ereignisse O und $\overline{B}$ disjunkt sind, gilt das KOLMOGOROV'sche Additionsaxiom: P(O ∪ $\overline{B}$) = P(O) + P($\overline{B}$) = 0,5916
- z.B. gilt wegen P(O ∩ S) = P(O)·P(S | O) = 0,1650 der allgemeine Multiplikationssatz für zwei zufällige Ereignisse
- z.B. gilt wegen P(O ∩ S) = P(O)·P(S) = 0,1577 ≠ 0,1650 der Multiplikationssatz für zwei stochastisch unabhängige Ereignisse nicht ♦

Lösung 2-44*

Ereigniswahrscheinlichkeiten gemäß klassischer Wahrscheinlichkeitsdefinition:
a) P(F) = 179/323 = 0,5542
b) P(N) = 196/323 = 0,6068;
c) P($\overline{F}$) = 144/323 = 0,4458
d) P(F ∩ N) = 127/323 = 0,3932
e) P(N | F) = 127/179 = 0,7095 bzw. P(N | $\overline{F}$) = 69/144 = 0,4792
f) da die zufälligen Ereignisse F und N nicht disjunkt sind, gilt der allgemeine Additionssatz: P(F ∪ N) = P(F) + P(N) − P(F ∩ N) = 248/323 = 0,7678

g) da die Ereignisse F und $\overline{F}$ disjunkt sind, gilt das KOLMOGOROV'sche Additionsaxiom $P(F \cup \overline{F}) = P(F) + P(\overline{F}) = P(\Omega) = 1$, das im konkreten Fall die Wahrscheinlichkeit für das sichere Ereignis Ω liefert und die Gültigkeit des KOLMOGOROV'schen Normierungsaxioms untermauert

h) wegen $P(F \cap N) = P(F) \cdot P(N \mid F) = 0{,}3932$ gilt der allgemeine Multiplikationssatz für zwei zufällige Ereignisse

i) wegen $P(F \cap N) = P(F) \cdot P(N) = 0{,}3363 \neq 0{,}3932$ gilt der Multiplikationssatz für zwei stochastisch unabhängige Ereignisse nicht

j) wegen $P(N) = 0{,}6068$ gilt der Satz der totalen Wahrscheinlichkeit

k) wegen $P(F \mid N) = 0{,}6529$ gilt die Formel von BAYES ♦

Lösung 2-45*

a) (2·3)-Kontingenztabelle:

Reisegrund	Verkehrsmittel			insgesamt
	Bus	Pkw	Taxi	
geschäftlich	34	8	121	163
privat	94	40	43	177
insgesamt	128	48	164	340

b) z.B. kann gemäß dem Gesetz der großen Zahlen eine relative Häufigkeit als Schätzwert für eine Wahrscheinlichkeit verwendet werden; es gilt: $P(B) \approx 128/34 = 0{,}3765$; $P(G) \approx 163/340 = 0{,}4794$; $P(G \mid B) \approx 34/128 = 0{,}2656$; $P(B \cap G) \approx 34/340 = 0{,}10$

c) Additionsaxiom $P(B \cup G) = P(B) + P(G)$ gilt nicht, da wegen $n(B \cap G) = 34 \neq n(\emptyset) = 0$ die Ereignisse B und G nicht disjunkt sind; wegen $P(B \cup G) = P(B) + P(G) - P(B \cap G) = (128 + 163 - 34)/340 = 0{,}7559$ gilt allgemeine Additionsregel für zwei zufällige Ereignisse; wegen $P(B \cap G) = P(B) \cdot P(G) = 0{,}3765 \cdot 0{,}4794 = 0{,}1805 \neq 0{,}10$ gilt die Multiplikationsregel für zwei stochastisch unabhängige Ereignisse nicht; wegen $P(B \cap G) = P(B) \cdot P(G \mid B) = 0{,}3765 \cdot 0{,}2656 \approx 0{,}10$ gilt die allgemeine Multiplikationsregel für zwei zufällige Ereignisse

d) verkehrsmittelspezifische Konditionalverteilungen: Taxi: 0,74; 0,26; Bus: 0,27; 0,73; PKW: 0,17; 0,87; da die drei Konditionalverteilungen nicht homogen sind, sich also nahezu gegensätzlich zueinander verhalten, ist dies ein Indiz dafür, dass die beiden Erhebungsmerkmale „Verkehrsmittel" und „Reisegrund" stochastisch nicht voneinander unabhängig sind ♦

Lösung 2-46*

Ereignisdefinition: A: *Flasche ist ausreichend gefüllt*; A_i: *Flasche wurde auf Anlage i (i = 1, 2) abgefüllt*; gegebene Ereigniswahrscheinlichkeiten: $P(A_1) = 0{,}32$; $P(A_2) = 0{,}68$; $P(\overline{A} \mid A_1) = 0{,}01$; $P(\overline{A} \mid A_2) = 0{,}02$

a) totale Wahrscheinlichkeit: $P(A) = 0{,}32 \cdot 0{,}99 + 0{,}68 \cdot 0{,}98 = 0{,}9832$

b) Lösungsansatz: a-posteriori-Wahrscheinlichkeit mit Hilfe der Formel von BAYES: $P(A_2 \mid A) = 0{,}68 \cdot 0{,}98 / 0{,}9832 = 0{,}6778$

c) analog zu b) mittels der jeweiligen Komplementärwahrscheinlichkeiten $P(A_1 \mid \overline{A}) = \dfrac{0{,}32 \cdot 0{,}01}{1 - 0{,}9832} = 0{,}1905$; $P(A_2 \mid \overline{A}) = 1 - P(A_1 \mid \overline{A}) = 0{,}8095$ ♦

Lösung 2-47*
Ereignisdefinition: L: *Lydia verpackt das Geschenk*; E: *Elisabeth verpackt das Geschenk*; G: *Geschenk ist mit Preisschild versehen*; bekannte Ereigniswahrscheinlichkeiten: $P(L) = 0{,}6$; $P(E) = 0{,}4$; $P(G \mid E) = 0{,}03$; $P(G \mid L) = 0{,}06$
a) totale Wahrscheinlichkeit: $P(G) = 0{,}03 \cdot 0{,}4 + 0{,}06 \cdot 0{,}6 = 0{,}048$
b) Formel von BAYES: $P(L \mid G) = 0{,}06 \cdot 0{,}6/0{,}048 = 0{,}75$
c) ja, wenn man von einer großen Anzahl verpackter Geschenke ausgeht; da die Boutique stark frequentiert wird, kann man von einer großen Anzahl verpackter Geschenke ausgehen und gemäß dem schwachen Gesetz großer Zahlen die relativen Häufigkeiten als Schätzwerte für die unbekannten Wahrscheinlichkeiten verwenden ♦

Lösung 2-48*
a) Ereignisdefinition: B: *Banküberfall findet statt*; A: *Alarm wird ausgelöst*; unbedingte und komplementäre Wahrscheinlichkeiten: $P(B) = 0{,}1$; $P(\overline{B}) = 0{,}9$; bedingte Wahrscheinlichkeiten: $P(A \mid B) = 0{,}95$; $P(A \mid \overline{B}) = 0{,}03$
b) Formel von BAYES: $P(\overline{B} \mid A) = \dfrac{0{,}9 \cdot 0{,}03}{0{,}1 \cdot 0{,}95 + 0{,}9 \cdot 0{,}03} = 0{,}221$, wobei im konkreten Fall für die totale Wahrscheinlichkeit $P(A) = P(A \mid B) \cdot P(B) + P(A \mid \overline{B}) \cdot P(\overline{B}) = 0{,}122$ und für die gemeinsame Wahrscheinlichkeit $P(A \cap \overline{B}) = P(A \mid \overline{B}) \cdot P(\overline{B}) = 0{,}027$ gilt
c) Formel von BAYES: $P(B \mid \overline{A}) = \dfrac{0{,}1 - 0{,}1 \cdot 0{,}95}{1 - (0{,}1 \cdot 0{,}95 + 0{,}9 \cdot 0{,}03)} = 0{,}006$, wobei speziell für die bedingte Wahrscheinlichkeit $P(B \mid \overline{A}) = P(B \cap \overline{A})/P(\overline{A}) = 0{,}005/0{,}878 = 0{,}006$, für die totale Wahrscheinlichkeit $P(B) = P(B \cap A) + P(B \cap \overline{A}) = 0{,}1$, für die Wahrscheinlichkeit $P(B \cap \overline{A}) = P(B) - P(B \cap A) = P(B) - P(A \mid B) \cdot P(B) = 0{,}005$ und für die Komplementärwahrscheinlichkeit $P(\overline{A}) = 1 - P(A) = 0{,}878$ gilt
d) a-posteriori-Wahrscheinlichkeiten als spezielle bedingte Wahrscheinlichkeiten ♦

Lösung 2-49
Ereignisse: A: *Student fährt mit dem Auto*; U: *Student fährt mit der U-Bahn*; H: *Student braucht mindestens eine halbe Stunde*; gegebene bzw. bekannte Ereigniswahrscheinlichkeiten: $P(H \mid A) = 0{,}05$; $P(H \mid U) = 0{,}01$; $P(A) = 0{,}6$; $P(U) = 0{,}4$
a) komplementäre totale Wahrscheinlichkeit: $P(\overline{H}) = 1 - P(H) = 0{,}966$
b) Formel von BAYES: $P(A \mid H) = 0{,}05 \cdot 0{,}6/0{,}034 = 0{,}8824$ ♦

Lösung 2-50*
a) totale Wahrscheinlichkeit: $0{,}60 \cdot 0{,}005 + 0{,}25 \cdot 0{,}01 + 0{,}15 \cdot 0{,}002 = 0{,}0058$, demnach gibt es im Jahr durchschnittlich $0{,}0058 \cdot 10000 = 58$ Versicherungsfälle zu bearbeiten
b) PKW: $0{,}6 \cdot 0{,}005 \cdot 10000/58 = 30/58$, analog für Kräder: $25/58$ und LKW: $3/58$ ♦

Lösung 2-51
Ereignisdefinition: R_i: *Bergsteiger nimmt Route i (i = 1,2,3)*; B: *Berg erfolgreich besteigen*; bekannte Wahrscheinlichkeiten: $P(R_1) = 0{,}70$, $P(R_2) = 0{,}20$, $P(R_3) = 0{,}10$, $P(B \mid R_1) = 0{,}65$, $P(B \mid R_2) = 0{,}50$, $P(B \mid R_3) = 0{,}25$; totale Wahrscheinlichkeit $P(G) = 0{,}70 \cdot 0{,}65 + 0{,}20 \cdot 0{,}50 + 0{,}10 \cdot 0{,}25 = 0{,}58$; gesuchte Wahrscheinlichkeiten: $P(R_1 \mid B) = 0{,}70 \cdot 0{,}65/0{,}58 = 0{,}7845$; analog $P(R_2 \mid B) = 0{,}1724$ und $P(R_3 \mid B) = 0{,}0431$ mit Formel von BAYES ♦

Lösung 2-52*
Ereignisdefinition: A, B, G: Gestänge stammt von Firma ALPHA, BETA, GAMMA; L: Garantieleistung erforderlich; bekannte unbedingte und bedingte (a-priori) Wahrscheinlichkeiten: $P(A) = 5000/10000 = 0{,}5$, $P(B) = P(C) = 2500/10000 = 0{,}25$, $P(G\,|\,A) = 0{,}05$, $P(G\,|\,B) = 0{,}02$, $P(G\,|\,C) = 0{,}04$;
totale Wahrscheinlichkeit $P(G) = 0{,}5 \cdot 0{,}05 + 0{,}25 \cdot 0{,}02 + 0{,}25 \cdot 0{,}04 = 0{,}04$;
gesuchte (a-posteriori) Wahrscheinlichkeiten $P(A\,|\,G) = 0{,}5 \cdot 0{,}05/0{,}04 = 0{,}625$;
$P(B\,|\,G) = 0{,}25 \cdot 0{,}02/0{,}04 = 0{,}125$ und $P(C\,|\,G) = 0{,}25 \cdot 0{,}04/0{,}04 = 0{,}25$ mittels Formel von BAYES ♦

Lösung 2-53*
a) wenn hinreichend viele und voneinander unabhängige Sicherheitskontrollen durchgeführt werden
b) $P(M) = 0{,}6$; $P(W) = 0{,}4$; $P(A\,|\,M) = 0{,}01$; $P(A\,|\,W) = 0{,}03$
c) totale Wahrscheinlichkeit: $P(A) = 0{,}01 \cdot 0{,}6 + 0{,}03 \cdot 0{,}4 = 0{,}018$; Formel von BAYES: $P(M\,|\,A) = 0{,}01 \cdot 0{,}6/0{,}018 = 0{,}333$; $P(W\,|\,A) = 0{,}03 \cdot 0{,}4/0{,}018 = 0{,}667$
d) Risikoentscheidung: wegen $P(W\,|\,A) = 0{,}667 > P(M\,|\,A) = 0{,}333$ würde man einen „Alarmsünder" dem weiblichen Geschlecht zuordnen ♦

Lösung 2-54
diskrete Zufallsvariable: a), b), e); stetige Zufallsvariable: c), d), f), g) ♦

Lösung 2-55
Einer der Autoren der Aufgabensammlung (Herr R. S.) warf 50 mal den Würfel und notierte nach jedem Wurf die erschienene Augenzahl X: 3; 4; 6; 3; 4; 3; 5; 2; 2; 6; 2; 2; 1; 2; 3; 5; 1; 4; 5; 6; 6; 5; 5; 2; 1; 1; 6; 5; 3; 3; 6; 3; 1; 5; 3; 6; 2; 5; 2; 4; 3; 1; 2; 2; 4; 2; 2; 4; 1
a) für die gegebene Serie von 50 Würfen ermittelt man folgende approximative Einzelwahrscheinlichkeiten:

i	1	2	3	4	5	6
P(X = i)	0,14	0,26	0,18	0,12	0,16	0,14

b) $P(X \leq 3) = P(X = 1) + P(X = 2) + P(X = 3) = 0{,}58$; c) $P(X > 4) = 1 - P(X \leq 4) = 0{,}7$;
d) $P(X > 8) = 1 - P(X \leq 8) = 1 - 1 = 0$; e) $P(X < 1) = 0$; f) $P(2{,}3 \leq X \leq 5{,}1) = P(X = 3) + P(X = 4) + P(X = 5) = 0{,}46$; g) für b): 0,5; für c): 0,333 ♦

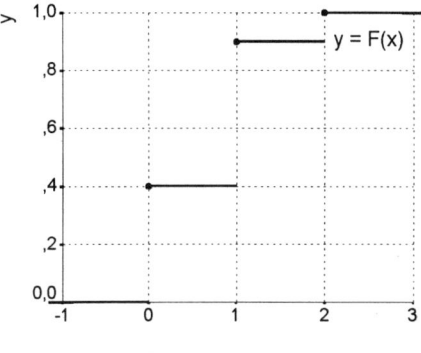

Anzahl x der Filialen

Lösung 2-56
Zufallsgröße X: Anzahl der Filialen, in denen eine solche Uhr innerhalb eines Monats verkauft wird; a) Realisationen (Werte) der Zufallsgröße X: 0, 1, 2; b) $P(X = 0) = 0{,}4$; $P(X = 1) = 0{,}5$; $P(X = 2) = 0{,}1$; c) graphische Darstellung des Graphen $y = F(x)$ der Verteilungsfunktion $F(x)$ der Zufallsgröße X: nebenstehend; d) Erwartungswert: $E(X) = 0{,}7$; Standardabweichung: $D(X) = 0{,}64$ ♦

Lösung 2-57
Wahrscheinlichkeitsverteilung der diskreten Zufallsvariable K: *monatliche Mehrkosten K (in € pro Monat) durch Lagerhaltung bzw. Nachbestellung*, wobei z.B. die monatlichen Mehrkosten $k_6 = 100$ € daher rühren, dass im Falle von $x_6 = 17$ nachgefragten Ersatzteilen $17 - 15 = 2$ Ersatzteile nachbestellt werden müssen, für die letztlich wegen 2 Stück mal 50 € pro Stück = 100 € Mehrkosten aus der Nachbestellung entstehen

i	1	2	3	4	5	6
k_i	0	20	40	50	60	100
$P(K = k_i)$	0,2	0,3	0,2	0,1	0,1	0,1

a) $E(K) = 0 \cdot 0{,}2 + ... + 100 \cdot 0{,}1 = 35$ € pro Monat

b) $E(K) = 0 \cdot 0{,}3 + ... + 150 \cdot 0{,}1 = 43$ € pro Monat ♦

Lösung 2-58*
a) $P(X = 0) = P(\overline{U} \cap \overline{V} \cap \overline{W}) = 0{,}70688$

$P(X = 1) = P((U \cap \overline{V} \cap \overline{W}) \cup (\overline{U} \cap V \cap \overline{W}) \cup (\overline{U} \cap \overline{V} \cap W)) = 0{,}26696$

$P(X = 2) = P((\overline{U} \cap V \cap W) \cup (U \cap \overline{V} \cap W) \cup (U \cap V \cap \overline{W})) = 0{,}02544$

$P(X = 3) = P(U \cap V \cap W) = 0{,}00072$

b) $P(X \geq 1) = 1 - P(X = 0) = 0{,}29312$

c) Verteilungsfunktion, analytisch:

$$F(x) = \begin{cases} 0 & \text{für } -\infty < x < 0 \\ 0{,}70688 & \text{für } 0 \leq x < 1 \\ 0{,}97384 & \text{für } 1 \leq x < 2 \\ 0{,}99928 & \text{für } 2 \leq x < 3 \\ 1 & \text{für } 3 \leq x < \infty \end{cases}$$

d) Median: $x_{0,5} = 0$; oberes Quartil: $x_{0,75} = 1$

e) Erwartungswert: $E(X) = 0{,}32$, d.h. im Mittel muss ein Schiff 0,32 mal in die Werft; Standardabweichung von $D(X) = 0{,}5223$ als Maßzahl für die mittlere Streuung der einzelnen Realisationen von X um den Erwartungswert E(X) ♦

Lösung 2-59
a) Mit Hilfe der Summenformel der arithmetischen Reihe $1 + 2 + ... + n = n \cdot (n + 1)/2$ erhält man für den Erwartungswert des Einzelschadens

$$E(X_i) = \frac{0{,}1}{30000} \cdot \frac{30000 \cdot 30001}{2} \text{ € } = 1500{,}05 \text{ €}.$$

Analog liefert die Summenformel $1^2 + 2^2 + ... + n^2 = n \cdot (n + 1) \cdot (2n + 1)/6$ das Resultat

$$E(X_i^2) = \frac{0{,}1}{30000} \cdot \frac{30000 \cdot 30001 \cdot 60001}{6} \text{ (€)}^2 = 30001500 \text{ (€)}^2.$$ Die Varianz des Einzelschadens ist dann $D^2(X_i) = E(X_i^2) - (E(X_i))^2 = 27.751.350$ (€)^2.

b) $P(X_i \leq 1000 \text{ DM}) = \sum_{k=0}^{1000} P(X_i = k) = 0{,}9 + 1000 \cdot \dfrac{0{,}1}{30000} = 0{,}9033$ ♦

Lösung 2-60
stetige Zufallsvariable X: *nachgefragte Benzinmenge (in Mio. l)*; gesucht ist der Quantils- bzw. Kapazitätswert K, der für die gegebene Verteilung höchstens die Wahrschein-

lichkeit $P(X \geq K) \leq 0{,}05$ zurückgibt, wobei offensichtlich im „schlechtesten" Fall

$P(X \geq K) = 1 - P(X < K) = 1 - \int_0^K 5 \cdot (1-x)^4 dx = 0{,}05$ gilt; mit Hilfe der linearen Substitution erhält man für das bestimmte Integral die folgende Lösung:

$$\int_0^K 5 \cdot (1-x)^4 dx = 5 \cdot \left[-\frac{1}{5} \cdot (1-x)^5 \right]_0^K = -(1-K)^5 + 1,$$

so dass es letztlich die Gleichung $1 - (-(1-K)^5 + 1) = (1-K)^5 = 0{,}05$ nach K aufzulösen gilt; demnach müsste wegen $K = 1 - \sqrt[5]{0{,}05} \approx 0{,}45$ (Mio. l) der Benzintank eine Kapazität von ca. 450.000 Litern besitzen ♦

Lösung 2-61

a) Dichtefunktion f(z) und b) Verteilungsfunktion F(z), graphisch:

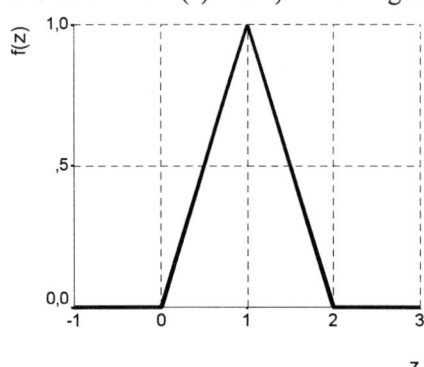
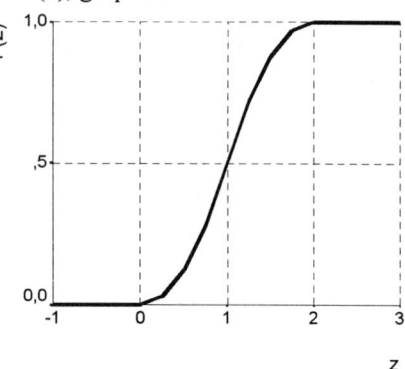

b) Verteilungsfunktion F(z), analytisch:

$$F(z) = \begin{cases} 0 & \text{für} -\infty < z \leq 0 \\ 0{,}5 \cdot z^2 & \text{für } 0 < z \leq 1 \\ -0{,}5 \cdot z^2 + 2 \cdot z - 1 & \text{für } 1 < z \leq 2 \\ 1 & \text{für } 2 < z < \infty \end{cases}$$

c) Erwartungswert: $E(Z) = 1$; Varianz: $V(Z) = 1/6$; Median: $x_{0{,}5} = 1$; unteres Quartil: $x_{0{,}25} = 1/\sqrt{2}$ ♦

Lösung 2-62

stetige Zufallsvariable X: *wöchentlicher Materialverbrauch (in t)*; gesucht ist die zu lagernde Materialmenge M, die für die gegebene Verteilung höchstens die Wahrscheinlichkeit $P(X \geq M) \leq 0{,}05$ zurückgibt, wobei offensichtlich im „schlechtesten" Fall

$P(X \geq M) = 1 - P(X < M) = 1 - \int_0^M f(x)\, dx = 0{,}05$ gilt; das praktische Entscheidungsproblem besteht nunmehr darin zu klären, ob die zu lagernde Materialmenge M unter 5 Tonnen liegt oder nicht; um dies zu entscheiden, bestimmt man mittels der Beziehung

$P(X \leq 5) = \int_0^5 \frac{1}{10} dx = \left[\frac{x}{10} \right]_0^5 = \frac{5}{10} - \frac{0}{10} = 0{,}5$ die Wahrscheinlichkeit dafür, dass der Materialverbrauch unter 5 t liegt; da die Wahrscheinlichkeit 0,5 beträgt, entscheidet man sich offensichtlich für die „sichere" Variante und nimmt einen Materialverbrauch zwischen 5 t und 10 t an, wobei jetzt $P(X \geq M) = \int_{M}^{10} \frac{1}{25} \cdot (10-x)\, dx = 0,05$ gilt; für das bestimmte Integral erhält man die folgende Lösung:

$$\int_{M}^{10} \frac{1}{25} \cdot (10-x)\, dx = \frac{1}{25} \cdot \left[10 \cdot x - \frac{x^2}{2}\right]_{M}^{10} = 2 - 0,4 \cdot M + 0,02 \cdot M^2,$$

so dass es letztlich die quadratische Gleichung $2 - 0,4 \cdot M + 0,02 \cdot M^2 = 0,05$ zu lösen gilt, deren Normalform $M^2 - 20 \cdot M + 97,5 = 0$ gemäß dem Wurzelsatz nach VIETA die Lösungen $M_1 = 10 + \sqrt{2,5} \approx 11,58$ und $M_2 = 10 - \sqrt{2,5} \approx 8,42$ liefert, wobei nur letztere von sachlogischem Interesse ist; demnach müssten mindestens 8,42 t Material gelagert werden ♦

Lösung 2-63

a) X: Dauer einer Werkstoffprüfung; X ist stetig gleichverteilt; Dichtefunktion f(x):

$$f(x) = \begin{cases} 1/(7-4) & \text{für } 4 \leq x \leq 7 \\ 0 & \text{sonst} \end{cases}$$

b) $P(4,5 \leq X \leq 6,5) = (6,5 - 4,5) \cdot (1/3) = 0,667$

c) im Mittel $E(X) = (4 + 7)/2 = 5,5$ min ♦

Lösung 2-64*

a) X ist hypergeometrisch verteilt mit den Parametern $N = 8$, $M = 2$, $n = 5$; Erwartungswert: $E(X) = 5/4$ Harznester; Varianz: $D^2(X) = 45/112$

b) $P(X = 1) = 15/28$; $P(X \geq 1) = P(X = 1) + P(X = 2) = 25/28$ ♦

Lösung 2-65

mit Hilfe der hypergeometrischen Verteilung berechnet man die folgenden Wahrscheinlichkeiten: a) $\dfrac{\binom{20}{3} \cdot \binom{13}{0}}{\binom{33}{3}} = 0,208$; b) $\dfrac{\binom{2}{2} \cdot \binom{31}{1}}{\binom{33}{3}} = 0,00568$; c) da $P(A) = 2/33$, $P(B) = 20/33$ und $P(A \cap B) = 0 \neq P(A) \cdot P(B)$ gilt, sind gemäß dem Multiplikationssatz für zwei stochastisch unabhängige Ereignisse die zufälligen Ereignisse A und B stochastisch voneinander abhängig ♦

Lösung 2-66

a) X kann die Werte 0, 1, 2 annehmen; X ist hypergeometrisch verteilt mit den Parametern $N = 10$, $M = 2$, $n = 4$

b) $P(X = 0) = 1/3$; $P(X \leq 1) = 13/15$

c) Erwartungswert: $E(X) = 4/5$ Adressen; Standardabweichung: $D(X) = \sqrt{32/75}$ ♦

Lösung 2-67

a) diskrete Zufallsvariable X; Verteilungsgesetz: hypergeometrische Verteilung

b) Annahmewahrscheinlichkeiten bei Ausschussprozentsatz von 10 % bzw. 40 %:

$$\frac{\binom{3}{0}\binom{27}{5}+\binom{3}{1}\binom{27}{4}}{\binom{30}{5}} = 0{,}936 \text{ bzw. } \frac{\binom{12}{0}\binom{18}{5}+\binom{12}{1}\binom{18}{4}}{\binom{30}{5}} = 0{,}318 \blacklozenge$$

Lösung 2-68

a) diskrete Zufallsvariable X: *Anzahl Schlachtenbummler unter 5 zufällig ausgewählten Zuschauern* ist binomialverteilt mit n = 5 und p = 15000/50000 = 0,3; zu ermittelnde Wahrscheinlichkeit: $P(X \leq 1) = P(X = 0) + P(X = 1) = 0{,}5282$

b) diskrete Zufallsvariable Y: *Anzahl einheimischer Besucher unter 5 zufällig ausgewählten Zuschauern* ist binomialverteilt mit n = 5 und p = 35000/50000 = 0,7; zu ermittelnde Wahrscheinlichkeit: $P(Y \geq 4) = P(Y = 4) + P(Y = 5) = 0{,}5282$

c) Binomialverteilung; **Hinweis**: da die Binomialwahrscheinlichkeiten in der Tafel 1 des Anhangs nicht aufgelistet sind, müssen sie im konkreten Fall berechnet werden ♦

Lösung 2-69*

a) in allen unabhängigen Versuchen gleich große „Erfolgswahrscheinlichkeit" für einen Unfall, wobei p = 7/10 = 0,7 gilt

b) diskrete Zufallsvariable X ist binomialverteilt mit den Parameter n = 8 und p = 0,7

c) Ereigniswahrscheinlichkeiten gemäß Tafel 1 im Anhang: $P(X = 5) \approx 0{,}2541$; $P(X \geq 5) = 1 - P(X \leq 4) \approx 1 - 0{,}1941 = 0{,}8058$ und $P(X \leq 5) \approx 0{,}4482$ ♦

Lösung 2-70

diskrete Zufallsvariable X: *Anzahl fehlerhafter Waschbecken*

a) X ist binomialverteilt mit den Parametern n = 5 und p = 0,1; Ergebniswahrscheinlichkeit: $P(X \leq 1) = P(X = 0) + P(X = 1) \approx 0{,}9185$

b) X ist hypergeometrisch verteilt mit den Parametern N = 100, M = 10, n = 5; Ereigniswahrscheinlichkeit: $P(X \leq 1) = P(X = 0) + P(X = 1) \approx 0{,}9231$ ♦

Lösung 2-71

a) $P(X = 3) = (1 - p)^2 \cdot p = 0{,}096$

b) $P(X \geq 3) = 1 - P(X = 1) - P(X = 2) = 0{,}16$

c) $E(X) = 1/p = 1{,}66$ Versuche

d) diskrete, geometrisch verteilte Zufallsvariable X: *Anzahl der Einzelversuche bis zum Gelingen* ♦

Lösung 2-72

a) diskrete Zufallsvariablen X: *Anzahl „Pasch" bei fünfmaligem Werfen mit zwei Würfeln*; mögliche Realisationen von X: 0, 1, 2, 3, 4, 5

b) X ist binomialverteilt mit n = 5 und p = 6/36 = 0,1667; zu ermittelnde Ereigniswahrscheinlichkeit: $P(X = 2) \approx 0{,}1608$ ♦

Lösung 2-73

a) die diskrete Zufallsvariable X ist binomialverteilt mit den Parametern n = 5 und p = 0,519

b) berechnete Binomialwahrscheinlichkeiten (umseitig):

i) $P(X \leq 1) = \binom{5}{0} \cdot 0{,}519^0 \cdot 0{,}481^5 + \binom{5}{1} \cdot 0{,}519^1 \cdot 0{,}481^4 = 0{,}16465$

ii) $P(X \geq 3) = \binom{5}{4} \cdot 0{,}519^4 \cdot 0{,}481^1 + \binom{5}{5} \cdot 0{,}519^5 \cdot 0{,}481^0 = 0{,}21215$

iii) $P(2 \leq X \leq 3) = 1 - 0{,}16465 - 0{,}21215 = 0{,}62320$ ♦

Lösung 2-74
a) X kann die Werte 0,1,...,10 annehmen; X ist binomialverteilt mit den Parametern p = 0,8 und n = 10
b) P(X = 10) = 0,1074; P(X ≥ 8) = 0,6778
c) E(X) = 8, d.h. im Mittel kann er acht gelungene Kenterrollen erwarten; D(X) = 1,6 Kenterrollen ♦

Lösung 2-75
a) $P(X > 3) = 1 - P(X \leq 3) \approx 1 - 0{,}8619 = 0{,}1381$
b) diskrete Zufallsvariable X: *Anzahl der Fahrzeugführer ohne chipkartengestützte Zufahrtsberechtigung;* die n = 40 Zufahrten pro Tag (17 – 7 = 10 Stunden mal 4 Zufahrten je Stunde) können im konkreten Fall als ein BERNOULLI-Experiment aufgefasst werden; die Zufallsgröße X genügt einer Binomialverteilung mit den Parametern n = 40 und p = 0,05; da im konkreten Fall für die binomialverteilte Zufallsvariable X der Beziehung E(X) = 40·0,05 = 2 ≈ D²(X) = 40·0,05·0,95 = 1,9 gilt, ist es sinnvoll, die umständlich zu berechnenden Binomialwahrscheinlichkeiten durch einfacher zu berechnende POISSON-Wahrscheinlichkeiten zu approximieren; für eine POISSON-Verteilung mit dem Parameter λ = 40·0,05 = 2 errechnet man eine Ereigniswahrscheinlichkeit von $P(X > 3) = 1 - P(X \leq 3) \approx 1 - 0{,}8571 = 0{,}1429$ die zwar vom Ergebnis aus a) abweicht, dennoch als eine brauchbare Näherung akzeptiert werden kann ♦

Lösung 2-76
diskrete Zufallsvariable X: *Anzahl defekter Glühlampen* genügt einer Binomialverteilung mit den Parametern p = 0,04 und n = 120
a) $P(X \leq 1) = P(X = 0) + P(X = 1) = 0{,}96^{120} + 120 \cdot 0{,}04 \cdot 0{,}96^{119} = 0{,}0447$
b) E(X) = n·p = 4,8, d.h. im Mittel sind ca. 5 defekte Glühlampen zu erwarten ♦

Lösung 2-77
diskrete Zufallsvariable X: *Anzahl der richtig beantworteten Fragen* genügt einer hypergeometrischen Verteilung mit den Parametern N = 50, M = 40, n = 5; Ereigniswahrscheinlichkeit: P(X = 5) ≈ 0,31 ♦

Lösung 2-78
a) diskrete Zufallsvariable N: *Anzahl der Schäden* ist binomialverteilt mit den Parametern p = 0,0039 und n = 1000; Erwartungswert: E(N) = 3,9, d.h. im Mittel sind vier Schadensfälle zu erwarten; Standardabweichung: $D(N) = \sqrt{D^2(N)} = \sqrt{3{,}88} = 1{,}97$, d.h. die zu erwartenden Schadensfälle weichen im Mittel um zwei Schadensfälle nach oben und nach unten von der mittleren Erwartung ab

b) wegen $D^2(N) \approx E(N)$ kann in guter Näherung die POISSON-Verteilung verwendet werden; approximierte Ereigniswahrscheinlichkeit: $P(N \leq 3) = 0,4532$

c) zu erwartende Versicherungsleistung: $3,9 \cdot 20.000 = 78.000$ DM; abgezinste Leistung bzw. Barwert: $78.000/1,03 = 75.728,16$ DM bei 1000 Versicherungsnehmern; Nettoeinmalprämie beträgt 75,73 DM je Versicherungsnehmer ♦

Lösung 2-79
diskrete Zufallsvariable X: *Anzahl der Krankenfälle in einer Schicht* ist binomialverteilt mit den Parametern n = 80 und p = 0,05;
wegen $E(X) = 80 \cdot 0,05 = 4 \approx D^2(X) = 80 \cdot 0,05 \cdot 0,95 = 3,8$ ist es sinnvoll, zur Berechnung der Ereigniswahrscheinlichkeit $P(X > 10) = 1 - P(X \leq 10) \approx 1 - 0,9972 = 0,0028$ eine POISSON-Verteilung mit dem Parameter $\lambda = 4$ zu verwenden ♦

Lösung 2-80
diskrete Zufallsvariable M: *Anzahl der Selbstmorde* ist poissonverteilt mit dem Parameter $\lambda = 4$ Selbstmorde/Jahr; a) $P(M = 2) = 0,1465$; b) $P(M > 7) = 1 - P(M \leq 7) = 0,0511$ ♦

Lösung 2-81
a) $E(X_8) = 0,25 \cdot 8 = 2$, d.h. auf einer Fläche von acht Quadratmetern des Gewebes sind durchschnittlich zwei Fehler zu erwarten

b) $r = 1,2$ m$\cdot 5$ m $= 6$ m²; $P(X_6 > 2) = 1 - P(X_6 \leq 2) = 0,1912$ ♦

Lösung 2-82*
a) Ereigniswahrscheinlichkeiten: i) $P(X = 3) \approx 0,2138$; ii) $P(X \geq 3) = 1 - P(X < 3) = 1 - P(X \leq 2) \approx 0,4562$; iii) $P(2 \leq X \leq 5) = P(X = 2) + ... + P(X = 5) \approx 0,6707$

b) voneinander unabhängige Kundenbesuche im Abstand von 2 Minuten können als punktuelle Ereignisse eines POISSON-Prozesses gedeutet werden; diskrete Zufallsvariable X: *Anzahl der Kunden, die Filiale fünf Minuten vor der Mittagspause betreten*; Verteilungsmodell: POISSON-Verteilung mit dem Parameter $\lambda = 2,5$ Kunden im Verlaufe von 5 Minuten ♦

Lösung 2-83
diskrete Zufallsvariable S: *Anzahl der beobachteten Sternschnuppen* ist poissonverteilt mit dem Parameter $\lambda = 1,5$ Sternschnuppen je Viertelstunde

a) $P(S = 0) \approx 0,2231$

b) $P(S = 1) \approx 0,3347$

c) $P(S > 2) = 1 - P(S \leq 2) \approx 1 - 0,8088 = 0,1912$ ♦

Lösung 2-84*
a) diskrete Zufallsvariable X: *Anzahl schadhafter Bäume je Ar Waldfläche* ist poissonverteilt mit dem Parameter $\lambda = 0,7$ schadhafte Bäume je Ar Waldfläche bzw. 7 schadhafte Bäume je 10 Ar Waldfläche

b) Schadstufenverteilung:

Schadstufe S	0	1	2	3
Waldanteil (%)	49,7	34,7	15,0	0,6

für die Schadstufe 3 gilt z.B.:
$P(X > 3) = 1 - P(X \leq 3) = 1 - 0,4966 - 0,3476 - 0,1217 - 0,0284 = 0,0057$ ♦

Lösung 2-85
Ereigniswahrscheinlichkeiten: a) $P(X \leq 5) = 0,4457$; b) $P(X > 5) = 0,5543$;
c) $P(3 \leq X \leq 7) = 0,6579$; d) $P(X = 0) = 0,0025$;
e) diskrete Zufallsvariable X: *Anzahl der Fahrzeuge in der Warteschlange* ist poissonverteilt mit dem Parameter $\lambda = 6$ Fahrzeuge pro eineinhalb Minuten ♦

Lösung 2-86*
a) diskrete Zufallsvariable X: *Anzahl der Bußgeldbescheide pro Tag* genügt einer POISSON-Verteilung mit dem Parameter $\lambda = 7/14 = 0,5$ Bußgeldbescheide pro Tag; Ereigniswahrscheinlichkeiten: i) $P(X = 0) \approx 0,6065$; ii) $P(1 \leq X \leq 2) = P(X = 1) + P(X = 2) \approx 0,3791$ und iii) $P(X > 2) = 1 - P(X \leq 1) = 1 - 0,6055 - 0,3033 \approx 0,0912$
b) stetige Zufallsvariable Y: *Dauer bis zum erneuten Eintreffen eines Bußgeldbescheides* genügt einer Exponentialverteilung mit dem Parameter $\lambda = 0,5$ Bußgeldbescheide pro Tag; $P(Y \leq 1) = 1 - e^{-0,5} \approx 0,3935$
c) Verteilungsmodell und Zufallsvariablen siehe a) und b); Erwartungswerte: $E(X) = 0,5$, d.h. im Mittel sind 0,5 Bußgeldbescheide pro Tag bzw. alle zwei Tage ein Bußgeldbescheid zu erwarten; $E(Y) = 1/0,5 = 2$, d.h. im Mittel vergehen zwei Tage bis zum Eintreffen eines weiteren Bußgeldbescheides ♦

Lösung 2-87*
a) im Mittel hat ein Fluggast, der privat unterwegs ist, 1,5 Gepäckstücke aufgegeben
b) wegen 0,3347 ist wahrscheinlichste Anzahl A ein Gepäckstück; Verteilungstabelle für die ersten drei Realisationen k

k	0	1	2
P(A = k)	0,2231	0,3347	0,2510

c) Ereigniswahrscheinlichkeiten: $P(A \leq 1) = P(A = 0) + P(A = 1) = 0,2231 + 0,3347 = 0,5578$; $P(1 \leq A \leq 2) = P(A = 1) + P(A = 2) = 0,3347 + 0,2510 = 0,5857$; $P(A > 2) = 1 - P(A \leq 2) = 1 - 0,2231 - 0,3347 - 0,2510 = 0,1912$
d) $1287 \cdot P(A \geq 1) = 1287 \cdot [1 - P(A = 0)] = 1287 \cdot (1 - 0,2231) \approx 1000$ Fluggäste ♦

Lösung 2-88*
stetige Zufallsvariable D: *Dauer eines Telefongesprächs in Minuten* genügt einer Exponentialverteilung mit dem Parameter $\lambda = 0,8$ [1/min]
a) Ereigniswahrscheinlichkeiten:
   i) $P(D < 1) \approx 0,5507$;
   ii) $P(D \geq 2) = 1 - P(D < 2) \approx 0,2019$;
   iii) $P(1 < D < 3) \approx 0,3586$
b) aus $P(D < d) = 0,95$ errechnet man wegen $1 - e^{-0,8 \cdot d} = 0,95$ eine Zeitdauer von $d = 3,74$ Minuten bzw. von 3 Minuten und 44 Sekunden ♦

Lösung 2-89
die stetige Zufallsvariable X: *Reparaturzeit* ist exponentialverteilt mit dem Parameter $\lambda = 4$ [1/h], der sich aus $0,0625 = 1/\lambda^2$ und $\lambda = \sqrt{(1/0,0625)} = 4$ ergibt
a) Ereigniswahrscheinlichkeiten: i) $P(X > 1) = 1 - F_X(1) = 1 - (1 - e^{-4 \cdot 1}) \approx 0,0183$ und ii) $P(X < 0,5) = F_X(0,5) = 1 - e^{-4 \cdot 0,5} \approx 0,8647$
b) $E(X) = 0,25$ h, d.h. im Mittel dauert eine Reparatur 15 Minuten ♦

Lösung 2-90*

stetige Zufallsvariable X: *Wartezeit an einer Theaterkasse* ist exponentialverteilt mit den Parameter $\lambda = 0{,}08$ [1/min], der sich aus dem Erwartungswert $E(X) = 1/\lambda = 12{,}5$ Minuten ergibt

a) $P(10 < X \leq 14) = F(14) - F(10) = 1 - e^{-0{,}08 \cdot 14} - (1 - e^{-0{,}08 \cdot 10}) \approx 0{,}123$

b) wegen $P(X \leq a) = F_X(a) = 1 - e^{-0{,}08 \cdot a} = 0{,}7$ müssen 70 % der Theaterbesucher höchstens $a \approx 15$ Minuten bzw. eine Viertelstunde an der Kasse warten ♦

Lösung 2-91*

a) normalverteilte Zufallsvariable F: *Fahrübungsbedarf*; im Durchschnitt hat eine Fahrschülerin einen Fahrübungsbedarf von 42 Fahrstunden; wegen einer Standardabweichung von 8 h streut der Fahrübungsbedarf im Mittel um 8 h um das 42-h-Mittel

b) Ereigniswahrscheinlichkeiten: i) wegen $P(F < 32) = \Phi\left(\dfrac{32 - 42}{8}\right) = \Phi(-1{,}25) = 1 - \Phi(1{,}25) = 1 - 0{,}8944 = 0{,}1056$ besitzen ca. 11 % aller Fahrschülerinnen einen Fahrübungsbedarf F von weniger als 32 Stunden; ii) $P(32 < F < 50) = \Phi(1) - \Phi(-1{,}25) = \Phi(1) + \Phi(1{,}25) - 1 \approx 0{,}7357$, d.h. ca. 74 % aller Fahrschülerinnen haben einen Fahrübungsbedarf zwischen 32 und 50 Stunden; iii) $P(F > 60) = 1 - P(F \leq 60) = 1 - \Phi(2{,}25) \approx 0{,}0122$, d.h. geringfügig mehr als 1 % aller Fahrschülerinnen hat einen Fahrübungsbedarf von mehr als 60 Stunden ♦

Lösung 2-92*

a) stetige Zufallsvariable D ist normalverteilt; im Durchschnitt verweilt eine Kunde 30 Minuten in der Raststätte; die Verweildauern streuen im Durchschnitt um 10 Minuten um den Verweildauerdurchschnitt von 30 Minuten

b) Kundentypologie: i) Paul-Hurtig: $P(D < 20) = \Phi[(20-30)/10] = \Phi(-1) = 1 - \Phi(1) = 1 - 0{,}8413 = 0{,}1587$; ii) Otto-Normal: $P(20 \leq D \leq 45) = \Phi[(45-30)/10] - \Phi[(20-30)/10] = \Phi(1{,}5) - \Phi(-1) = \Phi(1{,}5) + \Phi(1) - 1 = 0{,}9332 + 0{,}8413 - 1 = 0{,}7745$; iii) Sitze-Fritze: $P(D > 45) = 1 - P(D \leq 45) = 1 - \Phi[(45-30)/10] = 1 - \Phi(1{,}5) = 1 - 0{,}9332 = 0{,}0668$; prozentuale Verteilungsstruktur: Paul-Hurtig: 15,9 %, Otto-Normal: 77,4 % und Sitze-Fritze: 6,7 %; insgesamt: 100 % ♦

Lösung 2-93*

stetige Zufallsvariable X: *Abfüllmenge* ist normalverteilt mit den Parametern $\mu = 1000$ ml und $\sigma = 20$ ml

a) die Flaschen enthalten im Durchschnitt 1000 ml und die Füllmengen weichen im Durchschnitt um ± 20 ml vom Durchschnittswert ab

b) $P(975 \leq X \leq 1035) = \Phi(1{,}75) - \Phi(-1{,}25) \approx 0{,}8543$

c) $P(X \leq a) = 0{,}03$, so dass wegen $(a - 1000)/20 = z_{0{,}03} = -z_{0{,}97} = -1{,}88$ letztlich $a = 962{,}4$ ml gilt; $z_{0{,}03}$ und $z_{0{,}97}$ sind die entsprechenden Quantile der Standardnormalverteilung $N(0;1)$ ♦

Lösung 2-94

a) ein durchschnittlicher Verkaufstag bringt einen Tagesumsatz von 750 €; die Tagesumsätze der einzelnen Verkaufstage weichen durchschnittlich um 300 € vom durchschnittlichen Tagesumsatz nach oben und nach unten ab

b) $P(X > 900) = 1 - P(X \leq 900) = 1 - \Phi[(900 - 750)/300] = 1 - \Phi(0,5) \approx 0,3085$
c) $P(300 < X \leq 600) = \Phi(-0,5) - \Phi(-1,5) = 1 - \Phi(0,5) - 1 - \Phi(1,5) \approx 0,2417$
d) $x_{0,75} = \mu + z_{0,75} \cdot \sigma = 750 + 0,674 \cdot 300 = 952,20$ €
e) $x_{0,90} = \mu + z_{0,90} \cdot \sigma = 750 + 1,282 \cdot 300 = 1134,60$ €
f) untere Grenze: $x_{0,025} = \mu + z_{0,025} \cdot \sigma = 750 - 1,96 \cdot 300 = 162$ €; obere Grenze: $x_{0,975} = \mu + z_{0,975} \cdot \sigma = 750 + 1,96 \cdot 300 = 1338$ €, d.h. in 95 % aller Verkauftage liegt der Tagesumsatz zwischen 162 € und 1338 € ♦

Lösung 2-95*
a) Verteilungsgesetz: Normalverteilung; Verteilungsparameter: im Durchschnitt gibt ein Fluggast 34 € für eine Taxifahrt zum Flughafen aus; die einzelnen Taxifahrtkosten streuen im Durchschnitt um 9 € um die durchschnittlichen Taxifahrtkosten von 34 €
b) Fahrgästetypologie: Trocken-Schrippe: $P(K < 25) = \Phi[(25 - 34)/9] = \Phi(-1) = 1 - \Phi(1) = 1 - 0,8413 = 0,1587$; ii) Butter-Stulle: $P(25 \leq K \leq 50) = \Phi[(50 - 34)/9] - \Phi[(25 - 34)/9] = \Phi(1,78) - \Phi(-1) = \Phi(1,78) + \Phi(1) - 1 = 0,9625 + 0,8413 - 1 = 0,8038$; iii) Kaviar-Toast: $P(K > 50) = 1 - P(K \leq 50) = 1 - \Phi[(50 - 34)/9] = 1 - \Phi(1,78) = 1 - 0,9625 = 0,0375$; prozentuale Verteilungsstruktur: Trocken-Schrippe: 15,9 %; Butter-Stulle: 80,4 %; Kaviar-Toast: 3,7 %; insgesamt: 100 %
c) z.B. Kreisdiagramm, da es sich im konkreten Fall bei Fahrgästetypologie um eine vollständige Struktur handelt
d) Lösungsansatz: i) es wird unterstellt, dass die (quasi)stetige Zufallsvariable K dreieckverteilt ist, wobei $K \sim Dr(34$ €; 9 €) gilt; ii) Bestimmung der Grenzen des geschlossenen Kostenintervalls [c; d]: wegen $(c + d)/2$ 34 und $(d - c)^2/24 = 9^2$ erhält man via Substitution z.B. die Normalform der quadratischen Gleichung $d^2 - 68 \cdot d + 670 = 0$, für die man via VIETA'schen Wurzelsatz eine sachlogisch plausible Intervallobergrenze $d \approx 56$ € und eine Intervalluntergrenze $c = 68 - d \approx 12$ € erhält; iii) für die Berechnung der Ereigniswahrscheinlichkeiten bilden die folgenden Dichtefunktionen die Grundlage: $(x - 12)/484$ für alle Kosten x zwischen 12 € und 34 € sowie $(56 - x)/484$ für alle Kosten x zwischen 34 € und 56 €; iv) Fahrgästetypologie: Trocken-Schrippe bzw.

$$P(K < 25) = \frac{1}{484} \cdot \int_{12}^{25}(x - 12)\,dx = \frac{1}{484} \cdot \left[\frac{x^2}{2} - 12 \cdot x\right]_{12}^{25} = [(625/2 - 300) - (144/2 - 144)]/484 \approx 0,175$$

d.h. 17,5 % der Fahrgäste sind demnach der Kategorie „Trocken-Schrippe" zuzuordnen; Butter-Stulle: wegen der Unstetigkeitsstelle 34 € Teilsummenlösung: $P(25 \leq K \leq 34) + P(34 < K \leq 50)$, wobei wegen $P(12 \leq K \leq 34) = 0,5$ offensichtlich für den ersten Summanden $P(25 \leq K \leq 34) = 0,5 - 0,175 = 0,325$ gilt; für den zweiten Summanden erhält man via Integration das folgende Ergebnis:

$$P(34 < K \leq 50) = \frac{1}{484} \cdot \int_{34}^{50}(56 - x)\,dx = \frac{1}{484} \cdot \left[56 \cdot x - \frac{x^2}{2}\right]_{34}^{50} = [(2800 - 2500/2) - (1904 - 11156/2)]/484 \approx 0,463$$

so dass $0,325 + 0,463 = 0,788$ bzw. 78,8 % der Fahrgäste der Kategorie „Butter-Stulle" zuzuordnen sind; schließlich und endlich kann mittels der Komplementärwahrscheinlichkeit $1 - 0,175 - 0,788 = 0,037$ ein Fahrgästeanteil von 3,7 % in der Kategorie „Kaviar-Toast" angegeben werden; die Ergebnisunterschiede erklären sich aus den beiden unterschiedlichen Verteilungsgesetzen ♦

Lösung 2-96

a) Ereigniswahrscheinlichkeiten: die Wahrscheinlichkeit dafür, dass ein zufällig ausgewähltes Hühnerei der Gewichtskategorie S angehört, ist

$$P(G < 53) = \Phi\left(\frac{53-63}{5}\right) = \Phi(-2) = 1 - \Phi(2) = 1 - 0{,}9772 = 0{,}0228;$$

demnach gehören von 1000 Hühnereier wegen 0,0228·1000 ≈ 23 der Gewichtskategorie S an; wegen

$$P(53 \leq G < 63) = \Phi\left(\frac{63-63}{5}\right) - \Phi\left(\frac{53-63}{5}\right) = \Phi(0) - \Phi(-2) = \Phi(0) - [1 - \Phi(2)] =$$

$\Phi(0) + \Phi(2) - 1 = 0{,}5 + 0{,}9772 - 1 = 0{,}4772$ würden 0,4772·1000 ≈ 477 Hühnereier zur Kategorie M gehören; wegen

$$P(63 \leq G < 73) = \Phi\left(\frac{73-63}{5}\right) - \Phi\left(\frac{63-63}{5}\right) = \Phi(2) - \Phi(0) = 0{,}9772 - 0{,}5 = 0{,}4772$$

würden (analog zur Kategorie M) 0,4772·1000 ≈ 477 Hühnereier zur Kategorie L gehören; wegen

$$P(G \geq 73) = 1 - P(G < 73) = 1 - \Phi\left(\frac{73-63}{5}\right) = 1 - \Phi(2) = 1 - 0{,}9772 = 0{,}0228 \text{ wür-}$$

den letztlich (analog zur Kategorie S) 0,0228·1000 ≈ 23 bzw. 1000 − 23 − 477 − 477 = 23 Hühnereier zur Kategorie XL gehören; die Bäuerin hätte somit wegen 0,15·23 + 0,20·477 + 0,25·477 + 0,30·23 = 225 einen Erlös von 225 € aus dem Verkauf der 1000 Hühnereier zu erwarten

b) für die jeweiligen ganzzahligen k erhält man die folgenden zentralen Schwankungsintervalle mit den zugehörigen Wahrscheinlichkeiten:
- für k = 1: $P(58 \leq G < 68) \approx 0{,}683$
- für k = 2: $P(53 \leq G < 73) \approx 0{,}955$
- für k = 3: $P(48 \leq G < 78) \approx 0{,}997$,

wobei z.B. für k = 2 gilt:

$$P(53 \leq G < 73) = \Phi\left(\frac{73-63}{5}\right) - \Phi\left(\frac{53-63}{5}\right) = \Phi(2) - \Phi(-2) = \Phi(2) - [1 - \Phi(2)] =$$
$$= 2 \cdot \Phi(2) - 1 = 2 \cdot 0{,}97725 - 1 = 0{,}9545 \approx 0{,}955;$$

für die jeweiligen reellwertigen z erhält man die folgenden zentralen Schwankungsintervalle mit den zugehörigen Wahrscheinlichkeiten:
- für z = 1,65: $P(54{,}75 \leq G < 71{,}25) \approx 0{,}90$
- für z = 1,96: $P(53{,}20 \leq G < 72{,}80) \approx 0{,}95$
- für z = 2,58: $P(50{,}10 \leq G < 75{,}90) \approx 0{,}99$ ♦

Lösung 2-97

a) Die tatsächliche Stärke $X = X_1 + X_2 + X_3$ des Sperrholzes ist unter den obigen Voraussetzungen wieder normalverteilt mit einem Erwartungswert von 0,5 mm + 2 mm + 0,5 mm = 3 mm, einer Varianz von $(0{,}05 \text{ mm})^2 + (0{,}2 \text{ mm})^2 + (0{,}05 \text{ mm})^2$ = 0,045 mm² und einer Standardabweichung von $\sqrt{0{,}045 \text{ mm}^2} \approx 0{,}212$ mm. Zu bestimmen ist die Konstante c aus der Bedingung P(3 mm − c ≤ X ≤ 3 mm + c) = F_X(3 mm + c) − F_X(3 mm − c) = Φ(c/0,212mm) − Φ(−c/0,212 mm) = $2 \cdot \Phi(c/0{,}212 \text{ mm}) - 1 = 0{,}90$, wobei F_X die Verteilungsfunktion von X und Φ die Verteilungsfunktion einer N(0, 1)–verteilten Zufallsgröße ist. Aus der letzten Beziehung erhält man $\Phi(c/0{,}212 \text{ mm}) = 0{,}95$, also ist $c/0{,}212$ mm = $z_{0{,}95}$, dem Quantil der Ordnung 0,95 der N(0, 1)–Verteilung. Mit $z_{0{,}95} \approx 1{,}645$ erhält man schließlich $c \approx 0.35$ mm. Die tatsächliche Stärke des Sperrholzes liegt folglich mit einer Wahrscheinlichkeit von 90 % zwischen 2,65 mm und 3,35 mm.

b) Die Höhe Y eines Stapels ist normalverteilt mit einem Erwartungswert von $100 \cdot 300$ mm = 300 mm und einer Varianz von $100 \cdot 0{,}045$ mm² = 4,5 mm². Eine zu a) analoge Rechnung zeigt, dass dann die Höhe eines Stapels mit einer Wahrscheinlichkeit von 90 % zwischen 296,5 mm und 303,5 mm liegt.

Lösung 2-98

a) die unmittelbare Anwendung der TSCHEBYSCHEV-Ungleichung liefert die Abschätzung: $P(|X - 50 \text{ mm}| \geq 0{,}1 \text{ mm}) \leq 0{,}25$

b) für ein normalverteiltes X ist $P(|X - 50 \text{ mm}| \geq 0{,}1 \text{ mm}) = 0{,}0455$; die Abschätzung unter a) ist also sehr grob ♦

Lösung 2-99

a) X_n ist binomialverteilt mit den Parametern p = 0,5 und n; folglich ist $E(\frac{1}{n} \cdot X_n) = 0{,}5$ und $D^2(\frac{1}{n} \cdot X_n) = 0{,}25/n$; die Anwendung der TSCHEBYSCHEV-Ungleichung in der obigen Form ergibt daher: $P\left(\left|\frac{1}{n} \cdot X_n - 0{,}5\right| \geq \varepsilon\right) \leq \dfrac{0{,}25}{n \cdot \varepsilon^2} \xrightarrow[n \to \infty]{} 0$, d.h. die relative Häufigkeit des Auftreten eines Zahlwurfes in einer Reihe von n Würfen konvergiert im angegebenen Sinne (Konvergenz in Wahrscheinlichkeit) gegen die (klassische) Wahrscheinlichkeit für das Eintreten eines Zahlwurfes; dies ist ein Spezialfall des (schwachen) Gesetzes der großen Zahlen (**Anmerkung**: Da zur Formulierung der Konvergenzeigenschaft bereits ein Wahrscheinlichkeitsmaß benötigt wird, ist es nicht möglich, mit ihrer Hilfe eine „statistische Wahrscheinlichkeit" zu definieren. Für praktische Zwecke rechtfertigt sie jedoch die Verwendung statistisch beobachteter relativer Häufigkeiten als Näherungen für Wahrscheinlichkeiten.)

b) Anwendung der TSCHEBYSCHEV-Ungleichung: $P(0{,}49n < X_n < 0{,}51n) = 1 - P(|X_n/n - 0{,}5| \geq 0{,}01) \geq 1 - 0{,}25/(n \cdot 0{,}01^2) \geq 0{,}8$ ergibt $n \geq 12500$; Anwendung des Grenzwertsatzes von DE MOIVRE-LAPLACE:

$$P(0{,}49n < X_n < 0{,}51n) = P\left(-0{,}02 \cdot \sqrt{n} < \frac{X_n - 0{,}5n}{\sqrt{0{,}25n}} < 0{,}02 \cdot \sqrt{n}\right) \approx 2 \cdot \Phi(0{,}02 \cdot \sqrt{n}) - 1;$$

aus $2 \cdot \Phi(0{,}02 \cdot \sqrt{n}) - 1 \geq 0{,}8$ erhält man $n \geq 4107$ ♦

Lösung 2-100

a) die diskrete Zufallsgröße X gibt die Anzahl der Wappenwürfe an

b) die Zufallsgröße X ist binomialverteilt mit den Parametern n = 10 und p = 1/2.

c) die Zufallsgröße X ist näherungsweise normalverteilt mit den Parametern $\mu = 5$ und $\sigma = \sqrt{2{,}5}$ (Grenzwertsatz von DE MOIVRE-LAPLACE); graphische Darstellung der Verteilungsfunktion F(x) der diskreten Zufallsvariable X und der näherungsweise gültigen (stetigen) Verteilungsfunktion F*(x) (siehe nächste Seite)

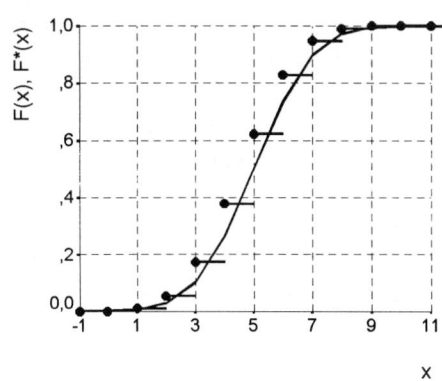

d) maximale Betragsdifferenz d = 0,123; d ist ein Maß für die Güte der Approximation ♦

Lösung 2-101
die diskrete und binomialverteilte Zufallsvariable X: *Anzahl der entliehenen Fahrräder* ist gemäß dem Grenzwertsatz von DE MOIVRE-LAPLACE näherungsweise normalverteilt mit den Parametern $\mu = 100 \cdot 0{,}8 = 80$ Fahrräder und $\sigma^2 = 100 \cdot 0{,}8 \cdot (1-0{,}8) = 16$ und $\sigma = 4$ Fahrräder; näherungsweise bestimmte Ereigniswahrscheinlichkeiten:

a) $P(X > 90) = 1 - P(X \leq 90) \approx 1 - \Phi(2{,}5) \approx 0{,}0062$
b) $P(70 \leq X \leq 90) = \Phi(2{,}5) - \Phi(-2{,}5) \approx 0{,}9876$ ♦

Lösung 2-102
ist X_i ($i = 1,2,...,n$) die zufällige Abweichung der Anzeige vom wahren Gewicht der Probe bei der i-ten Wägung, dann gilt: $\overline{X} = \frac{1}{n} \cdot (X_1 + X_2 + ... + X_n)$; die zufällige Abweichung des arithmetischen Mittels aus den einzelnen Wägungen vom wahren Gewicht der Probe entspricht gerade der Zufallsgröße $\overline{X}$; nach dem zentralen Grenzwertsatz ist $\overline{X}$ für genügend großes n näherungsweise normalverteilt mit den Parametern $\mu = 0$ mg und $\sigma = (0{,}01 \text{ mg})/\sqrt{n}$, so dass sich näherungsweise die folgenden Ereigniswahrscheinlichkeiten bestimmen lassen:

a) $P(-0{,}003 \text{ mg} \leq \overline{X} \leq 0{,}003 \text{ mg}) \approx \Phi(1{,}5) - \Phi(-1{,}5) = 0{,}8664$
b) $P(-0{,}003 \text{ mg} \leq \overline{X} \leq 0{,}003 \text{ mg}) \approx \Phi(0{,}3 \cdot \sqrt{n}) - \Phi(-0{,}3 \cdot \sqrt{n}) \geq 0{,}95$, wobei man aus der letzten Ungleichung $n \geq 43$ erhält ♦

Lösung 2-103
a) $P(T_3 = 30s) = 0{,}75^3$; $P(T_3 = 70s) = 3 \cdot 0{,}25 \cdot 0{,}75^2$; $P(T_3 = 110s) = 3 \cdot 0{,}25^2 \cdot 0{,}75$; $P(T_3 = 150s) = 0{,}25^3$; Erwartungswert $E(T_3) = 60$ s; Varianz $V(T_3) = 900$ s²; für beliebiges n gilt: $P(T_n = n \cdot 10 \text{ s} + k \cdot 40 \text{ s}) = \binom{n}{k} \cdot 0{,}25^k \cdot 0{,}75^{n-k}$ mit $k = 0,1,2,...n$; $E(T_n) = n \cdot 20$ s und $V(T_n) = n \cdot 300$ s²

b) für genügend großes n ist T_n näherungsweise normalverteilt mit den Parametern $\mu = n \cdot 20$ s und $\sigma^2 = n \cdot 300$ s²; demnach gilt:
$$P(T_n \leq 7200s) \approx \Phi\left(\frac{7200s - n \cdot 20s}{\sqrt{n \cdot 300s^2}}\right) \geq 0{,}99 \text{ und somit } \frac{7200s - n \cdot 20s}{\sqrt{n \cdot 300s^2}} \geq z_{0{,}99} = 2{,}3263;$$
$z_{0{,}99}$ ist das Quantil der Ordnung 0,99 der Standardnormalverteilung; aus der letzten Beziehung ergibt sich $n \leq 323$ ♦

Lösung 2-104
a) es sei A das Ereignis, dass ein entgegengenommener Schein gefälscht ist, und B sei das Ereignis, dass ein entgegengenommener Schein geprüft wird; A und B können als

Lösungen, Stochastik

unabhängig angesehen werden, weshalb $P(A \cap B) = 0{,}05 \cdot 0{,}6 = 0{,}03$ und $P(A \cap \overline{B}) = 0{,}05 \cdot 0{,}4 = 0{,}02$ gilt; unter der Voraussetzung, dass die Prüfung der einzelnen Scheine vollständig unabhängig voneinander erfolgt, erhält man für die Einzelwahrscheinlichkeiten der gemeinsamen Verteilung:

$$P(M = m, N = n) = 0{,}03 \cdot \binom{n}{m} \cdot 0{,}02^m \cdot 0{,}95^{n-m} \quad (m \le n)$$

durch Summation (oder unmittelbare Überlegung) gewinnt man daraus die Einzelwahrscheinlichkeiten der Randverteilungen:

$$P(N = n) = 0{,}03 \cdot \sum_{m=0}^{n}\binom{n}{m} \cdot 0{,}02^m \cdot 0{,}95^{n-m} = 0{,}03 \cdot 0{,}97^n \text{ und}$$

$$P(M = m) = 0{,}03 \cdot \sum_{n=m}^{\infty}\binom{n}{m} \cdot 0{,}02^m \cdot 0{,}95^{n-m} = 0{,}6 \cdot 0{,}4^m;$$

die Zufallsgrößen N und M sind nicht stochastisch unabhängig, da $P(M = m, N = n) \ne P(M = m) \cdot P(N = n)$ gilt

b) $P(M = 1, N = 10) \approx 0{,}0038$

c) $P(M = 1 | N = 10) = \dfrac{P(M = 1, N = 10)}{P(N = 10)} \approx 0{,}1709$ ♦

Lösung 2-105

a) gemeinsame Wahrscheinlichkeitsfunktion und b) Randverteilungen

Beanstandungen	Altersklasse			Randverteilung von X
	1	2	3	
0	0,250	0,200	0,125	0,575
1	0,025	0,100	0,100	0,225
2	0,025	0,075	0,050	0,150
3	0,000	0,025	0,025	0,050
Randverteilung von Y	0,300	0,400	0,300	1,000

c) sind $E(X) = \mu_X$, $E(Y) = \mu_Y$ die Erwartungswerte und $V(X) = \sigma^2_X$, $V(Y) = \sigma^2_Y$ die jeweiligen Varianzen, dann gilt:

$\mu_X = 0 \cdot 0{,}575 + 1 \cdot 0{,}225 + \ldots + 3 \cdot 0{,}05 = 0{,}675$; $\mu_Y = 1 \cdot 0{,}3 + 2 \cdot 0{,}4 + 3 \cdot 0{,}3 = 2$

$\sigma^2_X = 0 \cdot 0{,}575 + 1 \cdot 0{,}225 + 2^2 \cdot 0{,}15 + 3^2 \cdot 0{,}05 - \mu_X^2 = 0{,}819$

$\sigma^2_Y = 1^2 \cdot 0{,}3 + 2^2 \cdot 0{,}4 + 3^2 \cdot 0{,}3 - \mu_Y^2 = 0{,}6$

d) Kovarianz: $(0 - \mu_X) \cdot (1 - \mu_Y) \cdot 0{,}25 + \ldots + (3 - \mu_X) \cdot (3 - \mu_Y) \cdot 0{,}025 = 0{,}2$ und letztlich die Korrelation: $\dfrac{0{,}2}{\sqrt{0{,}819 \cdot 0{,}6}} \approx 0{,}285$ ♦

Lösung 2-106

stetige Zufallsvariable X: *monatliche Ausgaben für Energie*; stetige Zufallsvariable Y: *monatliche Ausgabe für öffentliche Verkehrsmittel*; Voraussetzung für die einzelnen Problemlösungen ist die Bestimmung des Wertes der Konstanten k, für den man wegen $f_{XY}(x,y) \ge 0$ und

$$\int_0^3\int_0^3 \frac{1}{k}\cdot x^2\cdot y^2\,dx\,dy = \frac{1}{k}\cdot\left[\frac{x^3}{3}\right]_0^3\cdot\left[\frac{y^3}{3}\right]_0^3 = \frac{81}{k} = 1$$

einen Wert von k = 81 erhält;

a) um den Erwartungswert E(Y) der Zufallsvariablen Y bestimmen zu können, benötigt man deren Randverteilung

$$f_Y(y) = \int_0^3 \frac{1}{81}\cdot x^2\cdot y^2\,dx = \frac{1}{81}\cdot y^2\cdot\left[\frac{x^3}{3}\right]_0^3 = \frac{y^2}{9},$$

auf deren Grundlage man letztlich den gewünschten Erwartungswert

$$E(Y) = \int_0^3 y\cdot f_Y(y)\,dy = \int_0^3 y\cdot\frac{y^2}{9}\,dy = \left[\frac{y^4}{36}\right]_0^3 = \frac{81}{36} = 2{,}25$$

bestimmt; demnach hat ein zufällig ausgewählter und vergleichbarer privater Haushalt im Mittel mit monatlichen Ausgaben für öffentliche Verkehrsmittel in Höhe von 225 € zu rechnen

b) analog zu a) hat wegen der Symmetrie der Verteilung ein privater Haushalt im Mittel mit 225 € Ausgaben aus dem Verbrauch von Energie zu rechnen

c) die gesuchte Ereigniswahrscheinlichkeit P(1 < X < 2; Y > 2) bestimmt man wie folgt:

$$\int_2^3\int_1^2 \frac{1}{81}\cdot x^2\cdot y^2\,dx\,dy = \frac{1}{81}\cdot\left[\frac{x^3}{3}\right]_1^2\cdot\left[\frac{y^3}{3}\right]_2^3 = \frac{1}{81}\cdot\frac{7}{3}\cdot\frac{19}{3} \approx 0{,}1824$$

demnach hätten ceteris paribus ca. 18,2 % aller vergleichbaren privaten Berliner Haushalte die in Rede stehenden monatlichen Ausgaben zu verzeichnen

d) da im konkreten Fall

$$f_{XY}(x,y) = f_X(x)\cdot f_Y(y) = \frac{x^2}{9}\cdot\frac{y^2}{9} = \frac{x^2\cdot y^2}{81}$$

gilt, sind die monatlichen Ausgaben für Energie und öffentliche Verkehrsmittel stochastisch voneinander unabhängig; demnach besteht zwischen ihnen kein (stochastischer) Zusammenhang

e) der Graph der gemeinsamen Dichtefunktion f_{XY}, der in der nebenstehenden Abbildung skizziert ist, gleicht einem „durchhängenden" quadratischen Sonnensegel, das nur an einer Ecke mit einer Zeltstange von der Höhe eins gestützt ist und einen Raum mit einem Rauminhalt von einer Raumeinheit überdeckt ♦

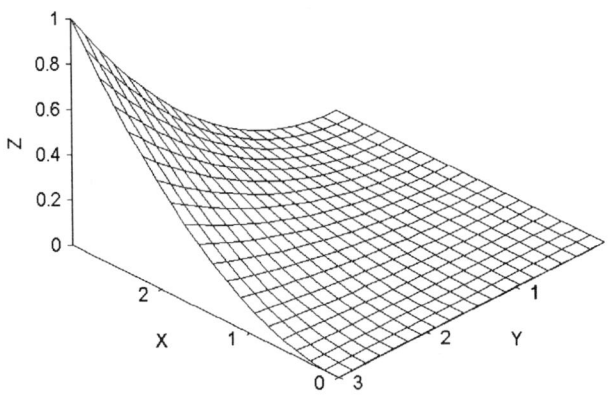

3

Lösungen
Induktive Statistik

Nummerierung. Die Nummerierung der angebotenen Lösungen koinzidiert mit den auf den Seiten 93 bis 136 angebotenen Aufgabenstellungen zur Induktiven Statistik.

Klausuraufgaben. Lösungen zu Klausuraufgaben sind mit einem * gekennzeichnet.

Symbole. Die Semantik der Symbole, die für die Darstellung der Lösungen verwendet wurden, ist im alphabetisch geordneten Symbolverzeichnis dargestellt. Das Symbolverzeichnis befindet sich im Anhang auf den Seiten 250 ff.

Quantile. Die für die Lösungen erforderlichen Quantile der jeweiligen Prüfverteilung können den entsprechenden Tafeln entnommen werden, die Anhang auf den Seiten 243 ff zusammengestellt sind.

Tafeln. Zur Berechnung von Wahrscheinlichkeiten für binomial-, poisson- bzw. normalverteilte Zufallsvariablen können die entsprechenden Tafeln verwendet werden, die im Anhang auf den Seiten 240 ff zusammengestellt sind. ♦

Lösung 3-1

a) Ereignis R: *zufällig ausgewählter Student ist Raucher*; mit $P(R) = p$; Ereignis $\overline{R}$: *zufällig ausgewählter Student ist Nicht-Raucher*, mit $P(\overline{R}) = 1-p$; Likelihood-Funktion: $P(R \cap \overline{R} \cap R \cap \overline{R} \cap \overline{R}) = L(p) = p^2 \cdot (1-p)^3$

b) graphische Darstellung der Likelihood-Funktion L(p), die offensichtlich ihr Maximum an der Stelle p = 0,4 besitzt

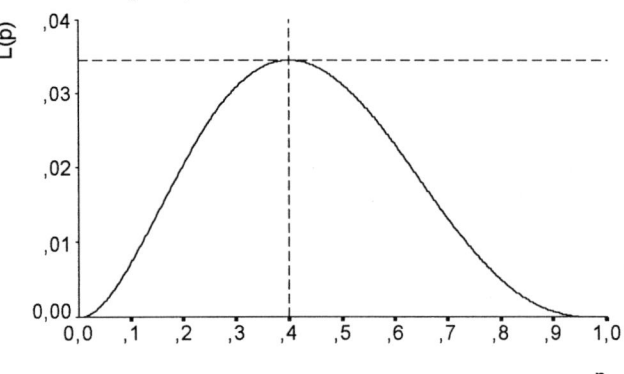

c) numerische Bestimmung des Wertes p: z.B. via Produktregel erste Ableitung bilden und Null setzen (notwendige Bedingung); nach Umformungen erhält man das Ergebnis: $d\,L(p)/d\,p = (2 - 5 \cdot p) \cdot p \cdot (1-p)^2 = 0$ und einen Schätzwert für p von $\hat{p} = 0,4$; da für zweite Ableitung (hinreichende Bedingung) $d^2\,L(p)/d\,p^2 < 0$ gilt, kennzeichnet $\hat{p} = 0,4$ die Stelle des Maximum

d) Erwartungswert für Maximum-Likelihood-Schätzer für p:

$$E\left(\frac{1}{n} \cdot \sum_{i=1}^{n} X_i\right) = \frac{1}{n} \cdot E\left(\sum_{i=1}^{n} X_i\right) = \frac{1}{n} \cdot n \cdot p = p$$

Varianz für Maximum-Likelihood-Schätzer für p:

$$V\left(\frac{1}{n} \cdot \sum_{i=1}^{n} X_i\right) = \left(\frac{1}{n}\right)^2 \cdot V\left(\sum_{i=1}^{n} X_i\right) = \frac{1}{n^2} \cdot n \cdot p \cdot (1-p) = \frac{p \cdot (1-p)}{n}$$

Erwartungswert für den „besseren Schätzer" für p:

$$E\left(\frac{1}{2 \cdot n} \cdot \sum_{i=1}^{n} X_i\right) = \frac{1}{2 \cdot n} \cdot E\left(\sum_{i=1}^{n} X_i\right) = \frac{1}{2 \cdot n} \cdot n \cdot p = 0,5 \cdot p$$

Varianz für den „besseren Schätzer" für p:

$$V\left(\frac{1}{2 \cdot n} \cdot \sum_{i=1}^{n} X_i\right) = \left(\frac{1}{2 \cdot n}\right)^2 \cdot V\left(\sum_{i=1}^{n} X_i\right) = \frac{1}{4 \cdot n^2} \cdot n \cdot p \cdot (1-p) = \frac{p \cdot (1-p)}{4 \cdot n}$$

wobei X_i Stichprobenvariable (wie in Aufgabenstellung definiert) mit $E(X_i) = p$ und $V(X_i) = p \cdot (1-p)$ ist; die Varianz für den „besseren Schätzer" ist zwar kleiner als bei dem Maximum-Likelihood-Schätzer, aber der „bessere Schätzer" ist nicht erwartungstreu; im Durchschnitt der Stichproben „trifft" der „bessere Schätzer" nicht den gesuchten Wert für p; folglich ist der Maximum-Likelihood-Schätzer zu bevorzugen

e) geschätzte Anzahl: $N \cdot \hat{p} = 250 \cdot 0,4 = 100$ Raucher unter 250 Besuchern ♦

Lösung 3-2

a) Ausfallwahrscheinlichkeit: $\binom{100}{2} \cdot p^4 \cdot (1-p^2)^{98}$

b) unter Verwendung der oben bestimmten Wahrscheinlichkeit als Likelihood-Funktion L(p) ergibt sich als Lösung der Likelihood-Gleichung d ln L(p)/d p = 0 der Schätzwert $\hat{p} = 1/\sqrt{50}$

c) ermittelt wird der Wert von p mit der größten Mutmaßlichkeit (Wahrscheinlichkeit) ♦

Lösung 3-3

a) elementare Überlegungen liefern die folgenden Wahrscheinlichkeiten:
$N^2/(N + 100)^2$; $100 \cdot N/(N + 100)^2$; $100 \cdot N/(N + 100)^2$; $100^2/(N + 100)^2$

b) für die Likelihood-Funktion erhält man unter Berücksichtigung der obigen Ergebnisse: $L(N) = 100^4 \cdot N^4/(N + 100)^8$; durch Lösung der Likelihood-Gleichung ergibt sich der Schätzwert $\hat{N} = 100$

Lösung 3-4

a) die Likelihood-Funktion ist:

$$L(p \mid x_1, x_2, \ldots, x_n) = \prod_{i=1}^{n} p \cdot (1-p)^{x_i} = p^n \cdot (1-p)^{x_1+x_2+\ldots+x_n} = p^n \cdot (1-p)^{n \cdot \bar{x}}$$

als Lösung der Likelihood-Gleichung

$$\frac{d \ln L(p \mid x_1, x_2, \ldots, x_n)}{d p} = 0 \text{ erhält man } \hat{p} = \frac{1}{1+\bar{x}}$$

b) hier ist $L(\lambda \mid x_1, x_2, \ldots, x_n) =$

$$\frac{2x_1}{\lambda} \cdot e^{-\frac{x_1^2}{\lambda}} \cdot \frac{2x_2}{\lambda} \cdot e^{-\frac{x_2^2}{\lambda}} \cdot \ldots \cdot \frac{2x_n}{\lambda} \cdot e^{-\frac{x_n^2}{\lambda}} = \frac{2^n \cdot x_1 \cdot x_2 \cdot \ldots \cdot x_n}{\lambda^n} \cdot e^{-\frac{1}{\lambda}(x_1^2 + x_2^2 + \ldots + x_n^2)};$$

die Likelihood-Gleichung

$$\frac{d \ln L(\lambda \mid x_1, x_2, \ldots, x_n)}{d \lambda} = 0 \text{ liefert } \hat{\lambda} = \frac{1}{n} \cdot (x_1^2 + x_2^2 + \ldots + x_n^2) \; \blacklozenge$$

Lösung 3-5

a) Telefongespräche im Haushalt von Herrn S.; im ersten Halbjahr 2001; Erhebungsmerkmal: Dauer eines Telefongesprächs, gemessen in Minuten

b) systematische Zufallsauswahl: jedes 100-ste Gespräch wurde erfasst

c) Auswahlabstand: 100; Auswahlsatz: reziproker Wert des Auswahlabstandes, so dass 1/100 = 0,01 gilt; der Stichprobenumfang beträgt somit 1 % der Grundgesamtheit; es bezeichne: N den Umfang der Grundgesamtheit, n den Stichprobenumfang und f den Auswahlsatz, dann ermittelt man den Umfang der Grundgesamtheit (näherungsweise) wie folgt: 1/f = N/n = N/10 = 100, so dass letztlich N = 1000 gilt;

d) stetige Zufallsvariable X: *Dauer eines zufällig ausgewählten Telefongesprächs (in Minuten)*; Verteilungsmodell: Exponentialverteilung mit der Verteilungsfunktion $F(x) = 1 - e^{-\lambda \cdot x}$; Schätzwert für den Verteilungsparameter: $\hat{\lambda} = \frac{1}{\bar{x}} = \frac{1}{9,5} = 0,10526$,

wobei $\bar{x}$ das arithmetische Mittel aus den Stichprobenwerten ist

e) $P(X > 20) = 1 - P(X \leq 20) = 1 - F_X(20) = e^{-2,10526} = 0,1218$

f) Punktschätzung für den Erwartungswert und für die Standardabweichung:

$\frac{1}{\lambda} = \hat{\mu} = \hat{\sigma} = 9,5$ Minuten

g) $\bar{x} \cdot N = 9,5 \cdot 1000 = 9500$ Minuten bzw. 158,3 Stunden ♦

Lösung 3-6

das arithmetische Mittel der bisherigen Wartezeiten beträgt 84 min, damit ergibt sich ein Maximum-Likelihood-Schätzwert für den Parameter λ der Exponentialverteilung von $\hat{\lambda} = \frac{1}{84} \cdot \frac{1}{\min}$; es sei T die Wartezeit auf dem Arbeitsamt; aus der Bedingung $P(T > t) = e^{-\lambda \cdot t} \approx e^{-t/(84 \text{ min})} \leq 0,1$ erhält man $t \geq 194$ min; somit hat sich Jürgen K. zu 12.14 Uhr verabredet ♦

Lösung 3-7

a) mit der Likelihood-Funktion $L(p; x_1, x_2, ..., x_{11}) = 1440 \cdot p^{22} \cdot (1-p)^{14}$ liefert die Maximum-Likelihood-Methode den Schätzwert $\hat{p} = 0,611$

b) $P(X > 1) = 1 - P(X = 0) - P(X = 1) = 0,336$ ♦

Lösung 3-8

a) Maximum-Likelihood-Schätzer für Parameter μ: arithmetisches Mittel aus den Stichprobenwerten $\bar{x} = \frac{1}{n} \sum_{i=1}^{n} x_i = 52,80$; Maximum-Likelihood-Schätzer für Parameter σ^2: durchschnittliche quadratische Abweichung der Stichprobenwerte vom arithmetischen Mittel $d^2 = \frac{1}{n} \cdot \sum_{i=1}^{n} (x_i - \bar{x})^2 = 30,62$

b) der Maximum-Likelihood-Schätzer für Parameter σ^2 ist kein erwartungstreuer Schätzer (er ist nur asymptotisch erwartungstreu); ein erwartungstreuer Schätzer für σ^2 ist der korrigierte Maximum-Likelihood-Schätzer

$S^2 = \frac{n}{n-1} \cdot D^2 = \frac{1}{n-1} \cdot \sum_{i=1}^{n} (X_i - \bar{X})^2$, die sog. Stichprobenvarianz; für die gegebene Stichprobe ermittelt man den folgenden Wert für die Stichprobenvarianz:

$s^2 = \frac{n}{n-1} \cdot d^2 = \frac{1}{n-1} \sum_{i=1}^{n} (x_i - \bar{x})^2 = \frac{20}{19} \cdot 30,62 = 32,23$

c) Interpretation der unter a) ermittelten Werte: i) aus deskriptiver Sicht: das mittlere Körpergewicht der 20 untersuchten 15-jährigen Jungen beträgt 52,8 kg; die durchschnittliche quadratische Abweichung der 20 Einzelwerte um diesen Mittelwert beträgt 30,62 kg²; ii) aus induktiver Sicht: das mittlere Körpergewicht der 15-jährigen Jungen im Stadtbezirk Berlin-Mitte beträgt schätzungsweise 52,8 kg; die Varianz beträgt in der Grundgesamtheit schätzungsweise 30,62 kg², wobei dieser Schätzwert verzerrt ist; iii) Interpretation des unter b) ermittelten Wertes, nur aus induktiver Sicht sinnvoll: die mittlere quadratische Abweichung der Körpergewichte 15-jähriger Jungen aus Berlin-Mitte vom Erwartungswert (Varianz in der Grundgesamtheit) beträgt schätzungsweise 32,23 kg², wobei dieser Schätzwert unverzerrt ist ♦

Lösung 3-9
man berücksichtige bei den nachfolgenden Darlegungen, dass in einer einfachen Zufallsstichprobe die Stichprobenzüge als Zufallsvariablen mit bestimmten Eigenschaften (auch Stichprobenvariablen genannt) aufgefasst werden; für die Umformungen der Terme nutze man die für Erwartungswerte und Varianzen gültigen Rechenregeln:

a) $E(\hat{\mu}_1) = E\left(\frac{1}{n-4} \cdot \sum_{i=3}^{n-2} X_i\right) = \frac{1}{n-4} \cdot \sum_{i=3}^{n-2} E(X_i) = \mu$

b) beide Schätzer sind erwartungstreue Schätzer; folglich ist zu prüfen, welcher der beiden Schätzer effizienter ist (also die kleinere Varianz besitzt): für den Maximum-Likelihood-Schätzer $\hat{\mu}_{ML} = \overline{X} = \frac{1}{n} \cdot \sum_{i=1}^{n} X_i$ gilt bekanntlich $V(\hat{\mu}_{ML}) = \frac{1}{n} \cdot \sigma^2$; für den vorgeschlagenen Schätzer $\hat{\mu}_1$ ermittelt man die folgende Varianz:

$V(\hat{\mu}_1) = V\left(\frac{1}{n-4} \cdot \sum_{i=3}^{n-2} X_i\right) = \frac{1}{(n-4)^2} \cdot \sum_{i=3}^{n-2} V(X_i) = \frac{1}{(n-4)} \cdot \sigma^2$; somit gilt schließlich $V(\hat{\mu}_{ML}) < V(\hat{\mu}_1)$, d.h. der Maximum-Likelihood-Schätzer ist der bessere Schätzer ♦

Lösung 3-10
X: gewünschte Zimmerzahl von Wohnungssuchenden

i	1	2	3	4	5
x_i	1	1,5 - 2	2,5 - 3	3,5 - 4	mehr als 4
p_i	0,5p	2p	0,5	0,5 – 3,5p	p

für die Likelihood-Funktion gilt: $L(p) = 0,5^2 \cdot (0,5 - 3,5 \cdot p) \cdot 2p^2$; für die log-Likelihood-Funktion gilt: $\ln L(p) = \ln(0,5^2) + \ln(2p^2) + \ln(0,5 - 3,5p)$; mit Hilfe der Ableitung erster Ordnung der log-Likelihood-Funktion nach p bestimmt man mit der notwendigen Bedingung wegen $[\ln L(p)]' = 2/p - 3,5/(0,5 - 3,5p) = 0$ ein $p = 2/21$, d.h. die Wahrscheinlichkeit, dass ein zufällig ausgewählter Wohnungssuchender eine Ein-Zimmer-Wohnung sucht, beträgt somit $1/21 \approx 0,0476$ ♦

Lösung 3-11
die als bekannt vorausgesetzte Verteilung besitzt die folgende Wahrscheinlichkeitsfunktion (in tabellarischer Form):

nie	manchmal	regelmäßig
1 – 2·p	p	p

Likelihood-Funktion: $L(p) = (1 - 2 \cdot p) \cdot p^5 \cdot p^4$; aus $dL(p)/dp = p^8 \cdot (9 - 20 \cdot p) = 0$ folgt $p = 9/20 = 0,45$; demnach würden 45 % aller Passanten regelmäßig eine Tageszeitung lesen ♦

Lösung 3-12
a) $X \sim N(200\ g;\ 10\ g)$, d.h. X ist eine normalverteilte Zufallsvariable mit einem Erwartungswert $E(X) = 200\ g$ und einer Varianz $D^2(X) = 100\ g^2$; Ereigniswahrscheinlichkeit: $P(195 \leq X \leq 205) = 2 \cdot \Phi(0,5) - 1 \approx 0,3830$

b) $\overline{X} \sim N(200\ g;\ 2\ g)$ ist eine normalverteilte Zufallsvariable mit einem Erwartungswert $E(\overline{X}) = 200\ g$ und einer Varianz $D^2(\overline{X}) = 100/25 = 4\ g^2$; Ereigniswahrscheinlichkeit: $P(195 \leq \overline{X} \leq 205) = 2 \cdot \Phi(2,5) - 1 \approx 0,9876$ ♦

Lösung 3-13

a) die Zufallsvariable $\overline{X} = \frac{1}{25} \cdot \sum_{i=1}^{25} X_i$ (Stichprobenmittel) ist normalverteilt mit den Parametern $E(\overline{X}) = 70$ mm und der Varianz $V(\overline{X}) = 0{,}0049$ mm², so dass im konkreten Fall $\overline{X} \sim N(70; 0{,}07)$ gilt

b) Untergrenze: $70 + z_{0{,}05} \cdot 0{,}07 = 70 - 1{,}645 \cdot 0{,}07 = 69{,}885$
   Obergrenze: $70 + z_{0{,}95} \cdot 0{,}07 = 70 + 1{,}645 \cdot 0{,}07 = 70{,}115$
   $P(69{,}885 < \overline{X} \leq 70{,}115) = 0{,}90$: mit einer Wahrscheinlichkeit von 0,90 wird der mittlere Durchmesser von 25 zufällig ausgewählten Wellen aus der Tagesproduktion des Automaten zwischen 69,885 mm und 70,115 mm liegen

c) stetige Zufallsvariable X: *Durchmesser einer zufällig ausgewählten Welle* ist normalverteilt, wobei $X \sim N(70$ mm; $0{,}35$ mm) gilt; gesuchte Ereigniswahrscheinlichkeit:
   $P(69{,}885 < X \leq 70{,}115) = \Phi[(70{,}115 - 70)/0{,}35] - \Phi[(69{,}885 - 70)/0{,}35] \approx 0{,}26$ ♦

Lösung 3-14*

a) $\sigma = 10$ ml; $\bar{x} = 752{,}2$ ml; $z_{0{,}995} = 2{,}576$; $n = 10$; realisiertes 99 %-Konfidenzintervall über die unbekannte durchschnittliche Abfüllmenge in der Grundgesamtheit aller abgefüllten Weinflaschen bei bekannter (und daher zu schätzender) Streuung in der Grundgesamtheit: [744,054 ml; 760,346 ml]

b) mindestens 2655 Flaschen

c) $n = 40$; $\sigma = 10$ ml; $z_{1-\alpha/2} = 0{,}3162$; $\alpha = 0{,}75$, d.h. das daraus abgeleitete Konfidenzniveau von $(1 - \alpha)\cdot 100\% = 25\%$ ist zu niedrig (und damit indiskutabel)

d) $1 - \alpha = 0{,}99$; $n = 10$; $s = 5{,}731$ ml; $t_{0{,}995;9} = 3{,}25$; realisiertes 99 %-Konfidenzintervall über die unbekannte durchschnittliche Abfüllmenge in der Grundgesamtheit aller abgefüllten Weinflaschen bei unbekannter (Abfüllmengen)Streuung in der Grundgesamtheit: [746,31 ml; 758,09 ml] ♦

Lösung 3-15*

a) da der Stichprobenumfang größer als 100 ist, kann davon ausgegangen werden, dass die Stichprobenmittelwerte approximativ normalverteilt sind;
   Schätzintervall-Untergrenze:
   $$\bar{x} - z_{1-\alpha/2} \cdot \sqrt{\frac{s^2}{n}} = \bar{x} - z_{0{,}995} \cdot \sqrt{\frac{s^2}{n}} = 670 - 2{,}576 \cdot \sqrt{\frac{24025}{225}} = 643{,}38$$
   Schätzintervall-Obergrenze:
   $$\bar{x} + z_{1-\alpha/2} \cdot \sqrt{\frac{s^2}{n}} = \bar{x} + z_{0{,}995} \cdot \sqrt{\frac{s^2}{n}} = 670 + 2{,}576 \cdot \sqrt{\frac{24025}{225}} = 699{,}62$$

b) Länge L des Schätzintervalls (Differenz zwischen Ober- und Untergrenze):
   $$L = 699{,}618 - 643{,}38 = 53{,}238 = 2 \cdot z_{1-\alpha/2} \cdot \sqrt{\frac{s^2}{n}} = 2 \cdot 2{,}576 \cdot \sqrt{\frac{24025}{225}}$$
   demnach beträgt die Länge des Schätzintervalls ca. 53 DM, d.h. der zufallsbedingte Schätzfehler beläuft sich bei einem Konfidenzniveau von 0,99 auf ca. ± 26,6 DM

c) Aussage 1: falsch; für das realisierte Schätzintervall kann keine Wahrscheinlichkeitsaussage formuliert werden; Aussage 2: richtig; das für gegebene Stichprobe berechnete Schätzintervall ist eine Realisierung für das Konfidenzintervall zum Konfidenzniveau von 0,99; Konfidenzintervall zum Konfidenzniveau von 0,99 bedeutet: man konstruiere die Schätzintervalle so, dass 99 % der auf Grundlage der theoretisch möglichen Stichproben berechneten Schätzintervalle den unbekannten Parameter überdecken; Aussage 3: falsch; die Genauigkeit der Intervallschätzung wird auch von der Stichprobenvarianz beeinflusst; Aussage 4: falsch; eine Erhöhung des Konfidenzniveaus bewirkt unter sonst gleichen Bedingungen eine Verbreiterung des Schätzintervalls, das wiederum bedeutet eine Verringerung der Genauigkeit der Intervallschätzung; Aussage 5: richtig; nach $L = 2 \cdot z_{1-\alpha/2} \cdot \sqrt{\frac{s^2}{n}}$ ergibt sich bei einem Stichprobenumfang von 225/9 = 25 eine Länge des Schätzintervalls von

$$L = 2 \cdot 2{,}576 \cdot \sqrt{\frac{24025}{25}} \approx 159{,}7 \quad \text{bzw.} \quad L_{neu} = L_{alt} \cdot \sqrt{\frac{n_{alt}}{n_{neu}}} = 53{,}238 \cdot \sqrt{9} = 159{,}7 \blacklozenge$$

Lösung 3-16

a) Anteil der Migräne-Patienten: $\hat{\pi}_M = \frac{1585}{4908} = 0{,}323$; Anteil der Magen-Darm-Patienten: $\hat{\pi}_{MD} = \frac{165}{284} = 0{,}581$

b) realisiertes 99 %-Konfidenzintervall für Migräne-Patienten: [0,306; 0,340]

c) realisiertes 95 %-Konfidenzintervall für Magen-Darm-Patienten [0,524; 0,638] $\blacklozenge$

Lösung 3-17

mit der Aufgabenstellung gegebene Informationen: Stichprobenumfang: n = 100; Schätzwert für den Anteil der mit Senatspolitik zufriedenen Berliner Bürger an der Gesamtheit der Berliner Bürger: 0,2

a) realisiertes 95 %-Schätzintervall: [0,1216; 0,2784]

b) $n \geq \frac{4 \cdot 0{,}5^2}{0{,}1^2} \cdot 1{,}96^2 = 384{,}16 \approx 385$ Personen

c) $n \geq \frac{4 \cdot 0{,}2 \cdot 0{,}8}{0{,}1^2} \cdot 1{,}96^2 = 245{,}86 \approx 246$ Personen

d) $L = 2 \cdot 2{,}58 \cdot \sqrt{\frac{0{,}5^2}{10000}} = 0{,}0258$; maximal 2,58 Prozentpunkte $\blacklozenge$

Lösung 3-18

Anteil der Kokainkonsumenten: $\hat{\pi}_{KOK} = \frac{4251}{17483} = 0{,}243$; realisiertes 99 %-Konfidenzintervall: [0,235; 0,252] $\blacklozenge$

Lösung 3-19

a) falsch: der Standardfehler misst nur die durchschnittliche Abweichung aller theoretisch möglichen Schätzwerte von dem unbekannten Parameter

b) richtig: folgt aus der Formel für Länge des Schätzintervalls
c) falsch: nicht immer; siehe z.B. Maximum-Likelihood-Schätzer für die Varianz
d) falsch: die Erwartungstreue sagt nichts aus über die Streuung des Schätzers
e) falsch: Verringerung von α (Wahrscheinlichkeit für Fehler erster Art) erhöht die Wahrscheinlichkeit für Fehler zweiter Art
f) erste Aussage ist richtig; zweite Aussage ist falsch; wenn eine Stichprobe gezogen und das Schätzintervall zum geforderten Konfidenzniveau ermittelt wurde, dann überdeckt das realisierte Konfidenzintervall (Schätzintervall) den gesuchten Parameter oder es überdeckt ihn nicht (nur feststellbar, wenn unbekannter Parameter bekannt)
g) erste Aussage ist richtig; zweite Aussage ist falsch
h) erste Aussage ist falsch; zweite Aussage ist richtig ♦

Lösung 3-20

a) $\sigma = 0,5$ l; $\overline{X} = 5,8$ l; $z_{0,975} = 1,96$; realisiertes 95 %-Konfidenzintervall für den unbekannten durchschnittlichen Benzinverbrauch in der Grundgesamtheit aller vergleichbaren PKW (bei bekannter Streuung): [5,702 l; 5,898 l]
b) 0,196 l
c) N(0;1)-Quantil: $z_{0,995} = 2,576$; $n \geq \left[\dfrac{2 \cdot 2,576 \cdot 0,5}{0,196}\right]^2 = 173$ Autos
d) zufällig, unabhängig
e) einfacher GAUSS-Test; Nullhypothese H_0: $\mu = 6$ l; Testentscheidung: da Testvariablenwert = -4 > N(0,1)-Quantil $z_{0,975} = 1,96$ gilt, wird H_0 ablehnt; demnach weicht der Stichprobenbefund wesentlich von der Angabe des Herstellers ab ♦

Lösung 3-21

a) Verteilung der Zufallsvariablen $\overline{X}$ (Stichprobenmittel): $\overline{X} \sim N(10; 0,005)$
b) $P(\overline{X} > 10,007) = 1 - P(\overline{X} \leq 10,007) = 0,0808$
c) Hypothesen: $H_0: \mu = \mu_0 = 10$ versus $H_1: \mu \neq \mu_0 = 10$ (zweiseitige Fragestellung); aus der Aufgabenstellung folgt: $\alpha = 0,1$ und $z_{1-\alpha/2} = z_{0,95} = 1,645$

untere Grenze für Annahmebereich:

$$\mu_0 - z_{1-\alpha/2} \cdot \sqrt{\dfrac{\sigma^2}{n}} = 10 - 1,645 \cdot \sqrt{\dfrac{0,0025}{100}} = 9,9918$$

obere Grenze für Annahmebereich:

$$\mu_0 + z_{1-\alpha/2} \cdot \sqrt{\dfrac{\sigma^2}{n}} = 10 + 1,645 \cdot \sqrt{\dfrac{0,0025}{100}} = 10,0083,$$

so dass sich ein Annahmebereich von [9,9918 ml; 10,0083 ml] für die Nullhypothese ergibt

d) *erste* Aussage ist falsch: möglich ist Fehler zweiter Art (Nullhypothese anzunehmen, obwohl sie falsch ist)

zweite Aussage ist falsch: möglich ist Fehler erster Art (Nullhypothese abzulehnen, obwohl sie richtig ist)

dritte Aussage ist richtig: Verringerung des Signifikanzniveaus führt zur Verbreiterung des Annahmebereichs ♦

Lösungen, Induktive Statistik 215

Lösung 3-22
a) Merkmal X: *Brotgewicht* als stetige und normalverteilte Zufallsvariable; Grundgesamtheit: alle Brote, die von dieser Anlage geformt werden
b) Hypothesen: H_0: $\mu = 1000$ g versus H_1: $\mu \neq 1000$ g; μ: unbekanntes Durchschnittsgewicht aller von der Anlage geformten Brote
c) Stichprobenmittel: $\bar{x} = 1030$ g; Stichprobenstreuung: s = 50 g; Stichprobenumfang n = 20; Signifikanzniveau: $\alpha = 0,05$; Quantil der t-Verteilung (Schwellenwert): $t_{0,975;19} = 2,09$; Testvariablenwert: 2,68; Testentscheidung: H_0 ablehnen, d.h. es ist statistisch gesichert, dass das Sollgewicht nicht eingehalten wird; Entscheidung: Anlage anhalten
d) $1 - \alpha = 0,9$; n = 20; $t_{0,95;19} = 1,73$; realisiertes 90 %-Konfidenzintervall für unbekanntes Durchschnittsgewicht μ: [1010,66 g; 1049,34 g]; mit einem Sicherheitsgrad von 90% liegt das durchschnittliche Brotgewicht zwischen ca. 1011 g und 1049 g ♦

Lösung 3-23
a) Stichprobenmittel: $\bar{x} = 730,70$ €; Stichprobenstreuung: s = 29,82 €; Stichprobenumfang: n = 10 Fernsehapparate; t-Quantil: $t_{0,95;9} = 1,83$; realisiertes 90 %-Schätzintervall für μ: [713,44 €; 747,96 €]
b) Ausgangshypothese H_0: $\mu \leq 710$ €; Signifikanzniveau $\alpha = 0,05$; t-Quantil $t_{0,95;9} = 1,83$ als Schwellenwert; Wert der Testgröße (Testvariablenwert): 2,195; Testentscheidung: H_0 ablehnen, d.h. auf dem vereinbarten Signifikanzniveau von 0,05 ist statistisch gesichert, dass in der Grundgesamtheit aller verkauften Fernsehgeräte deren Durchschnittspreis größer als 710 € ist
c) Schwellenwert $t_{0,999;9} = 4,3$; Testentscheidung: H_0 nicht ablehnen ♦

Lösung 3-24*
a) Merkmal X: *Füllgewicht* als näherungsweise normalverteilte Zufallsvariable; Grundgesamtheit: alle Erdbeerschälchen dieses Lieferanten, die auf Berliner Wochenmärkten verkauft werden
b) einseitige Hypothesen: H_0: $\mu \geq 470$ g versus H_1: $\mu < 470$ g; μ: Durchschnittsgewicht aller Erdbeerschälchen der Grundgesamtheit
c) Testverfahren: einfacher t-Test; Testgröße: $T = \dfrac{\bar{X} - \mu_0}{S}\sqrt{n}$ ist t-verteilt mit 50 Freiheitsgraden; Testvariablenwert: $t_n = -4,76$; t-Quantil $-t_{0,9;50} = -1,3$ als Schwellenwert; Testentscheidung: H_0 ablehnen, da $|t_n| > t_{0,9;50} = 1,3$ gilt
d) aufgrund der Stichprobe gilt es als statistisch gesichert, dass das durchschnittliche Füllgewicht aller auf Berliner Wochenmärkten angebotenen Erdbeerschälchen dieses Lieferanten unter 470 g liegt
e) Konfidenzniveau: $1 - \alpha = 0,95$; Stichprobenumfang: n = 51; t-Quantil: $t_{0,975;50} = 2,01$; 95 %-Schätzintervall: [455,78 g; 464,22 g]; mit einem Sicherheitsgrad von 95 % liegt das Durchschnittsgewicht aller Erdbeerschälchen zwischen 456 g und 464 g ♦

Lösung 3-25*
a) Sollfüllmenge $\mu_0 = 200$ ml; bekannte Standardabweichung $\sigma = 15$ ml, d.h. im Durchschnitt weicht die Füllmenge der Becher um ±15 ml von der tatsächlichen durchschnittlichen Füllmenge aller Becher ab

b) Merkmal: *Füllmenge der Kaffeebecher* als stetige Zufallsvariable; Grundgesamtheit: alle Becher, die von diesem Automaten gefüllt werden
c) vermutlich ja, da Messgrößen in der Regel (zumindest näherungsweise) einer Normalverteilung genügen
d) Stichprobenumfang n = 35; Signifikanzniveau α = 0,05; einseitige Hypothesen: H_0: $\mu \geq 200$ ml versus H_1: $\mu < 200$ ml bei bekannter Standardabweichung; Testverfahren: einfacher GAUSS-Test; Wert der Testgröße: -3,944; N(0;1)-Quantil als Schwellenwert: $-z_{1-\alpha}$ = -1,645; Testentscheidung: da $-3,944 < -1,645$ gilt, wird H_0 abgelehnt; somit ist statistisch gesichert, dass der Automat im Mittel zu wenig einfüllt
e) 30 oder mehr Becher ♦

Lösung 3-26

a) zweiseitige Hypothesen: H_0: $\mu = 200$ kg versus H_1: $\mu \neq 200$ kg, wobei μ das mittlere Gewicht der Jollen dieses Typs aus der Produktion der Werft ist; anzuwenden ist hier ein einfacher t-Test zum Signifikanzniveau 0,1; Realisierung der Testgröße (Testvariablenwert): $t_n = \dfrac{204 \text{ kg} - 200 \text{ kg}}{10 \text{ kg}} \cdot \sqrt{15} = 1,55$;

Testentscheidung: wegen $|t_n| = 1,55 < t_{0,95;14} = 1,761$ ist auf Grund dieses Tests nichts gegen H_0 einzuwenden; aufgrund des vorliegenden Stichprobenbefundes kann es auf einem Signifikanzniveau von 0,1 nicht als statistisch gesichert gelten, dass das mittlere Rumpfgewicht der in der Werft hergestellten Jollen von dem vom Konstrukteur angegebenen Wert 200 kg abweicht; da aus einer bestimmten Stichprobe auf den Sachverhalt in der Gesamtproduktion geschlossen wird, kann dies natürlich eine Fehlentscheidung sein; die Nullhypothese wurde nicht abgelehnt, sie könnte aber dennoch falsch sein, d.h. es könnte ein Fehler zweiter Art begangen worden sein

b) einseitige Hypothesen: H_0: $\mu \geq 200$ kg versus H_1: $\mu < 200$ kg, wobei μ das mittlere Gewicht der Jollen dieses Typs aus der Produktion der Werft ist; anzuwenden ist hier wieder ein einfacher t-Test zum Signifikanzniveau 0,1; da das mittlere Gewicht aus der Stichprobe ohnehin größer als 200 kg ist, ist auf Grund dieses Tests sicher nichts gegen H_0 einzuwenden; es kann auf einem Signifikanzniveau von 0,1 daher nicht als statistisch gesichert gelten, dass das mittlere Rumpfgewicht der in der Werft hergestellten Jollen unter 200 kg liegt; die Testentscheidung kann eine Fehlentscheidung sein (vgl. a)); die Nullhypothese wurde nicht abgelehnt, sie könnte aber dennoch falsch sein, d.h. es könnte ein Fehler zweiter Art begangen worden sein

c) einseitige Hypothesen: H_0: $\mu \leq 200$ kg versus H_1: $\mu > 200$ kg, wobei μ das mittlere Gewicht der Jollen dieses Typs aus der Produktion der Werft ist; anzuwenden ist hier ein einfacher t-Test zum Signifikanzniveau 0,1; der Testvariablenwert ist analog zu a) und b) wieder t = 1,55; Testentscheidung: wegen $t_n = 1,55 > t_{0,90;14} = 1,345$ ist auf Grund dieses Tests H_0 abzulehnen; es kann auf einem Signifikanzniveau von 0,1 daher als statistisch gesichert gelten, dass das mittlere Rumpfgewicht der in der Werft hergestellten Jollen über 200 kg liegt; die Testentscheidung kann eine Fehlentscheidung sein (vgl. a)); die Nullhypothese wurde abgelehnt, sie könnte aber dennoch richtig sein, d.h. es könnte ein Fehler erster Art begangen worden sein; die Wahrscheinlichkeit dafür, diesen Fehler begangen zu haben, beträgt jedoch höchstens 10 % ♦

Lösung 3-27

a) Erwartungswert: $E(X) = \lambda \cdot r$, folglich kann λ als die mittlere Anzahl von Fehlern pro Quadratmeter interpretiert werden

b) es gilt: $E(X) = D^2(X) = \lambda \cdot r$; da wegen n = 400 der Stichprobenumfang hinreichend groß ist, kann gemäß dem zentralen Grenzwertsatz die daraus entlehnte und nachfolgend dargestellte Zufallsgröße $Z = (\overline{X} - \lambda r) \cdot \dfrac{\sqrt{n}}{\sqrt{\lambda \cdot r}} = (n\overline{X} - n\lambda r) \cdot \dfrac{1}{\sqrt{n\lambda r}}$ näherungsweise als N(0,1)-verteilt angesehen werden; für $\lambda = \lambda_0$ ergibt sich somit die Testgröße $Z = (n\overline{X} - n\lambda_0 r) \cdot \dfrac{1}{\sqrt{n\lambda_0 r}}$; mit $\lambda_0 = 1$, $r = 1{,}5 \text{ m} \cdot 3 \text{ m} = 4{,}5 \text{ m}^2$ und $n \cdot \overline{x} = 1872$ erhält man als Realisierung der Testgröße den Wert z = 1,967; Festlegung des kritischen Bereichs K* für die Testentscheidung: $K^* = \{x \in \mathbf{R}: x > z_{0,95}\}$; Testentscheidung: wegen $z_{0,95} \approx 1{,}645$ liegt die Realisierung der Testgröße im kritischen Bereich; H_0 ist daher abzulehnen; damit ist statistisch gesichert, dass die mittlere Fehlerzahl pro Quadratmeter den Wert Eins übersteigt ♦

Lösung 3-28*

a) Merkmalsträger: Mietwohnung; Grundgesamtheit: alle Mietwohnungen; Stichprobe: 81 zufällig ausgewählte Mietwohnungen; Identifikationsmerkmale: Mietwohnung der Wohnflächenkategorie 2 (Sache), Berlin (Ort), II/96 (Zeit); Erhebungsmerkmal: Quadratmeterpreis P (DM/m²); Skala: Kardinal- bzw. Verhältnisskala

b) Quadratmeterpreise für besagte Mietwohnungen sind näherungsweise normalverteilt; Stichprobenmittel von 16 DM/m², Stichprobenstreuung von 5 DM/m²

c) Prüfverfahren: einfacher t-Test; i) Voraussetzungen: Quadratmeterpreise stammen aus einer normalverteilten Grundgesamtheit; dies kann für den Stichprobenbefund unterstellt werden; ii) zweiseitige Hypothesen: H_0: $\mu = \mu_0 = 15$ DM/m², d.h. der unbekannte durchschnittliche Quadratmeterpreis μ von Berliner Mietwohnungen der Wohnflächenkategorie 2 entspricht bzw. H_1: $\mu \neq \mu_0 = 15$ DM/m² entspricht nicht dem Mietspiegel-Richtpreis $\mu_0 = 15$ DM/m²; iii) Testentscheidung: da für den Vergleich von Testvariablenwert und Schwellenwert $t_n = \dfrac{16 - 15}{\sqrt{25}} \cdot \sqrt{81} = 1{,}8 < t_{0,975;80} \approx 1{,}97$ gilt, besteht kein Anlass, die Nullhypothese zu verwerfen; demnach ist der beobachtete Preisunterschied von 1 DM/m² statistisch nicht signifikant

d) realisiertes 0,95-Konfidenzintervall für den unbekannten durchschnittlichen Quadratmeterpreis in der Grundgesamtheit bei unbekannter Quadratmeterpreis-Streuung: [14,9; 17,1]; demnach kann unter den gegebenen Bedingungen mit einem Sicherheitsgrad von 95 % davon ausgegangen werden, dass der unbekannte durchschnittliche Quadratmeterpreis von Berliner Mietwohnungen der Wohnflächenkategorie 2 zwischen 14,90 DM/m² und 17,10 DM/m² liegt ♦

Lösung 3-29*

a) einseitige Ausgangshypothese H_0: $\pi \geq 0{,}25$; Stichprobenumfang n = 639; Signifikanzniveau $\alpha = 0{,}1$; Stichprobenanteilswert p = 0,2207; Testverfahren: einfacher Anteilstest; Voraussetzung für Anteilstest erfüllt, da $639 \cdot 0{,}25 \cdot (1 - 0{,}25) = 119{,}8 > 9$ gilt;

Grundgesamtheit: alle Kunden des Reisebüros *Titanic Reisen* im Januar 1996; Testentscheidung: wegen $\dfrac{0,2207-0,25}{\sqrt{0,25 \cdot 0,75}}\sqrt{639} = -1,71 < -z_{1-\alpha} = -1,282$ wird H_0 abgelehnt

b) Fehler 1. Art, tatsächlich wollen mehr als ein Viertel allein reisen ♦

Lösung 3-30

a) einseitige Hypothesen: H_0: $\pi \leq \pi_0 = 0,05$ versus H_1: $\pi > \pi_0 = 0,05$, wobei π der Anteil defekter Stücke in der Lieferung ist; Testverfahren: einfacher Anteilstest

b) nein; Testentscheidung: wegen $z_n = 0,7571 < z_{0,95} = 1,645$ hat man keinen Grund, die Nullhypothese abzulehnen

c) ja; Erhöhung Irrtumswahrscheinlichkeit (Signifikanzniveau) führt zu kleinerem kritischen Wert ($z_{1-\alpha} = z_{0,9} = 1,282$); das bedeutet: größere Wahrscheinlichkeit, einen Fehler erster Art zu begehen; aus Abnehmer-Sicht vorteilhafter: eher eine Lieferung, die den Qualitätsanforderungen genügt, abzulehnen, als eine Lieferung, die den Qualitätsanforderungen nicht genügt, anzunehmen (Produzentenrisiko)

d) wegen $z_n = 0,7571 < z_{0,9} = 1,282$ hat man (gleichsam) keinen Grund, die Nullhypothese abzulehnen ♦

Lösung 3-31

Stichprobenumfang: n = 100; geschätzte Erfolgsquote für neue Heilmethode: 0,32

a) einseitige Hypothesen: H_0: $\pi \geq \pi_0 = 0,4$ versus H_1: $\pi < \pi_0 = 0,4$, wobei π der unbekannte Erfolgsquote in der Grundgesamtheit aller Patienten ist; Testverfahren: einfacher Binomial- oder Anteilstest

b) nein; Testentscheidung: wegen $z_n = -1,633 > z_{0,99} = -2,326$ hat man keinen Grund, die Nullhypothese abzulehnen

c) als sparsamer kaufmännischer Direktor: ja; weil es mit Erhöhung des Signifikanzniveaus (wegen eines größeren kritischen Wertes) eher zur Ablehnung der Nullhypothese kommen kann; größere Wahrscheinlichkeit α für einen Fehler 1. Art bedeutet gleichzeitig kleinere Wahrscheinlichkeit für einen Fehler 2. Art, also die Nullhypothese anzunehmen, obwohl sie falsch ist

d) Testentscheidung: wegen $z_n = -1,633 < z_{0,90} = -1,282$ ist die H_0 abzulehnen ♦

Lösung 3-32

a) einseitige Hypothesen: H_0: $\pi \leq 0,5$ versus H_1: $\pi > 0,5$; Approximationsbedingung für Anteilstest $900 \cdot 0,5 \cdot (1-0,5) = 225 > 9$ ist erfüllt; Stichprobenanteilswert: $p_n = 0,52$; Testentscheidung: wegen

$$\dfrac{0,52-0,5}{\sqrt{0,5 \cdot 0,5}}\sqrt{900} = 1,2 < z_{1-\alpha} = 1,645$$

wird die einseitige Nullhypothese H_0 nicht abgelehnt

b) da für die Approximationsbedingungen $900 \cdot 0,52 \cdot (1 - 0,52) = 224,64 > 9$, n > 100 und $900 \cdot 0,48 = 432 > 10$ gilt, sind die Voraussetzungen zur Konstruktion eines Schätzintervalls erfüllt; realisiertes 99 %-Konfidenzintervall: [0,4771; 0,5629], d.h., dass der Anteil der Berliner Jugendlichen, die regelmäßig Sport treiben, mit einem Sicherheitsgrad von 99 % zwischen 47,7 % und 56,3 % liegt; Grundgesamtheit: alle Berliner Jugendlichen ♦

Lösung 3-33*
Umfang der Grundgesamtheit: $N = 107824$; Stichprobenumfang: $n = 400$; Schätzwert für Anteil der wahlberechtigten Bürger, die das Projekt befürworten, an der Gesamtzahl der wahlberechtigten Bürger: 0,55
a) realisiertes 99,9 %-Konfidenzintervall: [0,4681; 0,6319]
b) vom Bürgermeister geforderte Länge des Schätzintervalls: $L = 0,01$; erforderlicher Stichprobenumfang von mindestens 107.224 Personen; unter Berücksichtigung des Umfangs der Grundgesamtheit bedeutet das praktisch eine Totalerhebung
c) einseitige Hypothesen: $H_0: \pi \geq \pi_0 = 0,6$ versus $H_1: \pi < \pi_0 = 0,6$; Testentscheidung: wegen $z_n = -2,0412 < z_{0,9} = -1,282$ ist die Nullhypothese abzulehnen; die Nullhypothese wird abgelehnt, obwohl sie richtig ist (Fehler erster Art); im konkreten Fall bedeutet das: das Projekt wird nicht durchgeführt, weil man davon ausgeht, dass weniger als 60 % der wahlberechtigten Bürger dem Projekt zustimmen; man hätte aber das Projekt realisieren können, weil, wären alle wahlberechtigten Bürger befragt worden, mindestens 60 % der wahlberechtigten Bürger dem Projekt zugestimmt hätten ♦

Lösung 3-34
a) Stichprobenumfang: $n = 216$; Stichprobenanteil: $p_n = 0,87$; Signifikanzniveau: $\alpha = 0,1$; Approximationsbedingung für Anteilstest erfüllt; Ausgangshypothese: $H_0: \pi \leq 0,85$; Testentscheidung: wegen $z_n = 0,8397 < z_{0,9} = 1,282$ besteht kein Anlass, H_0 abzulehnen
b) Approximationsbedingungen erfüllt; 99 %-Schätzintervall: [0,811; 0,929]; Grundgesamtheit: alle 864 Haushalte
c) Nullhypothese $H_0: \pi \leq 0,9$; Stichprobenumfang: $n = 100$; Signifikanzniveau: $\alpha = 0,05$; $N(0;1)$-Quantil: $z_{0,95} = 1,645$; aus dem Anteilstest $\frac{p - 0,9}{\sqrt{0,9 \cdot 0,1}} \sqrt{100} > 1,645$ berechnet man einen Stichprobenanteil von $p = 0,9494$, d.h. es müssten sich mindestens 95 Haushalte zustimmend äußern ♦

Lösung 3-35*
a) einseitige Hypothesen: $H_0: \pi \leq 0,23$ versus $H_1: \pi > 0,23$; Stichprobenanteilswert $p_n = 48/200 = 0,24$; angenommener *motorwelt*-Anteilswert: $\pi_0 = 0,23$; Approximationsbedingung $200 \cdot 0,23 \cdot 0,77 = 35,4 > 9$ für Standardnormalverteilung $N(0;1)$ als Prüfverteilung erfüllt; Testverfahren: einseitiger Einstichprobentest für einen Anteilswert bzw. Binomialtest; Testentscheidung: da $z_n = 0,34 < z_{0,95} = 1,645$ gilt, besteht kein Anlass, die Nullhypothese H_0 abzulehnen; demnach sind die empirisch beobachteten 24 % der Berliner Autokäufer, die Blau bevorzugen, im statistischen Sinne nicht bedeutungsvoll genug, um den Berlinern eine Vorreiterrolle zusprechen zu können
b) Annahmekennzahl $c = 200 \cdot 0,23 + 1,645 \cdot \sqrt{200 \cdot 0,23 \cdot 0,77} = 55,8$, d.h. in einer Zufallsstichprobe von 200 Berliner Käufern müssten mindestens 56 Berliner Käufer die Farbe Blau präferieren, um ihnen den Ruf einer signifikanten Vorreiterrolle zusprechen zu können
c) realisiertes 95 %-Konfidenzintervall: [0,181; 0,299]; d.h. unter den gegebenen Bedingungen liegt mit einem Sicherheitsgrad von 95 % der unbekannte Anteil der Berliner, welche die Farbe Blau präferieren, zwischen 18,1 % und 29,9 %

d) es müssten mindestens 27.200 Käufer befragt werden, um ein realisiertes Konfidenzintervall mit einer Breite von maximal einem Prozent-Punkt zu erhalten; Voraussetzung: der Auswahlsatz ist kleiner als 5 %, was impliziert, dass eine (unrealistisch große) Käuferschar von mehr als 544.000 Käufern unterstellt werden müsste ♦

Lösung 3-36*
a) da für Auswahlsatz 0,03 = n/8000 gilt, ist der Stichprobenumfang n = 240; Testverfahren: einfacher Anteilstest; Stichprobenanteilswert: p = 16/240 = 0,0667, d.h. 6,67 % der Rechnungen in der Stichprobe sind fehlerhaft; die Approximationsbedingung für Standardnormalverteilung N(0;1) als Prüfverteilung kann wegen 240·0,05·(1 - 0,05) = 11,4 > 9 als erfüllt angesehen werden; einseitige Hypothesen: H_0: $\pi \leq \pi_0 = 0,05$ versus H_1: $\pi > \pi_0 = 0,05$; Testentscheidung: da im Vergleich von Testvariablenwert und Schwellenwert $z_n = 1,185 < z_{0,95} = 1,645$ gilt, gibt es aus statistischer Sicht (auf einem Signifikanzniveau von $\alpha = 0,05$) keinen Anlass, eine Gesamtprüfung zu veranlassen
b) es dürften höchstens 17 fehlerhafte Rechnungen in Stichprobe enthalten sein, damit aus statistischer Sicht eine Gesamtprüfung nicht erforderlich wird
c) realisiertes 95 %-Konfidenzintervall: [0,035; 0,098]; demnach ist es sehr wahrscheinlich, dass die unbekannte Fehlerquote zwischen 3,5 % und 9,8 % liegt
d) da der Umfang der Grundgesamtheit N = 8000 ist und 8000 $\leq 10^k$ gelten soll, ist wegen lg 8000 = k·lg 10 das kleinste ganzzahlige k = 4; man benötigt vierstellige Zufallszahlen für die Zufallsauswahl; da das Auswahlmodell *ohne Zurücklegen* gefordert ist, darf jede Rechnungsnummer, also jede 4-stellige Zufallszahl nur einmal in der Stichprobe auftreten; alle 4-stelligen Zufallszahlen über 8000 bzw. 7999 bleiben folglich unberücksichtigt ♦

Lösung 3-37*
a) geschätzte Schwarzfahrerquote im BVG-Gesamtnetz: $\pi_0 = 0,03$; einseitige Hypothesen: H_0: $\pi \leq \pi_0 = 0,03$ versus H_1: $\pi > \pi_0 = 0,03$; Testverfahren: Einstichprobentest für einen unbekannten Anteilswert π; Approximationsbedingung für Standardnormalverteilung N(0;1) als Prüfverteilung ist erfüllt; Stichprobenanteil $p_n = 60/500 = 0,12$; Testentscheidung auf Signifikanzniveau von 0,01: wegen $z_n \approx 11,8 > z_{0,99} = 2,236$ muss die einseitige Nullhypothese H_0 verworfen und die einseitige Alternativhypothese H_1 akzeptiert werden; demnach kann davon ausgegangen werden, dass auf den BVG-Linien „rund um den Bahnhof Zoo" die Schwarzfahrerquote signifikant höher ist als im gesamten BVG-Netz
b) realisiertes 95%-Konfidenzintervall: [0,092; 0,148], d.h. unter den gegebenen Bedingungen liegt mit einem Sicherheitsgrad von 95 % die unbekannte Schwarzfahrerquote „rund um den Zoo" zwischen 9,2 % und 14,8 %
c) wegen $n \geq \dfrac{4 \cdot 1,96^2 \cdot 0,03 \cdot 0,97}{0,01^2} \approx 4472$ müssten mindestens 4472 Fahrgäste kontrolliert werden; Voraussetzung: Auswahlsatz muss kleiner als 5 % sein ♦

Lösung 3-38*
a) Merkmalsträger: Mietwohnung; Grundgesamtheit: alle Mietwohnungen; Identifikationsmerkmale: mittelgroß, Wedding, 1998; Stichprobe: 93 zufällig ausgewählte und

annoncierte Mietwohnungen mit den oben genannten Eigenschaften; Erhebungsmerkmal: Quadratmeterpreis; Skalierung: kardinal

b) für die 93 zufällig ausgewählten mittelgroßen Weddinger Mietwohnungen in überwiegend einfacher Wohnlage sind im Durchschnitt 10,63 DM je m² Wohnfläche zu zahlen, wobei die einzelnen Quadratmeterpreise im Durchschnitt um 2,09 DM/m² vom durchschnittlichen Quadratmeterpreis abweichen

c) theoretisch hätte jede annoncierte mittelgroße Weddinger Mietwohnung in überwiegend einfacher Wohnlage eine gleiche Chance, in die Auswahl zu gelangen

d) stetige Zufallsvariable X: Quadratmeterpreis; (vollständig spezifizierte) Verteilungshypothese H_0: X ~ N(10,63 DM/m²; 2,09 DM/m²);

e) Ereigniswahrscheinlichkeit: $P(X > 10) = 1 - P(X \leq 10) = 1 - \Phi[(10 - 10,63)/2,09] = 1 - \Phi(-0,30) = 1 - (1 - \Phi(0,30)) = \Phi(0,30) \approx 0,618$; demnach besitzen ca. 62 % aller vergleichbaren Weddinger Mietwohnungen einen Quadratmeterpreis von mindestens 10 DM/m²

f) wegen $k_n = 0,08 < k_{0,95} = 1,36$ gibt es im Kontext eines vollständig spezifizierten KOLMOGOROV-SMIRNOV-Anpassungstests keinen Anlass, die Quadratmeterpreise nicht als Realisationen einer N(10,63 DM/m²; 2,09 DM/m²)-verteilten Zufallsvariable aufzufassen

g) einfacher t-Test: wegen $t_n = \dfrac{10,63 - 10,35}{2,09} \cdot \sqrt{93} = 1,314 < t_{0,975;92} \approx 1,96$ besteht zum vereinbarten Signifikanzniveau kein Anlass, an der Homogenitätshypothese des durchschnittlichen Quadratmeterpreises und des Mietspiegel-Richtpreises zu zweifeln

h) realisiertes 90 %-Konfidenzintervall für den unbekannten durchschnittlichen Quadratmeterpreis bei unbekannter Preisstreuung: [10,20 DM/m²; 11,05 DM/m²]

i) das Faktum, dass der Richtpreis von 10,35 DM/m² durch das realisierte 95 %-Konfidenzintervall aus h) überdeckt wird, koinzidiert mit der Testentscheidung aus g) im Kontext eines einfachen t-Tests ♦

Lösung 3-39*

a) einfacher t-Test für erstes Dutzend: da $|t_n| = [(-2\ g/4\ g) \cdot \sqrt{12}] \approx 1,73 < t_{11;\ 0,975} = 2,20$ gilt, besteht kein Anlass, an der Nullhypothese H_0: $\mu = \mu_0 = 63$ g zu zweifeln; einfacher t-Test für zweites Dutzend: wegen $|t_n| = [(3\ g/4\ g) \cdot \sqrt{12}] \approx 2,6 > t_{0,975;\ 11} = 2,20$ muss Nullhypothese verworfen werden, d.h. die Eier stammen aus einer Grundgesamtheit mit einem vom Normgewicht $\mu_0 = 63$ g verschiedenen (unbekannten) Durchschnittsgewicht μ

b) einfacher Varianzhomogenitätstest: wegen $f_n = (4\ g)^2/(4\ g)^2 = 1 < F_{0,975;11;11} = 3,47$ besteht kein Anlass, an einer Varianzhomogenität in beiden Grundgesamtheiten zu zweifeln; doppelter t-Test: wegen

$$|t_n| = \dfrac{|61 - 66|}{\sqrt{\dfrac{(12-1)\cdot 4^2 + (12-1)\cdot 4^2}{12+12-2}}} \cdot \sqrt{\dfrac{12 \cdot 12}{12+12}} = 3,06 > t_{0,975;\ 22} = 2,07$$

muss Homogenitätshypothese bezüglich der Erwartungswerte verworfen werden; die Stichproben stammen offensichtlich aus zwei varianzhomogenen, jedoch nicht erwartungswerthomogenen normalverteilten Grundgesamtheiten ♦

Lösung 3-40*

a) t-Test für zwei unabhängige Stichproben (doppelter t-Test); theoretische Bedingungen: Normalität und Varianzhomogenität der Mietpreise in den Grundgesamtheiten der 2- und 3-Zimmer-Mietwohnungen; Normalität kann als gegeben betrachtet werden; Varianzhomogenität mit F-Test prüfen; F-Test z.B. auf Signifikanzniveau von 0,05: da $f_n = 1,3 < F_{0,975;24;24} = 2,27$ gilt, besteht kein Anlass, an Varianzhomogenität der Mietpreise für 2- und 3-Zimmer-Mietwohnungen zu zweifeln; somit kann der doppelte t-Test durchgeführt werden

b) zweiseitige Hypothesen über die unbekannten durchschnittlichen Mietpreise μ_2 und μ_3 für 2- und 3-Zimmer-Wohnungen: H_0: $\mu_2 = \mu_3$ versus H_1: $\mu_2 \neq \mu_3$; Testentscheidung: wegen $|t_n| = 1,98 < t_{0,975;48} = 2,02$ gibt es keinen Anlass, an H_0 zu zweifeln

c) wegen $|t_n| = 1,98 > t_{0,95;48} = 1,68$ hätte man die einseitige Ausgangshypothese zugunsten der einseitigen Alternativhypothese H_1: $\mu_2 > \mu_3$ verworfen und den durchschnittlichen Mietpreis für eine 2-Zimmer-Wohnung als signifikant höher als den für eine 3-Zimmer-Wohnung gedeutet

d) realisiertes 95 %- Konfidenzintervall: [18,26; 19,98]; demnach lag im Mai 1995 mit einem Sicherheitsgrad vom 95 % der durchschnittliche Mietpreis für eine Berliner 2-Zimmer-Mietwohnung zwischen 18,26 DM/m² und 19,98 DM/m² ♦

Lösung 3-41

a) einseitige Mittelwerthypothesen: H_0: $\mu_X \leq \mu_Y$ versus H_1: $\mu_X > \mu_Y$

b) Stichprobenumfänge: $n_X = 18$, $n_Y = 14$; Stichprobenmittel: $\bar{x} = 1,25$ €, $\bar{y} = 1,05$ €; Stichprobenstreuungen: $s_X = s_Y = 0,25$ €; Signifikanzniveau: $\alpha = 0,01$; weil $s^2_X = s^2_Y$ gilt, wird die Varianzhomogenitätshypothese im Zuge des einfachen Varianzhomogenitätstests nicht abgelehnt; doppelter t-Test: wegen $|t_n| = 2,245 < t_{0,99;30} = 2,46$ wird H_0 nicht abgelehnt; Entscheidung: weiter im Laden kaufen

c) $\alpha = 0,1$; $t_{0,9;30} = 1,31$; H_0 ablehnen; zum Wochenmarkt gehen, aber: höhere Irrtumswahrscheinlichkeit bei Testentscheidung ♦

Lösung 3-42

a) Quantil der t-Verteilung: $t_{0,975;14} = 2,15$; realisiertes 95%-Konfidenzintervall: [0,495 g/cm³; 0,575 g/cm³]

b) Signifikanzniveau: $\alpha = 0,05$; Nullhypothese H_0: $\mu_K = \mu_F$ versus Alternativhypothese H_1: $\mu_K \neq \mu_F$; Testentscheidung: da der Testvariablenwert $|t_n| = 0,458$ kleiner als das Quantil $t_{0,975;30} = 2,04$ (Schwellenwert) ist, gibt es auf Grund des doppelten t-Tests gegen H_0 nichts einzuwenden, d.h. das mittlere spezifische Gewicht ist bei beiden Holzarten nicht signifikant verschieden

c) Fehler 2. Art ♦

Lösung 3-43

a) einseitige Mittelwerthypothesen: H_0: $\mu_X \leq \mu_Y$ versus H_1: $\mu_X > \mu_Y$, wobei die stetige Zufallsvariable X die durchschnittliche wochentägliche Fernsehdauer von Fernsehbesitzern mit Kabelanschluss und die stetige Zufallsvariable Y die durchschnittliche wochentägliche Fernsehdauer von Fernsehbesitzern ohne Kabelanschluss bezeichnet

b) voneinander unabhängige Stichprobenbefunde: $n_X = 168$; $\bar{x} = 1,42$ h; $s_X = 0,75$ h; $n_Y = 116$; $\bar{y} = 1,38$ h; $s_Y = 0,73$ h; Signifikanzniveau: $\alpha = 0,01$; Testentscheidung im

Kontext eines doppelten t-Tests bei Annahme von Varianzhomogenität: wegen $|t_n| = 0{,}45 < t_{0{,}99;282} = 2{,}33$ wird H_0 nicht abgelehnt ♦

Lösung 3-44*

a) Merkmalsträger: 2-Zimmer-Mietwohnung; Grundgesamtheit: alle Berliner bzw. Hamburger 2-Zimmer-Mietwohnungen; Stichproben: zwei unabhängige, vom Umfang 70 bzw. 85 2-Zimmer-Mietwohnungen; Identifikationsmerkmale: 2-Zimmer- Mietwohnung (Sache), Berlin, Hamburg (Orte), IV/95 (Zeit); Erhebungsmerkmal: Quadratmeterpreis X (DM/m²); Skala: Kardinal- bzw. Verhältnisskala

b) Berlin: Durchschnittspreis: 16,46 DM/m²; Preisstreuung: 3,57 DM/m²; Hamburg: Durchschnittspreis: 18,67 DM/m²; Preisstreuung: 3,80 DM/m²

c) $P(17 \leq X \leq 20) = \Phi[(20 - 18{,}67)/3{,}8] - \Phi[(17 - 18{,}67)/3{,}8] \approx 0{,}31$

d) da es sich um einen Vergleich zweier Durchschnittswerte aus zwei unabhängigen Stichproben handelt, ist der doppelte t-Test ein geeignetes Prüfverfahren; Voraussetzungen: Unabhängigkeit der Stichproben; Normalitätsbedingung, kann für beide Stichproben als erfüllt angesehen werden; Preisvarianz-Homogenitätsbedingung mit F-Test prüfen: zweiseitige Hypothesen: H_0: $\sigma^2_{Ber} = \sigma^2_{Ham}$ versus H_1: $\sigma^2_{Ber} \neq \sigma^2_{Ham}$; F - Test: wegen $f_n = 1{,}133 < F_{0{,}975;84;69} = 1{,}582$ gibt es keinen Anlass, an der (Preis)Varianzhomogenitätshypothese für Berliner und Hamburger 2-Zimmer- Mietwohnungen zu zweifeln; doppelter t-Test darf praktiziert werden; doppelter t-Test, Basis zweiseitige Hypothesen: H_0: $\mu_{Ber} = \mu_{Ham}$ versus H_1: $\mu_{Ber} \neq \mu_{Ham}$, d.h. die durchschnittlichen Quadratmeterpreise für Berliner und Hamburger 2-Zimmer- Mietwohnungen sind in der Grundgesamtheit gleich bzw. voneinander verschieden; Testentscheidung: wegen $|t_n| \approx 3{,}7 > t_{0{,}975;153} \approx 1{,}96$ muss die Nullhypothese verworfen werden; der städtespezifische Unterschied in den durchschnittlichen Quadratmeterpreisen von 2,21 DM/m² kann unter den gegebenen Bedingungen nicht mehr als zufällig, sondern muss bei Unterstellung einer Irrtumswahrscheinlichkeit von 0,05 als signifikant gedeutet werden

e) realisiertes 0,95- Konfidenzintervall für durchschnittlichen Quadratmeterpreis von Hamburger 2-Zimmer-Mietwohnungen: [17,86; 19,48], d.h. unter den gegebenen Bedingungen ist es sehr wahrscheinlich, dass der unbekannte durchschnittliche Quadratmeterpreis von Hamburger 2-Zimmer-Mietwohnungen zwischen 17,86 DM/m² und 19,48 DM/m² liegt ♦

Lösung 3-45*

a) Chi-Quadrat-Anpassungstest bzw. KOLMOGOROV-SMIRNOV-Anpassungstest auf eine Normalverteilung; zwei Grundgesamtheiten, die wie folgt inhaltlich abgegrenzt sind: Gebrauchtwagen vom Typ Audi bzw. Ford (Sache), jeweils im Januar 1997 in Berlin annonciert (Zeit und Ort)

b) Ergebnisse: i) realisierte 0,95- Konfidenzintervalle für jahresdurchschnittliche Fahrleistung (Angaben in 1000 km): Audi: [11,22; 13,82]; Ford: [8,80; 10,96]; ii) Test auf Varianzhomogenität; da die Stichprobenvarianz der jahresdurchschnittlichen Fahrleistungen für die 48 Gebrauchtwagen vom Typ Audi $48 \cdot (0{,}65)^2 \approx 20{,}3$ und für die 68 Gebrauchtwagen vom Typ Ford $68 \cdot (0{,}54)^2 \approx 19{,}8$ beträgt, gibt es auf einem Signifikanzniveau von 0,05 wegen $f_n = 20{,}3/19{,}8 \approx 1{,}025 < F_{0{,}975;47;67} \approx 1{,}7$ keinen Anlass, an der Varianzhomogenitätshypothese zu zweifeln; iii) doppelter t-Test: wegen

$| t_n | \approx 3 > t_{0,995;114} \approx 2{,}58$ ist der beobachtete Mittelwertunterschied zum vereinbarten Signifikanzniveau von 0,05 statistische signifikant (verschieden von Null)

c) man verwendet z.B. jede zwanzigste zutreffende Gebrauchtwagenannonce ♦

Lösung 3-46*

a) z.B. jeder fünfter am Flughafen ankommender Fluggast wird befragt
b) z.B. Chi-Quadrat-Anpassungstest oder KOLMOGOROV-SMIRNOV-Anpassungstest auf eine Normalverteilung
c) Prüfverfahren: einfacher Varianzhomogenitätstest; Bedingungen: zwei unabhängige Stichproben und normalverteilte tageszeitspezifische Taxikosten können als erfüllt angesehen werden; Testergebnis: wegen $f_n = (2{,}00)^2/(1{,}89)^2 = 1{,}12 < F_{0,975;40;40} = 1{,}88$ besteht zum vereinbarten Signifikanzniveau von 0,05 kein Anlass, die Varianzhomogenitätshypothese zu verwerfen; Prüfverteilung: F-Verteilung; Dichtefunktion: i.allg. asymmetrisch und nur für positive reelle Zahlen definiert
d) Prüfverfahren: doppelter t-Test bzw. t-Test für zwei unabhängige Stichproben; zweiseitige Hypothesen; Bedingungen können als erfüllt angesehen werden, da es sich um zwei unabhängige, normalverteilte und varianzhomogene Stichproben handelt; Testergebnis: wegen

$$t_n = \frac{|4{,}56 - 4{,}08|}{\sqrt{\dfrac{(41-1)\cdot(2{,}00)^2 + (41-1)\cdot(1{,}89)^2}{41+41-2}}} \cdot \sqrt{\frac{41\cdot 41}{41+41}} \approx 1{,}11 < t_{0,99;80} \approx 2{,}4$$

besteht kein Anlass, zum vereinbarten Signifikanzniveau von 0,02 die Homogenitätshypothese zu verwerfen; demnach sind morgens und mittags die durchschnittlichen Trinkgelder nicht signifikant voneinander verschieden; Prüfverteilung: t-Verteilung mit einer um Null symmetrischen und glockenförmigen Dichtefunktion
e) realisiertes 99 %- Konfidenzintervall für das durchschnittlich gewährte Trinkgeld in der Grundgesamtheit der Fluggäste, die nachmittags mit einem Taxi zum Flughafen fahren: $\left[4{,}56 - 2{,}704 \cdot \dfrac{2}{\sqrt{41}};\ 4{,}56 + 2{,}704 \cdot \dfrac{2}{\sqrt{41}}\right] = [3{,}71\ \text{DM};\ 5{,}40\ \text{DM}]$ ♦

Lösung 3-47

a) Varianzhomogenitätstest: wegen $f_n = (2{,}09)^2/(1{,}89)^2 = 1{,}22 < F_{0,975;40;40} = 1{,}88$ besteht zum vereinbarten Signifikanzniveau von 0,05 kein Anlass, die Varianzhomogenitätshypothese zu verwerfen
b) doppelter t-Test, einseitige Fragestellung: wegen $| t_n | = 4{,}94 > t_{0,95;80} \approx 1{,}65$ wird zum Signifikanzniveau von 0,05 die Nullhypothese verworfen und die Alternativhypothese angenommen; demnach sind die morgens gewährten Trinkgelder im Durchschnitt signifikant höher als die mittags gewährten Trinkgelder
c) einseitige Hypothesen; einseitige Alternativhypothese: „In der Grundgesamtheit der Fluggäste, die morgens bzw. mittags mit einem Taxi zum Flughafen Berlin-Tegel fahren, fallen die morgens gewährten Trinkgelder im Durchschnitt höher aus als die Trinkgelder, die im Durchschnitt mittags gewährt werden."
d) realisiertes 99 %- Konfidenzintervall für durchschnittlich gewährtes Trinkgeld von Fluggästen, die abends mit einem Taxi zum Flughafen fahren: [5,22 DM; 6,50 DM] ♦

Lösungen, Induktive Statistik 225

Lösung 3-48
Stichprobenumfänge: 250 männliche bzw. 300 weibliche Patienten; Stichprobenanteilswerte: $p_m = 112/250 = 0,448$ und $p_w = 108/300 = 0,36$

a) einseitige Hypothesen: H_0: $\pi_m \leq \pi_w$ versus H_1: $\pi_m > \pi_w$

b) Approximationsbedingungen für doppelten Anteilstest können als erfüllt angesehen werden; Testentscheidung auf einem Signifikanzniveau von $\alpha = 0,01$: da $z_n = 1,62 < z_{0,99} = 2,326$ ist gegen H_0 auf Grund des doppelten Anteilstests nichts einzuwenden, d.h. es ist nicht statistisch gesichert, dass der Anteil männlicher Patienten mit Schlafstörungen höher ist; Grundgesamtheit: alle erwachsenen Einwohner der Heimatstadt des Psychotherapeuten ♦

Lösung 3-49*
a) Testverfahren: Zwei-Stichproben-Anteilstest (doppelten bzw. Differenzentest für Anteile); da Approximationsbedingungen erfüllt sind, kann die Standardnormalverteilung $N(0;1)$ als Prüfverteilung verwendet werden

b) π_m bzw. π_w bezeichnen die unbekannten Anteile der männlichen bzw. weiblichen Fahrschüler in der Grundgesamtheit aller Berliner Fahrschüler, die einen Fahrstundenbedarf von mehr als 30 Stunden haben; zweiseitige Hypothesen: H_0: $\pi_m = \pi_w$ versus H_1: $\pi_m \neq \pi_w$, d.h. der Fahrstundenbedarf ist gleich bzw. verschieden; Testentscheidung: wegen $z_n \approx 3 > z_{0,975} = 1,96$ wird die Nullhypothese zum vereinbarten Signifikanzniveau $\alpha = 0,05$ verworfen und der beobachtete geschlechtsspezifische Unterschied von 19 Prozentpunkten als signifikant gedeutet

c) realisierte 95%-Konfidenzintervalle: männliche Fahrschüler: [0,558; 0,762]; weibliche Fahrschüler: [0,785; 0,915]; demnach liegt mit einem Sicherheitsgrad von 95 % der Anteil der männlichen Fahrschüler in der Grundgesamtheit, die einen Fahrstundenbedarf von mehr als 30 h haben, zwischen 55,8 % und 76,2 %; bei den weiblichen Fahrschülern liegt der Anteil zwischen 78,5 % und 91,5 % ♦

Lösung 3-50*
a) Merkmalsträger: Kunde; Gesamtheit: alle Kunden; systematische Zufallsauswahl: z.B. jeder dritte Kunde wird ausgewählt und befragt; Identifikationsmerkmale: Kunde (sachlich), Mitropa-Autobahn-Raststätte (örtlich), III/1999 (zeitlich); Erhebungsmerkmale und Skalierung: Verweildauer und Ausgaben für Speisen jeweils kardinal bzw. metrisch; Reisegrund, nominal

b) Chi-Quadrat-Anpassungstest bzw. KOLMOGOROV-SMIRNOV-Anpassungstest auf eine Normalverteilung

c) Tests basieren jeweils auf einer zweiseitigen Fragestellung; Testergebnisse: i) einfacher Varianzhomogenitätstest: wegen $f_n = 9^2/8^2 = 1,266 < F_{0,99;23;15} = 3,31$ besteht kein Anlass, an der Varianzhomogenitätshypothese zu zweifeln; somit kann doppelter t-Test praktiziert werden; ii) doppelter t-Test: wegen $|t_n| = 10,6 > t_{0,99;38} = 2,43$ ist die Mittelwerthomogenitätshypothese zu verwerfen; demnach unterscheiden sich die durchschnittlichen Verweildauern von Privat- und Geschäftsreisenden signifikant voneinander; iii) beide Tests setzen unabhängige, normalverteilte (und varianzhomogene) Stichprobenbefunde voraus

d) realisiertes 99 %- Konfidenzintervall: $[30 - 2,947 \cdot 8/\sqrt{16}; 30 + 2,947 \cdot 8/\sqrt{16}]$, demnach liegt durchschnittliche Verweildauer sehr wahrscheinlich zwischen 24 min und 36 min

e) Stichprobenanteil: 0,75; Stichprobenumfang: 1000 Kunden; realisiertes 99 %- Konfidenzintervall: $[0,75 - 2,576 \cdot \sqrt{(0,75 \cdot 0,25/1000)}; 0,75 + 2,576 \cdot \sqrt{(0,75 \cdot 0,25/1000)}]$ = [0,715; 0,785]; mit einer Sicherheit von 0,99 liegt der unbekannte Anteil aller mit dem Preis-Leistungsverhältnis zufriedenen Kunden zwischen 71,5 % und 78,5 %; Bedingungen: Stichprobenumfang größer als 100 und Approximationsbedingung für Nutzung der N(0;1)-Verteilung wegen $1000 \cdot 0,75 \cdot 0,25 = 187,5 > 9$ erfüllt ♦

Lösung 3-51*

a) Testverfahren: Differenzentest für zwei Anteile; Approximationsbedingungen zur Anwendung der Standardnormalverteilung N(0;1) als Prüfverteilung sind erfüllt; Testentscheidung: wegen $z_n \approx 1,25 < z_{0,95} = 1,645$ besteht kein Anlass, die Nullhypothese zu verwerfen; demnach ist es statistisch nicht gesichert, dass der Anteil ausländischer Besucher, die öffentliche Verkehrsmittel benutzen, größer ist als der entsprechende Anteil einheimischer Besucher

b) Nullhypothese: $\pi_A \leq \pi_E$ versus Alternativhypothese: $\pi_A > \pi_E$, wobei π_A den unbekannten Anteil ausländischer Besucher, die mit öffentlichen Verkehrsmitteln anreisen, und mit π_E den entsprechenden Anteil einheimischer Besucher bezeichnet ♦

Lösung 3-52*

a) Punktschätzwerte für den ungestützten Bekanntheitsgrad 1998 bzw. 2001: $p_{98} = 255/450 = 0,5667$ bzw. $p_{01} = 265/420 = 0,6310$

b) Lösungsschritte: i) $H_0: \pi_{01} \leq \pi_{98}$ versus $H_1: \pi_{01} > \pi_{98}$, wobei π jeweils den unbekannten Bekanntheitsgrad in der Grundgesamtheit symbolisiert; ii) doppelter GAUß-Test für dichotome Grundgesamtheiten, weil Test auf Differenz zweier Anteile auf der Basis zweier unabhängiger Stichproben und folgende Voraussetzungen für die Anwendung dieses Tests erfüllt sind: Stichprobenumfänge jeweils größer 100 und Approximationsbedingungen $450 \cdot 0,567 \cdot 0,433 = 111 > 9$ bzw. $420 \cdot 0,631 \cdot 0,369 = 98 > 9$ für Standardnormalverteilung als Prüfverteilung erfüllt; die Voraussetzung, dass der Auswahlsatz kleiner als 5 % sein soll, kann mit den vorliegenden Angaben nicht direkt überprüft werden; man kann aber den Mindestumfang der Grundgesamtheit unter dieser Voraussetzung für die gegebenen Stichprobenumfänge abschätzen; für 1998 ergibt sich $450/0,05 = 9000$ und für 2001 entsprechend $420/0,05 = 8400$; folglich kann die dritte Voraussetzung als erfüllt angesehen werden, wenn die Grundgesamtheit (Bewohner im Einzugsgebiet des Einkaufscenters und weitere potentielle Nutzer des Einkaufscenters, z.B. Personen, die im Einzugsgebiet arbeiten) aus mehr als 9000 Personen (1998) bzw. mehr als 8400 Personen (2001) bestand; iii) Testergebnis: den Wert der Prüfgröße ermittelt man aus den Stichprobendaten wie folgt: durchschnittlicher Stichprobenanteil: $(255 + 265)/(450 + 420) = 0,5977$; Wert der Prüfgröße:

$$z_{emp} = \frac{0,6310 - 0,5667}{\sqrt{0,5977(1-0,5977)}} \cdot \frac{\sqrt{420 \cdot 450}}{\sqrt{420 + 450}} = 1,9327$$

; der kritische Wert ergibt sich für diesen rechten einseitigen Test auf einem vorgegebenen Signifikanzniveau von 0,01 als das 0,99 – Quantil der Standardnormalverteilung $z_{0,99} = 2,326$; wegen $z_{emp} = 1,9327 < z_{0,99} = 2,326$ wird die Nullhypothese nicht verworfen; der für 2001 ermittelte Stichprobenanteil (0,631) ist zwar größer als der für 1998 ermittelte Anteil (0,5667), der aber auf einem Signifikanzniveau von 0,05 nicht signifikant ist

c) unter den gegebenen Voraussetzungen ermittelt man die Grenzen des Schätzintervalls (realisiertes Konfidenzintervall) zum Vertrauensniveau von 0,95 für den ungestützten Bekanntheitsgrad für das Jahr 2001 nach folgender Gleichung:

$$p_{01} \pm z_{0,975}\sqrt{\frac{p_{01}(1-p_{01})}{n_{01}}} = 0,6310 \pm 1,96\sqrt{\frac{0,631 \cdot 0,369}{420}}$$, d.h. es ergibt sich folgendes

95%- Schätzintervall für den Bekanntheitsgrad: [0,5849; 0,6771]

d) unter Vorgabe des Konfidenzniveaus $1 - \alpha = 0,95$, der Intervallbreite $L = 0,02$ und des Stichprobenanteils aus der 98-er Untersuchung bestimmt sich der notwendige Stichprobenumfang n wie folgt:

$$n = \frac{4 \cdot z_{0,975}^2 \cdot p_{98}(1-p_{98})}{L^2} = \frac{4 \cdot 1,96^2 \cdot 0,5667 \cdot 0,4333}{0,02^2} = 9433,09 \approx 9434$$

e) aus dem unter Frage d) ermittelten Stichprobenumfang von 9.434 und dem Umfang der Grundgesamtheit von 100.000 ergibt sich ein Auswahlsatz von 9.434/100.000 = 0,094 > 0,05; somit wären der Standardfehler des Anteilschätzers und die Grenzen des Schätzintervalls unter Berücksichtigung der Endlichkeitskorrektur $\sqrt{\frac{N-n}{N-1}}$ zu berechnen ♦

Lösung 3-53*

Null- und Gegenhypothese: $H_0 : \rho_{X,Y} \geq 0$ versus $H_1 : \rho_{X,Y} < 0$, wobei $\rho_{X,Y}$ den unbekannten Korrelationskoeffizienten bzw. den theoretischen Korrelationskoeffizienten

$$\rho_{X,Y} = \frac{E[(X-E(X))\cdot(Y-E(Y))]}{\sqrt{E[X-E(X)]^2} \cdot \sqrt{E[Y-E(Y)]^2}} = \frac{\sigma_{X,Y}}{\sigma_X \cdot \sigma_Y}$$

zwischen den Merkmalen X und Y in der Grundgesamtheit bezeichnet;
Wert der Prüfgröße (Testvariablenwert):

$$t_{emp} = \frac{r_{x,y} \cdot \sqrt{n-2}}{\sqrt{1-r_{x,y}^2}} = \frac{-0,742 \cdot \sqrt{23}}{\sqrt{1-0,742^2}} = -5,308$$

mit $r_{x,y}$ als Wert des Stichproben-Korrelationskoeffizienten

$$r_{x,y} = \frac{s_{x,y}}{s_x \cdot s_y} = \frac{-270,93}{96,66 \cdot 1393,75} = -0,74199$$

zwischen den Merkmalen X und Y;
kritischer Wert bzw. Schwellenwert (entsprechend der Null- und Gegenhypothese für linken einseitigen Test): $t_{df,\alpha} = -t_{df,1-\alpha} = -t_{23,0.99} = -2,55$;

Testentscheidung: wegen $t_{emp} = -5,308 < t_{df,\alpha} = -2,55$ wird die einseitige Nullhypothese verworfen und die einseitige Gegen- bzw. Alternativhypothese angenommen, d.h. der Wert des Stichproben-Korrelationskoeffizienten von $-0,742$ wird auf einem Signifikanzniveau von 0,01 als signifikant kleiner als Null bewertet; folglich wird der in der Stichprobe beobachtete gegenläufige lineare statistische Zusammenhang zwischen der relativen Kaufkraft und der Bevölkerungsdichte auf einem Signifikanzniveau von 0,01 als statistisch gesichert gedeutet ♦

Lösung 3-54

a) Test für einen einfachen linearen Regressionskoeffizienten bei zweiseitiger Fragestellung; Hypothesen: H_0: $\beta_1 = 0$ versus H_1: $\beta_1 \neq 0$; β_1 bezeichnet den unbekannten Regressionskoeffizienten in der Grundgesamtheit aller vergleichbaren Mietwohnungen

b) da der aus dem Stichprobenbefund berechnete Testvariablenwert $t_n \approx 10{,}3$ größer ist als das (als Schwellenwert fungierende) Quantil $t_{0{,}975;8} = 2{,}306$ der Ordnung $p = 1 - 0{,}05/2 = 0{,}975$ einer t-Verteilung für df = 10 − 2 = 8 Freiheitsgrade, ist die Nullhypothese H_0: $\beta_1 = 0$ zu verwerfen und der aus dem Stichprobenbefund geschätzte Regressionskoeffizient $b_1 = 7{,}55$ €/m² als signifikant von Null verschieden zu deuten; demnach kann in diesem Marktsegment davon ausgegangen werden, dass die Fläche einer Mietwohnung einen Einfluss auf die monatliche Kaltmiete besitzt ♦

Lösung 3-55

a) Test für einen einfachen linearen Regressionskoeffizienten bei zweiseitiger Fragestellung; Hypothesen: H_0: $\beta_1 = 0$ versus H_1: $\beta_1 \neq 0$; β_1 bezeichnet den unbekannten Regressionskoeffizienten in der Grundgesamtheit aller vergleichbaren PKW

b) Testvariablenwert $t_n = (-0{,}266) \cdot (6{,}056)^{-1/2} \cdot (10 - 1)^{1/2} \cdot 20{,}88 \approx -6{,}77$; Schwellenwert: 0,975-Quantil $t_{0{,}975;310} = 1{,}96$ einer t-Verteilung mit 311 − 1 = 310 Freiheitsgraden; Testentscheidung; da offensichtlich $|t_n| = 6{,}77 > t_{0{,}975;310} = 1{,}96$ gilt, ist die Nullhypothese zu verwerfen; demnach ist es statistisch gesichert, dass das Alter eines PKW seinen Zeitwert beeinflusst ♦

Lösung 3-56*

Nullhypothese: ein zufällig ausgewählter Besucher hat seine Karte mit einer Wahrscheinlichkeit von jeweils 1/5 an einer der Kassen K1 bis K5 erworben; Testverfahren: Chi-Quadrat-Anpassungstest; Testentscheidung: wegen $\chi^2 = 9{,}75 > \chi^2_{0{,}95;4} = 9{,}488$ ist zum vereinbarten Signifikanzniveau von 0,05 die Nullhypothese abzulehnen; demnach ist es statistisch gesichert, dass die Zahl der insgesamt verkauften Karten nicht gleichmäßig auf die Kassen K1, K2, K3, K4 und K5 verteilt ist ♦

Lösung 3-57*

Diagramm zu b):

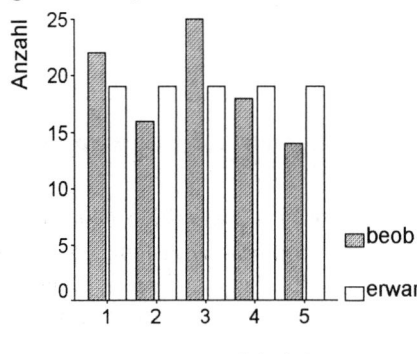

a) Chi-Quadrat-Anpassungstest auf eine Gleichverteilung mit 5 − 1 = 4 Freiheitsgraden; Testvariablenwert: $\chi^2 = 4{,}21$; Schwellenwert: $\chi^2_{0{,}975;4} = 11{,}14$; Testentscheidung: wegen $\chi^2 = 4,21 < \chi^2_{0,975;4} = 11,14$ besteht auf dem vereinbarten Signifikanzniveau von 0,025 kein Anlass, an einer Gleichverteilung der eingehenden Postsendungen auf die Arbeitstage zu zweifeln

b) da die Ausprägungen der Gruppierungsvariable „Arbeitstag" auf einer nominalen Skala definiert sind, ist z.B. das nebenstehend skizzierte gruppierte Balkendiagramm auf der Basis der empirisch beobachteten und theoretisch erwarteten absoluten Häufigkeiten der eingehenden Postsendungen eine geeignete graphische Darstellung ♦

Lösung 3-58*

a) zur Prüfung der Nullhypothese: *Die Anzahl der Schäden je Risiko genügt einer POISSON-Verteilung.* kann. z.B. der χ^2-Anpassungstest benutzt werden

b) Schätzwert für Verteilungsparameter: $\hat{\lambda} = \bar{x} = 0,1587$

Anzahl k der Schäden	Anzahl der Risiken mit k Schäden	erwartete Anzahl der Risiken mit k Schäden
0	51208	51193
1	8105	8126
2	642	645
3	45	34
4 oder mehr	0	2

zu beachten ist, dass die letzten beiden Schadensgruppen zusammenzufassen sind; Testentscheidung: wegen $\chi^2_{korrigiert} = 2,32 < \chi^2_{0,95;2} = 5,99$ besteht kein Anlass, die Nullhypothese zu verwerfen, d.h. die vorliegende Stichprobe spricht nicht dagegen, dass die Anzahl der Schäden je Risiko einer POISSON-Verteilung genügt ♦

Lösung 3-59

Testverfahren: Chi-Quadrat-Anpassungstest zum Signifikanzniveau von $\alpha = 0,05$

Kategorie	beobachtete Häufigkeit	erwartete Häufigkeit	p_i
keine	42	42	0,14
manchmal	144	129	0,43
regelmäßig	114	129	0,43

da alle erwarteten Häufigkeiten größer als 5 sind, ist die Voraussetzung für den Chi-Quadrat-Anpassungstest erfüllt; Wert der Testgröße: 3,488; Schwellenwert bzw. Vergleichsquantil $\chi^2_{0,95;2} = 5,991$; da der Testgrößenwert unter dem Schwellenwert liegt, gibt es keinen Anlass, die Vermutung zu verwerfen ♦

Lösung 3-60*

a) da das kardinale Erhebungsmerkmal diskreter Natur ist, eignet sich ein Stab- oder Balkendiagramm für graphische Darstellung der empirischen Häufigkeitsverteilung (zugehöriges Balkendiagramm siehe umseitig)

b) Schätzwert 192/480 = 0,4 für (unbekannten) Verteilungsparameter λ als gewogenes arithmetisches Mittel aus einzelnen Anzahlen A_j alkoholfreier Getränke und den beobachteten Anzahlen von Rechnungen n_j; Interpretation: im Durchschnitt standen 0,4 alkoholfreie Getränke auf einer Rechnung

c) (unvollständig spezifizierte) Verteilungshypothese H_0: A ~ Po(λ) kann mit χ^2-Anpassungstest geprüft werden; wegen Nichterfüllung der Bedingung $n^e(A) > 5$, sind die Häufigkeiten der Ausprägungen 2, 3, 4 und 5 zusammenzufassen, so dass letztlich

für die Testentscheidung nur 3 – 1 - 1 = 1 Freiheitsgrad verfügbar ist; komplettierte Häufigkeitstabelle (nebenstehend); Testentscheidung: wegen $\chi^2 = 0{,}26 < \chi^2_{0{,}95;1} = 3{,}84$ besteht kein Anlass, an der Verteilungshypothese zu zweifeln
Diagramm zu a):

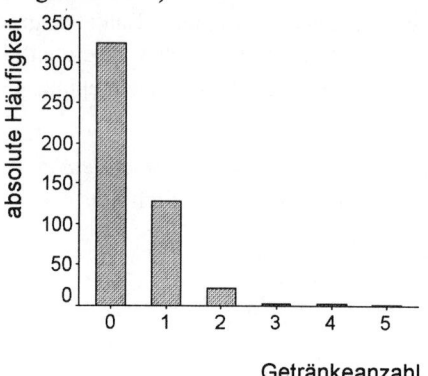

Lösung 3-61*

a) Testverfahren: Chi-Quadrat-Anpassungstest; Tabelle der Zwischenergebnisse:

k	n(X = k)	k·n(X = k)	P(X = k)	n^e(X = k)	n, korr	n^e, korr	$(n - n^e)^2/n^e$
0	27	0	0,13534	33,83	27	33,83	1,730
1	82	82	0,27067	67,67	82	67,67	2,505
2	71	142	0,27067	67,67	71	67,67	0,156
3	35	105	0,18045	45,11	35	45,11	2,921
4	15	60	0,09022	22,56	15	22,56	3,806
5	11	55	0,03609	9,02	20	12,90	2,521
6	7	42	0,01203	3,01			$\chi^2 = 13{,}64$
7	2	14	0,00344	0,86			
Σ	250	500					

für k = 5, 6, 7 sind die empirischen und theoretischen absoluten Häufigkeiten n(X = k) bzw. n^e(X = k) zusammenzufassen, so dass für die Testentscheidung 6 – 1 – 1 = 4 Freiheitsgrade verbleiben; Testentscheidung: wegen $\chi^2 = 13{,}42 > \chi^2_{0{,}95;4} = 9{,}49$ muss zum vereinbarten Signifikanzniveau die (unvollständig spezifizierte) Verteilungshypothese H_0: $X \sim Po(\lambda)$ verworfen werden

b) Schätzwert für den (unbekannten) Verteilungsparameter λ als ein gewogenes arithmetisches Mittel aus den Fehleranzahlen pro Seite und die Häufigkeit ihres Auftretens, wobei $\hat{\lambda} = 500/250 = 2$ Fehler pro Manuskriptseite gilt; d.h. im Durchschnitt gab es je Seite zwei Fehler zu korrigieren ♦

Lösung 3-62*

a) Merkmalsträger: Verkehrsunfall; Stichprobe: zufällig ausgewählte Verkehrsunfälle; Stichprobenumfang: 310 Verkehrsunfälle; Grundgesamtheit: alle Verkehrsunfälle (in Mecklenburg-Vorpommern); Identifikationsmerkmale: Verkehrsunfall mit leichtem Personenschaden (Sache), Mecklenburg-Vorpommern (Ort), 1995 (Zeit); Erhebungsmerkmal: Anzahl A leicht geschädigter Personen bei einem Verkehrsunfall; Skala: Kardinal- bzw. Absolutskala

b) graphische Darstellung: Stab- oder Balkendiagramm, da *Anzahl leicht geschädigter Personen bei einem Verkehrsunfall* ein diskretes Merkmal ist; erste Komponente (Säule): bei 171 Verkehrsunfällen kam keine Person zu Schaden

c) Verteilungsmodell: POISSON-Verteilung; (unvollständig spezifizierte) Verteilungshypothese: H_0: A ~ Po(λ); ein geeigneter Schätzwert für den Verteilungsparameter λ ist das gewogene arithmetische Mittel $\hat{\lambda} = \dfrac{0 \cdot 171 + \ldots + 5 \cdot 1}{171 + \ldots + 1} = \dfrac{186}{310} = 0{,}6$ aus den verschiedenen Anzahlen geschädigter Personen und der entsprechenden Anzahlen der Verkehrsunfälle; demnach waren im Durchschnitt 0,6 geschädigte Personen bei einem Verkehrsunfall bzw. sechs Personen bei zehn Unfällen zu beklagen; (unvollständig spezifizierte) Nullhypothese H_0: A ~ Po(λ) kann z.B. mit Chi-Quadrat-Anpassungstest überprüft werden; wegen Beachtung der Nebenbedingung $n^e(A) > 5$, wonach die unter der Nullhypothese zu erwartenden absoluten Häufigkeiten $n^e(A)$ größer als fünf sein sollen, sind die letzten beiden Häufigkeiten zusammenzufassen, so dass nur noch $4 - 1 - 1 = 2$ Freiheitsgrade für die Testentscheidung zu berücksichtigen sind; Testentscheidung auf einem Signifikanzniveau von 0,05: wegen $\chi^2 = 3{,}2 < \chi^2_{0,95;2} = 5{,}99$ besteht kein Anlass, an der Nullhypothese zu zweifeln ♦

Lösung 3-63

a) Merkmal *Gewicht* als stetige Zufallsgröße X
b) Chi-Quadrat-Anpassungstest (auf eine Normalverteilung)
c) (vollständig spezifizierte) Verteilungshypothese H_0: X ~ N(3; 0,1)
d) Signifikanzniveau $\alpha = 0{,}1$; Häufigkeitstabelle:

j	$x_j^u \leq X < x_j^o$	n_j	p_j	n_j^e (gerundet)
1	bis 2,8	33	0,0228	23
2	2,8 bis 2,9	146	0,1359	136
3	2,9 bis 3,0	341	0,3413	341
4	3,0 bis 3,1	341	0,3413	341
5	3,1 bis 3,2	126	0,1359	136
6	über 3,2	13	0,0228	23

Voraussetzung erfüllt, da kleinste erwartete absolute Häufigkeit $23 > 5$; Testentscheidung: wegen $\chi^2 = 10{,}17 > \chi^2_{0,9;5} = 9{,}24$ ist H_0 abzulehnen; Gewicht der Waschpulverpakete ist nicht N(3; 0,1)-verteilt ♦

Lösung 3-64

a) Alter von Notfallpatienten als stetige Zufallsgröße X; Stichprobenmittel: 39 Jahre; Stichprobenstreuung: 21 Jahre; Verteilungshypothese H_0: Alter X der Notfallpatienten ist normalverteilt, Häufigkeitstabelle:

j	Altersklasse	n_j	p_j	n_j^e
1	x < 20	83	0,1841	134
2	20 ≤ x < 40	329	0,3358	244
3	40 ≤ x < 60	185	0,3214	233
4	60 ≤ x	129	0,1587	115

Testverfahren: Chi-Quadrat-Anpassungstest; Testvoraussetzungen erfüllt, da für kleinste erwartete absolute Häufigkeit $n_4^e = 115 > 5$ gilt; Testentscheidung: wegen $\chi^2 = 60,61 > \chi^2_{0,95;1} = 3,84$ wird H_0 abgelehnt; das Patienten-Alter kann nicht als normalverteilte Zufallsgröße angesehen werden

b) da klassierte Daten vorliegen, ist es sinnvoll, den χ^2-Anpassungstest zu applizieren; Merkmal: Alter; Grundgesamtheit: alle Berliner Notfallpatienten des Jahres 1996 ♦

Lösung 3-65
Stichprobenumfang 90 Zwei-Personen-Zelte; arithmetisches Mittel 2,5 kg; empirische Standardabweichung 0,1 kg

a) es kann z.B. der χ^2Anpassungstest benutzt werden; Nullhypothese: Liefergewicht von Zwei-Personen-Zelten ist normalverteilt

b) Häufigkeitstabelle:

j	Gewichtsklasse	beobachtete bzw.	erwartete Häufigkeit
1	$X \leq 2,4$	15	14,3
2	$2,4 < X \leq 2,45$	13	13,5
3	$2,45 < X \leq 2,5$	15	17,2
4	$2,5 < X \leq 2,55$	19	17,2
5	$2,55 < X \leq 2,6$	11	13,5
6	$2,6 < X$	17	14,3

Testentscheidung: wegen $\chi^2 = 1,495 < \chi^2_{0,9;3} = 6,25$ gibt es gegen die (unvollständig spezifizierte) Nullhypothese nichts einzuwenden, d.h. der Stichprobenbefund spricht nicht dagegen, dass das Liefergewicht als normalverteilt angesehen werden kann ♦

Lösung 3-66*
a) stetige Zufallsvariable X: *Zeitabweichung in h*; (teilweise) unvollständig spezifizierte Verteilungshypothese H_0: $X \sim N(0; \sigma)$, da nur der unbekannte Verteilungsparameter σ aus dem Stichprobenbefund zu schätzen ist

b) wegen der erkennbaren Symmetrie der empirischen Verteilung verwendet man die Klassenmitte der 4., also der „mittleren" Klasse, so dass $\mu = 0$ gilt

c) Arbeitstabelle für Chi-Quadrat-Anpassungstest:

j	n_j	n_j^e	j	n_j	n_j^e
1	4	5,06	5	84	97,08
2	28	31,73	6	35	31,73
3	101	97,08	7	5	5,06
4	154	142,74	Σ	411	411,00

Testentscheidung zum Signifikanzniveau von $\alpha = 0,05$ und $df = 7 - 1 - 1 = 5$ Freiheitsgraden: wegen $\chi^2 = 3,8 < \chi^2_{0,95;5} = 11,07$ besteht kein Anlass, an einer Normalverteilung der Zeitabweichungen zu zweifeln ♦

Lösung 3-67
a) Zufallsvariable X: Unfalldichte (gemessen in Anzahl Unfälle pro 1.000 der Bevölkerung) eines zufällig ausgewählten Landkreises; Nullhypothese H_0: $X \sim N(\mu; \sigma)$ mit unvollständig spezifiziertem Verteilungsmodell; die Bezeichnung „unvollständig spezifiziert" resultiert daraus, dass die als Verteilungshypothese formulierte Nullhypothe-

se keine Aussage über die Werte der beiden Verteilungsparameter μ und σ einer Normalverteilung beinhaltet

b) Chi-Quadrat-Anpassungstest; weil Test auf Verteilung einer stetigen Zufallsvariablen unter der Voraussetzung, dass die Stichprobendaten klassiert vorliegen

c) Arbeitstabelle zur Ermittlung des Prüfgrößen- bzw. Testvariablenwertes siehe umseitig; Testvariablenwert $\chi^2 \approx 6{,}01$; kritischer bzw. Schwellenwert: $\chi^2_{0{,}95;2} = 5{,}99$, wobei die Anzahl der Freiheitsgrade wie folgt zu bestimmen sind: wegen der Klassenanzahl von 5 und der Anzahl der mit der Stichprobe geschätzten Modellparameter von 2 hat man letztlich für die Testentscheidung nur $5 - 1 - 2 = 2$ Freiheitsgrade zur Verfügung; Testentscheidung: wegen $\chi^2 \approx 6{,}01 > \chi^2_{0{,}95;2} = 5{,}99$ wird die Nullhypothese verworfen; auf einem Signifikanzniveau von 0,05 weicht die Verteilung der klassierten Stichprobendaten signifikant von der bei Normalverteilung zu erwartenden klassierten Verteilung ab;

Nummer	Klassen- Untergrenze	Obergrenze	Häufigkeit, absolut	Häufigkeit, erwartet
1		bis 5,5	10	6,68
2	über 5,5	bis 6,5	28	24,17
3	über 6,5	bis 7,5	39	38,30
4	über 7,5	bis 8,5	15	24,17
5	über 8,5		8	6,68

der Stichprobenbefund spricht gegen die Annahme, dass die Unfalldichten der Landkreise einer Normalverteilung genügen ♦

Lösung 3-68

a) $b = 1$

b) Likelihood-Funktion: $L(\alpha; x_1, x_2, \ldots, x_n) = \dfrac{\alpha^n \cdot b^{n \cdot \alpha}}{(x_1 \cdot x_2 \cdots x_n)^{\alpha+1}}$;

als Lösung der Likelihood-Gleichung

$$\frac{d \ln L(\alpha; x_1, x_2, \ldots, x_n)}{d \alpha} = 0$$

erhält man den Schätzwert für den Verteilungsparameter α mit

$$\hat{\alpha} = \frac{1}{\overline{\ln x} - \ln b} \quad \text{mit} \quad \overline{\ln x} = \frac{1}{n} \cdot \sum_{i=1}^{n} \ln x_i$$

c) aus den angegebenen Daten errechnet sich der Schätzwert $\hat{\alpha} = 1{,}5$; Häufigkeitstabelle für Schadenhöhe X (in 1000 €)

j	Schadenhöhe X	n_j	n_j^e
1	$1{,}00 < X \leq 1{,}10$	6	5,33
2	$1{,}10 < X \leq 1{,}25$	6	6,05
3	$1{,}25 < X \leq 1{,}45$	5	5,71
4	$1{,}45 < X \leq 1{,}75$	6	5,63
5	$1{,}75 < X \leq 2{,}50$	7	7,16
6	$2{,}50 < X \leq 4{,}00$	4	5,12
7	$4{,}00 \leq X$	6	5,00

Testverfahren: χ^2-Anpassungstest; Testentscheidung: wegen $\chi^2 = 0{,}65 < \chi^2_{0,9;5} = 9{,}24$ besteht keine Veranlassung, die Verteilungshypothese zu verwerfen, d.h. die vorliegende Stichprobe spricht nicht gegen die Anwendung einer PARETO-Verteilung zur Beschreibung der Verteilung der Schadenhöhe ♦

Lösung 3-69

a) mittlere Lebensdauer: $E(T) = \dfrac{1}{2 \cdot 10^{-4} h^{-1}} = 5000 \, h$

b) Diagramm mit empirischer und hypothetischer Verteilungsfunktion

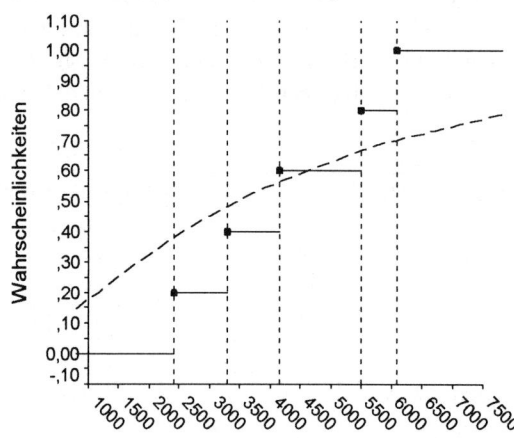

Lebensdauer in Stunden

c) Es sei F_0 die hypothetische Verteilungsfunktion von T und F_{emp} die ermittelte empirische Verteilungsfunktion. Aus der obigen Grafik erkennt man, dass die kleinste obere Schranke $\sup_{x \in R} |F_0(x) - F_{emp}(x)|$ der Abweichung $|F_0(x) - F_{emp}(x)|$ bei x = 2401 h abzulesen ist. Die hypothetischen Verteilungsfunktion F_0 hat dort den Wert $F_0(2401 \, h) = 1 - e^{-2 \cdot 10^{-4} h^{-1} \cdot 2401 h} = 0{,}38134$ und der linksseitige Grenzwert der empirischen Verteilungsfunktion F_{emp} an dieser Stelle ist null. Also ist der Wert größten beobachteten Abweichung $\sup_{x \in R} |F_0(x) - F_{emp}(x)| = 0{,}38134$.

d) Nullhypothese: Die wahre (aber unbekannte) Verteilungsfunktion F der Lebensdauer der Schaltkreise ist die Verteilungsfunktion einer mit dem Parameter $\lambda = 2 \cdot 10^{-4}$ h^{-1} exponentialverteilten Zufallsgröße. Die den obigen Versuchsergebnissen entsprechende Realisierung der Testgröße des KOLMOGOROV-SMIRNOV–Tests ist nach dem Ergebnis aus c) $k = \sqrt{5} \cdot 0{,}38134 = 0{,}8527$. Das zum Signifikanzniveau 0,1 gehörige Quantil $k_{0,9}$ der KOLMOGOROV-Verteilung ist für in diesem Fall $k_{0,9} = 1{,}1382$. Wegen $k = 0{,}8527 < 1{,}1382 = k_{0,9}$ ist gegen die Nullhypothese nichts einzuwenden. Das Testergebnis spricht also nicht gegen die Angabe des Herstellers. (**Anmerkung**: Die beobachtete starke Abweichung der empirischen Verteilungsfunktion von der hypothetischen Verteilungsfunktion (vgl. b)) ist noch nicht statistisch signifikant. Dies liegt an dem geringen Stichprobenumfang der empirischen Prüfung, der es erlaubt, die beobachtete Abweichung als zufällig zu deuten. Es wäre also eine erneute Prüfung mit einem größeren Stichprobenumfang in Erwägung zu ziehen.) ♦

Lösung 3-70*
a) Merkmalsträger: Mietwohnung; Grundgesamtheit: alle Mietwohnungen; Stichprobe: 52 bzw. 55 zufällig ausgewählte Mietwohnungen; Gruppierungsmerkmal: Stadtbezirk (mit den nominalen Ausprägungen Mitte und Treptow); Erhebungsmerkmal X: Quadratmeterpreis (in DM/m²); Skala: kardinal bzw. metrisch
b) Stadtbezirk Mitte: Stichprobenmittel von 16,42 DM/m² und Stichprobenstreuung von 3,06 DM/m²; Stadtbezirk Treptow: Stichprobenmittel von 10,63 DM/m² und Stichprobenstreuung von 2,77 DM/m²
c) aus der Menge der inhaltlich wohl abgegrenzten und annoncierten Mietwohnungen wird z.B. jede vierte Mietwohnung ausgewählt und das interessierende Erhebungsmerkmal statistisch erhoben
d) Stadtbezirk Mitte: H_0: X_{Mit} ~ N(16,42 DM/m²; 3,06 DM/m²); Stadtbezirk Treptow: H_0: X_{Tre} ~ N(10,63 DM/m²; 2,77 DM/m²)
e) Testverfahren: vollständig spezifizierter KOLMOGOROV-SMIRNOV-Anpassungstest auf eine Normalverteilung; Stadtbezirk Mitte: Testvariablenwert k_n = 0,093·√52 ≈ 0,67; Schwellenwert $k_{0,9;52}$ = 1,224; Testentscheidung: wegen k_n = 0,67 < $k_{0,9;52}$ = 1,224 gibt es keinen Anlass daran zu zweifeln, dass im Berliner Stadtbezirk Mitte die Quadratmeterpreise mittelgroßer Mietwohnungen N(16,42 DM/m²; 3,06 DM/m²)-verteilt sind; Stadtbezirk Treptow: Testvariablenwert k_n = 0,170·√55 ≈ 1,26; Schwellenwert $k_{0,9;55}$ = 1,224; Testentscheidung: wegen k_n = 1,26 > $k_{0,9;55}$ = 1,224 muss die Nullhypothese, dass im Berliner Stadtbezirk Treptow die Quadratmeterpreise mittelgroßer Mietwohnungen N(10,63 DM/m²; 2,77 DM/m²)-verteilt sind, verworfen werden
f) P(X ≥ 20) = 1 − P(X < 20) = 1 - Φ[(20 − 16,42)/3,06] = 1 − Φ(1,17) = 0,1210
g) realisiertes 95%-Konfidenzintervall: [15,57 DM/m²; 17,27 DM/m²] ♦

Lösung 3-71*
a) statistische Einheit: annoncierte Wohnung; Grundgesamtheit: alle annoncierten Wohnungen; Identifikationsmerkmale: annoncierte Wohnung (Sache), Berlin (Ort), Sommer 1995; Erhebungsmerkmale: Zeitung und Ortslage; Skala: jeweils Nominalskala
b) (2·2)-Kontingenztabelle:

Zeitung	Ortslage		gesamt
	West	Ost	
Morgenpost	376	25	401
Berliner	45	369	414
gesamt	421	394	815

c) Kontingenzmaß: z.B. χ^2-basiertes Kontingenzmaß V nach CRAMÉR; da im konkreten Fall V = √(560/815) ≈ 0,829 gilt und V nur Werte zwischen null und eins annehmen kann, wird durch das Maß V eine sehr stark ausgeprägte statistische Kontingenz zwischen Zeitung und Ortslage angezeigt
d) Testverfahren: Chi-Quadrat-Unabhängigkeitstest; Testentscheidung: da sich aus dem Vergleich von Testvariablenwert und Schwellenwert χ^2 = 560 > $\chi^2_{0,99;1}$ = 6,63 ergibt, ist die Unabhängigkeitshypothese zu verwerfen; damit kann die unter c) empirisch

nachgewiesene statistische Kontingenz letztlich sogar als signifikant verschieden von Null gedeutet werden ♦

Lösung 3-72
Ausgangs- oder Nullhypothese: FKK-Anhängerschaft ist (stochastisch) unabhängig von Landesherkunft; Alternativhypothese: FKK-Anhängerschaft ist (stochastisch) abhängig von Landesherkunft; Testverfahren: Chi-Quadrat-Unabhängigkeitstest auf der Basis einer rechteckigen (2·3)- bzw. (3·2)-Kontingenztabelle; Testentscheidung für eine „verbleibende" Anzahl von $(2-1)\cdot(3-1) = 2$ Freiheitsgraden: wegen $\chi^2 = 18{,}22 > \chi^2_{0{,}95;2} = 5{,}99$ wird die Nullhypothese H_0 verworfen, d.h. in der Grundgesamtheit von Berliner Studenten ist eine FKK-Anhängerschaft nicht stochastisch unabhängig von der Landesherkunft der Studenten ♦

Lösung 3-73
a) systematische Zufallsauswahl: z.B. jeder 10. Student wird befragt
b) Testverfahren: Chi-Quadrat-Unabhängigkeitstest; Testentscheidung auf einem Signifikanzniveau von 0,01: wegen $\chi^2 = 108 > \chi^2_{0{,}99;1} = 6{,}63$ wird die Unabhängigkeitshypothese verworfen, d.h. die aus dem Stichprobenbefund entlehnte quadratische (2·2)-Kontingenztabelle lässt auf eine (hoch) signifikante statistische Abhängigkeit von Nebenjob und finanzielle Situation für FHTW-Studenten schließen ♦

Lösung 3-74
a) Grundprinzip einer geschichteten Zufallsauswahl: Gliederung einer Grundgesamtheit in homogene Teilgesamtheiten und zufällige Auswahl von Merkmalsträgern aus Teilgesamtheiten proportional zu ihrem Umfang
b) Chi-Quadrat-Unabhängigkeitstest auf der Grundlage einer quadratischen (3·3)-Kontingenztabelle und $(3-1)\cdot(3-1) = 4$ Freiheitsgraden; Testentscheidung: wegen $\chi^2 \approx 111 > \chi^2_{0{,}99;4} = 13{,}28$ wird die Unabhängigkeitshypothese verworfen, d.h. Wohnort und benutztes Verkehrsmittel sind nicht voneinander unabhängig
c) unter der Unabhängigkeitshypothese müssten $568\cdot359/1097 \approx 186$ der befragten Fahrgäste in Ostberlin wohnen und (meist) mit der U-Bahn fahren (und nicht, wie beobachtet, „nur" 145 Fahrgäste) ♦

Lösung 3-75
a) Testverfahren: Chi-Quadrat-Unabhängigkeitstest auf der Grundlage einer rechteckigen (3·2)- bzw. (2·3)-Kontingenztabelle und $(2-1)\cdot(3-1) = 2$ Freiheitsgraden; Testentscheidung; wegen $\chi^2 \approx 86{,}1 > \chi^2_{0{,}95;2} = 5{,}99$ wird die Unabhängigkeitshypothese verworfen, d.h. für die Fluggäste auf dem Flughafen Berlin-Tegel ist das zur Anreise benutzte Verkehrsmittel (stochastisch) abhängig vom Reisegrund
b) bei Gültigkeit der Unabhängigkeitshypothese hätten theoretisch $128\cdot163/340 \approx 61{,}4$ (und nicht, wie beobachtet, 34) Fluggäste, die geschäftlich unterwegs waren, mit dem Bus zum Flughafen Berlin-Tegel fahren müssen
c) wegen $V = \sqrt{[86{,}1/(2\cdot340)]} \approx 0{,}356$ kann eine mittelstark ausgeprägte statistische Kontingenz zwischen Reisegrund und Verkehrsmittel empirisch nachgewiesen werden, die aufgrund des Testergebnisses aus b) sogar als signifikant größer als Null gedeutet werden kann ♦

Lösung 3-76

a) Chi-Quadrat-Unabhängigkeitstest auf der Basis einer quadratischen (3·3)-Kontingenztafel, wobei die Testentscheidung wegen $(3 - 1) \cdot (3 - 1) = 4$ auf vier Freiheitsgraden beruht; Testentscheidung: wegen $\chi^2 = 28 > \chi^2_{0,95;4} = 9{,}49$ ist die Unabhängigkeitshypothese zu verwerfen

b) die Anzahl der Prüfungswiederholungen ist nicht unabhängig von der Nebentätigkeit eines Studenten ♦

Lösung 3-77

a) Kontingenztabelle mit absoluten und (erwarteten) Häufigkeiten

Lage der Filiale	Postkarten sprechen an ...		Summe
	nein	ja	
West-Berlin	69 (63,7)	67 (72,3)	136
Ost Berlin	28 (33,3)	43 (37,7)	71
Summe	97	110	207

Randverteilungen: Merkmal Z (Lage der Filiale): 136 bzw. 65,7% der 207 Kunden wurden in West-Berliner Filialen befragt; 71 bzw. 34,3% der 207 Kunden wurden in Ost-Berliner Filialen befragt; analog ist die Randverteilung des Merkmals X (Postkarten sprechen an ...) zu deuten, wonach 97 bzw. 46,9% der 207 Kunden sich von den Kartenmotiven nicht angesprochen und 110 bzw. 53,1% der 207 befragten Kunden sich von den Kartenmotiven angesprochen fühlen

b) Merkmale: nominal skaliert; quadratische Kontingenztafel von der Größe 2·2 = 4 Felder; Kontingenzmaß: i) Φ-Koeffizient als eine geeignete Maßzahl zur Messung des Zusammenhangs zwischen zwei nominalen und dichotomen Merkmalen:

$$\Phi = \sqrt{\frac{(69 \cdot 43 - 67 \cdot 28)^2}{136 \cdot 71 \cdot 97 \cdot 110}} = 0{,}1075 \text{ bzw. } \Phi = \sqrt{\frac{\chi^2}{n}} = \sqrt{\frac{2{,}391}{207}} = 0{,}1075,$$

da der Wert des Φ-Koeffizienten nahe an Null liegt, ist für die 207 befragten Kunden nur ein sehr gering ausgeprägter statistischer Zusammenhang zwischen den zwei Merkmalen festzustellen; ii) CRAMÉR's V mit

$$V = \sqrt{\frac{2{,}391}{207 \cdot (2 - 1)}} \approx 0{,}107$$

als ein weiteres geeignetes und χ^2-basiertes Kontingenzmaß, das eine analoge Interpretation impliziert

c) H_0: Merkmale X und Z sind stochastisch unabhängig; Testentscheidung für Chi-Quadrat Unabhängigkeitstest: wegen $\chi^2 = 2{,}391 < \chi^2_{0,9;1} = 6{,}635$ gibt es keinen Anlass, die Nullhypothese zu verwerfen; dieses Testergebnis koinzidiert mit den unter b) berechneten Kontingenzmaßen, die im konkreten Fall als nicht signifikant größer als Null gedeutet werden können

d) siehe unter a) ♦

Lösung 3-78

a) Testverfahren: Chi-Quadrat-Unabhängigkeitstest

b) Testentscheidung: wegen $\chi^2 = 0{,}001 < \chi^2_{0,95;1} = 3{,}84$ besteht kein Anlass, an der Unabhängigkeitshypothese zu zweifeln; **Hinweis**: Das Testergebnis darf nicht dahingehend interpretiert werden, dass man mit dem vorliegenden Stichprobenbefund die stochastische Unabhängigkeit der Geschlechtszugehörigkeit des Antragstellers und der Geschlechtszugehörigkeit des älteren Ehepartners bei Ehescheidungen nachgewiesen hat. Vielmehr hält man lediglich aus Mangel an Abweichungen der beobachteten Häufigkeiten von den theoretisch erwarteten Häufigkeiten an der Unabhängigkeitshypothese fest ohne damit allerdings ihre Gültigkeit auch nur im geringsten Maße nachgewiesen zu haben. ♦

Lösung 3-79*

a) Merkmalsträger: Annonce; Grundgesamtheit: alle Partnerannoncen; Stichprobe: 766 Annoncen; Identifikationsmerkmale: Annonce für Partnersuche (sachlich), Berliner Tageszeitungen (örtlich), II/1998 (zeitlich); Erhebungsmerkmale: Interesse für Reisen bzw. Kultur; Skala: jeweils nominal

b) (2·2)-Kontingenztabelle:

Kulturinteresse	Reiseinteresse		insgesamt
	ja	nein	
ja	213	128	341
nein	79	346	425
insgesamt	292	474	766

c) Zufallsexperiment: aus den 766 befragten Studenten wird zufällig ein Student ausgewählt; klassische Wahrscheinlichkeiten: $P(K) = 341/766 = 0{,}4452$; $P(R) = 292/766 = 0{,}3812$; $P(K \cap R) = 213/766 = 0{,}2781$; $P(K \mid R) = 213/292 = 0{,}7295$;

d) Rechenregeln: wegen $P(K \cap R) = 0{,}2781 \neq 0{,}4452 \cdot 0{,}3811 = 0{,}1697 = P(K) \cdot P(R)$ gilt die Multiplikationsregel für zwei stochastisch unabhängige Ereignisse nicht; wegen $P(K \cap R) = 0{,}2781 = 0{,}7295 \cdot 0{,}3812 = P(K \mid R) \cdot P(R)$ gilt die allgemeine Multiplikationsregel für zwei zufällige Ereignisse

e) z.B. das χ^2-basierte Kontingenzmaß V nach CRAMÉR:

$$V = \sqrt{\frac{152{,}2}{766 \cdot (2-1)}} \approx 0{,}446$$

demnach kann aufgrund des Stichprobenbefundes von einer empirisch mittelstark ausgeprägten statistischen Kontingenz zwischen dem Kultur- und dem Reiseinteresse von Partnersuchenden ausgegangen werden

f) Chi-Quadrat-Unabhängigkeitstest: wegen $\chi^2 = 152 > \chi^2_{0{,}99;1} = 6{,}63$ wird die Unabhängigkeitshypothese verworfen und die Kontingenz zwischen dem Kultur- und dem Reiseinteresse von Partnersuchenden als signifikant größer als Null gedeutet

g) $474 \cdot 425/766 \approx 263$ (und nicht, wie beobachtet, 346) Partnersuchende hätten bei Gültigkeit der Unabhängigkeitshypothese sowohl die Kultur als auch das Reisen nicht zu ihren Hobbys zählen müssen ♦

Anhang

Tafel 1:	Binomialverteilung	240
Tafel 2:	POISSON-Verteilung	241
Tafel 3:	Standardnormalverteilung	242
Tafel 4:	Ausgewählte Quantile der Standardnormalverteilung	244
Tafel 5:	χ^2- Verteilung	245
Tafel 6:	t- Verteilung	246
Tafel 7:	F- Verteilung	247
Tafel 8:	Ausgewählte Quantile für den KOLMOGOROV-SMIRNOV-Anpassungstest	248
Tafel 9:	Griechisches Alphabet	248
Tafel 10:	Gleichverteilte Zufallszahlen	249
	Symbolverzeichnis	250

Tafel 1: Binomialverteilung

Werte der Wahrscheinlichkeitsfunktion

$$P(X = k) = \binom{n}{k} \cdot p^k \cdot (1-p)^{n-k} \quad \text{mit } n, k \in \mathbb{N},$$

einer Binomialverteilung für ausgewählte Parameterwerte n und p. In den freien Tafelzellen sind die Einzelwahrscheinlichkeiten $P(X = k) < 0{,}0005$.

k	p							
	0,05	0,10	0,15	0,20	0,25	0,30	0,40	0,50
n = 2								
0	0,9025	0,8100	0,7225	0,6400	0,5625	0,4900	0,3600	0,2500
1	0,0950	0,1800	0,2550	0,3200	0,3750	0,4200	0,4800	0,5000
2	0,0025	0,0100	0,0225	0,0400	0,0625	0,0900	0,1600	0,2500
n = 3								
0	0,8574	0,7290	0,6141	0,5120	0,4219	0,3430	0,2160	0,1250
1	0,1354	0,2430	0,3251	0,3840	0,4219	0,4410	0,4320	0,3750
2	0,0071	0,0270	0,0574	0,0960	0,1406	0,1890	0,2880	0,3750
3	0,0001	0,0010	0,0034	0,0080	0,0156	0,0270	0,0640	0,1250
n = 4								
0	0,8145	0,6561	0,5220	0,4096	0,3164	0,2401	0,1296	0,0625
1	0,1715	0,2916	0,3685	0,4096	0,4219	0,4116	0,3456	0,2500
2	0,0135	0,0486	0,0975	0,1536	0,2109	0,2646	0,3456	0,3750
3	0,0005	0,0036	0,0115	0,0256	0,0469	0,0756	0,1536	0,2500
4		0,0001	0,0005	0,0016	0,0039	0,0081	0,0256	0,0625
n =10								
0	0,5987	0,3487	0,1969	0,1074	0,0563	0,0282	0,0060	0,0010
1	0,3151	0,3874	0,3474	0,2684	0,1877	0,1211	0,0403	0,0098
2	0,0746	0,1937	0,2759	0,3020	0,2816	0,2335	0,1209	0,0439
3	0,0105	0,0574	0,1298	0,2013	0,2503	0,2668	0,2150	0,1172
4	0,0010	0,0112	0,0401	0,0881	0,1460	0,2001	0,2508	0,2051
5		0,0015	0,0085	0,0264	0,0584	0,1029	0,2007	0,2461
6		0,0001	0,0012	0,0055	0,0162	0,0368	0,1115	0,2051
7			0,0001	0,0008	0,0031	0,0090	0,0425	0,1172
8				0,0000	0,0004	0,0014	0,0106	0,0439
9						0,0001	0,0016	0,0098
10							0,0001	0,0010

Beispiel: Ist eine diskrete Zufallsvariable X binomialverteilt mit den Parametern n = 10 und p = 0,2, dann ist z.B. $P(X = 2) = 0{,}3020$. ♦

Anhang

Tafel 2: POISSON-Verteilung

Werte der Wahrscheinlichkeitsfunktion

$$P(X=k) = \frac{\lambda^k}{k!} \cdot e^{-\lambda}, \, k \in \mathbf{N},$$

einer POISSON-Verteilung für ausgewählte Parameterwerte λ. In den freien Tafelzellen sind die Einzelwahrscheinlichkeiten $P(X = k) < 0{,}0005$.

k	λ							
	0,1	0,2	0,3	0,4	0,5	0,6	0,7	0,8
0	0,9048	0,8187	0,7408	0,6703	0,6065	0,5488	0,4966	0,4493
1	0,0905	0,1637	0,2222	0,2681	0,3033	0,3293	0,3476	0,3595
2	0,0045	0,0164	0,0333	0,0536	0,0758	0,0988	0,1217	0,1438
3	0,0002	0,0011	0,0033	0,0072	0,0126	0,0198	0,0284	0,0383
4		0,0001	0,0003	0,0007	0,0016	0,0030	0,0050	0,0077
5				0,0001	0,0002	0,0004	0,0007	0,0012
6							0,0001	0,0002

k	λ							
	0,9	1	1,5	2	2,5	3	3,5	4
0	0,4066	0,3679	0,2231	0,1353	0,0821	0,0498	0,3020	0,0183
1	0,3659	0,3679	0,3347	0,2707	0,2052	0,1494	0,1507	0,0733
2	0,1647	0,1839	0,2510	0,2707	0,2565	0,2240	0,1850	0,1465
3	0,0494	0,0613	0,1255	0,1804	0,2138	0,2240	0,2158	0,1954
4	0,0111	0,0153	0,0471	0,0902	0,1336	0,1680	0,1888	0,1954
5	0,0020	0,0031	0,0141	0,0361	0,0668	0,1008	0,1322	0,1563
6	0,0003	0,0005	0,0035	0,0120	0,0278	0,0504	0,0771	0,1042
7		0,0001	0,0008	0,0034	0,0099	0,0216	0,0385	0,0595
8			0,0001	0,0009	0,0031	0,0081	0,0169	0,0298
9				0,0002	0,0009	0,0027	0,0066	0,0132
10					0,0002	0,0008	0,0023	0,0053
11						0,0002	0,0007	0,0019
12						0,0001	0,0002	0,0006
13							0,0001	0,0002
14								0,0001

Beispiel: Ist eine diskrete Zufallsvariable X poissonverteilt mit dem Parameter $\lambda = 0{,}5$, dann ist z.B. $P(X = 2) = 0{,}0758$. ♦

Tafel 3: Standardnormalverteilung N(0;1)

Werte der Verteilungsfunktion $\Phi(z)$ der Standardnormalverteilung $N(0;1)$ für ausgewählte Quantile $z \in \mathbf{R}$ und $0{,}00 \leq z \leq 3{,}49$ (Fortsetzung umseitig →).

z	0,00	0,01	0,02	0,03	0,04	0,05	z
0,00	0,5000	0,5040	0,5080	0,5120	0,5160	0,5199	0,00
0,10	0,5398	0,5438	0,5478	0,5517	0,5557	0,5596	0,10
0,20	0,5793	0,5832	0,5871	0,5910	0,5948	0,5987	0,20
0,30	0,6179	0,6217	0,6255	0,6293	0,6331	0,6368	0,30
0,40	0,6554	0,6591	0,6628	0,6664	0,6700	0,6736	0,40
0,50	0,6915	0,6950	0,6985	0,7019	0,7054	0,7088	0,50
0,60	0,7257	0,7291	0,7324	0,7357	0,7389	0,7422	0,60
0,70	0,7580	0,7611	0,7642	0,7673	0,7704	0,7734	0,70
0,80	0,7881	0,7910	0,7939	0,7967	0,7995	0,8023	0,80
0,90	0,8159	0,8186	0,8212	0,8238	0,8264	0,8289	0,90
1,00	0,8413	0,8438	0,8461	0,8485	0,8508	0,8531	1,00
1,10	0,8643	0,8665	0,8686	0,8708	0,8729	0,8749	1,10
1,20	0,8849	0,8869	0,8888	0,8907	0,8925	0,8944	1,20
1,30	0,9032	0,9049	0,9066	0,9082	0,9099	0,9115	1,30
1,40	0,9192	0,9207	0,9222	0,9236	0,9251	0,9265	1,40
1,50	0,9332	0,9345	0,9357	0,9370	0,9382	0,9394	1,50
1,60	0,9452	0,9463	0,9474	0,9484	0,9495	0,9505	1,60
1,70	0,9554	0,9564	0,9573	0,9582	0,9591	0,9599	1,70
1,80	0,9641	0,9649	0,9656	0,9664	0,9671	0,9678	1,80
1,90	0,9713	0,9719	0,9726	0,9732	0,9738	0,9744	1,90
2,00	0,9772	0,9778	0,9783	0,9788	0,9793	0,9798	2,00
2,10	0,9821	0,9826	0,9830	0,9834	0,9838	0,9842	2,10
2,20	0,9861	0,9864	0,9868	0,9871	0,9875	0,9878	2,20
2,30	0,9893	0,9896	0,9898	0,9901	0,9904	0,9906	2,30
2,40	0,9918	0,9920	0,9922	0,9925	0,9927	0,9929	2,40
2,50	0,9938	0,9940	0,9941	0,9943	0,9945	0,9946	2,50
2,60	0,9953	0,9955	0,9956	0,9957	0,9959	0,9960	2,60
2,70	0,9965	0,9966	0,9967	0,9968	0,9969	0,9970	2,70
2,80	0,9974	0,9975	0,9976	0,9977	0,9977	0,9978	2,80
2,90	0,9981	0,9982	0,9982	0,9983	0,9984	0,9984	2,90
3,00	0,9987	0,9987	0,9987	0,9988	0,9988	0,9989	3,00
3,10	0,9990	0,9991	0,9991	0,9991	0,9992	0,9992	3,10
3,20	0,9993	0,9993	0,9994	0,9994	0,9994	0,9994	3,20
3,30	0,9995	0,9995	0,9995	0,9996	0,9996	0,9996	3,30
3,40	0,9997	0,9997	0,9997	0,9997	0,9997	0,9997	3,40
z	0,00	0,01	0,02	0,03	0,04	0,05	z

Tafel 3: Standardnormalverteilung N(0;1)

Werte der Verteilungsfunktion $\Phi(z)$ der Standardnormalverteilung N(0;1) für ausgewählte Quantile $z \in \mathbf{R}$ und $0{,}00 \leq z \leq 3{,}49$ ($\rightarrow$ Fortsetzung).

z	0,06	0,07	0,08	0,09	z
0,00	0,5239	0,5279	0,5319	0,5359	0,00
0,10	0,5636	0,5675	0,5714	0,5753	0,10
0,20	0,6026	0,6064	0,6103	0,6141	0,20
0,30	0,6406	0,6443	0,6480	0,6517	0,30
0,40	0,6772	0,6808	0,6844	0,6879	0,40
0,50	0,7123	0,7157	0,7190	0,7224	0,50
0,60	0,7454	0,7486	0,7517	0,7549	0,60
0,70	0,7764	0,7794	0,7823	0,7852	0,70
0,80	0,8051	0,8078	0,8106	0,8133	0,80
0,90	0,8315	0,8340	0,8365	0,8389	0,90
1,00	0,8554	0,8577	0,8599	0,8621	1,00
1,10	0,8770	0,8790	0,8810	0,8830	1,10
1,20	0,8962	0,8980	0,8997	0,9015	1,20
1,30	0,9131	0,9147	0,9162	0,9177	1,30
1,40	0,9279	0,9292	0,9306	0,9319	1,40
1,50	0,9406	0,9418	0,9429	0,9441	1,50
1,60	0,9515	0,9525	0,9535	0,9545	1,60
1,70	0,9608	0,9616	0,9625	0,9633	1,70
1,80	0,9686	0,9693	0,9699	0,9706	1,80
1,90	0,9750	0,9756	0,9761	0,9767	1,90
2,00	0,9803	0,9808	0,9812	0,9817	2,00
2,10	0,9846	0,9850	0,9854	0,9857	2,10
2,20	0,9881	0,9884	0,9887	0,9890	2,20
2,30	0,9909	0,9911	0,9913	0,9916	2,30
2,40	0,9931	0,9932	0,9934	0,9936	2,40
2,50	0,9948	0,9949	0,9951	0,9952	2,50
2,60	0,9961	0,9962	0,9963	0,9964	2,60
2,70	0,9971	0,9972	0,9973	0,9974	2,70
2,80	0,9979	0,9979	0,9980	0,9981	2,80
2,90	0,9985	0,9985	0,9986	0,9986	2,90
3,00	0,9989	0,9989	0,9990	0,9990	3,00
3,10	0,9992	0,9992	0,9993	0,9993	3,10
3,20	0,9994	0,9995	0,9995	0,9995	3,20
3,30	0,9996	0,9996	0,9996	0,9997	3,30
3,40	0,9997	0,9997	0,9997	0,9998	3,40
z	0,06	0,07	0,08	0,09	z

Tafel 4: Ausgewählte Quantile der N(0;1)-Verteilung

Ausgewählte Quantile z_p der Ordnung $p = 1 - \alpha$ und $p = 1 - \alpha/2$ der Standardnormalverteilung $N(0;1)$ für häufig benutzte Signifikanzniveaus α und Konfidenzniveaus $1 - \alpha$.

α	$1 - \alpha$	$z_{1-\alpha}$	$z_{1-\alpha/2}$
0,950	0,050	-1,645	0,063
0,900	0,100	-1,282	0,126
0,800	0,200	-0,842	0,253
0,500	0,500	0,000	0,674
0,400	0,600	0,253	0,842
0,317	0,683	0,475	1,000
0,300	0,700	0,524	1,036
0,200	0,800	0,842	1,282
0,150	0,850	1,036	1,440
0,134	0,866	1,110	1,500
0,100	0,900	1,282	1,645
0,075	0,925	1,440	1,780
0,050	0,950	1,645	1,960
0,046	0,955	1,690	2,000
0,040	0,960	1,751	2,054
0,030	0,970	1,881	2,170
0,020	0,980	2,054	2,326
0,010	0,990	2,326	2,576
0,005	0,995	2,576	2,807
0,003	0,997	2,782	3,000
0,002	0,998	2,878	3,090
0,001	0,999	3,090	3,290

Beispiel: Verteilungsfunktion der Standardnormalverteilung $N(0;1)$
Der Wert der Verteilungsfunktion $\Phi(z)$ der Standardnormalverteilung für das Quantil $z = -1,96$ ist $\Phi(-1,96) = 1 - \Phi(1,96) = 1 - 0,975 = 0,025$ (vgl. Tafel 3).

Beispiel: Konfidenzniveau
Für ein realisiertes Konfidenzintervall über einen unbekannten Anteil π verwendet man auf einem vorab vereinbarten Konfidenzniveau von $1 - \alpha = 0,95$ wegen $\alpha = 1 - 0,95 = 0,05$ das Quantil $z_{0,975} = 1,960$ der Ordnung $1 - \alpha/2 = 0,975$.

Beispiel: Signifikanzniveau
Für einen einseitigen GAUß-Test verwendet man auf einem vorab vereinbarten Signifikanzniveau von $\alpha = 0,05$ das Quantil $z_{0,95} = 1,645$ der Ordnung $1 - \alpha = 0,95$ als Schwellenwert. ♦

Tafel 5: χ^2-Verteilung

Ausgewählte Quantile $\chi^2_{p;df}$ der Ordnung p einer χ^2-Verteilung für df Freiheitsgrade.

df	\multicolumn{7}{c}{p}	df
	0,001	0,010	0,025	0,050	0,950	0,975	0,990	
1	0,000	0,001	0,001	0,040	3,840	5,020	6,630	1
2	0,020	0,020	0,051	0,103	5,990	7,380	9,210	2
3	0,024	0,115	0,216	0,352	7,810	9,350	11,530	3
4	0,091	0,297	0,484	0,711	9,490	11,140	13,280	4
5	0,210	0,554	0,831	1,150	11,070	12,830	15,080	5
6	0,381	0,872	1,240	1,640	12,590	14,450	16,810	6
7	0,598	1,240	1,690	2,170	14,070	16,010	18,470	7
8	0,857	1,650	2,180	2,730	15,510	17,530	20,090	8
9	1,150	2,090	2,700	3,330	16,920	19,020	21,670	9
10	1,480	2,560	3,250	3,940	18,310	20,480	23,210	10
11	1,830	3,050	3,820	4,570	19,680	21,920	24,720	11
12	2,210	3,570	4,400	5,230	21,030	23,340	26,220	12
13	2,620	4,110	5,010	5,890	22,360	24,740	27,690	13
14	3,040	4,660	5,630	6,570	23,680	26,120	29,140	14
15	3,480	5,230	6,260	7,260	25,000	27,490	30,580	15
16	3,940	5,810	6,910	7,960	26,300	28,850	32,000	16
17	4,420	6,410	7,560	8,670	27,590	30,190	33,410	17
18	4,900	7,010	8,230	9,390	28,870	31,530	34,810	18
19	5,410	7,630	8,910	10,120	30,140	32,850	36,190	19
20	5,920	8,260	9,590	10,850	31,410	34,170	37,570	20
21	6,450	8,900	10,280	11,590	32,670	35,480	38,930	21
22	6,980	9,540	10,980	12,340	33,920	36,780	40,290	22
23	7,530	10,200	11,690	13,090	35,170	38,080	41,640	23
24	8,080	10,860	12,400	13,850	36,420	39,360	42,980	24
25	8,650	11,520	13,120	14,610	37,650	40,650	44,310	25
26	9,220	12,200	13,840	15,380	38,890	41,920	45,640	26
27	9,800	12,880	14,570	16,150	40,110	43,190	46,960	27
28	10,390	13,560	15,310	16,930	41,340	44,460	48,280	28
29	10,990	14,260	16,050	17,710	42,560	45,720	49,590	29
30	11,590	14,950	16,790	18,490	43,770	46,980	50,890	30

Beispiel: Das Quantil einer χ^2-Verteilung der Ordnung p = 0,95 für df = 2 Freiheitsgrade ist $\chi^2_{0,95;\,2}$ = 5,990. ♦

Tafel 6: t-Verteilung

Ausgewählte Quantile $t_{p;df}$ der Ordnung p einer t-Verteilung für df Freiheitsgrade.

df	\multicolumn{5}{c	}{p}	df
df	0,900	0,950	0,975	0,990	0,995	df
1	3,078	6,314	12,706	31,821	63,656	1
2	1,886	2,920	4,303	6,965	9,925	2
3	1,638	2,353	3,182	4,541	5,841	3
4	1,533	2,132	2,776	3,747	4,604	4
5	1,476	2,015	2,571	3,365	4,032	5
6	1,440	1,943	2,447	3,143	3,707	6
7	1,415	1,895	2,365	2,998	3,499	7
8	1,397	1,860	2,306	2,896	3,355	8
9	1,383	1,833	2,262	2,821	3,250	9
10	1,372	1,812	2,228	2,764	3,169	10
11	1,363	1,796	2,201	2,718	3,106	11
12	1,356	1,782	2,179	2,681	3,055	12
13	1,350	1,771	2,160	2,650	3,012	13
14	1,345	1,761	2,145	2,624	2,977	14
15	1,341	1,753	2,131	2,602	2,947	15
16	1,337	1,746	2,120	2,583	2,921	16
17	1,333	1,740	2,110	2,567	2,898	17
18	1,330	1,734	2,101	2,552	2,878	18
19	1,328	1,729	2,093	2,539	2,861	19
20	1,325	1,725	2,086	2,528	2,845	20
21	1,323	1,721	2,080	2,518	2,831	21
22	1,321	1,717	2,074	2,508	2,819	22
23	1,319	1,714	2,069	2,500	2,807	23
24	1,318	1,711	2,064	2,492	2,797	24
25	1,316	1,708	2,060	2,485	2,787	25
26	1,315	1,706	2,056	2,479	2,779	26
27	1,314	1,703	2,052	2,473	2,771	27
28	1,313	1,701	2,048	2,467	2,763	28
29	1,311	1,699	2,045	2,462	2,756	29
30	1,310	1,697	2,042	2,457	2,750	30
40	1,303	1,684	2,021	2,423	2,704	40
50	1,299	1,676	2,009	2,403	2,678	50
∞	1,282	1,645	1,960	2,327	2,576	∞

Beispiel: Das Quantil einer t-Verteilung der Ordnung p = 0,975 für df = 10 Freiheitsgrade ist $t_{0,975;10}$ = 2,228. ♦

Tafel 7: F- Verteilung

Ausgewählte Quantile $F_{p;df_1;df_2}$ einer F-Verteilung der Ordnung p = 0,975 für df_1 (Zählerfreiheitsgrade) und df_2 (Nennerfreiheitsgrade).

df_2	\multicolumn{10}{c}{df_1}
	1	2	3	4	5	10	20	30	40	50
1	648	799	864	900	922	969	993	1001	1006	1008
2	38,51	39,00	39,17	39,25	39,30	39,40	39,45	39,46	39,47	39,48
3	17,44	16,04	15,44	15,10	14,88	14,42	14,17	14,08	14,04	14,01
4	12,22	10,65	9,98	9,60	9,36	8,84	8,56	8,46	8,41	8,38
5	10,01	8,43	7,76	7,39	7,15	6,62	6,33	6,23	6,18	6,14
6	8,81	7,26	6,60	6,23	5,99	5,46	5,17	5,07	5,01	4,98
7	8,07	6,54	5,89	5,52	5,29	4,76	4,47	4,36	4,31	4,28
8	7,57	6,06	5,42	5,05	4,82	4,30	4,00	3,89	3,84	3,81
9	7,21	5,71	5,08	4,72	4,48	3,96	3,67	3,56	3,51	3,47
10	6,94	5,46	4,83	4,47	4,24	3,72	3,42	3,31	3,26	3,22
11	6,72	5,26	4,63	4,28	4,04	3,53	3,23	3,12	3,06	3,03
12	6,55	5,10	4,47	4,12	3,89	3,37	3,07	2,96	2,91	2,87
13	6,41	4,97	4,35	4,00	3,77	3,25	2,95	2,84	2,78	2,74
14	6,30	4,86	4,24	3,89	3,66	3,15	2,84	2,73	2,67	2,64
15	6,20	4,77	4,15	3,80	3,58	3,06	2,76	2,64	2,59	2,55
16	6,12	4,69	4,08	3,73	3,50	2,99	2,68	2,57	2,51	2,47
17	6,04	4,62	4,01	3,66	3,44	2,92	2,62	2,50	2,44	2,41
18	5,98	4,56	3,95	3,61	3,38	2,87	2,56	2,44	2,38	2,35
19	5,92	4,51	3,90	3,56	3,33	2,82	2,51	2,39	2,33	2,30
20	5,87	4,46	3,86	3,51	3,29	2,77	2,46	2,35	2,29	2,25
21	5,83	4,42	3,82	3,48	3,25	2,73	2,42	2,31	2,25	2,21
22	5,79	4,38	3,78	3,44	3,22	2,70	2,39	2,27	2,21	2,17
23	5,75	4,35	3,75	3,41	3,18	2,67	2,36	2,24	2,18	2,14
24	5,72	4,32	3,72	3,38	3,15	2,64	2,33	2,21	2,15	2,11
25	5,69	4,29	3,69	3,35	3,13	2,61	2,30	2,18	2,12	2,08
26	5,66	4,27	3,67	3,33	3,10	2,59	2,28	2,16	2,09	2,05
27	5,63	4,24	3,65	3,31	3,08	2,57	2,25	2,13	2,07	2,03
28	5,61	4,22	3,63	3,29	3,06	2,55	2,23	2,11	2,05	2,01
29	5,59	4,20	3,61	3,27	3,04	2,53	2,21	2,09	2,03	1,99
30	5,57	4,18	3,59	3,25	3,03	2,51	2,20	2,07	2,01	1,97
40	5,42	4,05	3,46	3,13	2,90	2,39	2,07	1,94	1,88	1,83
50	5,34	3,97	3,39	3,05	2,83	2,32	1,99	1,87	1,80	1,75

Beispiel: Das Quantil der Ordnung p = 0,975 einer F-Verteilung für df_1 = 3 und df_2 = 20 Freiheitsgrade ist $F_{0,975;3;20}$ = 3,86. ♦

Tafel 8: Ausgewählte Quantile für den KOLMOGOROV-SMIRNOV-Test

Ausgewählte Quantile $k_{p;n}$ der Ordnung $p = 1 - \alpha$ zum (vollständig spezifizierten) KOLMOGOROV-SMIRNOV-Anpassungstest und zum (unvollständig spezifizierten) KOLMOGOROV-SMIRNOV-LILLIEFORS-Test auf eine Normalverteilung.

n	theoretische Verteilung vollständig vorgegeben (KOLMOGOROV-SMIRNOV-Anpassungstest)		Prüfung auf Normalverteilung mit Schätzung von μ und σ (KOLMOGOROV-SMIRNOV-LILLIEFORS-Test)	
	$p = 0{,}90$	$p = 0{,}95$	$p = 0{,}90$	$p = 0{,}95$
5	1,138	1,259	0,704	0,754
10	1,167	1,293	0,756	0,816
15	1,177	1,309	0,778	0,852
20	1,185	1,315	0,778	0,850
25	1,190	1,320	0,790	0,865
30	1,194	1,325	0,789	0,882
> 30	1,22*	1,36*	0,805*	0,886*

Die mit einem * gekennzeichneten Quantile stellen Näherungen dar.

Beispiel: Bei einem (vollständig spezifizierten) K-S-Test ist für n = 20 und p = 0,95 das (als Schwellenwert fungierende) Quantil $k_{0,95;20} = 1{,}315$. ♦

Tafel 9: Griechisches Alphabet

Name	groß	klein	Name	groß	klein
Alpha	A	α	Ny	N	ν
Beta	B	β	Xi	Ξ	ξ
Gamma	Γ	γ	Omikron	O	o
Delta	Δ	δ	Pi	Π	π
Epsilon	E	ε	Rho	P	ρ
Zeta	Z	ζ	Sigma	Σ	σ
Eta	H	η	Tau	T	τ
Theta	Θ	θ	Ypsilon	Y	υ
Jota	I	ι	Phi	Φ	φ
Kappa	K	κ	Chi	X	χ
Lambda	Λ	λ	Psi	Ψ	ψ
My	M	μ	Omega	Ω	ω

Verzeichnis der Namen der Buchstaben des griechischen Alphabets sowie ihrer Groß- (groß) und ihrer Kleinschreibung (klein). ♦

Anhang 249

Tafel 10: Gleichverteilte Zufallszahlen

Die aufgelisteten Zufallszahlen stellen lediglich einen Auszug aus der umfangreichen Menge tabellierter gleichverteilter Zufallszahlen dar.

5421066340	9974065111	7406727190	3581008621	9908930003
3815794876	6470342675	7348678158	3481459767	2819641432
2914746755	1726136687	4501661440	2930270714	8961951440
4011151920	2403987750	9676955835	9496534848	9632016710
8436267977	9669959399	1784527559	6958419872	6138429862
7452771128	4266458179	2999044168	5726043305	9774563881
2398522095	3689344325	5163878350	6562542440	1832577140
4538756224	7241976265	5562165659	8142210104	3628701355
5198135990	3180098826	3863830287	8790515058	6441653627
5656823594	3262495326	3079860735	9425540992	1593563337
7227780935	3200124690	0537840593	4245729714	0274786218
1219829837	0088633973	2587506601	4015594165	4083562929
8902094025	4414246614	4429264452	1919452567	4026920316
1608688667	7187767378	3176692018	0405574275	1498218439
0614663683	5750228086	5103303311	1655081952	7793115892
6735301934	5006919046	5065217103	7610436344	4208609988
9513562070	6801599524	0622194011	2680639374	8672555737
4806365511	1704909113	6025664443	0163764660	0445988815
5428950619	5704166749	2734905778	1622908032	0693048655
9837297214	5149950399	9776135987	3544801580	5609579242
4209210289	4065713698	1487491724	0769488202	9256894111
0767516753	5651541857	5905848452	3450918013	3579075627
9895287757	5785570471	2200861208	6771187273	1943479452
3734339260	6838757238	5548103076	0033582507	1927063777
7059133613	4645784998	8367732336	1612544275	8910590433
9864487132	0162424892	7288129292	8831046119	1817211250
1241398547	9359533745	2094183671	9091095717	5764309908
3888391953	9392582779	6668741674	5825247341	1867400149
0010632695	5581369618	6744284209	7728490952	3622907577
6536962351	4990965397	8384430103	5601318230	2659604341

Symbolverzeichnis

A	Auswahlsatz
$A \subseteq B$	Ereignis A zieht Ereignis B nach sich
$A \cup B$	Ereignis A vereinigt mit Ereignis B
$A \cap B$	Ereignis A geschnitten mit Ereignis B
$A \setminus B$	Zwar Ereignis A, aber nicht Ereignis B
A_j	j-ter kumulierter Anteil an einer Merkmalswertesumme
$A_{j,j+1}$	Abgangsmasse im Zeitintervall $[t_j; t_{j+1}]$
$\overline{A}$	Komplementärereignis zu Ereignis A
b	Dehnungsfaktor
$B(t)$	Bestandsfunktion
b_0	Regressions- bzw. Trendkonstante
b_1	Regressions- bzw. Trendkoeffizient
$\overline{B}$	Durchschnittsbestand
$C_{n,k}, C_{n,k}^W$	Anzahl der Kombinationen ohne bzw. mit Wiederholungen
C_r	Konzentrationskoeffizient
D	Zeitmengenbestand
$D(X), D^2(X)$	Standardabweichung bzw. Varianz einer Zufallsvariablen X
d^2_X	empirische Varianz eines Merkmals X
d_e	empirischer Residualstandardfehler
df	Anzahl von Freiheitsgraden
d_i	(individuelle) Verweildauer der Ordnung i
d_N	nominales Disparitätsmaß
d_O	ordinales Disparitätsmaß
d_X	empirische Standardabweichung eines Merkmals X
d_{XY}	empirische Kovarianz für zwei Merkmale X und Y
$\overline{d}$	durchschnittliche Verweildauer
$E(X)$	Erwartungswert einer Zufallsvariablen X
$F_{p;df_1;df_2}$	p-Quantil einer F-Verteilung mit df_1 und df_2 Freiheitsgraden
F_j	kumulierte relative Häufigkeit der Ordnung j
$F(x)$	Empirische Verteilungsfunktion eines Merkmals X
F_X	Verteilungsfunktion einer Zufallsvariablen X
f_X	Wahrscheinlichkeits- bzw. Dichtefunktion einer ZV X
G	GINI-Koeffizient
H	HERFINDAHL-Index
H_j	kumulierte absolute Häufigkeit der Ordnung j
i, j, k	Laufzeiger für Merkmalsausprägungen bzw. Klassen
$I^{p, DRO}, I^{Str, DRO}$	Preis- bzw. Strukturindex nach DROBISCH
$I^{p, LAS}, I^{q, LAS}$	Preis- bzw. Mengenindex nach LASPEYRES

$I^{p,\text{PAS}}$, $I^{q,\text{PAS}}$	Preis- bzw. Mengenindex nach PAASCHE
I^W	Wertindex
m	Anzahl von Merkmalsausprägungen bzw. Klassen
m_i^p, m_i^q	Preis- bzw. Mengenmeßzahl der Ordnung i
m_c^r	r-tes empirisches Moment um c
n	Anzahl von Merkmalsträgern bzw. Stichprobenumfang
N	Umfang einer endlichen Grundgesamtheit
$N(\mu; \sigma)$	Normalverteilung mit den Parameter μ und σ
$N(0; 1)$	Standardnormalverteilung
$n(A)$	absolute Häufigkeit des Eintretens eines Ereignisses A
n_j	j-te absolute Häufigkeit einer Merkmalsausprägung bzw. Klasse
p	(n × 1)-Preisvektor
p_n bzw. p	Stichprobenanteilswert bzw. Wahrscheinlichkeitswert
$P(A)$	Wahrscheinlichkeit des Eintretens eines Ereignisses A
$p(A)$	relative Häufigkeit des Eintretens eines Ereignisses A
$P(A \mid B)$	bedingte Wahrscheinlichkeit für Ereignisse A und B
$P(X = k)$	Wahrscheinlichkeitsfunktion einer diskreten Zufallsvariablen X
p_j	j-te relative Häufigkeit einer Merkmalsausprägung bzw. Klasse
p_j^D	relative Häufigkeitsdichte der Ordnung j
P_n, P_n^W	Anzahl der Permutationen ohne bzw. mit Wiederholungen
q	(n × 1)-Mengenvektor
Q_p	zentraler Quantilsabstand
q_t, q	Wachstumsfaktor, durchschnittlicher Wachstumsfaktor
R	Spannweite
R^2	empirisches Bestimmtheitsmaß
R_i^X	Rangzahl der Ordnung i eines Merkmals X
r_S	Rangkorrelationskoeffizient nach SPEARMAN
r_t, r	Wachstumsrate, durchschnittliche Wachstumsrate
r_{XY}	Maßkorrelationskoeffizient für zwei Merkmale X und Y
S	Stichprobenstandardabweichung
S^2	Stichprobenfunktion der Stichprobenvarianz
S_{jk}^*	durchschnittliche Saisonkomponente der Ordnung j, k
S_X	Schiefemaß eines Merkmals X
$s_{\bar{x}}$	Standardfehler eines arithmetischen Mittels
t bzw. t_n	Zeitvariable bzw. Testvariablenwert einer Testvariablen T
T_B, T_P, T_R	Beobachtungs-, Prognose- bzw. Relevanzzeitraum
$t_{p;\,df}$	p-Quantil einer t-Verteilung mit df Freiheitsgraden
U*	Umschlagshäufigkeit
u_i	zentrierter Merkmalswert der Ordnung i
V	Kontingenzmaß nach CRAMER

$V(X)$	Varianz einer Zufallsvariablen X
v_i	normierter Merkmalswert der Ordnung i
$V_{n,k}, V_{n,k}^W$	Anzahl der Variationen ohne bzw. mit Wiederholungen
v_X	Variationskoeffizient eines Merkmals X
W_X	Wölbungsmaß eines Merkmals X
X	Zufallsvariable (ZV)
x_j^*	Klassenmitte der Ordnung j eines klassierten Merkmals X
x_j^u bzw. x_j^o	j-te Unter- bzw. Obergrenze eines klassierten Merkmals X
x_M	Modus eines Merkmals X
x_{max}, x_{min}	größter bzw. kleinster Wert eines Merkmals X
x_p	Quantil der Ordnung p eines Merkmals X
$\overline{X}$	Stichprobenfunktion des arithmetischen Mittels
$\overline{x}, \overline{x}_G$	arithmetisches bzw. geometrisches Mittel eines Merkmals X
$y^*(t), y^{**}(t)$	Trendfunktion bzw. Trend-Saison-Modell
$y^*(x)$	Regressionsfunktion
$\overline{y}_j$	j-ter gleitender Durchschnitt der Ordnung j
z_n	Testvariablenwert für eine Testvariable Z
z_i	i-ter zentrierter Merkmalswert der Ordnung i
$Z_{j, j+1}$	Zugangsmasse im Zeitintervall $[t_j; t_{j+1}]$
z_p	Quantil der Ordnung p der Standardnormalverteilung N(0;1)
$\alpha, 1 - \alpha$	Signifikanz- bzw. Konfidenzniveau
β_1	unbekannter Regressionsparameter einer Grundgesamtheit
Γ bzw. γ	(Grund)Gesamtheit bzw. Merkmalsträger
Δ_j bzw. Δ_t	Klassenbreite der Ordnung j bzw. absoluter Zuwachs
$\varepsilon(x)$	Elastizitätsfunktion
Θ bzw. θ	Schätzfunktion bzw. unbekannter Parameter
λ	Parameter einer POISSON-Verteilung
Ξ	Zustandsmenge eines statistischen Merkmals
ξ_j bzw. υ_j	j-te unterschiedliche Ausprägung eines Merkmals X bzw. Y
μ	Erwartungswert eines Merkmals in einer Grundgesamtheit
$\hat{\mu}$	Schätzfunktion des arithmetischen Mittels
Π	Produktzeichen, Produktoperator
π	unbekannter Anteil (in) einer Grundgesamtheit
Σ	Summenzeichen, Summenoperator
σ^2 bzw. σ	Varianz bzw. Standardabweichung in einer Grundgesamtheit
Φ	Verteilungsfunktion einer N(0;1)-verteilten Zufallsvariablen
χ^2	PEARSON'S Chi-Quadrat, Testvariablenwert
$\chi^2_{p; df}$	p-Quantil einer χ^2-Verteilung mit df Freiheitsgraden
Ω	Ergebnisraum, Ergebnismenge

Konzepte für das neue Jahrtausend

Gut vorbereitet in die Statistik-Prüfung

- Verteilungsanalyse
- Korrelationsanalyse
- Regressionsanalyse
- Zeitreihenanalyse
- Indexanalyse
- Bestandsanalyse
- Kombinatorik
- Ereignisse
- Wahrscheinlichkeiten
- Wahrscheinlichkeitsverteilungen
- Stichprobenverfahren
- Schätzverfahren
- Testverfahren

Peter P. Eckstein
Repetitorium Statistik
Deskriptive Statistik –
Stochastik – Induktive Statistik.
4., vollst. überarb. u. erw. Aufl.
2001. X, 370 S. Br. €31,00
ISBN 3-409-42099-1

„Statistik lernen und verstehen anhand praktischer Problemstellungen" ist das Leitmotiv, unter dem dieses Buch klassische und moderne Verfahren der Deskriptiven Statistik, Stochastik und Induktiven Statistik anspruchsvoll und verständlich vermittelt.

Das „Repetitorium Statistik" verbindet die Komponenten eines Statistik-Lehr- und Übungsbuches mit denen eines Statistik-Lexikons. Begriffe und Methoden werden komprimiert dargestellt und an praktischen Beispielen demonstriert und erläutert. Jedes Kapitel enthält zudem Übungs- und Klausuraufgaben mit vollständigen Lösungen. Die 4. Auflage wurde komplett überarbeitet und um ein Kapitel zur Konzentrationsanalyse erweitert.

Änderungen vorbehalten. Stand: Februar 2002.

Gabler Verlag · Abraham-Lincoln-Str. 46 · 65189 Wiesbaden · www.gabler.de

Konzepte für das neue Jahrtausend

Gut vorbereitet in die Statistik-Prüfung

Peter P. Eckstein stellt in diesem Buch klassische und moderne Verfahren der Deskriptiven und Induktiven Statistik, der Explorativen Datenanalyse sowie der Ökonometrie komprimiert dar. Unter Einsatz des Statistik-Software-Paketes SPSS für Windows werden sämtliche statistische Verfahren anhand praktischer Problemstellungen demonstriert und die Ergebnisse sachlogisch interpretiert.

In den Kapiteln

- SPSS für Windows
- SPSS-Datenmanagement
- Verteilungsanalyse
- Mittelwertanalyse
- Korrelationsanalyse
- Regressionsanalyse
- Zeitreihenanalyse
- Reliabilitätsanalyse

erfolgt eine schrittweise und anwendungsorientierte Einführung in die Thematik.

Die dritte, vollständig überarbeitete Auflage basiert auf der SPSS Version 10.0 für Windows. Zu jedem Kapitel gibt es Übungs- und Klausuraufgaben mit vollständigen Lösungen.

Peter P. Eckstein
Angewandte Statistik mit SPSS
Praktische Einführung für Wirtschaftswissenschaftler.
3., vollst. überarb. u. erw. Aufl.
2000. VIII, 360 S. Br. €29,00
ISBN 3-409-32232-9

Änderungen vorbehalten. Stand: Februar 2001.

Gabler Verlag · Abraham-Lincoln-Str. 46 · 65189 Wiesbaden · www.gabler.de

Konzepte für das neue Jahrtausend

SPSS für das Selbststudium

- SPSS-Datendateien
- Aufgaben
- Lösungen

Peter P. Eckstein stellt in seinem „SPSS-Arbeitsbuch" elementare und anspruchsvolle Übungs- und Klausuraufgaben zur angewandten Statistik mit SPSS vor. Vollständige und ausführliche Lösungen zu allen angebotenen Aufgaben führen zu einer hohen Verständlichkeit des komplexen Stoffes und ermöglichen somit ein effektives Selbststudium und eine gezielte Klausurvorbereitung. Sämtliche Aufgaben und Lösungen sind den Kapiteln
- SPSS-Datenmanagement
- Verteilungsanalyse
- Mittelwertanalyse
- Korrelationsanalyse
- Regressionsanalyse
- Zeitreihenanalyse

zugeordnet. Die angebotenen Lösungen wurden mit dem Programmpaket SPSS 8.0 für Windows in der deutschen Version erstellt. Ein einführendes Kapitel informiert zusätzlich über alle verwendeten SPSS-Datendateien, die sämtlich auf realen Daten beruhen und im Internet abrufbar sind. Das Arbeitsbuch ergänzt hervorragend das Lehrbuch „Angewandte Statistik mit SPSS" des gleichen Autors.

Peter P. Eckstein
SPSS-Arbeitsbuch
Übungs- und Klausuraufgaben mit ausführlichen Lösungen.
1999. VIII, 192 S. Br. € 26,00
ISBN 3-409-11593-5

Änderungen vorbehalten. Stand: September 2000.

Gabler Verlag · Abraham-Lincoln-Str. 46 · 65189 Wiesbaden · www.gabler.de

Fachinformation auf Mausklick

Das Internet-Angebot der Verlage **Gabler, Vieweg, Westdeutscher Verlag, B. G. Teubner** sowie des **Deutschen Universitätsverlages** bietet frei zugängliche Informationen über Bücher, Zeitschriften, Neue Medien und die Seminare der Verlage. Die Produkte sind über einen Online-Shop recherchier- und bestellbar.

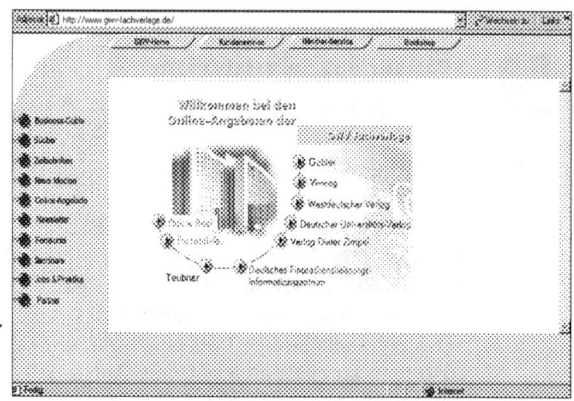

Für ausgewählte Produkte werden Demoversionen zum Download, Leseproben, weitere Informationsquellen im Internet und Rezensionen bereitgestellt. So ist zum Beispiel eine Online-Variante des Gabler Wirtschafts-Lexikon mit über 500 Stichworten voll recherchierbar auf der Homepage integriert.

Über die Homepage finden Sie auch den Einstieg in die Online-Angebote der Verlagsgruppe, so etwa zum Business-Guide, der die Informationsangebote der Gabler-Wirtschaftspresse unter einem Dach vereint, oder zu den Börsen- und Wirtschaftsinfos des Platow Briefes und der Fuchsbriefe.

Selbstverständlich bietet die Homepage dem Nutzer auch die Möglichkeit mit den Mitarbeitern in den Verlagen via E-Mail zu kommunizieren. In unterschiedlichen Foren ist darüber hinaus die Möglichkeit gegeben, sich mit einer „community of interest" online auszutauschen.

... wir freuen uns auf Ihren Besuch!

www.gabler.de
www.vieweg.de
www.westdeutschervlg.de
www.teubner.de
www.duv.de

Abraham-Lincoln-Str. 46
65189 Wiesbaden
Fax: 06 11.78 78-400